U0340921

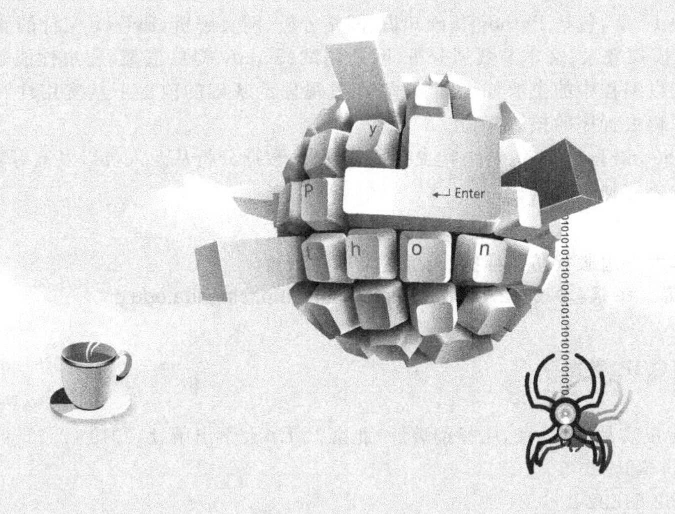

Python网络爬虫实战

吕云翔 张扬 ◎ 编著

清華大學出版社
北京

内容简介

本书介绍如何利用 Python 进行网络爬虫程序的开发，从 Python 语言的基本特性入手，详细介绍了 Python 爬虫开发的相关知识，涉及 HTTP、HTML、JavaScript、正则表达式、自然语言处理、数据科学等内容。全书共分为 14 章，包括 Python 基础知识、网站分析、网页解析、Python 文件的读写、Python 与数据库、AJAX 技术、模拟登录、文本与数据分析、网站测试、Scrapy 爬虫框架、爬虫性能等多个主题，内容覆盖网络抓取与爬虫编程中的主要知识和技术，在重视理论基础的前提下从实用性和丰富度出发，结合实例演示了编写爬虫程序的核心流程。

本书适合 Python 语言初学者、网络爬虫技术爱好者、数据分析从业人员以及高等院校计算机科学、软件工程等相关专业的师生阅读。

本书封面贴有清华大学出版社防伪标签，无标签者不得销售。
版权所有，侵权必究。举报：010-62782989，beiqinquan@tup.tsinghua.edu.cn。

图书在版编目（CIP）数据

Python 网络爬虫实战/吕云翔，张扬编著. —北京：清华大学出版社，2019（2022.9重印）
（清华科技大讲堂）
ISBN 978-7-302-51592-0

Ⅰ.①P… Ⅱ.①吕… ②张… Ⅲ.①软件工具—程序设计 Ⅳ.①TP311.561

中国版本图书馆 CIP 数据核字（2018）第 257255 号

策划编辑：魏江江
责任编辑：王冰飞
封面设计：刘　键
责任校对：时翠兰
责任印制：丛怀宇

出版发行：清华大学出版社
网　　址：http://www.tup.com.cn，http://www.wqbook.com
地　　址：北京清华大学学研大厦 A 座　　**邮　　编**：100084
社 总 机：010-83470000　　**邮　　购**：010-62786544
投稿与读者服务：010-62776969，c-service@tup.tsinghua.edu.cn
质量反馈：010-62772015，zhiliang@tup.tsinghua.edu.cn
课件下载：http://www.tup.com.cn，010-83470236
印 装 者：三河市龙大印装有限公司
经　　销：全国新华书店
开　　本：185mm×260mm　　**印　　张**：25.5　　**字　　数**：433 千字
版　　次：2019 年 5 月第 1 版　　**印　　次**：2022 年9月第6次印刷
印　　数：4301～4800
定　　价：79.80 元

产品编号：075108-01

前言

网络爬虫(Web Crawler)是指一类能够自动化访问网络并抓取某些信息的程序,有时候也被称为“网络机器人”。它们被广泛用于互联网搜索引擎及各种网站的开发中,同时也是大数据和数据分析领域中的重要角色。爬虫可以按一定的逻辑大批量采集目标页面内容,并对数据做进一步处理,人们借此能够更好、更快地获得并使用他们感兴趣的信息,从而方便地完成很多有价值的工作。

Python是一种解释型、面向对象的、动态数据类型的高级程序设计语言,Python语法简洁、功能强大,在众多高级语言中拥有十分出色的编写效率,同时还拥有活跃的开源社区和海量程序库,十分适合进行网络内容的抓取和处理。本书将以Python语言为基础,由浅入深地探讨网络爬虫技术,同时通过具体的程序编写和实践来帮助读者了解和学习Python爬虫。

本书共分为14章,其中第1~3章为基础篇,第4~6章为进阶篇,第7~9章为高级篇,第10~14章为实践篇,最后为附录。第1章、第2章介绍了Python语言和编写爬虫程序的基础知识;第3章讨论了Python中对文件和数据的存储,涉及数据库的相关知识;第4章、第5章的内容针对相对复杂一些的爬虫抓取任务,主要着眼于动态内容和表单登录等方面;第6章涉及对抓取到的原始数据的深入处理和分析;第7~9章旨在从不同视角讨论爬虫程序,基于爬虫介绍了多个不同主题的内容;第10~14章通过一些实际的例子深入讨论爬虫编程的理论知识;最后在附录中介绍了Python语言和爬虫编程中常用的知识和工具。

本书的主要特点如下。

- 内容全面,结构清晰。本书详细介绍了网络爬虫技术的方方面面,讨论了数据抓取、数据处理和数据分析的整个流程。全书结构清晰,坚持理论知识与实践操作相结合。
- 循序渐进,生动简洁。本书从最简单的Python程序示例开始,在网络爬虫的核心主题之下一步步深入,兼顾内容的广度与深度,在内容编写上使用生动简洁的阐述方式，力争详略得当。

- 示例丰富，实战性强。网络爬虫是实践性、操作性非常强的技术，本书将提供丰富的代码作为读者的参考，同时对必要的术语和代码进行解释。本书从生活实际出发，选取实用性、趣味性兼具的主题进行网络爬虫实践。
- 内容新颖，不落窠臼。本书中的程序代码均采用最新的 Python 3 版本，并使用了目前主流的各种 Python 框架和库来编写程序，注重内容的先进性。学习网络爬虫需要动手实践才能真正理解，本书最大限度地保证了代码与程序示例的易用性和易读性。

本书在第 10～14 章，针对 5 个爬虫实践，配有微课视频讲解，以方便读者更好地理解 Python 爬虫相关的理论和实践知识。

本书的编者为吕云翔、张扬，曾洪立参与了部分内容的编写及资料整理工作。

由于编者的水平有限，书中的不足在所难免，恳请广大读者批评指正。

编　者

2019 年 1 月

目录

本书源码下载

基础篇

进 阶 篇

高 级 篇

实 践 篇

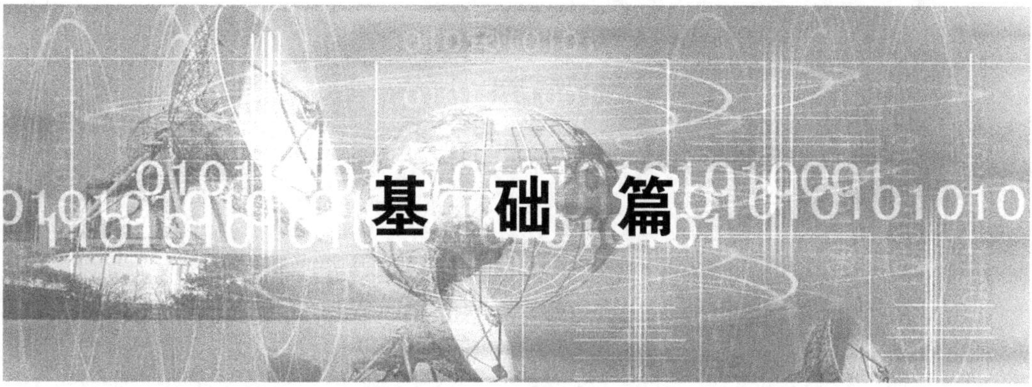

基础篇

第 1 章

Python与网络爬虫

网络爬虫(Web Crawler)有时候也叫网络蜘蛛(Web Spider),是指这样一类程序——它们可以自动连接到互联网站点,读取网页中的内容或者存放在网络上的各种信息,并按照某种策略对目标信息进行采集(例如对某个网站的全部页面进行读取)。实际上,世界上最大的搜索网站——Google 搜索本身就建构在爬虫技术之上,像 Google、百度这样的搜索引擎会通过爬虫程序来不断更新自身的网站内容和对其他网站的网络索引。从某种意义上说,用户每次通过搜索引擎查询一个关键词,就是在搜索引擎服务者的爬虫程序所“爬”到的信息中进行查询。当然,搜索引擎背后所使用的技术十分复杂,其爬虫技术通常也不是一般个人开发的小型程序所能比拟的。其实,爬虫程序本身并不复杂,用户只要懂一点编程知识,了解一点 HTTP 和 HTML,就可以写出属于自己的爬虫,实现很多有意思的功能。

在众多编程语言中,本书选择 Python 来编写爬虫程序,因为 Python 不仅语法简洁、便于上手,而且拥有庞大的开发者社区和浩如烟海的模块库,对于普通的程序编写而言有极大的便利。虽然 Python 和 C/C++等语言相比可能在性能上有所欠缺,但毕竟瑕不掩瑜,是目前最好的选择。

1.1 Python 语言

Python 是目前最流行的编程语言之一，本书对它的历史和发展作一些简单介绍，然后看看 Python 的基本语法，对于没有 Python 编程经验的读者而言，可以借此对 Python 有一个初步的了解。

1.1.1 什么是 Python

Guido van Rossum 在 1989 年发明了 Python，而 Python 的第一个公开发行版发行于 1991 年。因为 Guido 是电视剧 *Monty Python's Flying Circus* 的爱好者，所以将这种新的脚本语言命名为 Python。

从最根本的角度来说，Python 是一种解释型、面向对象的、动态数据类型的高级程序设计语言。值得注意的是，Python 是开源的，源代码遵循 GPL(GNU General Public License)协议，这就意味着它对所有个人开发者是完全开放的，这也使得 Python 在开发者中迅速流行开来，来自全球各地的 Python 使用者为这门语言的发展贡献了很多力量。Python 的哲学是优雅、明确和简单。著名的 *the Zen of Python*(Python 之禅)[①]这样说道：

"

优美胜于丑陋，

明了胜于晦涩，

简洁胜于复杂，

复杂胜于凌乱，

扁平胜于嵌套，

间隔胜于紧凑，

可读性很重要。

即便假借特例的实用性之名，也不可违背这些规则，

不要包容所有错误，除非你确定需要这样做，

① 作者为 Tim Peters，英文原文可见"https://www.python.org/dev/peps/pep-0020/"。

当存在多种可能，不要尝试去猜测，

而是尽量找一种，最好是唯一一种明显的解决方案，

虽然这并不容易，因为你不是 Python 之父。

做也许好过不做，但不假思索就动手还不如不做。

如果你无法向人描述你的方案，那肯定不是一个好方案；反之亦然。

命名空间是一种绝妙的理念，我们应当多加利用。

”

在 2000 年发布了 Python 2 版本，Python 3 版本则于 2008 年发布，这一新版本不完全兼容之前的 Python 源代码。目前（2017 年）用户主要接触到的是 Python 2.7 与 Python 3.5，以及更新一点的 Python 3.6，Python 3 在 Python 2 的基础上做出不少很有价值的改进，Python 3.5 和 Python 3.6 已逐步成为 Python 的主流版本，本书将完全使用 Python 3 作为开发语言。

1.1.2　Python 的应用现状

Python 的应用范围十分广泛，著名的应用案例如下。

- Reddit：社交分享网站，美国最热门的网站之一。
- Dropbox：文件分享服务。
- Pylons：Web 应用框架。
- TurboGears：另一个 Web 应用快速开发框架。
- Fabric：用于管理 Linux 主机的程序库。
- Mailman：使用 Python 编写的邮件列表软件。
- Blender：用 C 语言和 Python 开发的开源 3D 绘图软件。

国内的例子也有很多，著名的豆瓣网（国内一家受年轻人欢迎的社交网站）和知乎（国内著名的问答网站）都大量使用了 Python 进行开发。Python 在业界的应用很广，总结起来，在系统编程、图形处理、科学计算、数据库、网络编程、Web 应用、多媒体应用等方面都有它的身影。在 2017 年的 IEEE Spectrum Ranking 中[①]，Python 力压群雄，成为最流行的编程语言。众所周知，学习一门程序语言最有效的方法就是边学

① 可见“http://Python3-cookbook.readthedocs.io”。

边用,边用边学。通过对 Python 爬虫的逐步学习,相信读者能够很好地提高对整个 Python 语言的理解和应用。

【提示】 为什么要使用 Python 来编写爬虫程序？Python 的简明语法和各种各样的开源库使得 Python 在网络爬虫方面得天独厚,对于个人开发爬虫程序而言,一般对性能的要求不会太高,因此虽然一般认为 Python 在性能上难以与 C/C++和 Java 相比,但总的来说,使用 Python 有助于更好、更快地实现用户所需要的功能。另外,考虑到 Python 社区贡献了很多各有特色的库,很多都能直接拿来编写爬虫程序,所以 Python 的确是目前最好的选择。

1.2 Python 的安装与开发环境配置

在开始探索 Python 世界之前,用户首先需要在自己的计算机上安装 Python。值得高兴的是,Python 不仅免费、开源,而且坚持轻量级,安装过程并不复杂。如果使用 Linux 系统,可能已经内置了 Python(虽然版本有可能是较旧的);如果使用苹果计算机(Mac 系统),一般也已经安装了命令行版本的 Python 2. x。在 Linux 或 Mac OS X 系统上检测 Python 3 是否安装的最简单办法是使用终端命令,在 terminal 应用中输入 Python 3 命令并回车执行,观察是否有对应的提示出现。至于 Microsoft Windows 系统,在目前最新的 Windows 10 版本上还没有内置 Python,因此用户必须手动安装。

1.2.1 在 Windows 上安装

访问“python. org/download/”并下载与计算机架构对应的 Python 3 安装程序,一般而言,只要有新版本,就应该选择最新的版本。这里需要注意的是选择对应架构的版本,用户需要首先搞清楚自己的系统是 32 位的还是 64 位的,如图 1-1 所示。

Windows x86-64 embeddable zip file	Windows	for AMD64/EM64T/x64	04cc4f6f6a14ba74f6ae1a8b685ec471	7190516	SIG
Windows x86-64 executable installer	Windows	for AMD64/EM64T/x64	9e96c934f5d16399f860812b4ac7002b	31776112	SIG
Windows x86-64 web-based installer	Windows	for AMD64/EM64T/x64	640736a3894022d30f7babff77391d6b	1320112	SIG
Windows x86 embeddable zip file	Windows		b0b099a4fa479fb37880c15f2b2f4f34	6429369	SIG
Windows x86 executable installer	Windows		2bb6ad2ecca6088171ef923bca483f02	30735232	SIG
Windows x86 web-based installer	Windows		596667cb91a9fb20e6f4f153f3a213a5	1294096	SIG

图 1-1 python. org 下的 download 页面(部分)

根据安装程序的指引一步步进行，就能完成整个安装。如果最终看到类似图 1-2 这样的提示，就说明安装成功。

图 1-2　Python 安装成功的提示

这时检查"开始"菜单，就能看到 Python 3. x 的应用程序，如图 1-3 所示。其中有一个 IDLE 程序，用户可以单击它开始在交互式窗口中使用 Python Shell，如图 1-4 所示。

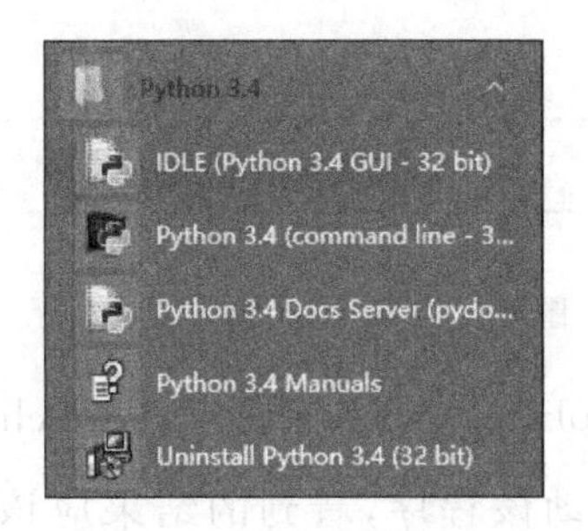

图 1-3　安装完成后的"开始"菜单

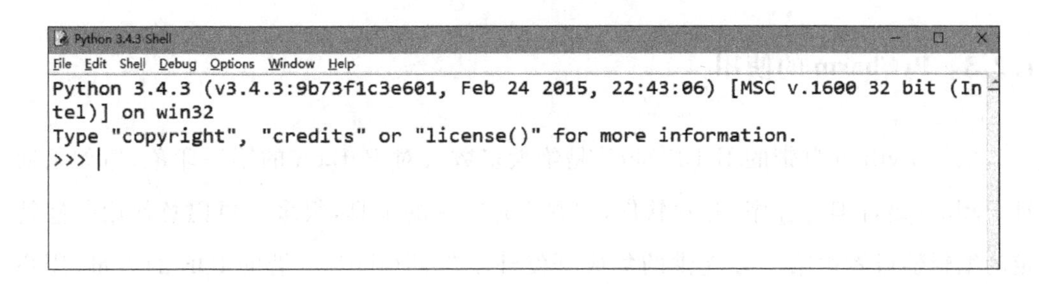

图 1-4　IDLE 的界面

1.2.2 在 Ubuntu 和 Mac OS 上安装

Ubuntu 是诸多 Linux 发行版中受众较多的一个系列。在 Ubuntu 系统中，用户可以通过 Applications 中的添加应用程序安装 Python，在其中搜索 Python 3，并在结果中找到对应的包，进行下载即可。如果安装成功，用户可以在 Applications（应用程序）中找到 Python IDLE，从而进入 Python Shell 中。

在 Mac 系统中，访问"python. org/download/"并下载对应的 Mac 平台安装程序，根据安装包的提示进行操作，用户最终将看到类似图 1-5 的成功提示信息。

图 1-5 Mac 上的安装成功提示

关闭该对话框，进入 Applications（或者是从 LaunchPad 页面打开）中，用户就能找到 Python Shell IDLE，启动该程序，看到的结果应该和 Windows 平台上的结果类似。

1.2.3 PyCharm 的使用

虽然 Python 自带的 IDLE Shell 是绝大多数人对 Python 的第一印象，但如果通过 Python 语言编写程序、开发软件，它并不是唯一的工具，很多人更愿意使用一些特定的编辑器或者由第三方提供的集成开发环境软件（IDE）。借助 IDE 的力量，用户可以提高开发的效率，但是对于开发者而言，只有最适合自己的，没有“最好的”，习惯一种工具后再接受另一种总是不容易的。这里简单介绍一下 PyCharm 的安装和配置——一个由 JetBrains 公司出品的 Python 开发工具。

用户可以在其官网中下载到该软件，网址如下：

https://www.jetbrains.com/pycharm/download/#section=windows

PyCharm 支持 Windows、Mac、Linux 三大平台，并提供 Professional 和 Community 两种版本供用户选择（见图 1-6）。其中，前者需要购买正版（提供免费试用），后者可以直接下载使用；前者的功能更加丰富，但后者也足以满足一些普通的开发需求。

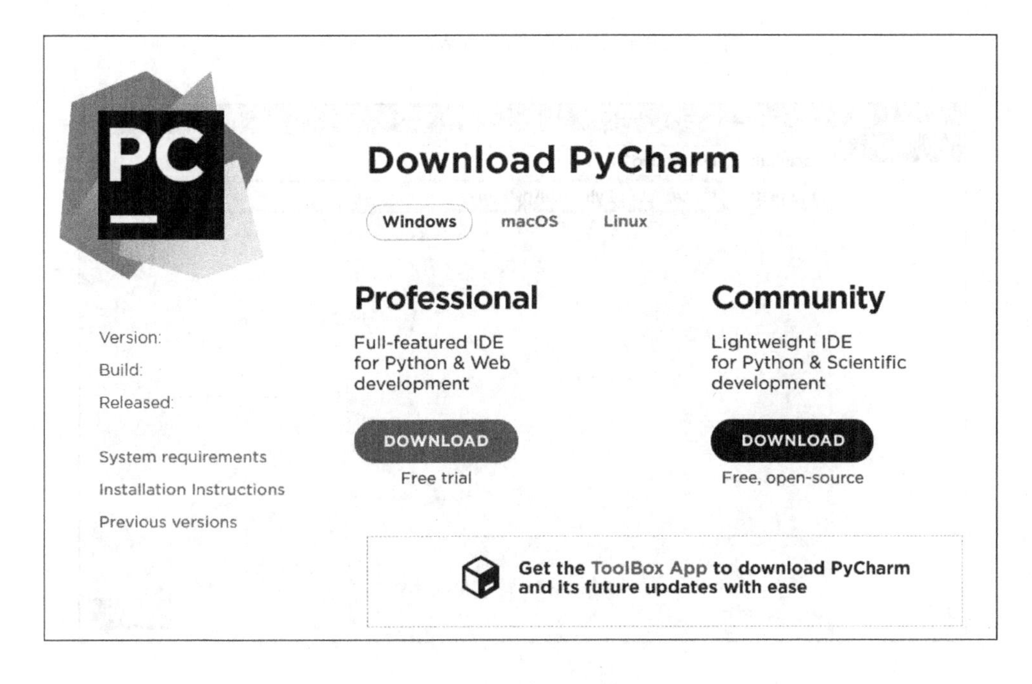

图 1-6 PyCharm 的下载页面

选择对应的平台并下载后，安装程序（见图 1-7）将会指引用户完成安装。在安装完成后，从“开始”菜单中（对于 Mac 和 Linux 系统而言是从 Applications 中）打开 PyCharm，用户就可以创建自己的第一个 Python 项目了（见图 1-8）。

在创建项目后，用户还需要进行一些基本的配置，可以在菜单栏中选择 File→Settings 命令打开相应界面进行 PyCharm 的设置。

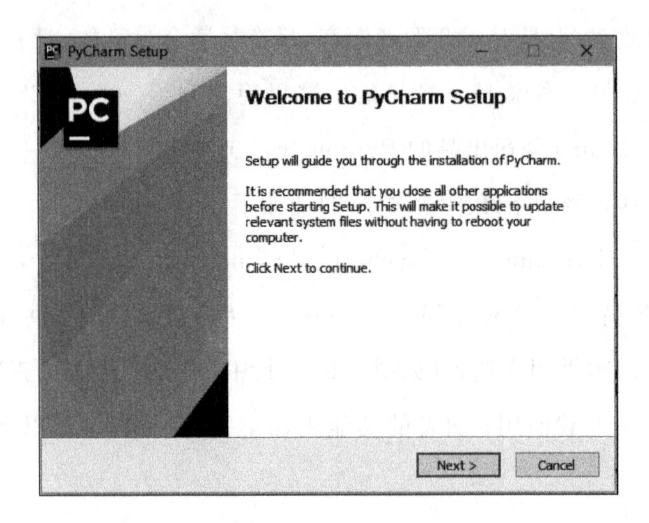

图 1-7 PyCharm 安装程序(Windows 平台)

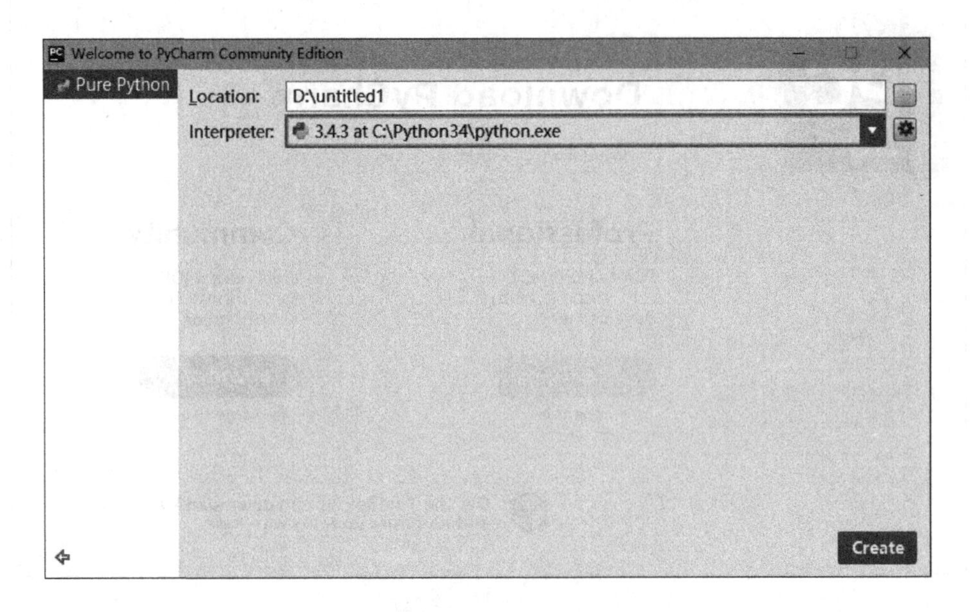

图 1-8 创建新项目

首先修改一些 UI 上的设置,比如修改界面主题,如图 1-9 所示。

然后在编辑界面中显示代码行号,如图 1-10 所示。

接着修改编辑区域中代码的字体和大小,如图 1-11 所示。

如果想要设置软件 UI 中的字体,可以在 Appearance&Behavior 中修改,如图 1-12 所示。

在运行编写的脚本之前,需要添加 Run/Debug 配置,主要是选择一个 Python 解释器,如图 1-13 所示。

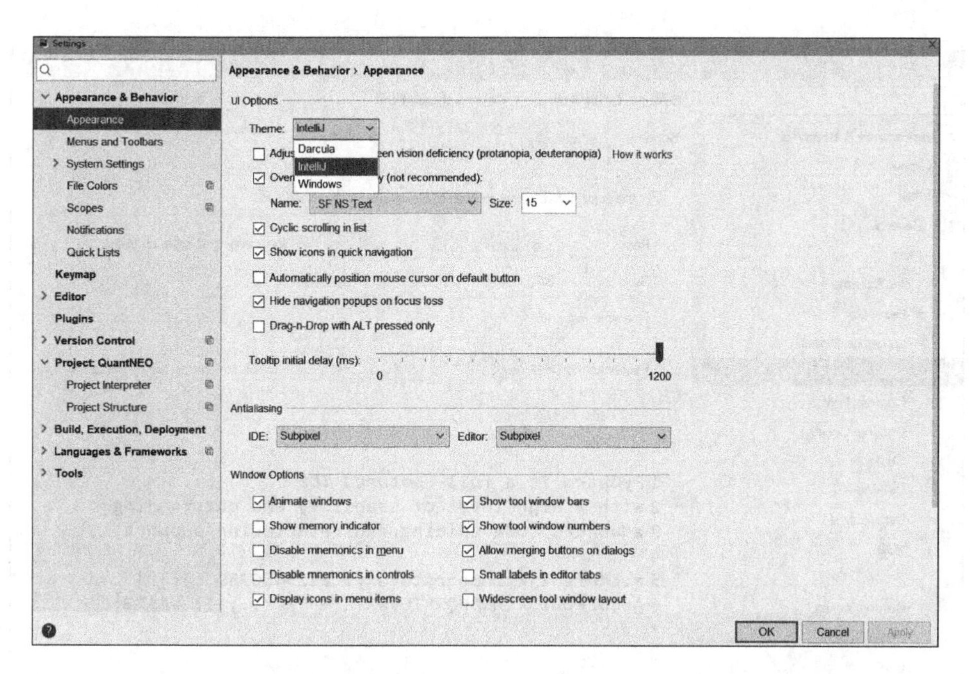

图 1-9　修改界面主题

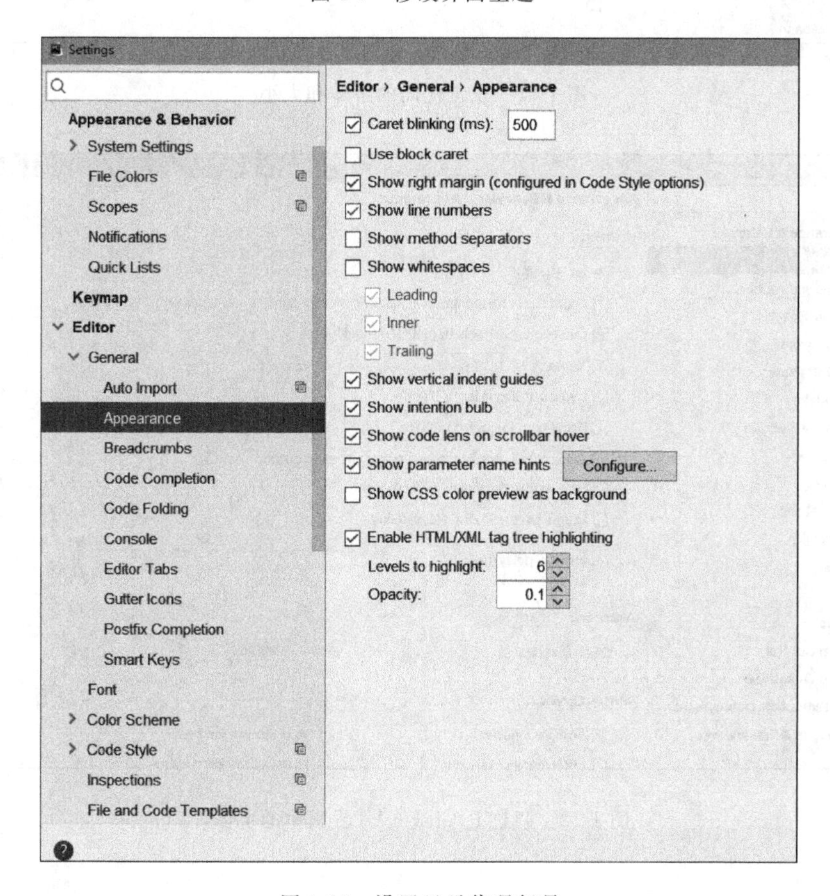

图 1-10　设置显示代码行号

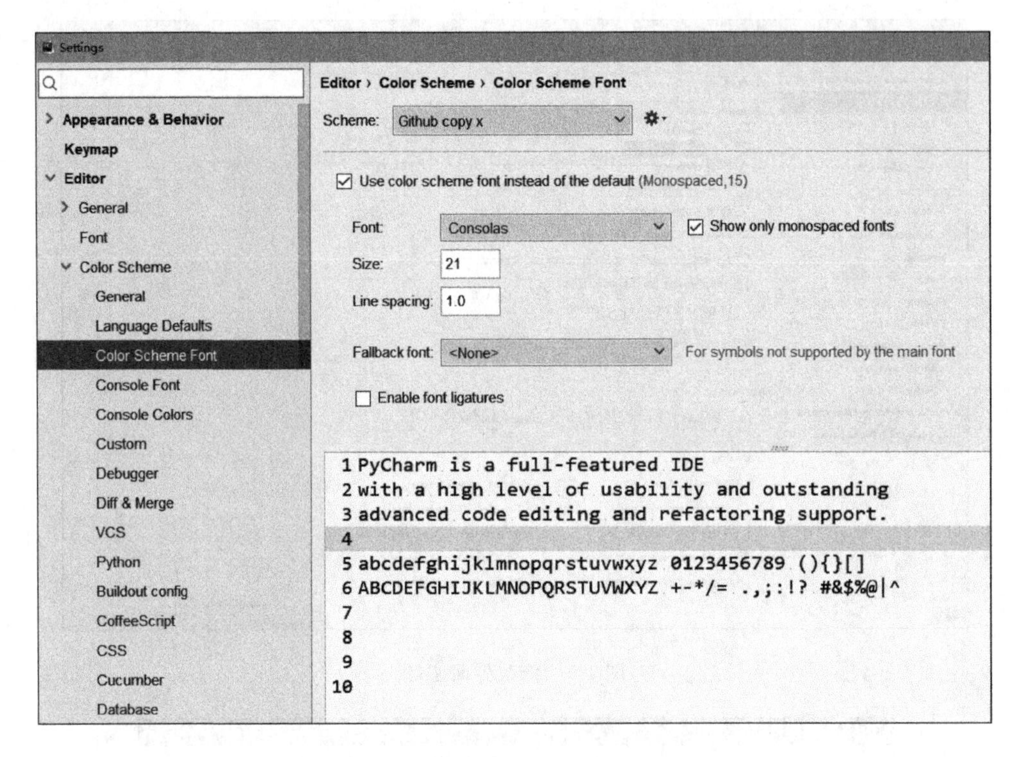

图 1-11 设置代码的字体和大小

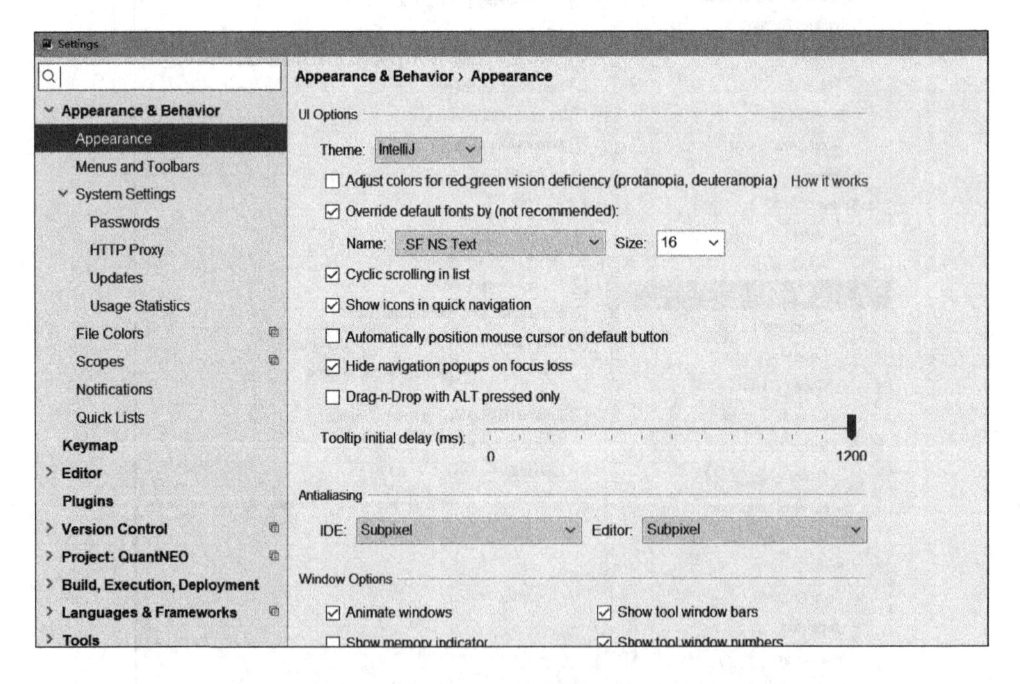

图 1-12 调整 PyCharm UI 界面中的字体

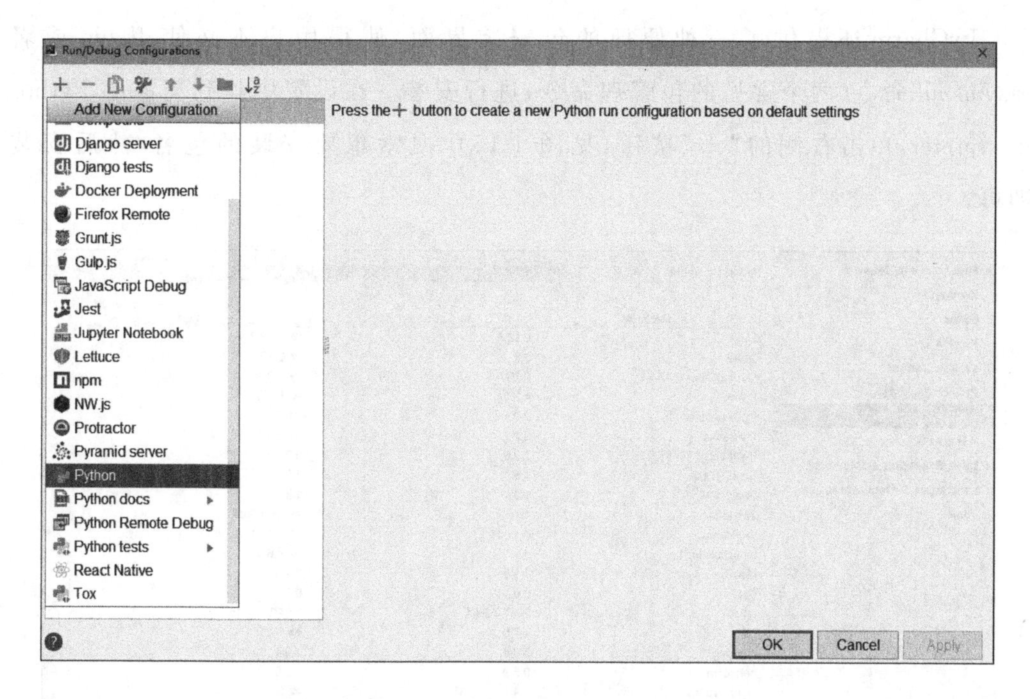

图 1-13 在 PyCharm 中添加 Run/Debug 配置

用户还可以更改代码的高亮显示设置,如图 1-14 所示。

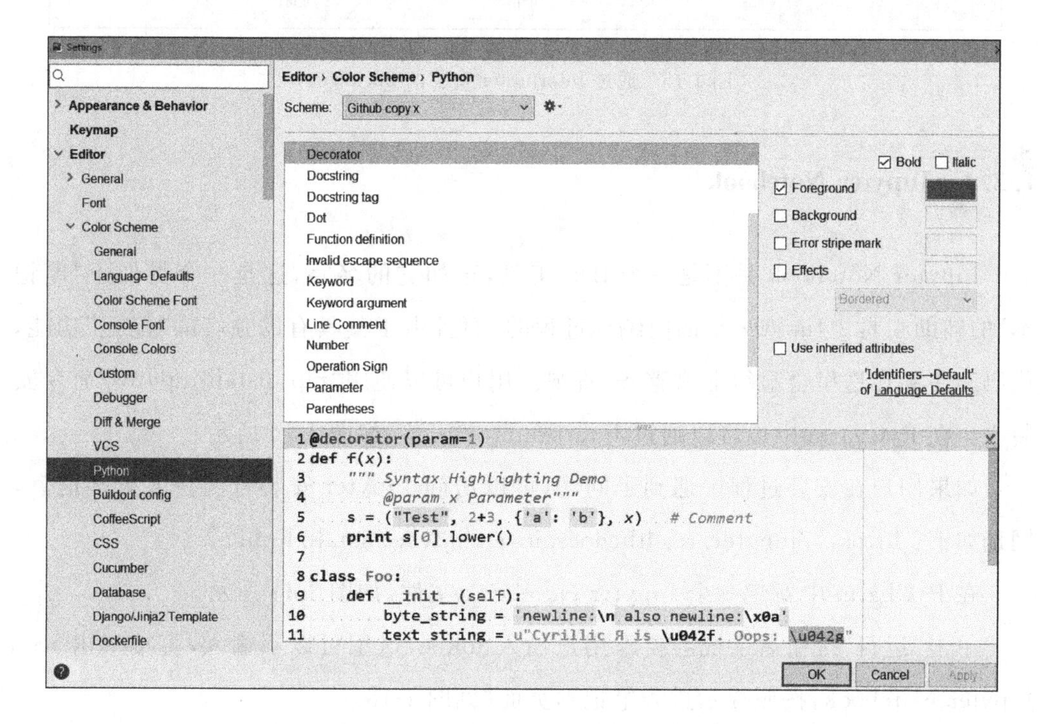


```
1 @decorator(param=1)
2 def f(x):
3     """ Syntax Highlighting Demo
4         @param x Parameter"""
5     s = ("Test", 2+3, {'a': 'b'}, x)   # Comment
6     print s[0].lower()
7
8 class Foo:
9     def __init__(self):
10        byte_string = 'newline:\n also newline:\x0a'
11        text_string = u"Cyrillic Я is \u042f. Oops: \u042g"
```

图 1-14 更改代码的高亮显示设置

PyCharm还提供了一种便捷的包安装界面，使得用户不必使用pip或者easyinstall命令（两个常见的包管理命令）进行安装。在设置中找到当前的Python Interpreter，单击右侧的“+”按钮（见图1-15），搜索想要安装的包名，然后安装即可。

Appearance & Behavior
Keymap
Editor
Plugins
Version Control
Project:
Project Interpreter
Project Structure
Build, Execution, Deployment
Languages & Frameworks
Tools

Project Interpreter:

Package	Version	Latest
Flask	0.10.1	➡ 0.12.2
Jinja2	2.8	➡ 2.10
MarkupSafe	0.23	➡ 1.0
Pillow	4.3.0	➡ 5.0.0
PyDispatcher	2.0.5	2.0.5
PyInstaller	3.2	➡ 3.3.1
Pygments	2.2.0	2.2.0
Send2Trash	1.5.0	1.5.0
SimpleCV	1.3	1.3
Twisted	16.3.2	➡ 18.4.0rc1
Werkzeug	0.11.11	➡ 0.14.1
beautifulsoup4	4.5.1	➡ 4.6.0
bleach	2.1.3	2.1.3
bs4	0.0.1	0.0.1
certifi	2017.7.27.1	➡ 2018.1.18
cffi	1.7.0	➡ 1.11.5
chardet	3.0.4	3.0.4
colorama	0.3.9	0.3.9
cryptography	1.4	➡ 2.2.2
cssselect	0.9.2	➡ 1.0.3
cycler	0.10.0	
decorator	4.2.1	4.2.1
entrypoints	0.2.3	0.2.3
future	0.16.0	0.16.0

图1-15 通过Interpreter安装的Package

1.2.4 Jupyter Notebook

Jupyter Notebook并不是一个IDE工具，正如它的名字，这是一个类似于“笔记本”的辅助工具。Jupyter是面向编程过程的，而且由于其具有的独特的“笔记”功能，代码和注释在这里会显得非常整齐、直观。用户可以使用“pip install jupyter”命令安装它。在PyCharm中也可以通过Interpreter来安装，如图1-16所示。

如果用户在安装过程中遇到了问题，可以访问Jupyter安装官网获取更多信息，网址如下：https://jupyter.readthedocs.io/en/latest/install.html。

在PyCharm中新建一个Jupyter Notebook文件，如图1-17所示。

单击“运行”按钮后系统会要求用户输入token，这里可以不输入，直接单击Run Jupyter Notebook，按照提示进入笔记本页面（见图1-18）。

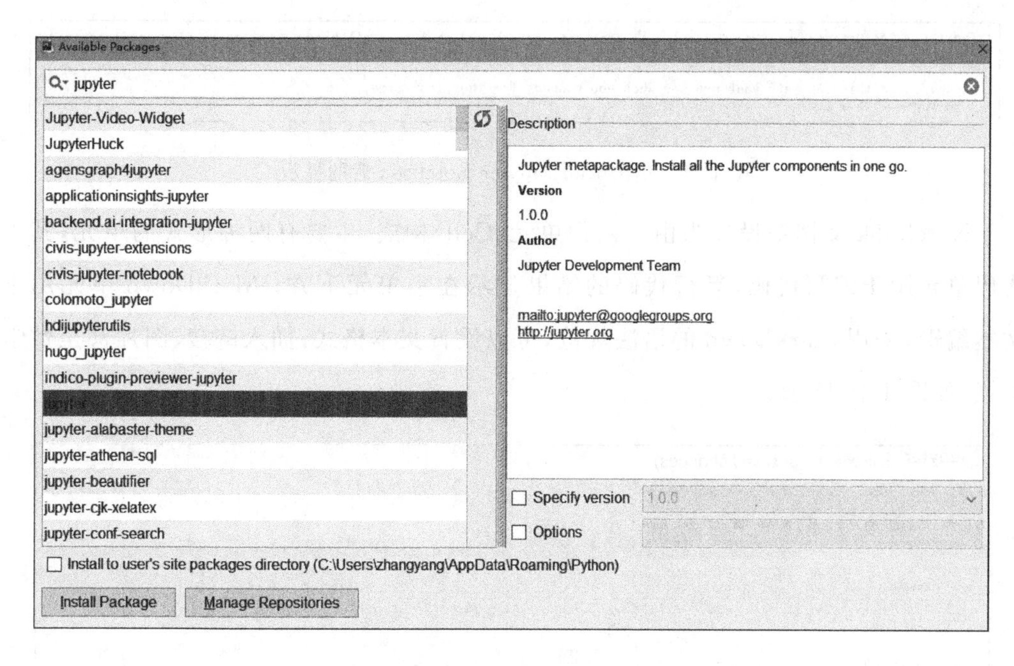

图 1-16　安装 Jupyter

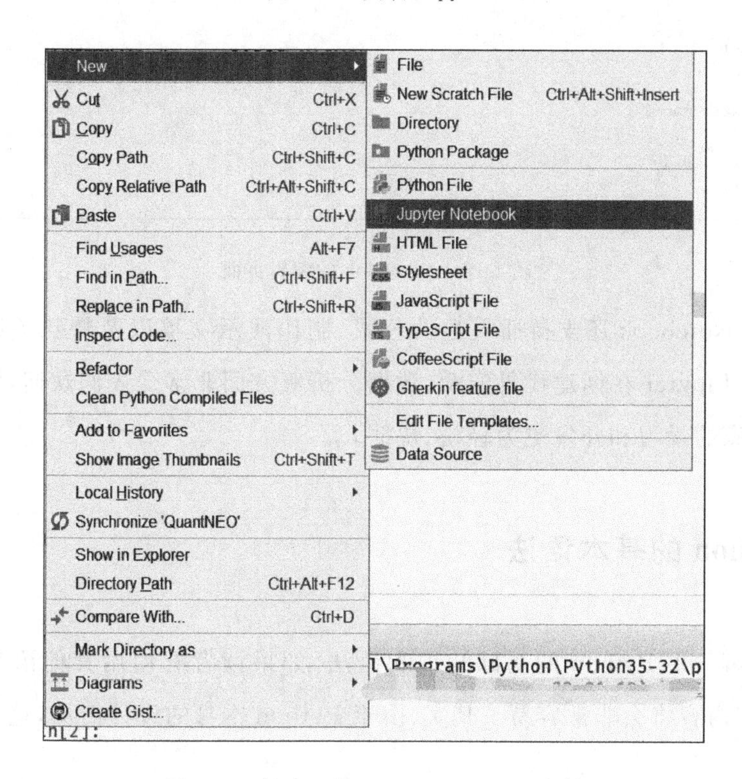

图 1-17　新建一个 Jupyter Notebook 文件

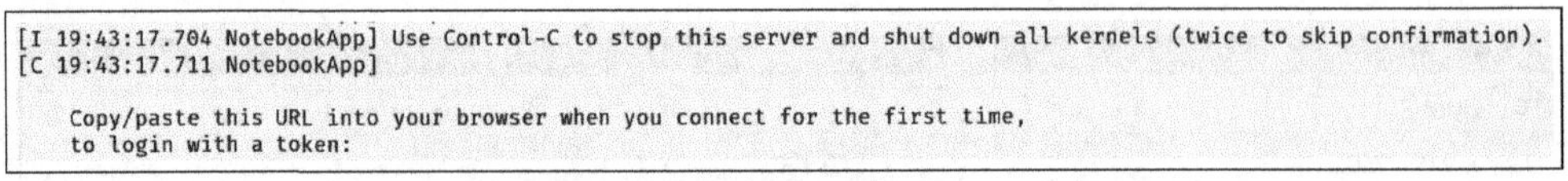

```
[I 19:43:17.704 NotebookApp] Use Control-C to stop this server and shut down all kernels (twice to skip confirmation).
[C 19:43:17.711 NotebookApp]

    Copy/paste this URL into your browser when you connect for the first time,
    to login with a token:
```

图 1-18 单击 Run Jupyter Notebook 后的提示

Notebook 文档被设计为由一系列单元(Cell)构成，主要有两种形式的单元，其中代码单元用于编写代码，运行代码的结果显示在本单元下方；MarkDown 单元用于文本编辑，采用 MarkDown 的语法规范，可以设置文本格式，插入链接、图片甚至数学公式，如图 1-19 所示。

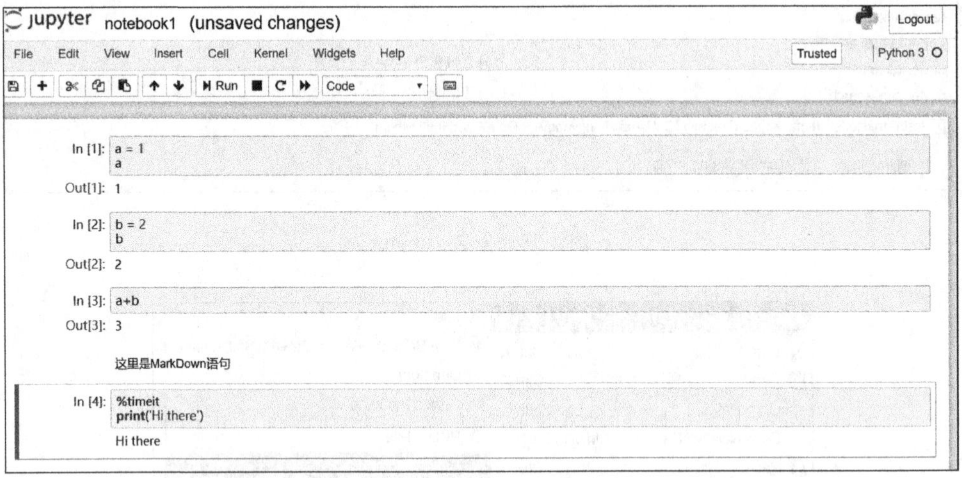

```
jupyter notebook1 (unsaved changes)                                  Logout
File Edit View Insert Cell Kernel Widgets Help              Trusted | Python 3
Run  Code

In [1]: a = 1
        a
Out[1]: 1

In [2]: b = 2
        b
Out[2]: 2

In [3]: a+b
Out[3]: 3

        这里是MarkDown语句

In [4]: %timeit
        print('Hi there')
        Hi there
```

图 1-19 Notebook 的编辑页面

Jupyter Notebook 还支持插入数学公式、制作演示文稿以及特殊关键字等。也正因为如此，Jupyter 在创建代码演示、数据分析等方面非常受人们欢迎，掌握这个工具将会使大家的学习和开发更为轻松、快捷。

1.3 Python 的基本语法

本节讲解一下 Python 的基础知识和语法，如果读者有使用其他语言编程的基础，理解这些内容将会非常容易。其实，由于 Python 本身的设计简洁，这些内容也十分容易掌握。

1.3.1　数据类型

输出一行“Hello, World!”,在C语言中需要的程序语句是这样的:

```
#include <stdio.h>
int main()
{
    printf("Hello, World!");
    return 0;
}
```

而在Python中可以用一行完成。

```
print('Hello, World!')
```

在Python中,每个值都有一种数据类型,但和一些强类型语言不同,用户并不需要直接声明变量的数据类型。Python会根据每个变量的初始赋值情况分析其类型,并在内部对其进行跟踪。在Python中内置的数据类型主要如下。

- Number:数值类型,可以是Integers(1和2)、Float(1.1和1.2)、Fractions(1/2和2/3),或者是Complex Number(数学中的复数)。
- String:字符串,主要描述文本。
- List:列表,一个包含元素的序列。
- Tuple:元组,和列表类似,但它是不可变的。
- Set:一个包含元素的集合,其中的元素是无序的。
- Dict:字典,由一些键值对构成。
- Boolean:布尔类型,其值为True或为False。
- Byte:字节,例如一个以字节流表示的JPG文件。

下面从Number中的int开始,使用type关键字获取某个数据的类型:

```
print(type(1))          # <class 'int'>
a = 1 + 2//3            # "//"表示整除
print(a)                # 1
print(type(a))          # <class 'int'>
```

【提示】　不同于C语言使用/*…*/、C++使用“//”的形式进行注释,在Python

中注释通过“#”开头的字符串体现。注释内容不会被Python解释器作为程序语句。

在int和float之间，Python一般会使用是否有小数点来做区分：

```
a = 9 ** 9                # “**”表示幂次
print(a)                  # 387420489
print(type(a))            # <class 'int'>

b = 1.0
print(b)                  # 1.0
print(type(b))            # <class 'float'>
```

这里需要注意的是，把一个int与一个int相加将得到一个int，但把一个int与一个float相加将得到一个float，这是因为Python会把int强制转换为float以进行加法运算：

```
c = a + b
print(c)
print(type(c))
# 输出
# <class 'float'>
# 387420490.0
# <class 'float'>
```

使用内置的关键字进行int与float之间的强制转换是经常用到的：

```
int_num = 100
float_num = 100.1
print(float(int_num))
print(int(float_num))
# 输出
# - 100.0
# - 100
```

在Python 2中曾有int和long(长整数类型)的区分，但在Python 3中int吸收了2.x版本中的int和long，不再对较大的整数和较小的整数做区分。有了数值，就有了数值运算：

```
a, b, c = 1, 2, 3.0
# 一种赋值方法，此时a为1，b为2，c为3.0

print(a + b)          # 加法
print(a - b)          # 减法
```

```
print(a * c)                    # 乘法
print(a/c)                      # 除法
print(a//b)                     # 整除
print(b ** b)                   # 求幂次
print(b % a)                    # 求余
# 输出
# 3
# -1
# 3.0
# 0.3333333333333333
# 0
# 4
# 0
```

在 Python 中还有相对比较特殊的分数和复数，分数可以通过 fractions 模块中的 Fraction 对象构造：

```
import fractions                # 导入分数模块
a = fractions.Fraction(1,2)
b = fractions.Fraction(3,4)
print(a + b)                    # 输出5/4
```

复数可以使用函数 complex(real, imag)或者带有后缀 j 的浮点数来创建：

```
a = complex(1,2)
b = 2 + 3j
print(type(a),type(b))          # <class 'complex'><class 'complex'>
print(a + b)                    # (3 + 5j)
print(a * b)                    # (-4 + 7j)
```

布尔类型本身非常简单，Python 中的布尔类型以 True 和 False 两个常量为值：

```
print(1 < 2)                    # True
print(1 > 2)                    # False
```

Python 中对布尔类型和 if else 判断的结合比较灵活，这些内容将在实际编程中详细探讨。

在介绍字符串之前先对 list(列表)和 tuple(元组)做简单的了解，因为 list 涉及 Python 中一个非常重要的概念——可迭代对象。对于列表而言，序列中的每一个元素都在一个固定的位置上(称为索引)，索引从“0”开始。列表中的元素可以是任何数据类型，Python 中列表对应的是中括号“[]”的表示形式。

```
l1 = [1,2,3,4]
print(l1[0])                    # 通过索引访问元素,输出1
print(l1[1])                    # 输出2
print(l1[ - 1])                 # 输出4
# 使用负索引值可以从列表的尾部向前计数访问元素
# 任何非空列表的最后一个元素总是list[ - 1]
```

列表切片(slice)可以简单地描述为从列表中取一部分的操作,通过指定两个索引值,可以从列表中获取称为“切片”的某个部分。其返回值是一个新列表,从第一个索引开始,到第二个索引结束(不包含第二个索引的元素)。列表切片的使用非常灵活:

```
l1 = [ i for i in range(20)]            # 列表解析语句
# l1 中的元素为从0 到20(不含 20)的所有整数
print(l1)
print(l1[0:5]) # 取l1 中的前5 个元素
# 输出:[0, 1, 2, 3, 4]
print(l1[15: - 1])                      # 取索引为15 的元素到最后一个元素(不含最后一个)
# 输出:[15, 16, 17, 18]
print(l1[:5])                           # 取前5 个,“0”可省略
# 如果左切片索引为零,可以将其留空而将零隐去;如果右切片索引为列表的长度,也可以将其
#留空
# [0, 1, 2, 3, 4]
print(l1[1:])                           # 取除了索引为0 的元素(第一个)之外的所有元素
# [1, 2, 3, 4, 5, 6, 7, 8, 9, 10, 11, 12, 13, 14, 15, 16, 17, 18, 19]
l2 = l1[:]                              # 取所有元素,其实是复制列表
print(l1[::2])                          # 指定步数,取所有偶数索引
# 输出:[0, 2, 4, 6, 8, 10, 12, 14, 16, 18]
print(l1[:: - 1])                       # 倒着取所有元素
# 输出:[19, 18, 17, 16, 15, 14, 13, 12, 11, 10, 9, 8, 7, 6, 5, 4, 3, 2, 1, 0]
```

向一个 list 中添加新元素的方法也有很多,常见的如下:

```
l1 = ['a']
l1 = l1 + ['b']
print(l1)
# ['a', 'b']
l1.append('c')
l1.insert(0,'x')
l1.insert(len(l1),'y')
print(l1)
# ['x', 'a', 'b', 'c', 'y']
l1.extend(['d','e'])
```

```
print(l1)
# ['x', 'a', 'b', 'c', 'y', 'd', 'e']
l1.append(['f','g'])
print(l1)
# ['x', 'a', 'b', 'c', 'y', 'd', 'e', ['f', 'g']]
```

这里要注意的是 extend()接收一个列表,并把其元素分别添加到原有的列表,类似于“扩展”;而 append()是把参数(参数有可能也是一个列表)作为一个元素整体添加到原有的列表中。insert()方法会将单个元素插入到列表中。其第一个参数是列表中将插入的位置(索引)。

从列表中删除元素的方法也有很多:

```
#从列表中删除
del l1[0]
print(l1)
# ['a', 'b', 'c', 'y', 'd', 'e', ['f', 'g']]
l1.remove('a') # remove()方法接受一个 value 参数,并删除列表中该值的第一次出现
print(l1)
# ['b', 'c', 'y', 'd', 'e', ['f', 'g']]
l1.pop()       # 如果不带参数调用, pop()方法将删除列表中最后的元素,并返回所删除的值
print(l1)
# ['b', 'c', 'y', 'd', 'e']
l1.pop(0)      # 可以给 pop 一个特定的索引值
print(l1)
# ['c', 'y', 'd', 'e']
```

元组(tuple)与列表非常相似,最大的区别在于元组是不可修改的,在定义之后就“固定”了,并且元组在形式上是用“()”括起来的。由于元组是“冻结”的,所以不能插入或删除元素。它的其他一些操作与列表类似:

```
t1 = (1,2,3,4,5)
print(t1[0])          # 1
print(t1[:: - 1])     # (5, 4, 3, 2, 1)
print(1 in t1)        # 检查“1”是否在 t1 中
print(t1.index(5))    # 返回某个值对应的元素索引,输出 4
```

【提示】 元素可修改与不可修改是列表与元组最大(或者说唯一)的区别,除了修改内部元素的操作以外,其他列表适用的操作基本上都可以用于元组。

在创建一个字符串时将其用引号括起来,引号可以是单引号(')或者双引号("),两者没有区别。字符串也是一个可迭代对象,因此与取得列表中的元素一样,也可以

通过下标记号取得字符串中的某个字符，一些适用于list的操作同样适用于str：

```
str1 = 'abcd'
print(str1[0])                    # 索引访问
# a

print(str1[:2])                   # 切片
# ab
str1 = str1 + 'efg'
print(str1)
# abcdefg
str1 = str1 + 'xyz' * 2
print(str1)                       # abcdefgxyzxyz
# 格式化字符串
print('{} is a kind of {}.'.format('cat','mammal'))
# 输出:cat is a kind of mammal.

# 显式指定字段
print('{3} is in {2}, but {1} is in {0}'.format('china','shanghai','us','new york'))
# 输出:new york is in us, but shanghai is in china

# 以3个引号标记多行字符串
long_str = '''I love this girl,
but I don't know if she likes me,
what I can do is to keep calm and stay alive.
'''
print(long_str)
```

集合的特点是无序且值唯一，创建集合和操作集合的常见方式如下：

```
set1 = {1,2,3}
l1 = [4,5,6]
set2 = set(l1)
print(set1)                       # {1,2,3}
print(set2)                       # {4,5,6}

# 添加元素
set1.add(10)
print(set1)
# {10, 1, 2, 3}
set1.add(2)                       # 无效语句,因为"2"在集合中已经存在
print(set1)
# {10, 1, 2, 3}
set1.update(set2)                 # 类似于list 的extend()操作
```

```
print(set1)
# {1, 2, 3, 4, 5, 6, 10}

# 删除元素
set1.discard(4)
print(set1)
# {1, 2, 3, 5, 6, 10}
set1.remove(5)
print(set1)
# {1, 2, 3, 6, 10}
set1.discard(20) # 无效语句,不会报错
# 使用remove()去除一个并不存在的值时会报错
# set1.remove(20)
set1.clear()
print(set1)                                # 清空集合

set1 = {1,2,3,4}
# 并集、交集与差集
print(set1.union(set2))                    # 在set1 或者set2 中的元素
# {1, 2, 3, 4, 5, 6}
print(set1.intersection(set2))             # 同时在set1 和set2 中的元素
# {4}
print(set1.difference(set2))               # 在set1 中但不在set2 中的元素
# {1, 2, 3}
print(set1.symmetric_difference(set2))     # 只在set1 或只在set2 中的元素
# {1, 2, 3, 5, 6}
```

字典(dict)相对于列表、元组和集合显得稍微复杂一点,Python 中的字典是键值对(key-value)的无序集合。在形式上它和集合类似,创建字典和操作字典的基本方式如下:

```
d1 = {'a':1,'b':2}                                  # 使用"{}"创建
d2 = dict([['apple','fruit'],['lion','animal']])    # 使用dict 关键字创建
d3 = dict(name = 'Paris', status = 'alive', location = 'Ohio')
print(d1) # {'a': 1, 'b': 2}
print(d2) # {'apple': 'fruit', 'lion': 'animal'}
print(d3) # {'status': 'alive', 'location': 'Ohio', 'name': 'Paris'}

# 访问元素
print(d1['a'])                                      # 1
print(d3.get('name'))                               # Paris
# 使用get()方法获取不存在的键值对不会触发异常

# 修改字典——添加或更新键值对
d1['c'] = 3
```

```
print(d1) # {'a': 1, 'b': 2, 'c': 3}
d1['c'] =- 3
print(d1) # {'c': -3, 'a': 1, 'b': 2}
d3.update(name = 'Jarvis',location = 'Virginia')
print(d3) # {'location': 'Virginia', 'name': 'Jarvis', 'status': 'alive'}

# 修改字典——删除键值对
del d1['b']
print(d1) # {'c': -3, 'a': 1}
d1.pop('c')
print(d1) # {'a': 1}

# 获取keys或values
print(d3.keys()) # dict_keys(['status', 'name', 'location'])
print(d3.values()) # dict_values(['alive', 'Jarvis', 'Virginia'])
for k,v in d3.items():
    print('{}:\t{}'.format(k,v))
# name:     Jarvis
# location:     Virginia
# status:  alive
```

Python 中的列表、元组、集合和字典是几种最基本的数据结构，使用起来非常灵活，与 Python 的一些语法配合会非常简洁、高效，掌握这些基本知识和操作是用户进行后续开发的基础。

1.3.2 逻辑语句

与很多其他语言一样，Python 也有自己的条件语句和循环语句，不过 Python 中的这些表示程序结构的语句并不需要用括号(例如“{}”)括起来，而是以一个冒号作为结尾，以缩进作为语句块。if、else、elif 关键字是条件选择语句的关键：

```
a = 1
if a > 0:
    print('Positive')
else:
    print('Negative')
# 输出: Positive

b = 2
if b < 0:
    print('b is less than zero')
elif b < 3:
    print('b is not less than zero but less than three')
```

```
elif b < 5:
    print('b is not less than three but less than five')
else:
    print('b is equal to or greater than five')
# 输出: b is not less than zero but less than three
```

熟悉 C/C++语言的用户可能很希望 Python 提供 switch 语句,但在 Python 中并没有这个关键字,也没有这个语句结构,用户可以通过 if-elif-elif-…这样的结构代替,或者使用字典实现。例如:

```
d = {
    '+': lambda x, y: x + y,
    '-': lambda x, y: x - y,
    '*': lambda x, y: x * y,
    '/': lambda x, y: x / y
}
op = input()
x = input()
y = input()
print(d[op](int(x), int(y)))
```

这段代码实现的功能是输入一个运算符,再输入两个数字,返回其计算的结果,例如输入"+12",输出"3"。这里需要说明的是,input()是读取屏幕输入的方法(在 Python 2 中常用的 raw_input()不是一个好选择),lambda 关键字代表了 Python 中的匿名函数。

Python 中的循环语句主要有两种,一种的标志是关键字 for,一种的标志是关键字 while。

Python 中的 for 接收可迭代对象(例如 list 或迭代器)作为参数,每次迭代其中一个元素:

```
for item in ['apple','banana','pineapple','watermelon']:
    print(item,end = '\t')
# 输出: apple banana pineapple    watermelon
```

for 还经常与 range()和 len()一起使用:

```
l1 = ['a','b','c','d']
for i in range(len(l1)):
    print(i,l1[i])
```

```
# 输出
# 0 a
# 1 b
# 2 c
# 3 d
```

【提示】 如果想要输出列表中的索引和对应的元素，除了上面的方法以外，还有更符合 Python 风格的方法，详见附录 A 中的 enumerate(枚举)说明。

while 循环的形式如下：

```
while expression:
    while_suit_codes...
```

语句 while_suit_codes 会被连续不断地循环执行，直到表达式的值为 False，接着 Python 会执行下一句代码。在 for 循环和 while 循环中也会用到 break 和 continue 关键字，分别代表终止循环和跳过当次循环开始下一次循环：

```
i = 0
while True:
    i += 1
    if i % 2 == 0:
        continue        # 当 i 为偶数时跳过当次循环开始下一次循环
    print(i, end = '\t')
    if i > 10:
        break
# 输出：1 3   5   7   9   11
```

说到循环，不能不提列表解析(或者翻译为“列表推导”)，在形式上，它是将循环和条件判断放在了列表的“[]”初始化中。举个例子，构造一个包含 10 以内的所有奇数的列表，使用 for 循环添加元素：

```
l1 = []
for i in range(11):
    # 当 range()函数省略 start 参数时，系统自动认为从 0 开始
    if i % 2 == 1:
        l1.append(i)
print(l1)        # [1, 3, 5, 7, 9]
```

使用列表解析：

```
l1 = [i for i in range(11) if i % 2 == 1]
print(l1)   # [1, 3, 5, 7, 9]
```

这种“推导”(解析)也适用于字典和集合。在这里没有说“元组”,是因为元组的括号(圆括号)表示推导时会被 Python 识别为生成器,关于生成器的具体概念,可以见本书末的附录 A。在一般情况下,如果需要快速构建一个元组,可以选择先进行列表推导,再使用 tuple()将列表“冻结”为元组:

```
# 使用推导快速反转一个字典的键值对
d1 = {'a': 1, 'b': 2, 'c': 3}

d2 = {v: k for k, v in d1.items()}
print(d2)              # {1: 'a', 2: 'b', 3: 'c'}

# 下面的语句并不是“元组”推导
t1 = (i ** 2 for i in range(5))
print(type(t1))       # <class 'generator'>
print(tuple(t1))      # (0, 1, 4, 9, 16)
```

Python 中的异常处理比较简单,核心语句是 try…except…结构,可能触发异常产生的代码会放到 try 语句块里,而处理异常的代码会在 except 语句块里实现:

```
try:
    dosomething..
except Error as e:
    dosomething..
```

异常处理语句也可以写得非常灵活,例如同时处理多个异常:

```
#处理多个异常
try:
   file = open('test.txt', 'rb')
except (IOError, EOFError) as e:   # 同时处理这两个异常
   print("An error occurred. {}".format(e.args[ - 1]))

# 另一种处理这两个异常的方式
try:
   file = open('test.txt', 'rb')
except EOFError as e:
   print("An EOF error occurred.")
   raise e
```

```
except IOError as e:
    print("An IO error occurred.")
    raise e

# 处理所有异常的方式
try:
    file = open('test.txt', 'rb')
except Exception: # 捕获所有异常
    print("Exception here.")
```

有时候，在异常处理中会使用 finally 语句，而在 finally 语句下的代码块无论异常是否触发都将会被执行：

```
try:
    file = open('test.txt', 'rb')
except IOError as e:
    print('An IOError occurred. {}'.format(e.args[-1]))
finally:
    print("This would be printed whether or not an exception occurred!")
```

1.3.3 Python中的函数与类

在 Python 中，声明和定义函数使用 def(代表“define”)语句，在缩进块中编写函数体，函数的返回值用 return 语句返回：

```
def func(a, b):
    print('a is {},b is {}'.format(a, b))
    return a + b

print(func(1, 2))
# a is 1,b is 2
# 3
```

如果没有显式的 return 语句，函数会自动返回 None。另外，用户也可以使函数一次返回多个值，这实际上是一个元组：

```
def func(a, b):
    print('a is {},b is {}'.format(a, b))
    return a + b, a - b

c = func(1,2)
```

```
# a is 1,b is 2
print(type(c))              # <class 'tuple'>
print(c)                    # (3, -1)
```

对于暂时不想实现的函数，可以使用“pass”作为占位符，否则 Python 会对缩进的代码块报错：

```
def func(a, b):
    pass
```

pass 也可用于其他地方，比如 if 和 for 循环：

```
if 2 < 3:
    pass
else:
    print('2 > 3')

for i in range(0,10):
    pass
```

在函数中可以设置默认参数：

```
def power(x,n = 2):
    return x ** n

print(power(3))             # 9
print(power(3,3))           # 27
```

当有多个默认参数时会按照顺序逐个传入，用户也可以在调用时指定参数名：

```
def powanddivide(x,n = 2,m = 1):
    return x ** n/m

print(powanddivide(3,2,5))          # 1.8
print(powanddivide(3,m = 1,n = 2))  # 9.0
```

在 Python 中类使用“class”关键字定义：

```
class Player:
    name = ''
    def __init__(self,name):
        self.name = name
```

```
pl1 = Player('PlayerX')
print(pl1.name) # PlayerX
```

在定义好类以后，就可以根据类创建出一个实例。在类中的函数一般称为方法，简单地说，方法就是与实例绑定的函数，和普通函数不同，方法可以直接访问或操作实例中的数据。

【提示】 Python 中的方法有实例方法、类方法、静态方法之分，该部分是 Python 面向对象编程中的一个重点概念，但是这里为了简化说明，统一称为"方法"或者"函数"。

类是 Python 编程的核心概念之一，这主要是因为"Python 中的一切都是对象"。一个类可以写得非常复杂，下面的代码就是 requests 模块中的 Request 类及其__init__()方法(部分代码)：

```
class Request(RequestHooksMixin):
    """A user - created :class:'Request <Request >' object.

    Used to prepare a :class:'PreparedRequest <PreparedRequest >', which is sent to the
server.

    :param method: HTTP method to use.
    :param url: URL to send.
    :param headers: dictionary of headers to send.
    :param files: dictionary of {filename: fileobject} files to multipart upload.
    :param data: the body to attach to the request. If a dictionary is provided, form -
encoding will take place.
    :param json: json for the body to attach to the request (if files or data is not
specified).
    :param params: dictionary of URL parameters to append to the URL.
    :param auth: Auth handler or (user, pass) tuple.
    :param cookies: dictionary or CookieJar of cookies to attach to this request.
    :param hooks: dictionary of callback hooks, for internal usage.

    Usage::

      >>> import requests
      >>> req = requests.Request('GET', 'http://httpbin.org/get')
      >>> req.prepare()
      <PreparedRequest [GET]>
    """

    def __init__(self,
```

```
        method = None, url = None, headers = None, files = None, data = None,
        params = None, auth = None, cookies = None, hooks = None, json = None):

    # Default empty dicts for dict params.
    ...
```

1.3.4　如何学习 Python

Python 语言简洁明快、涵盖广泛且不烦琐，因此受到越来越多开发者的欢迎，关于 Python 的入门学习和基础知识资料也越来越多。如果读者想系统性地打好 Python 基础，可以阅读 *Dive into Python* 和 *Learn Python the Hard Way* 等书籍；如果已经有了不错的掌握，想要获得一些相对“高深复杂”的内容介绍，可以参考 *Python the Cookbook* 和 *Fluent Python* 等资料。但无论选择哪些资料作为参考，不要忘了“learn by doing”，俗话说“光说不练假把式”，一切都要从代码出发，从实践出发，动手学习，这样才能取得更快、更大的进步。本书的附录 A 中提供了 Python 中相对不太“简单”的知识，一些是书中涉及但没有详细说明的，一些是开发者经常用到的实用内容，也可供读者参考。

1.4　互联网、HTTP 与 HTML

1.4.1　互联网与 HTTP 协议

互联网又叫国际网(Internet)，是指网络与网络之间所连成的庞大网络，这些网络以一组标准的网络 TCP/IP 协议族相连，连接全世界的几十亿个设备，形成逻辑上的单一、巨大国际网络。它是由从地方到全球范围内的几百万个私人的、学术界的、企业的和政府的网络所构成，通过电子、无线、光纤和网络等一系列技术联系在一起(见图 1-20)。这种将计算机网络互相连接在一起的方法称为“网络互联”，在这个基础上发展出的覆盖全世界的全球性互联网络称为互联网，即互相连接在一起的网络。

【提示】 互联网并不等于万维网(WWW)，万维网只是一个基于超文本相互连接而成的全球性系统，且是互联网所能提供的服务之一。互联网带有范围广泛的信息资源和服务，例如相互关系的超文本文件，还有万维网的应用、支持电子邮件的基础设施、点对点网络、文件共享以及IP电话服务。

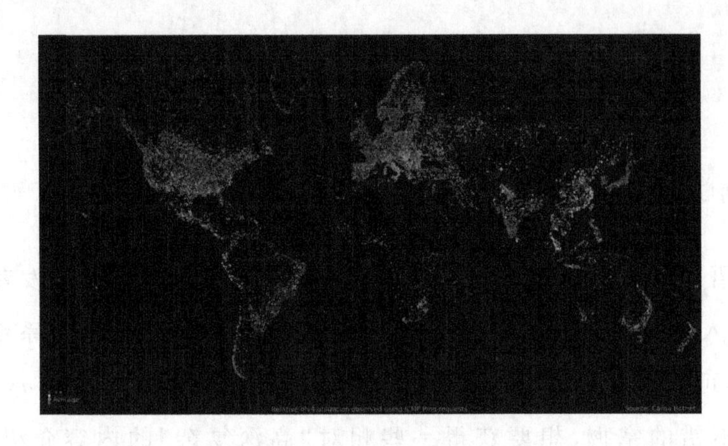

图1-20 全球互联网的使用情况

HTTP是一个客户端终端(用户)和服务器端(网站)请求和应答的标准，通过使用网页浏览器、网络爬虫或者其他工具，客户端可以发起一个HTTP请求到服务器上的指定端口(默认端口为80)，通常称这个客户端为用户代理程序(user agent)。在应答的服务器上存储着一些资源，比如HTML文件和图像，通常称这个应答服务器为源服务器(origin server)。在用户代理和源服务器中间可能存在多个“中间层”，比如代理服务器、网关或者隧道(tunnel)。尽管TCP/IP协议是互联网上最流行的应用，在HTTP中却没有规定必须使用它或它支持的层。

事实上，HTTP可以在任何互联网协议上或其他网络上实现。HTTP假定其下层协议提供可靠的传输，因此任何能够提供这种保证的协议都可以被其使用，也就是其在TCP/IP协议族使用TCP作为传输层。通常，由HTTP客户端发起一个请求，创建一个到服务器指定端口(默认是80端口)的TCP连接，HTTP服务器则在那个端口监听客户端的请求，一旦收到请求，服务器会向客户端返回一个状态，比如“HTTP/1.1 200 OK”，以及返回一些内容，例如请求的文件、错误消息或者其他信息。

HTTP的请求方法有很多种，主要如下。

- GET：向指定的资源发出“显示”请求。GET方法应该只用于读取数据，而不应该被用于产生“副作用”的操作中(例如Web Application中)，其中一个原因是GET可能会被网络蜘蛛等随意访问。

- HEAD：与 GET 方法一样，都是向服务器发出指定资源的请求，只不过服务器不传回资源的内容部分。使用该方法的好处在于可以在不传输全部内容的情况下就能获取其中关于该资源的信息(元信息或称元数据)。
- POST：向指定资源提交数据，请求服务器进行处理(例如提交表单或者上传文件)。数据被包含在请求文本中。这个请求可能会创建新的资源或修改现有资源，或二者皆有。
- PUT：向指定资源位置上传其最新内容。
- DELETE：请求服务器删除 Request-URI 所标识的资源。
- TRACE：回显服务器收到的请求，主要用于测试或诊断。
- OPTIONS：这个方法可以使服务器传回该资源支持的所有 HTTP 请求方法。通常用"*"来代替资源名称，向 Web 服务器发送 OPTIONS 请求，可以测试服务器的功能是否正常运作。
- CONNECT：HTTP 1.1 中预留给能够将连接改为管道方式的代理服务器，通常用于 SSL 加密服务器的连接(经由非加密的 HTTP 代理服务器)。其方法的名称是区分大小写的。当某个请求针对的资源不支持对应的请求方法的时候，服务器应当返回状态码 405(Method Not Allowed)，当服务器不认识或者不支持对应的请求方法的时候，应当返回状态码 501(Not Implemented)。

1.4.2　HTML

HTML(HyperText Markup Language)是指超文本标记语言，它是一种用于创建网页的标准标记语言。与 HTTP 不同的是，HTML 是一种基础技术，常与 CSS、JavaScript 一起被众多网站用于设计令人赏心悦目的网页、网页应用程序以及移动应用程序的用户界面。网页浏览器可以读取 HTML 文件，并将其渲染成可视化网页。HTML 描述了一个网站的结构语义随着线索的呈现方式，使之成为一种标记语言而非编程语言。HTML 元素是构建网站的基石。HTML 允许嵌入图像与对象，并且可以用于创建交互式表单，它被用来结构化信息，例如标题、段落和列表等，也可用来在一定程度上描述文档的外观和语义。HTML 的语言形式为尖括号包围的 HTML 元素(例如<html>)，浏览器使用 HTML 标签和脚本来诠释网页内容，但不会将它们显示在页面上。HTML可以嵌入JavaScript等脚本语言,它们会影响HTML网页的行为。网页浏览器也可以引用层叠样式表(CSS)来定义文本和其他元素的外观与布局。维护HTML和CSS标准的组织——万维网联盟(W3C)鼓励人们使用CSS代替一些用于表现的HTML元素。

HTML标记包含标签(及其属性)、基于字符的数据类型、字符引用和实体引用等几个关键部分。HTML标签是最常见的,通常成对出现,例如< h1 >与</h1 >。在这些成对出现的标签中,第一个标签是开始标签,第二个标签是结束标签。两个标签之间为元素的内容,有些标签没有内容,为空元素,例如< img >。HTML的另一个重要组成部分为文档类型声明,它会触发标准模式渲染。

HTML文档由嵌套的HTML元素构成,它们用HTML标签表示,包含于尖括号中,例如< p >。在一般情况下,一个元素由一对标签表示,例如开始标签< p >与结束标签</p >。如果元素含有文本内容,就会被放置在这些标签之间。在开始标签与结束标签之间也可以封装另外的标签,包括标签与文本的混合。这些嵌套元素是父元素的子元素。开始标签也可以包含标签属性。这些属性有标识文档区段、将样式信息绑定到文档演示,以及为< img >等标签嵌入图像、引用图像来源等作用。一些元素(如换行符< br >)不允许嵌入任何内容,无论是文字还是其他标签。这些元素只需一个单一的空标签(类似于一个开始标签),无须结束标签。许多标签是可选的,尤其是很常用的段落元素< p >的闭合端标签。HTML浏览器或其他媒介可以从上下文识别出元素的闭合端以及由HTML标准所定义的结构规则,这些规则非常复杂。

一个HTML元素的一般形式为"<标签属性1="值1"属性2="值2">内容</标签>。"一个HTML元素的名称即为标签使用的名称。注意,在结束标签的名称前面有一个斜杠"/",空元素不需要也不允许结束标签。如果元素属性未标明,则使用其默认值。

HTML文档的页眉为< head >...</head >部分。标题被包含在头部,例如:

```
<head>
    <title>Title</title>
</head>
```

HTML标题由< h1 >~< h6 >共6个标签构成,字体由大到小递减:

```
<h1>标题 1</h1>
<h2>标题 2</h2>
<h3>标题 3</h3>
<h4>标题 4</h4>
<h5>标题 5</h5>
<h6>标题 6</h6>
```

段落：

```
<p>第一段</p>
<p>第二段</p>
```

换行符为
。
与<p>的差异在于，
换行但不改变页面的语义结构，而<p>部分的页面成段。

```
<p>
这是一个<br>使用 br<br>换行<br>的段落。
</p>
```

通常使用<a>标签创建链接，href=属性包含链接的URL地址。

```
<a href = "http://www.baidu.com">一个指向百度的链接</a>
```

注释：

```
<! -- 这是一行注释 -->
```

大多数元素的属性以“名称-值”的形式成对出现，由“=”分离并写在开始标签元素名之后。值一般由单引号或双引号包围，有些值的内容包含特定字符，在HTML中可以去掉引号(XHTML不行)。不加引号的属性值被认为是不安全的。有些属性无须成对出现，仅存在于开始标签中即可影响元素，例如img元素的ismap属性。需要注意的是，许多元素存在一些共同的属性。

- id属性：为元素提供了在全文档内的唯一标识。它用于识别元素，以便样式表可以改变其表现属性，脚本可以改变、显示或删除其内容或者格式化。对于加到页面的URL，它为元素提供了一个全局唯一标识，通常为页面的子章节。
- class属性：提供一种将类似元素分类的方式，常被用于语义化或格式化。例如，一个 HTML 文档可指定类 class="标记"来表明所有具有这类值的元素都从属于文档的主文本。在格式化后，这样的元素可能会聚集在一起，并作为页面脚注，而不会出现在 HTML 代码中。类属性也被用于微格式的语义化。类值也可以进行多声明，例如 class="标记 重要"将元素同时放入"标记"与"重要"两个类中。

- style 属性：可以将表现性质赋予一个特定元素。与使用 id 或 class 属性从样式表中选择元素相比，使用 style 被认为是更好的做法，尽管有时这对于一个简单、专用或特别的样式显得太烦琐。
- title 属性：用于给元素一个附加的说明。在大多数浏览器中这一属性显示为工具提示。

1.5 HelloSpider

在掌握了编写 Python 爬虫所需的准备知识之后，用户就可以上手编写第一个爬虫程序了。在这里分析一个比较简单的爬虫程序，并由此展开进一步的讨论。

1.5.1 第一个爬虫程序

在各大编程语言中，初学者要学会编写的第一个简单程序一般是"Hello, World!"，即通过程序在屏幕上输出一行"Hello, World!"。在 Python 中只需要一行代码就可以做到。我们把这第一个爬虫就称为"HelloSpider"，见例 1-1。

【例 1-1】 HelloSpider.py，一个最简单的 Python 网络爬虫。

```
import lxml.html,requests
url = 'https://www.python.org/dev/peps/pep-0020/'
xpath = '//*[@id="the-zen-of-python"]/pre/text()'
res = requests.get(url)
ht = lxml.html.fromstring(res.text)
text = ht.xpath(xpath)
print('Hello,\n' + ''.join(text))
```

执行这个程序，在终端中运行以下命令（也可以在 IDE 中单击"运行"按钮）：

```
python HelloSpider.py
```

用户很快就能看到输出如下：

```
Hello,

Beautiful is better than ugly.
Explicit is better than implicit.
Simple is better than complex.
Complex is better than complicated.
Flat is better than nested.
Sparse is better than dense.
Readability counts.
Special cases aren't special enough to break the rules.
Although practicality beats purity.
Errors should never pass silently.
Unless explicitly silenced.
In the face of ambiguity, refuse the temptation to guess.
There should be one -- and preferably only one -- obvious way to do it.
Although that way may not be obvious at first unless you're Dutch.
Now is better than never.
Although never is often better than *right* now.
If the implementation is hard to explain, it's a bad idea.
If the implementation is easy to explain, it may be a good idea.
Namespaces are one honking great idea -- let's do more of those!
```

不错，这正是“Python 之禅”的内容，该程序完成了一个网络爬虫程序最普遍的流程，即访问站点→定位所需的信息→得到并处理信息。接下来看看每一行代码都做了什么：

```
import lxml.html,requests
```

在这里使用 import 导入了两个模块，分别是 lxml 库中的 html 以及 Python 中著名的 requests 库。lxml 是用于解析 XML 和 HTML 的工具，可以使用 xpath 和 css 来定位元素，而 requests 是著名的 Python HTTP 库，其口号是“给人类用的 HTTP”，与 Python 自带的 urllib 库相比，requests 有不少优点，使用起来十分简单，接口设计也非常合理。实际上，如果读者对 Python 比较熟悉，就会知道在 Python 2 中存在着 urllib、urllib2、urllib3、httplib、httplib2 等一堆让人容易混淆的库，可能官方也察觉到了这个缺点，因此 Python 3 中的新标准库 urllib 比 Python 2 中的好用一些。曾有人在网上问道“urllib、urllib2、urllib3 的区别是什么？怎么用?”，有人回答“为什么不去用 requests 呢?”，可见 requests 的确有着十分突出的优点。同时建议读者（尤其是刚刚接触网络爬虫的人）使用 requests，可谓省时、省力。

```
url = 'https://www.python.org/dev/peps/pep-0020/'
xpath = '//*[@id="the-zen-of-python"]/pre/text()'
```

这里定义了两个变量，Python 不需要声明变量的类型，url 和 xpath 会自动被识别为字符串类型。url 是一个网页的链接，可以直接在浏览器中打开，该页面中包含了“Python 之禅”的文本信息。xpath 变量则是一个 xpath 路径表达式，刚才提到，lxml 库可以使用 xpath 来定位元素，当然，定位网页中元素的方法不止 xpath 一种，本书后面会介绍更多的定位方法。

```
res = requests.get(url)
```

这里使用了 requests 中的 get()方法对 url 发送了一个 HTTP GET 请求，返回值被赋给 res，于是用户便得到了一个名为 res 的 Response 对象，接下来就可以从这个 Response 对象中获取想要的信息。

```
ht = lxml.html.fromstring(res.text)
```

lxml.html 是 lxml 下的一个模块，顾名思义，它主要负责处理 HTML。fromstring()方法传入的参数是 res.text，即上面提到的 Response 对象的 text(文本)内容。在 fromstring()的 doc string 中(文档字符串，即这个方法的说明)说到，这个方法可以“Parse the html, returning a single element/document.”，即 fromstring()根据这段文本来构建一个 lxml 中的 HtmlElement 对象。

```
text = ht.xpath(xpath)
print('Hello,\n' + ''.join(text))
```

这两行代码使用 xpath 定位 HtmlElement 中的信息，并进行输出。text 就是用户得到的结果，“.join()”是一个字符串方法，用于将序列中的元素以指定的字符连接生成一个新的字符串。因为 text 是一个 list 对象，所以使用''这个空字符来连接。如果不进行这个操作而直接输出：

```
print('Hello,\n' + text)
```

程序会报错，出现“TypeError: Can't convert 'list' object to str implicitly”这样的错

误。当然，对于 list 序列而言，还可以通过一段循环输出其中的内容。

值得一提的是，如果不使用 requests 而使用 Python 3 的 urllib 完成以上操作，需要把其中的两行代码改为：

```
res = urllib.request.urlopen(url).read().decode('utf-8')
ht = lxml.html.fromstring(res)
```

其中的 urllib 是 Python 3 的标准库，包含了很多基本功能，比如向网络请求数据、处理 cookie、自定义请求头(headers)等。urlopen()方法用来通过网络打开并读取远程对象，包括 HTML、媒体文件等。显然，就代码量而言，其工作量要比 requests 大，而且看起来也不太简洁。

【提示】 urllib 是 Python 3 的标准库，虽然在本书中主要使用 requests 来代替 urllib 的某些功能，但作为官方工具，urllib 仍然值得用户进一步了解，在爬虫程序实践中也可能会用到 urllib 中的有关功能。有兴趣的读者可以阅读 urllib 的官方文档，网址为"https://docs.python.org/3/library/urllib.html"，其中给出了详尽的说明。

1.5.2 对爬虫程序的思考

通过上面这个十分简单的爬虫示例不难发现，爬虫的核心任务就是访问某个站点(一般为一个 URL 地址)提取其中的特定信息，之后对数据进行处理(在这个例子中只是简单地输出)。当然，根据具体的应用场景，爬虫可能还需要很多其他功能，例如自动抓取多个页面、处理表单、对数据进行存储或者清洗等。

其实，如果用户只是想获取特定网站提供的关键数据，由于每个网站都提供了自己的 API (应用程序接口，Application Programming Interface)，那么用户对于网络爬虫的需求可能就没有那么大了。毕竟，如果网站已经为用户准备好了特定格式的数据，只需要访问 API 就能够得到所需的信息，那么又有谁愿意费时费力地编写复杂的信息抽取程序呢？现实是，虽然有很多网站提供了可供普通用户使用的 API，但其中的很多功能往往是面向商业的收费服务。另外，API 毕竟是官方定义的，免费的格式化数据不一定能够满足用户的需求。掌握一些网络爬虫的编写，不仅能够做出只属于自己的功能，还能在某种程度上拥有一个高度个性化的"浏览器"，因此学习爬虫的相关知识还是很有必要的。

对于个人编写的爬虫而言，一般不会存在法律和道德问题，但随着互联网知识产权的相关法律法规的逐渐完善，用户在使用自己的爬虫时还是需要特别注意遵守网站的规定以及公序良俗的。2013 年曾有这样的报道：百度起诉奇虎 360 公司违反“Robots 协议”抓取、复制其网站内容的不正当竞争行为，并索赔 1 亿元人民币。[①] 百度认为 360 公司违反 Robots 协议，抓取百度知道、百科等数据，而法院表示，尊重 Robots 协议和平台对 UGC（User Generated Content，用户原创内容）数据的权益，360 公司也因此被判赔偿百度 70 万元。2014 年 8 月微博宣布停止脉脉使用的微博开放平台的所有接口，理由是“脉脉通过恶意抓取行为获得并使用了未经微博用户授权的档案数据，违反微博开放平台的开发者协议”。最新出台的《网络安全法》也对企业使用爬虫技术来获取网络上及用户的特定信息这一行为做出了一些规定[②]，可以说爬虫程序方兴未艾，随着互联网业界的发展，对于爬虫程序的秩序也提出了新的要求。对于普通个人开发者而言，一般需要注意以下几点。

- 不应该访问和抓取某些充满不良信息的网站，包括一些充斥暴力、色情或反动信息的网站。
- 始终注意版权：如果用户想爬取的信息是其他作者的原创内容，未经作者或版权所有者的授权，请不要将这些信息用作其他用途，尤其是商业方面的行为。
- 保持对网站的善意：如果用户没有经过网站运营者的同意，使得爬虫程序对目标网站的性能产生了一定影响，造成了服务器资源的大量浪费，那么且不说法律层面，至少这也是不道德的。用户的出发点应该是一个爬虫技术的爱好者，而不是一个试图攻击网站的黑客，尤其是对于分布式大规模爬虫，更需要注意这一点。[③]
- 请遵循 robots. txt 和网站服务协议：robots. txt 文件只是一个“君子协议”，并没有强制性约束爬虫程序的能力，只是表达了“请不要抓取本网站的这些信息”的意向。在实际的爬虫程序的编写过程中，用户应该尽可能遵循 robots . txt 的内容，尤其是当自己的爬虫无节制地抓取网站内容时，如果有必要，应

---

① 新闻来源于“https://www. huxiu. com/article/21532/1. html”。

② 见“https://36kr. com/p/5078918. html”。

③ 有兴趣的读者可以了解美国《计算机欺诈与滥用法》的相关事宜，内容见“http://www. infseclaw. net/news/html/937. html”。

该查询并牢记网站服务协议中的相关说明。

【提示】 Robots 协议虽然没有强制性,但一般是会受法律承认的。美国联邦法院早于 2000 年就在 eBay vs Bedder's Edge 一案中支持了 eBay 屏蔽 BE 爬虫的主张;北京第一中级人民法院于 2006 年在审理泛亚起诉百度侵权案中也认定网站有权利用设置的 robots. txt 文件拒绝搜索引擎(百度)的收录,可见 Robots 协议在互联网业界和司法界都得到了认可。

关于 robots. txt 文件的具体内容,将在下一节调研分析网站的过程中继续介绍。

1.6 调研网站

1.6.1 网站的 robots. txt 与 Sitemap

一般而言,网站都会提供自己的 robots. txt 文件,正如上文所说,Robots 协议旨在让网站访问者(或访问程序)了解该网站的信息爬取限制。在用户的程序爬取网站之前,检查这一文件中的内容可以降低爬虫程序被网站的反爬虫机制封禁的风险。下面是百度的 robots. txt 中的部分内容,用户可以访问"www. baidu. com/robots. txt"来获取。

```
User - agent: Googlebot
Disallow: /baidu
Disallow: /s?
Disallow: /shifen/
Disallow: /homepage/
Disallow: /cpro
Disallow: /ulink?
Disallow: /link?
Disallow: /home/news/data/

User - agent: MSNBot
Disallow: /baidu
Disallow: /s?
Disallow: /shifen/
Disallow: /homepage/
Disallow: /cpro
Disallow: /ulink?
Disallow: /link?
Disallow: /home/news/data/
```

robots. txt文件没有标准的“语法”，但网站一般都遵循业界共有的习惯。该文件的第1行内容是User-agent：，表明哪些机器人（程序）需要遵守下面的规则，后面是一组Disallow：，决定是否允许该User-agent访问网站的这部分内容。另外，星号（*）为通配符。如果一个规则后面跟着一个矛盾的规则，则以后一条为准。可见，百度的robots. txt对Googlebot和MSNBot给出了一些限制。robots. txt可能还会规定Crawl-delay，即爬虫抓取延迟，如果用户在robots. txt中发现有“Crawl-delay：5”的字样，那么说明网站希望用户的程序能够在两次下载请求中给出5秒的下载间隔。

用户可以使用Python 3自带的robotparser工具来解析robots. txt文件并指导自己的爬虫，从而避免下载Robots协议不允许爬取的URL，只要在代码中用“import urllib. robotparser”导入这个模块即可使用，详见例1-2。

【例1-2】 robotparser. py，使用robotparser工具。

```
import urllib.robotparser as urobot
import requests

url = "https://www.taobao.com/"
rp = urobot.RobotFileParser()
rp.set_url(url + "/robots.txt")
rp.read()
user_agent = 'Baiduspider'
if rp.can_fetch(user_agent, 'https://www.taobao.com/product/'):
    site = requests.get(url)
    print('seems good')
else:
    print("cannot scrap because robots.txt banned you!")
```

在上面的程序中，打算爬取淘宝网（www. taobao. com），先看看它的robots. txt中的内容，访问“www. taobao. com/robots. txt”即可获取：

```
User-agent:  Baiduspider
Allow:  /article
Allow:  /oshtml
Allow:  /wenzhang
Disallow:  /product/
Disallow:  /
...
```

对于Baiduspider这个用户代理，淘宝网不允许爬取/product/页面，允许爬取/article页面，因此执行刚才的示例程序输出的结果如下：

```
cannot scrap because robots.txt banned you!
```

如果将其中的“https://www.taobao.com/product/”改为“https://www.taobao.com/article”，输出结果变为：

```
seems good
```

说明程序运行成功。Python 3 中的 robotparser 是 urllib 下的一个模块，因此先导入它。在下面的代码中首先创建了一个名为 rp 的 RobotFileParser 对象，之后 rp 加载了对应网站的 robots.txt 文件，在将 User_agent 设为 Baiduspider 后，使用 can_fetch 方法测试该用户代理是否可以爬取 URL 对应的网页。当然，为了把这个功能在真正的爬虫程序中实现，需要一个循环语句不断检查新的网页，类似下面的形式：

```
for i in urls:

  try:
    if rp.can_fetch("*", newurl):
      site = urllib.request.urlopen(newurl)
      ...
  except:
    ...
```

有时候 robots.txt 还会定义一个 Sitemap，即站点地图。站点地图（或者叫网站地图）可以是一个任意形式的文档，一般而言，在站点地图中会列出该网站中的所有页面，通常采用一定的格式（例如分级形式），这有助于访问者以及搜索引擎的爬虫找到网站中的各个页面，因此网站地图在 SEO（Search Engine Optimization，搜索引擎优化）领域扮演了很重要的角色。

【提示】 什么是 SEO？SEO 是指在搜索引擎的自然排名机制的基础上对网站进行某些调整和优化，从而改进该网站在搜索引擎结果中的关键词排名，使得网站能够获得更多用户流量的过程。站点地图（Sitemap）能够帮助搜索引擎更智能、高效地抓取网站内容，因此完善和维护站点地图是 SEO 的基本方法之一。对于国内网站而言，百度 SEO 是站长做好网站运营和管理的重要一环。

用户可以进一步检查这个文件。下面是豆瓣网的 robots.txt 中定义的 Sitemap，可访问“www.douban.com/robots.txt”来获取。

```
Sitemap:https://www.douban.com/sitemap_index.xml
Sitemap:https://www.douban.com/sitemap_updated_index.xml
```

Sitemap(站点地图)可帮助爬虫程序定位网站的内容。打开其中的链接,内容如图 1-21 所示。

```
▼<sitemapindex xmlns="http://www.sitemaps.org/schemas/sitemap/0.9">
  ▼<sitemap>
     <loc>https://www.douban.com/sitemap_updated.xml.gz</loc>
     <lastmod>2017-10-09T22:00:22Z</lastmod>
   </sitemap>
  ▼<sitemap>
     <loc>https://www.douban.com/sitemap_updated1.xml.gz</loc>
     <lastmod>2017-10-09T22:00:22Z</lastmod>
   </sitemap>
  ▼<sitemap>
     <loc>https://www.douban.com/sitemap_updated2.xml.gz</loc>
     <lastmod>2017-10-09T22:00:22Z</lastmod>
   </sitemap>
  ▼<sitemap>
     <loc>https://www.douban.com/sitemap_updated3.xml.gz</loc>
     <lastmod>2017-10-09T22:00:22Z</lastmod>
   </sitemap>
```

图 1-21　豆瓣网 Sitemap 链接中的部分内容

由于网站规模较大,Sitemap 以多个文件的形式给出,下载其中的一个文件(sitemap_updated.xml)并查看其内容,如图 1-22 所示。

```
<?xml version="1.0" encoding="utf-8"?>
<urlset xmlns="http://www.sitemaps.org/schemas/sitemap/0.9">
 <url>
  <loc>https://www.douban.com/</loc>
  <priority>1.0</priority>
  <changefreq>daily</changefreq>
 </url>
 <url>
  <loc>https://www.douban.com/explore/</loc>
  <priority>0.9</priority>
  <changefreq>daily</changefreq>
 </url>
 <url>
  <loc>https://www.douban.com/online/</loc>
  <priority>0.9</priority>
  <changefreq>daily</changefreq>
 </url>
```

图 1-22　豆瓣网 Sitemap_updated.xml 中的内容

观察可知,在这个网站地图文件中提供了豆瓣网最近更新的所有网页的链接地址,如果用户的程序能够有效地使用其中的信息,那么无疑会成为爬取网站的有效策略。

1.6.2　查看网站所用的技术

目标网站所用的技术会成为影响爬虫程序策略的一个重要因素,俗话说知己知彼,百战不殆。用户可以使用 wad 模块来检查网站使用的技术类型,可以十分简便地使用 pip 来安装这个库:

```
pip install wad
```

安装完成后，在终端中使用 wad-u url 这样的命令就能够查看网站的分析结果。比如检查 www. baidu. com 使用的技术类型：

```
wad -u 'https://www.baidu.com'
```

其输出结果如下，数据使用的是 JSON 格式：

```
{
    "https://www.baidu.com/": [
        {
            "app": "PHP",
            "type": "programming-languages",
            "ver": ""
        },
        {
            "app": "jQuery",
            "type": "javascript-frameworks",
            "ver": "1.10.2"
        }
    ]
}
```

从上面的结果不难发现，该网站使用了 PHP 语言和 jQuery 技术(jQuery 是一个十分流行的 JavaScript 框架)。由于对百度的分析结果有限，用户可以再试试其他网站，这一次直接编写一个 Python 脚本，见例 1-3。

【例 1-3】 wad_detect. py。

```
import wad.detection
det = wad.detection.Detector()
url = input()
print(det.detect(url))
```

这几行代码接受一个 url 输入并返回 wad 分析的结果，例如输入“http://www.12306.cn/”，得到的结果如下：

```
{'http://www.12306.cn/': [{'app': 'Java Servlet',
                          'type': 'web-frameworks',
                          'ver': '2.5'},
                         {'app': 'JavaServer Pages',
                          'type': 'web-frameworks',
                          'ver': '2.1'},
```

```
{'app': 'Java',
 'type': 'programming-languages',
 'ver': None}]}
```

根据这样的结果可以看到，12306购票网站使用Java编写，并使用了Java Servlet等框架。

【提示】 JSON(JavaScript Object Notation)是一种轻量级数据交换格式，JSON便于用户阅读和编写，同时也易于计算机进行解析和生成。另外，JSON采用完全独立于语言的文本格式，因此成为一种被广泛使用的数据交换语言。JSON的诞生与JavaScript密切相关，不过目前很多语言（当然也包括Python）都支持对JSON数据的生成和解析。JSON数据的书写格式为名称/值。一对名称/值包括字段名称（双引号中），后面写一个冒号，然后是值，例如"firstName"："Allen"。JSON对象在花括号中书写，可以包含多个名称/值对。JSON数组则在方括号中书写，数组可包含多个对象。用户在以后的网络爬取中可能还会遇到JSON格式数据的处理，因此有必要对它作一些了解，有兴趣的读者可以在JSON的官方文档（http://www.json.org/json-zh.html）上阅读更详细的说明。

1.6.3 查看网站所有者的信息

如果用户想要知道网站所有者的相关信息，除了可以在网站中的“关于”或者about页面中查看之外，还可以使用WHOIS协议来查询域名。所谓的WHOIS协议，就是一个用来查询互联网上域名的IP和所有者等信息的传输协议，其雏形是1982年互联网工程任务组（Internet Engineering Task Force，IETF）的一个有关ARPANET用户目录服务的协议。

WHOIS的使用十分方便，用户可以通过pip安装python-whois库，在终端运行以下命令：

```
pip install python-whois
```

安装完成后使用“whois domain”这样的格式查询即可，比如查询yale.edu（耶鲁大学官网）的结果，执行命令“whois yale.edu”。

输出的结果如下（部分结果）：

```
Registrant:
```

```
    Yale University
    25 Science Park
    150 Munson St
    New Haven, CT 06520
    UNITED STATES

Administrative Contact:
    Franz Hartl
    Yale University
    25 Science Park
    150 Munson St
    New Haven, CT 06520
    UNITED STATES
    (203) 436 - 9885
    webmaster@yale.edu

...

Name Servers:
    SERV1.NET.YALE.EDU          130.132.1.9
    SERV2.NET.YALE.EDU          130.132.1.10
    SERV3.NET.YALE.EDU          130.132.1.11
    SERV4.NET.YALE.EDU          130.132.89.9
    SERV - XND.NET.YALE.EDU      68.171.145.173
```

不难看出，这里给出了域名的注册信息（包括地址）、网站管理员信息以及域名服务器等相关信息。不过，用户在爬取某个网站时可能需要联系网站管理者，因此网站上一般会有特定的页面给出联系方式（email 或者电话），这可能是一个更加直接、方便的选择。

1.6.4 使用开发者工具检查网页

如果用户想要编写一个爬取网页内容的爬虫程序，在动手编写之前最重要的准备工作可能就是检查目标网页了。一般先在浏览器中输入一个 url 地址并打开这个网页，接着浏览器会将 HTML 渲染出美观的界面效果。如果用户的目标只是浏览或者单击网页中的某些内容，正如一个普通的网站用户那样，那么做到这里就足够了，但遗憾的是，对于爬虫编写者而言，还需要更好地研究一下手头的工具——自己的浏览器，在这里建议读者使用 Google Chrome 或 Firefox 浏览器，这不仅是因为它们占了 73%的浏览器市场，流行程度毋庸置疑[①]，更是因为它们都为开发者提供了强大的

① 数据出自 netmarketshare 的调查，见“https://www.netmarketshare.com/browser-market-share.aspx?qprid=0&qpcustomd=0”。

功能，是编写爬虫时的不二之选。

这里以 Chrome 为例，看一下如何使用开发者工具。用户可以单击“更多工具”下的“开发者工具”，也可以直接在网页内容中右击并选择“检查”命令，效果如图 1-23 所示。

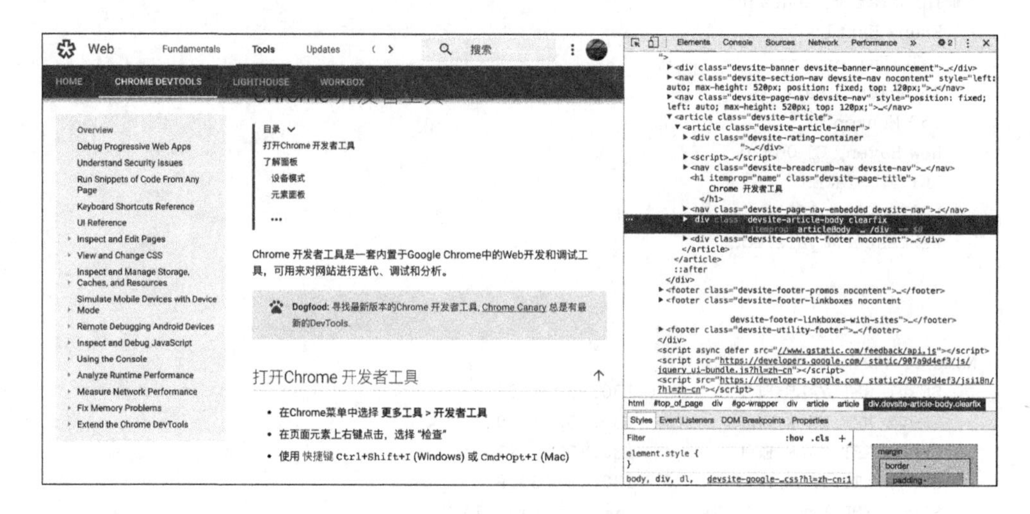

图 1-23　Chrome 开发者工具

Chrome 的开发者模式为用户提供了下面几组工具。

- Elements：允许用户从浏览器的角度来观察网页，用户可以借此看到 Chrome 渲染页面所需要的 HTML、CSS 和 DOM（Document Object Model）对象。
- Network：可以看到页面向服务器请求了哪些资源、资源的大小以及加载资源的相关信息，此外还可以查看 HTTP 的请求头、返回内容等。
- Sources：源代码面板主要用来调试 JavaScript。
- Console：控制台可以显示各种警告与错误信息，在开发期间，用户可以使用控制台面板记录诊断信息，或者使用它作为 Shell 在页面上与 JavaScript 交互。
- Performance：使用这个模块可以记录和查看网站生命周期内发生的各种事件，从而提高页面的运行时性能。
- Memory：这个面板可以提供比 Performance 更多的信息，例如跟踪内存泄漏。
- Application：检查加载的所有资源。
- Security：安全面板可以用来处理证书问题等。

另外，通过切换设备模式可以观察网页在不同设备上的显示效果，如图 1-24 所示。

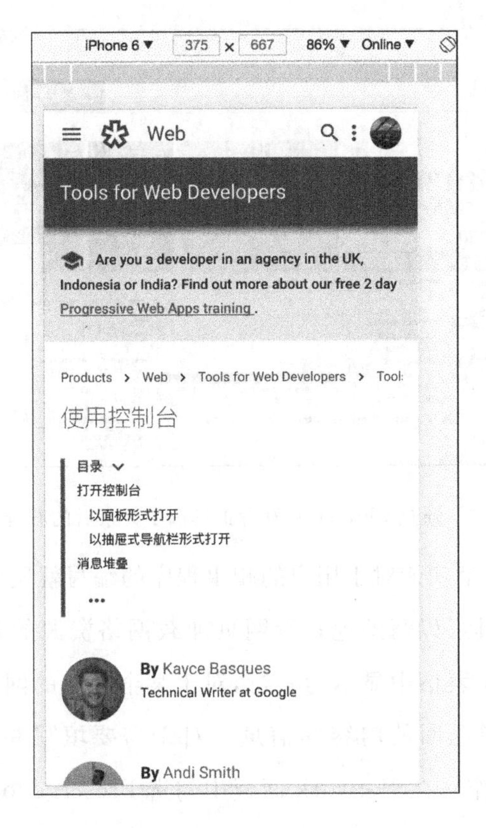

图 1-24 在 Chrome 开发者模式中将设备切换为 iPhone 6 后的显示

在 Element 模块下，用户可以检查和编辑页面的 HTML 与 CSS，选中并双击元素就可以编辑元素了，例如将百度贴吧（tieba. baidu. com）首页导航栏中的部分文字去掉，并将部分文字变为红色，效果如图 1-25 所示。

图 1-25 通过 Chrome 开发者工具更改贴吧首页内容

当然，用户也可以选中某个元素后右击查看更多操作，如图 1-26 所示。

值得一提的是上面右键菜单中的 Copy XPath 选项，由于 XPath 是解析网页的利

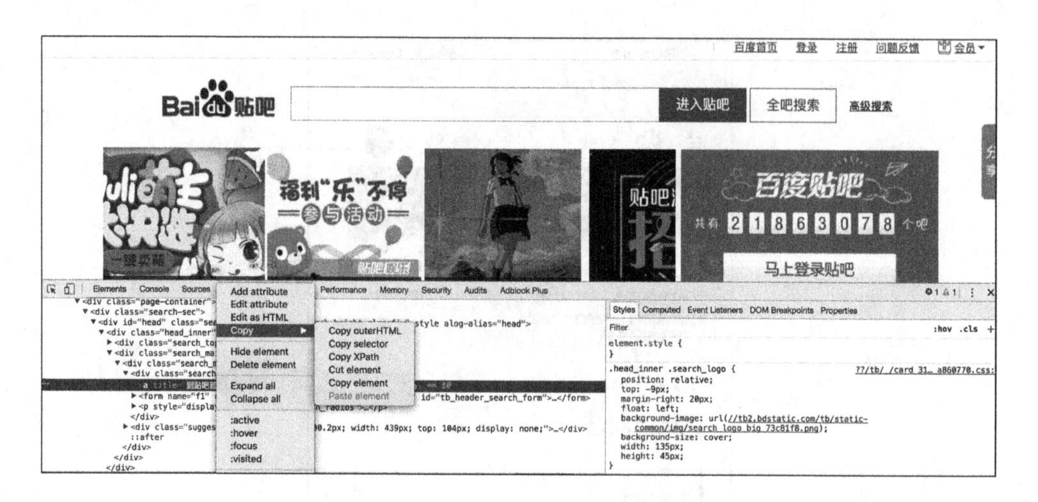

图 1-26 通过 Chrome 开发者工具选中元素后的右键菜单

器,因此 Chrome 中的这个功能对于用户的爬虫程序的编写就显得十分实用、方便了。

使用 Network 工具可以清楚地查看网页加载网络资源的过程和相关信息,请求的每个资源在 Network 表格中显示为一行,对于某个特定的网络请求,可以进一步查看请求头、响应头、已经返回的内容等信息。对于需要填写并发送表单的网页而言(比如执行用户登录操作),在 Network 面板中勾选 Preserve log,然后进行登录,就可以记录下 HTTP POST 信息,查看发送的表单信息详情。如果用户在贴吧首页开启开发者工具后再登录,就可以看到如图 1-27 所示的信息。

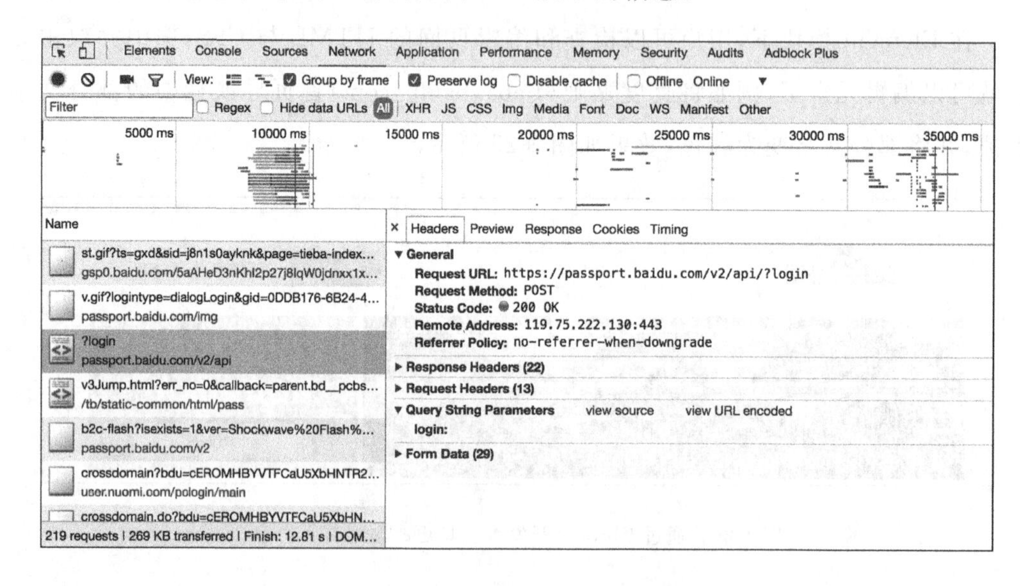

图 1-27 使用 Network 查看登录表单

其中的 Form Data 就包含了向服务器发送的表单信息详情。

【提示】 在 HTML 中,<form>标签用于为用户输入创建一个 HTML 表单。表单能够包含 input 元素,例如文本字段、单选/复选框、提交按钮等,一般用于向服务器传输数据,是用户与网站进行数据交互的基本方式。

当然,Chrome 等浏览器的开发者工具还包含很多更加复杂的功能,在这里就不一一赘述,等到需要用的时候再学习即可。

1.7 本章小结

本章介绍了 Python 语言的基本知识,并且通过一个简洁的例子为读者展示了网络爬虫的基本概念,此外还介绍了一些用来调研和分析网站的工具,以 Chrome 开发者工具为例说明了网页分析的基本方法,读者可以借此形成对网络爬虫的初步印象。

在接下来的一章中将详细讨论网页抓取和网络数据采集的方法。

第 2 章

数据的采集

正如本书之前提到的，网络爬虫程序的核心任务就是获取网络上（很多时候是指某个网站上）的数据，并对特定的数据做一些处理。因此，如何“采集”到所需的数据往往成为爬虫成功与否的重点。使用排除法显然不现实，用户需要以某种方式直接“定位”到自己想要的东西，这个过程有时候也被称为“选择”。数据采集最常见的任务就是从网页中抽取数据，一般所谓的“抓取”就是指这个动作。

在第 1 章中已经初步讨论了分析网站和洞悉网页的基本方法，接下来正式进入“庖丁解牛”的阶段，使用各种工具来获取网页信息。不过，值得一提的是，网络上的信息不一定必须要以网页（HTML）的形式来呈现，在本章的最后将介绍网站 API 及其使用。

2.1　从抓取开始

在了解了网页结构的基础上，接下来介绍几种工具，分别是正则表达式（及 Python 的正则表达式库——re 模块）、XPath、BeautifulSoup 模块以及 lxml 模块。

在展开讨论之前需要说明的是，在解析速度上正则表达式和 lxml 模块是比较突出的，lxml 模块是基于 C 语言的，而 BeautifulSoup 模块使用 Python 编写，因此 BeautifulSoup 在性能上略逊一筹也不奇怪。BeautifulSoup 使用起来更方便一些，且支持 CSS 选择器，这也能够弥补其性能上的缺憾，另外最新版的 bs4 已经支持 lxml 作为解析器。在使用 lxml 时主要是根据 XPath 来解析，如果用户熟悉 XPath 的语法，那么 lxml 和 BeautifulSoup 都是很好的选择。

不过，由于正则表达式本身并非特地为网页解析设计，加上语法比较复杂，因此一般不会经常使用纯粹的正则表达式解析 HTML 内容。在爬虫程序的编写中，正则表达式主要作为字符串处理（包括识别 URL、关键词搜索等）的工具，解析网页内容则主要使用 BeautifulSoup 和 lxml 两个模块，正则表达式可以配合这些工具一起使用。

【提示】 严格来说，正则表达式、XPath、BeautifulSoup 和 lxml 并不是平行的 4 个概念。正则表达式和 XPath 是“规则”或者叫“模式”，而 BeautifulSoup 和 lxml 是两个 Python 模块。在后面读者会发现，在编写爬虫程序时往往不会只使用一种网页元素抓取方法，因此这里将这四者暂且放在一起介绍。

2.2 正则表达式

2.2.1 初识正则表达式

正则表达式对于程序的编写而言是一个复杂的话题，它为了更好地“匹配”或者“寻找”某一种字符串而生。正则表达式常用来描述一种规则，而通过这种规则，用户能够更方便地查找邮箱地址或者筛选文本内容。例如“[A-Za-z0-9\._+]+@[A-Za-z0-9]+\.(com|org|edu|net)”就是一个描述电子邮箱地址的正则表达式。当然，需要注意的是，在使用正则表达式时不同语言之间可能存在着一些细微的不同之处，具体应该结合当时的编程上下文来看。

正则表达式的规则比较繁杂，读者可以参阅附录 A 中的相关介绍。这里直接通过 Python 应用正则表达式。在 Python 中有一个名为“re”的库（实际上是 Python 标准库），它提供了一些实用的内容。同时，另外一个库 regex 也是关于正则表达式的，这里先用标准库来进行一些初步的探索。re 库中的主要方法如下，接下来将分别介绍：

```
re.compile(string[,flag])
re.match(pattern, string[, flags])
re.search(pattern, string[, flags])
re.split(pattern, string[, maxsplit])
re.findall(pattern, string[, flags])
re.finditer(pattern, string[, flags])
re.sub(pattern, repl, string[, count])
re.subn(pattern, repl, string[, count])
```

首先导入 re 模块并使用 match()方法进行首次匹配：

```
import re
ss = 'I love you, do you?'

res = re.match(r'((\w)+(\W))+',ss)
print(res.group())
```

使用 re.match()方法会默认从字符串的起始位置开始匹配一个模式，这个方法一般用于检查目标字符串是否符合某一规则(又叫模式，pattern)。其返回的 res 是一个 match 对象，可以通过 group()获取匹配到的内容。group()将返回整个匹配的子串，而 group(n)返回第 n 个组对应的字符串，从 1 开始。在这里 group()返回“I love you，”，而 group(1)返回“you，”。

search()方法和 match()方法类似，区别在于 match()会检测是不是在字符串的开头位置匹配，而 search()会扫描整个 string 查找匹配。search()也会返回一个 match 对象，如果匹配不成功则返回 None：

```
import re
ss = 'I love you, do you?'
res = re.search(r'(\w+)(,)',ss)
# print(res)
print(res.group(0))
print(res.group(1))
print(res.group(2))
```

其输出如下：

```
you,
you
,
```

split()方法按照能够匹配的子串将字符串分割，返回一个分割结果的列表：

```
ss_tosplit = 'I love you, do you?'
res = re.split('\W+',ss_tosplit)
print(res)
```

输出为：

```
['I', 'love', 'you', 'do', 'you', '']
```

用户还可以为其指定最大分割次数：

```
ss_tosplit = 'I love you, do you?'
res = re.split('\W+',ss_tosplit,maxsplit = 1)
print(res)
```

这时输出结果变为：

```
['I', 'love you, do you?']
```

sub()方法用于字符串的替换，替换 string 中每一个匹配的子串后返回替换后的字符串：

```
res = re.sub(r'(\w+)(,)','her,',ss)
print(res)
```

输出为：

```
I love her, do you?
```

subn()方法与 sub()方法几乎一样，但是它会返回一个替换的次数：

```
res = re.subn(r'(\w+)(,)','her,',ss)
print(res)
```

输出为：

```
('I love her, do you?', 1)
```

findall()方法听起来很像 search()方法，这个方法将搜索整个字符串，用列表形式返回全部能匹配的子串。在这里可以把它和 search()方法做个对比：

```
ss = 'I love you, do you?'

res1 = re.search(r'(\w+)',ss)
res2 = re.findall(r'(\w+)',ss)
print(res1.group())
print(res2)
```

输出为：

```
I
['I', 'love', 'you', 'do', 'you']
```

可见，search()只“找到”了一个单词，而findall()“找到”了句子中的所有单词。

除了直接使用re.search()这种形式的调用以外，用户还可以使用另外一种调用形式，即通过pattern.search()这样的形式调用，这种方法避免了将pattern(正则规则)直接写在函数参数列表中，但是要事先进行“编译”：

```
pt = re.compile(r'(\w+)')
ss = 'Another kind of calling'
res = pt.findall(ss)
print(res)
```

输出为：

```
['Another', 'kind', 'of', 'calling']
```

2.2.2 正则表达式的简单使用

正则表达式的具体应用当然不仅仅是在一个句子中找单词这么简单，用户还可以用它寻找ping信息中的时间结果：

```
ping_ss = 'Reply from 220.181.57.216: bytes = 32 time = 3ms TTL = 47'
res = re.search(r'(time = )(\d+\w+)+(.)+TTL',ping_ss)
print(res.group(2))
```

输出为：

```
3ms
```

在编写爬虫程序时，用户也可以用正则表达式来解析网页。比如对于百度，用户想要获得其 title 信息，可以先观察一下网页的源代码，下面是百度首页的部分源代码：

```
<meta http-equiv=Content-Type content="text/html;charset=utf-8"><meta http-equiv=X-UA-Compatible content="IE=edge,chrome=1"><meta content=always name=referrer><link rel="shortcut icon" href=/favicon.ico type=image/x-icon><link rel=icon sizes=any mask href=//www.baidu.com/img/baidu_85beaf5496f291521eb75ba38eacbd87.svg><title>百度一下，你就知道</title><style
```

显然，只要能匹配到一个左边是“<title>”、右边是“</title>”（这些都是所谓的HTML标签）的字符串，用户就能够“挖掘”到百度首页的标题文字：

```python
import re,requests
r = requests.get('https://www.baidu.com').content.decode('utf-8')
print(r)
pt = re.compile('(\<title\>)([\S\s]+)(\<\/title\>)')
print(pt.search(r).group(2))
```

输出为：

```
百度一下，你就知道
```

如果用户厌烦了那么多的转义符“\”，在 Python 3 中还可以通过使用字符串前的 r 来提高效率：

```python
pt = re.compile(r'(<title>)([\S\s]+)(</title>)')
print(pt.search(r).group(2))
```

这同样能够得到正确的结果。

当然，用户一般不会这样单凭正则表达式来解析网页，而是总会将它与其他工具配合使用，比如 BeautifulSoup 中的 find()方法就可以配合正则表达式使用。假设目标网页是维基百科中一条关于纽约市的页面（https://en.wikipedia.org/wiki/New_York_City），用户可以看到在这个页面上有一些自己感兴趣的图片，它们的网页源代码如下：

```
<img alt="Clockwise, from top: Midtown Manhattan, Times Square, the Unisphere in Queens, the Brooklyn Bridge, Lower Manhattan with One World Trade Center, Central Park, the headquarters of the United Nations, and the Statue of Liberty"
src="//upload.wikimedia.org/wikipedia/commons/thumb/9/9d/NYC_Montage_2014_4_-_Jleon.jpg/305px-NYC_Montage_2014_4_-_Jleon.jpg" width="305" height="401"
srcset="//upload.wikimedia.org/wikipedia/commons/thumb/9/9d/NYC_Montage_2014_4_-_Jleon.jpg/458px-NYC_Montage_2014_4_-_Jleon.jpg 1.5x, //upload.wikimedia.org/wikipedia/commons/thumb/9/9d/NYC_Montage_2014_4_-_Jleon.jpg/610px-NYC_Montage_2014_4_-_Jleon.jpg 2x"data-file-width="1398" data-file-height="1839">
```

如果用户想要获得这些图片(的链接)，首先想到的方法就是使用 findAll("img")去抓取，但是网页中的“img”却不仅仅包括用户想要的这些关于纽约市历史和情况的照片，网站中通用的一些图片(logo、标签等)也会被抓到。设想一下，用户编写了一个通过 URL 下载图片的函数，执行完之后却发现本地文件夹中多了一堆自己不想要的与纽约市没有任何关系的图片，对于这种情况必须避免，为了有针对性地抓取，用户可以配合使用正则表达式：

```
import re,requests
from bs4 import BeautifulSoup
r = requests.get('https://en.wikipedia.org/wiki/New_York_City')
print(r)
bs = BeautifulSoup(r.content)
imgs = bs.findAll('img',{'srcset':re.compile(r'([\s\S] + )(upload.wikimedia.org/wikipedia/
commons/thumb/)([\d\w]) + /([\s\S]) + \.jpg')})
for img in imgs:
    print(re.search(r'([\s\S] + )(1.5x)([\s\S] + )','http:' + img['srcset']).group(1))
```

这里使用一个看起来非常复杂的正则表达式去寻找想要的图片：

```
([\s\S] + )(upload.wikimedia.org/wikipedia/commons/thumb/)([\d\w]) + /([\s\S]) + \.jpg
```

这个规则将帮助用户过滤掉一些网页中的装饰性图片和与词条内容无关的图片，比如“https://upload.wikimedia.org/wikipedia/en/thumb/4/4a/Commons-logo.svg/22px-Commons-logo.svg.png”，这是一个网站中使用的 logo 图片的地址，最终的图片地址输出见图 2-1。

```
http://upload.wikimedia.org/wikipedia/commons/thumb/9/9d/NYC_Montage_2014_4_-_Jleon.jpg/458px-NYC_Montage_2014_4_-_Jleon.jpg
http://upload.wikimedia.org/wikipedia/commons/thumb/e/e2/GezichtOpNieuwAmsterdam.jpg/330px-GezichtOpNieuwAmsterdam.jpg
http://upload.wikimedia.org/wikipedia/commons/thumb/b/b3/BattleofLongisland.jpg/330px-BattleofLongisland.jpg
http://upload.wikimedia.org/wikipedia/commons/thumb/3/3a/Hippolyte_Sebron_-_Rue_De_New-York_En_1840.jpg/330px-Hippolyte_Sebron_-_Rue_De
http://upload.wikimedia.org/wikipedia/commons/thumb/6/67/Mulberry_Street_NYC_c1900_LOC_3g04637u_edit.jpg/330px-Mulberry_Street_NYC_c190
http://upload.wikimedia.org/wikipedia/commons/thumb/c/c6/Old_timer_structural_worker2.jpg/330px-Old_timer_structural_worker2.jpg
http://upload.wikimedia.org/wikipedia/commons/thumb/c/c2/Dag_Hammarskjold_outside_the_UN_building.jpg/255px-Dag_Hammarskjold_outside_th
http://upload.wikimedia.org/wikipedia/commons/thumb/c/ce/Stonewall_Inn_5_pride_weekend_2016.jpg/330px-Stonewall_Inn_5_pride_weekend_201
http://upload.wikimedia.org/wikipedia/commons/thumb/4/4f/Aster_newyorkcity_lrg.jpg/255px-Aster_newyorkcity_lrg.jpg
http://upload.wikimedia.org/wikipedia/commons/thumb/3/3d/10_mile_panorama_of_NYC%2C_Feb.%2C_2018.jpg/2700px-10_mile_panorama_of_NYC%2C_
http://upload.wikimedia.org/wikipedia/commons/thumb/5/5f/Manhattan_from_Weehawken%2C_NJ.jpg/1650px-Manhattan_from_Weehawken%2C_NJ.jpg
http://upload.wikimedia.org/wikipedia/commons/thumb/b/b6/Lower_Manhattan_from_Jersey_City_November_2014_panorama_3.jpg/1650px-Lower_Man
http://upload.wikimedia.org/wikipedia/commons/thumb/0/07/Antiguo_vs_Moderno_%284432379954%29.jpg/255px-Antiguo_vs_Moderno_%284432379954
http://upload.wikimedia.org/wikipedia/commons/thumb/9/95/Chrysler_Building_spire%2C_Manhattan%2C_by_Carol_Highsmith_%28LOC_highsm.04444
http://upload.wikimedia.org/wikipedia/commons/thumb/b/b0/Empire_State_Building_%28HDR%29.jpg/225px-Empire_State_Building_%28HDR%29.jpg
```

图 2-1 抓取结果示意

re.search(r'([\s\S]+)(1.5x)([\s\S]+)','http:'+img['srcset']).group(1)则作为一次“字符串清洗”将图片地址部分清理出来，去掉无关的内容。在清洗前，用户得到的 srcset 属性是这样的：

```
srcset = "//upload.wikimedia.org/wikipedia/commons/thumb/8/85/New_York_Gay_Pride_2011.
jpg/330px - New_York_Gay_Pride_2011.jpg 1.5x, //upload.wikimedia.org/wikipedia/commons/
thumb/8/85/New_York_Gay_Pride_2011.jpg/440px - New_York_Gay_Pride_2011.jpg 2x"
```

在清洗之后结果清楚了很多：

```
http://upload.wikimedia.org/wikipedia/commons/thumb/8/85/New_York_Gay_Pride_2011.jpg/
330px-New_York_Gay_Pride_2011.jpg
```

可见，search()与 group()的使用大大提高了用户处理字符串的效率。

【提示】 在使用 BeautifulSoup 时，获取标签的属性是十分重要的一个操作。比如获取<a>标签的 href 属性(这就是网页中文本对应的超链接)或<img>标签的 src 属性(代表着图片的地址)。对于一个标签对象(在 BeautifulSoup 中的名字是"<class 'bs4.element.Tag'>")，用户可以这样获得它所有的属性，即 tag.attrs，这是一个字典(dict)对象，因此用户可以像上面的演示代码那样访问它，即 img.attrs['srcset']。

最后要说明的是，在比较新的 BeautifulSoup 版本上运行上面的代码可能会出现如下系统提示：

```
UserWarning: No parser was explicitly specified, so I'm using the best available HTML parser
for this system ("html5lib").
```

这实际上是说用户没有明确地为 BeautifulSoup 指定一个 HTML\XML 解析器。如果指定，例如 BeautifulSoup(..., "html.parser")，便不会出现这个警告。当然，除了 html.parser 以外，还可以指定为 lxml、html5lib 等。

【提示】 在 Python 中处理正则表达式的模块不止 re 一个，非内置模块的 regex 是更加强大的正则工具(可以使用 pip 安装来体验)。在本书附录 A 中提供了关于正则表达式和 regex 的更多介绍，读者可以参考学习。

2.3 BeautifulSoup

BeautifulSoup 是一个很流行的 Python 库，名字来源于《爱丽丝梦游仙境》中的一首诗，作为网页解析(准确地说是 XML 和 HTML 解析)的利器，BeautifulSoup 提供了定位内容的人性化接口，如果说使用正则表达式来解析网页无异于自找麻烦，那么

BeautifulSoup 至少能够让人感到心情舒畅，“简便”正是它的设计理念。

2.3.1 BeautifulSoup 的安装与特点

由于 BeautifulSoup 并不是 Python 内置的，因此用户仍需要使用 pip 来安装，在这里安装最新的版本——BeautifulSoup 4，也叫 bs4：

```
pip install beautifulsoup4
```

另外，用户也可以如下安装：

```
pip install bs4
```

Linux 用户还可以使用 apt-get 工具进行安装：

```
apt - get install Python - bs4
```

注意，如果在计算机上 Python 2 和 Python 3 两种版本同时存在，那么可以使用 pip2 或者 pip3 命令来指明是为哪个版本的 Python 安装，执行这两种命令是有区别的，如图 2-2 所示。

```
pip2 install numpy
Requirement already satisfied: numpy in /Library/Python/2.7/site-packages
pip3 install numpy
Requirement already satisfied: numpy in /Library/Frameworks/Python.framework/Versions/3.5/lib/python3.5/site-packages_
```

图 2-2 pip2 与 pip3 命令的区别

如果用户在安装中碰到了什么问题，可以访问以下网址：

https://www.crummy.com/software/BeautifulSoup/bs4/doc/

这里演示一下如何使用 PyCharm IDE 更轻松地安装这个包(其他库的安装类似)：

首先打开 PyCharm 设置中的 Project Interpreter 选项卡，如图 2-3 所示。

选中想要为之安装的 Interpreter(选择一个 Python 版本，也可以是用户之前设置的虚拟环境)，然后单击“+”，打开搜索页面，如图 2-4 所示。

搜索并安装即可，如果安装成功，会弹出如图 2-5 所示的提示。

BeautifulSoup 中的主要工具就是 BeautifulSoup 对象，这个对象的意义是指一个 HTML 文档的全部内容。首先来看 BeautifulSoup 对象能干什么：

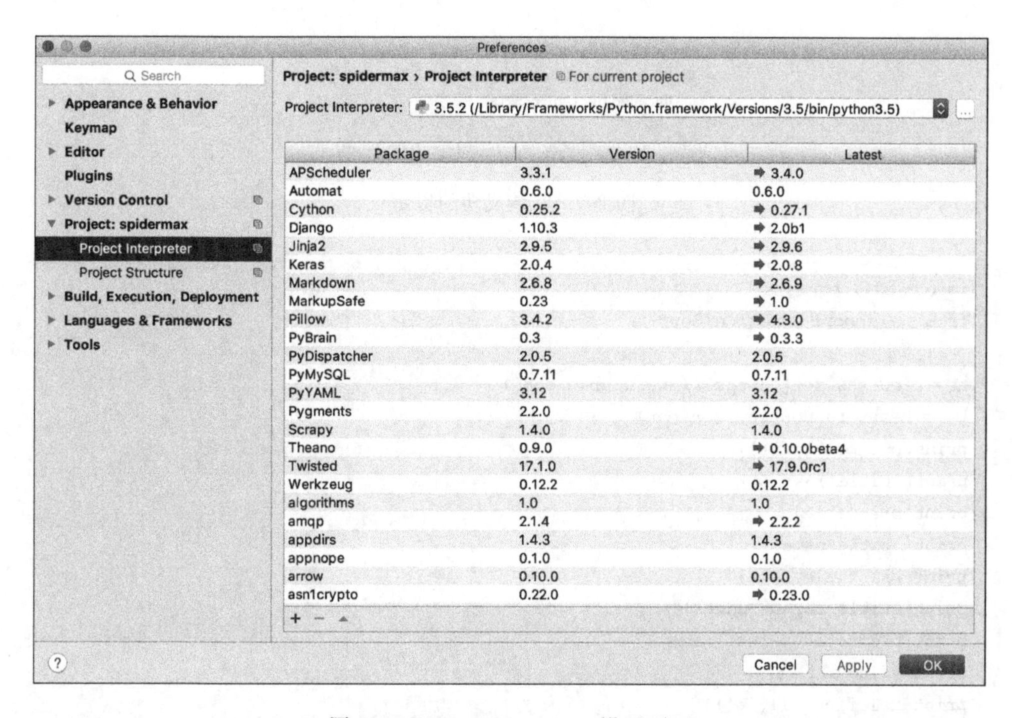

图 2-3 Project Interpreter 设置页面

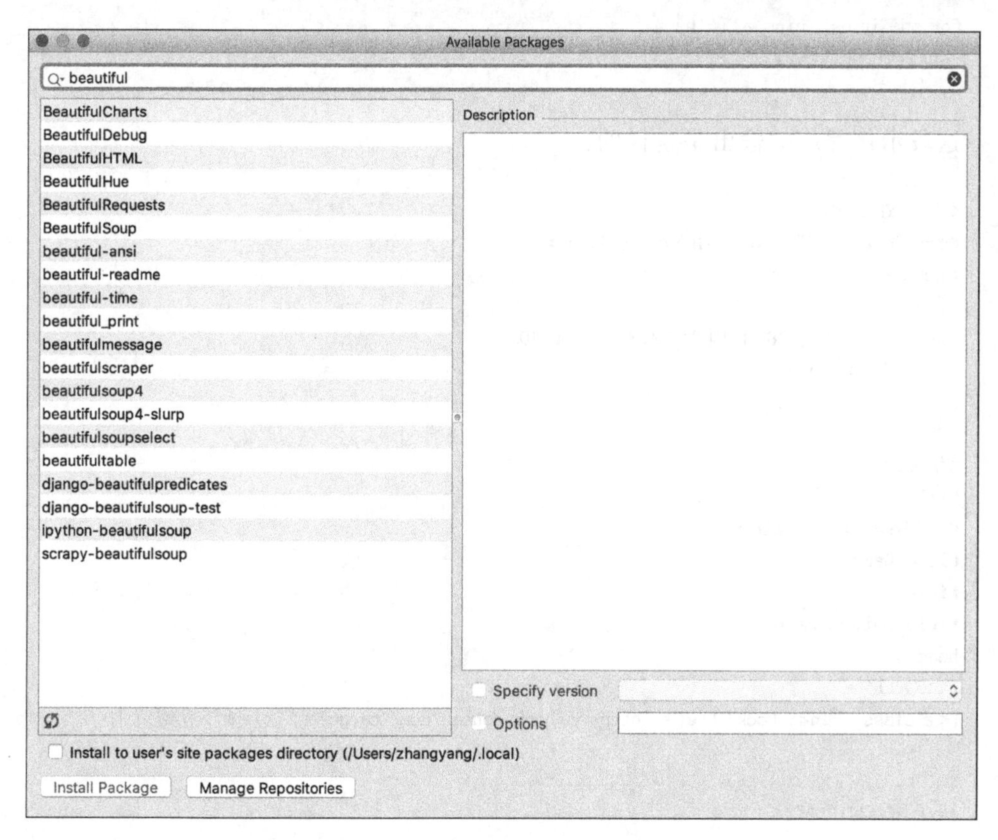

图 2-4 模块搜索页面

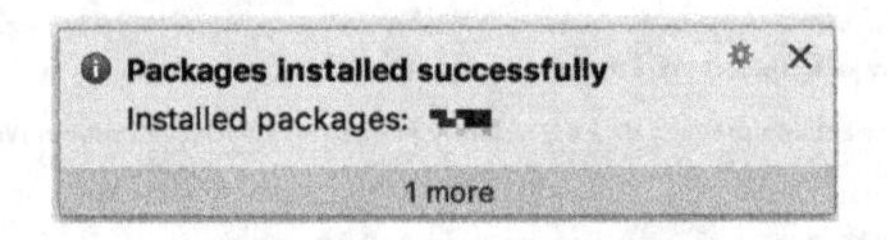

图 2-5 安装成功的提示

```
import bs4,requests
from bs4 import BeautifulSoup

ht = requests.get('https://www.douban.com')
bs1 = BeautifulSoup(ht.content)
print(bs1.prettify())
print('title')
print(bs1.title)
print('title.name')
print(bs1.title.name)
print('title.parent.name')
print(bs1.title.parent.name)
print('find all "a"')
print(bs1.find_all('a'))
print('text of all "h2"')
for one in bs1.find_all('h2'):
  print(one.text)
```

这段示例程序的输出是这样的：

```
<!DOCTYPE HTML>
<html class=""lang="zh-cmn-Hans">
<head>
...
          10月28日 周六 19:30 - 21:30
        </div>
...

</html>
title
<title>豆瓣</title>
title.name
title
title.parent.name
head
find all "a"
[<a class="lnk-book" href="https://book.douban.com" target="_blank">豆瓣读书</a>, <a
...
]
text of all "h2"
```

```
        热门话题
            ...
    豆瓣时间
```

可以看出，使用 BeautifulSoup 定位和获取内容是非常方便的，一切看上去都很和谐，但是用户可能会遇到这样一个提示：

```
UserWarning: No parser was explicitly specified
```

这意味着用户没有指定 BeautifulSoup 的解析器，解析器的指定需要把原来的代码变为如下：

```
bs1 = BeautifulSoup(ht.content,'parser')
```

BeautifulSoup 本身支持 Python 标准库中的 HTML 解析器，另外还支持一些第三方的解析器，其中最有用的就是 lxml。根据操作系统不同，安装 lxml 的方法如下：

```
$ apt - get install Python - lxml
$ easy_install lxml
$ pip install lxml
```

Python 标准库 html.parser 是 Python 内置的解析器，性能过关。lxml 的性能和容错能力都是最好的，缺点是用户在安装时可能会碰到一些麻烦(其中一个原因是 lxml 需要 C 语言库的支持)。lxml 既可以解析 HTML 也可以解析 XML。上面提到的 3 种解析器分别对应下面的指定方法：

```
bs1 = BeautifulSoup(ht.content,'html.parser')
bs1 = BeautifulSoup(ht.content,'lxml')
bs1 = BeautifulSoup(ht.content,'xml')
```

除此之外，用户还可以使用 html5lib，这个解析器支持 HTML5 标准，不过目前不是很常用。目前，人们主要使用的是 lxml 解析器。

2.3.2 BeautifulSoup 的基本使用

使用 find()方法获取到的结果都是 tag 对象，这也是 BeautifulSoup 库中的主要对象之一，tag 对象在逻辑上与 XML 或 HTML 文档中的 tag 相同，可以使用 tag.name 和 tag.attrs 来访问 tag 的名字和属性，获取属性的操作方法类似字典，即

tag['href']。

在定位内容时，最常用的就是find()和find_all()方法，find_all()方法的定义如下：

```
find_all(name, attrs, recursive, text, **kwargs)
```

该方法搜索当前这个tag(这时BeautifulSoup对象可以被视为一个tag，它是所有tag的根)的所有tag子结点，并判断是否符合搜索条件。其中，name参数可以查找所有名字为name的tag，例如：

```
bs.find_all('tagname')
```

keyword参数在搜索时支持把该参数当作指定名字tag的属性来搜索，就像这样：

```
bs.find(href='https://book.douban.com').text
```

其结果应该是“豆瓣读书”。当然，同时使用多个属性来搜索也是可以的，用户可以通过find_all()方法的attrs参数定义一个字典参数来搜索多个属性：

```
bs.find_all(attrs={"href": re.compile('time'),"class":"title"})
```

搜索结果如下：

```
[<a class="title" href="https://m.douban.com/time/column/72?dt_time_source=douban-web_anonymous">觉知即新生——终止童年创伤的心理修复课</a>,
<a class="title" href="https://m.douban.com/time/column/41?dt_time_source=douban-web_anonymous">歌词时光——姚谦写词课</a>,
<a class="title" href="https://m.douban.com/time/column/37?dt_time_source=douban-web_anonymous">邪典电影本纪——亚文化电影50讲</a>,
<a class="title" href="https://m.douban.com/time/column/53?dt_time_source=douban-web_anonymous">一碗茶的款待——日本茶道的形与心</a>,
<a class="title" href="https://m.douban.com/time/column/25?dt_time_source=douban-web_anonymous">白先勇细说红楼梦——从小说角度重解"红楼"</a>,
<a class="title" href="https://m.douban.com/time/column/61?dt_time_source=douban-web_anonymous">拍张好照片——10分钟搞定旅行摄影</a>,
<a class="title" href="https://m.douban.com/time/column/62?dt_time_source=douban-web_anonymous">丹青贵公子——艺苑传奇赵孟頫</a>,
<a class="title" href="https://m.douban.com/time/column/16?dt_time_source=douban-web_anonymous">醒来——北岛和朋友们的诗歌课</a>,
```

```
<a class = "title" href = "https://m.douban.com/time/column/39?dt_time_source = douban - web_anonymous">古今——杨照史记百讲</a>,
<a class = "title" href = "https://m.douban.com/time/column/59?dt_time_source = douban - web_anonymous">笔落惊风雨——你不可不知的中国三大名画</a>]
```

在这行代码里出现了 re.compile(),也就是说用户使用了正则表达式,如果传入正则表达式作为参数,BeautifulSoup 会通过正则表达式的 match()来匹配内容。

BeautifulSoup 还支持根据 CSS 来搜索,不过这时要使用"class_="这样的形式,因为 class 在 Python 中是一个保留关键字。

```
bs1.find(class_ = 'video - title')
```

recursive 参数默认为 True,BeautifulSoup 会检索当前 tag 的所有子孙结点,如果用户只想搜索 tag 的直接子结点,可以设置 recursive=False。

通过 text 参数可以搜索文档中的字符串内容:

```
bs1.find(text = re.compile('银翼杀手')).parent['href']
```

其输出结果为"https://movie.douban.com/subject/10512661/",这是电影《银翼杀手 2049》的豆瓣电影主页。这里 find 的结果是一个可以遍历的字符串(NavigableString,就是一个 tag 中的字符串),用户所做的是使用 parent 访问其所在的 tag 然后获取 href 属性。正如用户所见,text 参数也支持正则表达式搜索。

find_all()会返回全部的搜索结果。如果文档树结构很大,用户可能并不需要全部结果,limit 参数可以限制返回结果的数量,当搜索数量达到 limit 时就会停止搜索。find()方法实际上就是 limit=1 时的 find_all()方法。

由于 find_all()方法很常用,因此在 BeautifulSoup 中 BeautifulSoup 对象和 tag 对象可以被当作一个 find_all()方法来使用,也就是说下面两行代码是等效的:

```
bs.find_all("a")
bs("a")
```

下面两行依然等价:

```
soup.title.find_all(text = "abc")
soup.title(text = "abc")
```

最后要指出的是，除了 tag、NavigableString、BeautifulSoup 对象以外，还有一些特殊对象可以供用户使用，例如 Comment 对象是一个特殊类型的 NavigableString 对象：

```
bs1 = BeautifulSoup('<b><! -- This is comment --></b>')
print(type(bs1.find('b').string))
```

上面代码的输出如下：

```
<class 'bs4.element.Comment'>
```

这意味着 BeautifulSoup 成功识别到了注释。

在 BeautifulSoup 中对内容进行导航是一个很重要的方面，可以理解为从某个元素找到另外一个和它处于某种相对位置的元素。首先是子结点，一个 tag 可能包含多个字符串或其他的 tag，这些都是这个 tag 的子结点。通过 tag 的 contents 属性可以将 tag 的子结点以列表的方式输出：

```
bs1.find('div').contents
```

contents 和 children 属性仅包含 tag 的直接子结点，但元素可能会有间接子结点(即子结点的子结点)，有时候所有直接和间接子结点合称为子孙结点。descendants 属性表示 tag 的所有子孙结点，用户可以循环子孙结点：

```
for child in tag.descendants:
    print(child)
```

如果 tag 只有一个 NavigableString (可导航字符串)类型的子结点，那么这个 tag 可以使用.string 得到子结点，如果有多个，可以使用.strings。

除了子结点以外，相对地，每个 tag 都有父结点，也就是说它是一个 tag 的下一级。用户可以通过.parent 获取某个元素的父结点，对于间接父结点(父结点的父结点)，可以通过元素的.parents 递归得到。

除了上下级关系以外，结点之间还存在平级关系，即它们是同一个元素的子结点，这称之为兄弟结点。兄弟结点可以通过.next_siblings 和.previous_siblings 获得：

```
ht = requests.get('https://www.douban.com')
bs1 = BeautifulSoup(ht.content)
res = bs1.find(text = re.compile('网络流行语'))
for one in res.parent.parent.next_siblings:
  print(one)
for one in res.parent.parent.previous_siblings:
  print(one)
```

输出结果如下(注意,根据豆瓣网首页内容变化,随日期和时间会有不同):

```
<li class = "rec_topics">
...
<span class = "rec_topics_subtitle">天朗气清,烹一炉秋天 · 11140 人参与</span>
...
<span class = "rec_topics_subtitle">准备工作可以做起来了 · 4497 人参与</span>
...
</li>
```

除此之外,BeautifulSoup 还支持结点前进和后退等导航(例如使用.next_element 和.previous_element),对于文档搜索,除了支持 find()和 find_all()还支持 find_parents()(在所有父结点中搜索)和 find_next_siblings()(在所有后面的兄弟结点中搜索)等,由于我们平时使用得不多,这里就不赘述了,有兴趣的读者可以在 Google 中搜索相关用法。

2.4 XPath 与 lxml

2.4.1 XPath

XPath 也就是 XML Path Language(意为 XML 路径语言),它是一种被设计用来在 XML 文档中搜寻信息的语言。在这里需要先介绍一下 XML 和 HTML 的关系,所谓的 HTML(HyperText Markup Language),也就是"超文本标记语言",它是 WWW 的描述语言,其设计目标是"创建网页和其他可在网页浏览器中访问的信息";而 XML 是 eXtensible Markup Language(意为可扩展标记语言),其前身是 SGML(标准通用标记语言)。简单地说,HTML 是用来显示数据的语言,XML 是用来描述数据、传输数据的语言(对应 XML 文件,从这个意义上来说 XML 十分类似于 JSON)。也有人说,XML 是对 HTML 的补充。因此,XPath 可用来在 XML 文件中对元素和属性进行遍历,实现搜索和查询的目的,也正是因为XML与HTML的紧密联系,用户可以使用XPath对HTML文件进行查询。

XPath的语法规则并不复杂,用户需要先了解XML中的一些重要概念,包括元素、属性、文本、命名空间、处理指令、注释以及文档,这些都是XML中的"结点",XML文档本身就是被作为结点树来对待的。每个结点都有一个parent(父/母结点),例如:

```
<movie>
    <name>Transformers</name>
    <director>Michael Bay</director>
</movie>
```

在上面的例子里,movie是name和director的parent结点。在下面的例子中,name、director是movie的子结点,name和director互为兄弟结点(sibling)。

```
<cinema>
    <movie>
        <name>Transformers</name>
        <director>Michael Bay</director>
    </movie>
    <movie>
        <name>Kung Fu Hustle</name>
        <director>Stephen Chow</director>
    </movie>
</cinema>
```

如果XML是上面这个样子,对于name而言,cinema和movie就是先祖结点(ancestor),同时,name和movie是cinema的后辈结点(descendant)。

XPath表达式的基本规则如表2-1所示。

表2-1 XPath表达式的基本规则

表 达 式	对 应 查 询
node1	选取node1下的所有结点
/node1	斜杠代表到某元素的绝对路径,此处为选择根上的node1
//node1	选取所有node1元素,不考虑XML中的位置
node1/node2	选取node1子结点中的所有node2
node1//node2	选取node1的后辈结点中的所有node2
.	选取当前结点
..	选取当前的父结点
//@href	选取XML中的所有href属性

另外，在 XPath 中还有“谓语”和通配符，如表 2-2 所示。

表 2-2 XPath 中谓语和通配符的使用

谓语和通配符	对 应 查 询
/cinema/movie[1]	选取 cinema 的子元素中的第一个 movie 元素
/cinema/movie[last()]	同上，但选取最后一个
/cinema/movie[position()< 5]	选取 cinema 元素的子元素中的前 4 个 book 元素
//head[@href]	选取所有拥有 href 属性的 head 元素
//head[@href='www.baidu.com']	选取所有 href 属性为“www.baidu.com”的 head 元素
//*	选取所有元素
//head[@*]	选取所有有属性的 head 元素
/cinema/*	选取 cinema 结点的所有子元素

掌握了这些基本内容，用户就可以开始试着使用 XPath 了，不过在实际编程中用户一般不必自己编写 XPath，使用 Chrome 等浏览器自带的开发者工具就能获得某个网页元素的 XPath 路径，用户通过分析感兴趣元素的 XPath 就能编写出对应的抓取语句。

2.4.2 lxml 与 XPath 的使用

在 Python 中用于 XML 处理的工具有很多，例如 Python 2 版本中的 ElementTree API 等，不过目前一般使用 lxml 库来处理 XPath，lxml 的构建是基于两个 C 语言库的，即 libxml2 和 libxslt，因此在性能方面 lxml 的表现足以让人满意。另外，lxml 支持 XPath 1.0、xslt 1.0、定制元素类，以及 Python 风格的数据绑定接口，因此受到很多人的欢迎。

当然，如果用户的计算机上没有安装 lxml，首先要用 pip install lxml 命令进行安装，在安装时可能会出现一些问题（这是由于 lxml 本身的特性造成的）。另外，lxml 还可以使用 easy install 等方式安装，读者可以参照 lxml 官方的说明，网址为“http://lxml.de/installation.html”。

最基本的 lxml 解析方式如下：

```
from lxml import etree
doc = etree.parse('example.xml')
```

其中的 parse()方法会读取整个 XML 文档并在内存中构建一个树结构，如果换一种导入方式：

```
from lxml import html
```

则会导入 HTML 树结构，一般使用 fromstring()方法来构建：

```
text = requests.get('http://example.com').text
html.fromstring(text)
```

这时用户将会拥有一个 lxml.html.HtmlElement 对象，然后就可以直接使用 xpath()寻找其中的元素了：

```
h1.xpath('your xpath expression')
```

假设有一个 HTML 文档如图 2-6 所示。

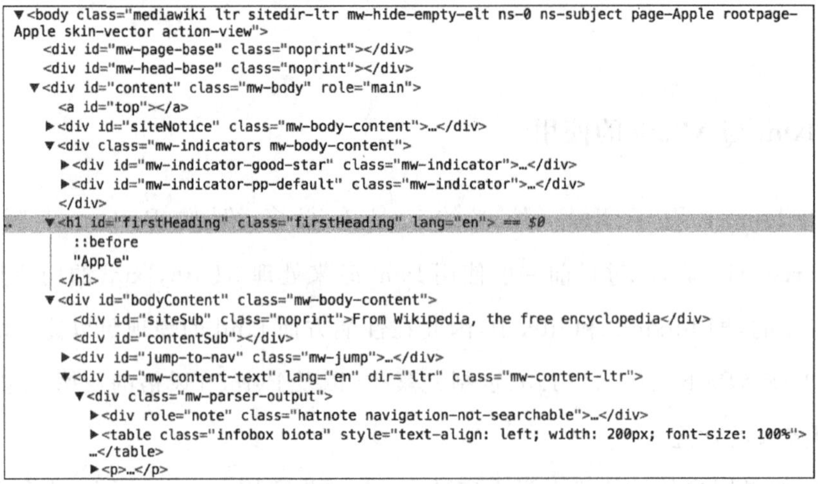

```
▼<body class="mediawiki ltr sitedir-ltr mw-hide-empty-elt ns-0 ns-subject page-Apple rootpage-
Apple skin-vector action-view">
    <div id="mw-page-base" class="noprint"></div>
    <div id="mw-head-base" class="noprint"></div>
  ▼<div id="content" class="mw-body" role="main">
      <a id="top"></a>
    ►<div id="siteNotice" class="mw-body-content">…</div>
    ▼<div class="mw-indicators mw-body-content">
      ►<div id="mw-indicator-good-star" class="mw-indicator">…</div>
      ►<div id="mw-indicator-pp-default" class="mw-indicator">…</div>
      </div>
…   ▼<h1 id="firstHeading" class="firstHeading" lang="en"> == $0
        ::before
        "Apple"
      </h1>
    ▼<div id="bodyContent" class="mw-body-content">
        <div id="siteSub" class="noprint">From Wikipedia, the free encyclopedia</div>
        <div id="contentSub"></div>
      ►<div id="jump-to-nav" class="mw-jump">…</div>
      ▼<div id="mw-content-text" lang="en" dir="ltr" class="mw-content-ltr">
        ▼<div class="mw-parser-output">
          ►<div role="note" class="hatnote navigation-not-searchable">…</div>
          ►<table class="infobox biota" style="text-align: left; width: 200px; font-size: 100%">
          …</table>
          ►<p>…</p>
```

图 2-6 示例的 HTML 结构

这实际上是维基百科“苹果”词条的页面结构，用户可以通过多种方式获得页面中的 Apple 这个大标题(h1 元素)，例如：

```
from lxml import html
# 访问链接，获取 HTML
text = requests.get('https://en.wikipedia.org/wiki/Apple').text
ht = html.fromstring(text)                                    # HTML 解析

h1Ele = ht.xpath('//*[@id="firstHeading"]')[0]   # 选取 id 为firstHeading 的元素
```

```
print(h1Ele.text)                    # 获取 text
print(h1Ele.attrib)                  # 获取所有属性,保存在一个 dict 中
print(h1Ele.get('class'))            # 根据属性名获取属性
print(h1Ele.keys())                  # 获取所有属性名
print(h1Ele.values())                # 获取所有属性的值

# 以下方法与上面对应的语句等效
# 使用间断的 xpath 来获取属性
print(ht.xpath('//*[@id="firstHeading"]')[0].xpath('./@id')[0])
print(ht.xpath('//*[@id="firstHeading"]')[0].xpath('./text()')[0])

# 直接用 xpath 获取属性
print(ht.xpath('//*[@id="firstHeading"][position()=1]/text()'))
print(ht.xpath('//*[@id="firstHeading"][position()=1]/@lang'))
```

最后值得一提的是,如果 script 与 style 标签之间的内容影响解析页面,或者页面很不规则,可以使用 lxml.html.clean 这个模块,在该模块中包含了一个 Cleaner 类来清理 HTML 页。

需要注意的是,参数 page_structure、safe_attrs_only 设置为 False 能够保证页面的完整性,否则 Cleaner()可能会将元素的属性也清理掉,这就得不偿失了。clean 的用法类似下面的语句:

```
from lxml.html import clean

cleaner = clean.Cleaner(style=True, scripts=True, page_structure=False, safe_attrs_
only=False)
h1clean = cleaner.clean_html(text.strip())
print(h1clean)
```

2.5 遍历页面

2.5.1 抓取下一个页面

严格地说,一个只处理单个静态页面的程序并不能称为"爬虫",只能算是一种最简化的网页抓取脚本。实际的爬虫程序所要面对的任务经常是根据某种抓取逻辑,重复遍历多个页面甚至多个网站,这可能也是爬虫(蜘蛛)这个名字的由来——就像蜘蛛在网上爬行一样。在处理当前页面时,爬虫应该确定下一个将要访问的页面,下

一个页面的链接地址有可能就在当前页面的某个元素中,也可能是通过特定的数据库读取(这取决于爬虫的爬取策略),通过从“爬取当前页”到“进入下一页”的循环实现整个爬取过程。正是由于爬虫程序往往不会满足于单个页面的信息,网站管理者才会对爬虫如此忌惮——因为同一段时间内的大量访问总是会威胁到服务器负载。下面的伪代码就是一个遍历页面的例子,其针对的是最简单形式的遍历页面,即不断爬取下一页,当满足某个判定条件(例如已经到达尾页且不存在下一页)时停止抓取。

```
def looping_crawl_pages(starturl, manganame):
  ses = requests.Session()
  url_cur_page = starturl

  while True:
    print(url_cur_page)

    r = ses.get(url_cur_page, headers = header_data, timeout = 10)
    # 获取想要的Web 元素并处理数据
    # 例如将数据保存到文件
    url_next_page = ... # 获取下一页的URL

    if not have_next_page():
      print('At the end of pages! Done!')
      break
    else:
      url_cur_page = url_next_page
```

上面的伪代码展示了一个简单的爬虫模型,接下来通过一个例子来实现这个模型。360 新闻站点提供了新闻搜索结果页面,输入关键词,可以得到一组关键词新闻搜索的结果页面。如果用户想要抓取特定关键词对应的每条新闻报道的大体信息,就可以通过爬虫的方式来完成。图 2-7 是搜索“西湖”关键词的结果页面,这个页面的结构相对而言是很简单的,用户使用 BeautifulSoup 中的基本方法即可完成抓取。

2.5.2 完成爬虫程序

以爬取“北京”关键词对应的新闻结果为例,观察 360 新闻的搜索页面,用户很容易发现翻页这个逻辑是通过在 URL 中对参数 pn 进行递增实现的,在 URL 中还有其他参数,暂时不去关心它们的含义。于是实现“抓取下一页”的方法就很简单了,构造

图 2-7 360 新闻搜索“西湖”的结果页面

一个存储了每一页 URL 的列表,由于它们只是在参数 pn 上不同,其他内容完全一致,所以使用 str 的 format()方法即可。接着通过 Chrome 的开发者工具观察一下网页,如图 2-8 所示。

```
▶<li class="res-list">…</li>
▼<li class="res-list">
  ▼<a class="news_title" href="http://www.xinhuanet.com/city/2018-04/19/c_129853576.htm" target="_blank" rel="noopener noreferrer"> == $0
      "标本兼治 让"
      <em>北京</em>
      "不再有飞絮"
    </a>
  ▶<div class="ntinfo">…</div>
   ::after
```

图 2-8 新闻标题的网页代码结构

可以发现,一则新闻的关键信息都在< a ></a >和与它同级的< div class="ntinfo">中,用户可以通过 BeautifulSoup 找到每一个< a ></a >结点,而同级的 div 可以通过 next_sibling 定位到。新闻对应的原始链接则可以通过 tag.get("href")方法得到。将数据解析出来后,用户可以考虑通过数据库进行存储,为此需要先建立一个 newspost 表,其字段包括 post_title、post_url、newspost_date,分别代表一则报道的标题、原地址以及日期。最终编写的这个爬虫程序见例 2-1。

【例 2-1】 最简单的遍历多页面的爬虫。

```
import pymysql.cursors
import requests
from bs4 import BeautifulSoup
import arrow

urls = [
  u'https://news.so.com/ns?q = 北京 &pn = {}&tn = newstitle&rank = rank&j = 0&nso = 10&tp = 11&nc = 0&src = page'
    .format(i) for i in range(10)
]
for i,url in enumerate(urls):
  r = requests.get(url)
  bs1 = BeautifulSoup(r.text)
  items = bs1.find_all('a', class_ = 'news_title')

  t_list = []
  for one in items:
    t_item = []
    if '360' in one.get('href'):
      continue
    t_item.append(one.get('href'))
    t_item.append(one.text)
    date = [one.next_sibling][0].find('span', class_ = 'pdate').text

    if len(date) < 6:
      date = arrow.now().replace(days = - int(date[:1])).date()
    else:
      date = arrow.get(date[:10], 'YYYY - MM - DD').date()

    t_item.append(date)

    t_list.append(t_item)

  connection = pymysql.connect(host = 'localhost',
                               user = 'scraper1',
                               password = 'password',
                               db = 'DBS',
                               charset = 'utf8',
                               cursorclass = pymysql.cursors.DictCursor)
```

```
    try:
      with connection.cursor() as cursor:
        for one in t_list:
          try:
            sql_q = "INSERT INTO 'newspost' ('post_title', 'post_url','news_postdate',)
VALUES( %s, %s, %s)"
            cursor.execute(sql_q, (one[1], one[0], one[2]))
          except pymysql.err.IntegrityError as e:
            print(e)
            continue

      connection.commit()

    finally:
      connection.close()
```

这里需要注意的是，由于360新闻搜索结果页面中的日期格式并不一致，对于比较旧的新闻，采用类似“2017-12-30 05:27”这样的格式，而对于刚刚发布的新闻，使用类似“10小时之前”这样的格式，因此用户需要对不同的时间日期字符串统一格式，将“XXX之前”转化为“2017-12-30 05:27”的形式：

```
if len(date) < 6:
        date = arrow.now().replace(days =- int(date[:1])).date()
else:
        date = arrow.get(date[:10], 'YYYY - MM - DD').date()
```

上面的代码使用了arrow，这是一个比datetime更方便的高级API库，其主要用途就是对时间日期对象进行操作，详细介绍可见附录A中的相关内容。

```
connection =  pymysql.connect(host = 'localhost',
                              user = 'scraper1',
                              password = 'password',
                              db = 'DBS',
                              charset = 'utf8',
                              cursorclass = pymysql.cursors.DictCursor)
```

这段代码建立了一个connection对象，代表一个特定的数据库连接，后面的try-except代码块中通过connection的cursor()（游标）进行数据的读/写。最后，运行上面的代码并在Shell中访问数据库，使用select语句查看抓取的结果，如图2-9所示。

北京市全力支持拉萨教育事业发展纪实

北京赛车全天稳定计划

北京大学金融操盘手告诉你一旦出现"庄家洗盘"形态,坚决买入

北京市民政局社团办联合党委党建到国华人才测评工程研究院调研

图 2-9 数据库中的结果示例

这是第一个比较完整的爬虫程序，虽然简单，但“麻雀虽小，五脏俱全”，基本上代表了网页数据抓取的大体逻辑。读者理解这个数据获取、解析、存储、处理的过程也将有助于后续的爬虫程序学习。

2.6 使用 API

2.6.1 API 简介

所谓的采集网络数据不一定必须从网页中抓取数据，API（Application Programming Interface，应用编程接口）的用处就在这里：API 为开发者提供了方便、友好的接口，不同的开发者用不同的语言能获取同样的数据，使得信息被有效地共享。目前各种不同的软件应用（包括各种编程模块）有着各自不同的 API，这里讨论的 API 主要是指“网络 API”，它允许开发者用 HTTP 协议向 API 发起某种请求，从而获取对应的某种信息。目前，API 一般以 XML（eXtensible Markup Language，可扩展标记语言）或者 JSON（JavaScript Object Notation）格式返回服务器响应，其中 JSON 数据格式更是越来越受人们的欢迎。

API 与网页抓取看似不同，但其流程都是从“请求网站”到“获取数据”再到“处理数据”，二者也共用许多概念和技术。其实，API 免去了开发者对复杂网页进行抓取的麻烦。API 的使用也和“抓取网页”没有太大的区别，第一步总是去访问一个 URL 地址，这和使用 HTTP GET 来访问 URL 一模一样。如果非要给 API 一个不叫“网页抓取”的理由，那就是 API 请求有自己的严格语法，而且不同于 HTML 格式，它会使用约定的 JSON 和 XML 格式来呈现数据。图 2-10 所示为微博开发者 API 的文档页面。

图 2-10　一个微博 API 的文档

在使用 API 之前，用户需要先在提供 API 服务的网站上申请一个接口服务。目前，国内外的 API 服务都有免费、收费两种类型（收费服务的目标客户一般是商业应用和企业级开发者），在使用 API 时需要验证客户身份。通常，验证身份的方法都是使用 token，每次对 API 进行调用都会将 token 作为一个 HTTP 访问的一个参数传送到服务器。这种 token 在很多时候都以"API KEY"的形式来体现，可能是在用户注册（对于收费服务而言就是购买）该服务时分配的固定值，也可能是在准备调用时动态分配。下面是一个调用 API 的例子：

http://samples.openweathermap.org/data/2.5/weather?q=London,uk&appid=b1b15e88fa797225412429c1c50c122a1

返回的数据如下：


```
{"coord":{"lon":-0.13,"lat":51.51},"weather":[{"id":300,"main":"Drizzle","description":"light intensity drizzle","icon":"09d"}],"base":"stations","main":{"temp":280.32,"pressure":1012,"humidity":81,"temp_min":279.15,"temp_max":281.15},"visibility":10000,"wind":{"speed":4.1,"deg":80},"clouds":{"all":90},"dt":1485789600,"sys":{"type":1,"id":5091,"message":0.0103,"country":"GB","sunrise":1485762037,"sunset":1485794875},"id":2643743,"name":"London","cod":200}
```


这是 OpenWeatherMap 网站提供的查询天气的 API，appid 的值扮演了 token 的角色。用户可以访问该网站并注册,开启免费服务后就能够得到一个 API KEY(见图 2-11),服务器会识别出这个值,然后向请求方提供 JSON 数据。

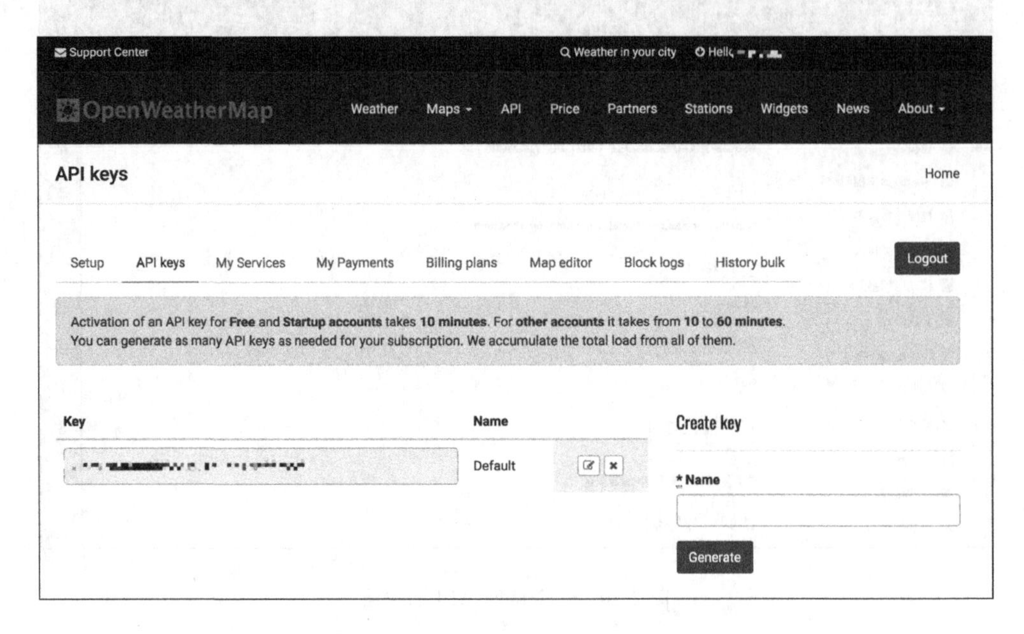

图 2-11 在 OpenWeatherMap 网站查看 API KEY

对于这样的 JSON 数据格式,读者会在书中经常接触,实际上这正是网络爬虫经常需要应对的数据形式。JSON 数据的流行与 JavaScript 的发展密切相关,当然,这也并不是说 XML 不重要。

不同的 API 虽然有着不同的调用方式,但总体来看是符合一定准则的。当用户 GET 一份数据时,URL 本身就带有查询关键词的作用,很多 API 通过文件路径(path)和请求参数(request parameter)的方式来指定数据关键词和 API 版本。

2.6.2 API 使用示例

这里以 Google(也许是目前地球上最强大的信息技术公司)提供的网络 API 库为例,试写一段代码来请求 API 为用户提供想要的数据。Google 的 API 库十分强大,翻译、地理信息、日历等都可以通过 API 来访问,此外,Google 还为 YouTube 和 Gmail 这些旗下的知名应用网站提供了对应的 API。用户可以通过访问 Google 控制台(https://console.developers.google.com/apis/)或者 API 检索页面(https://developers.google.com/apis-explorer/)来查看 API。控制台是一个十分方便的工具,在这里用户能够随时查看和管理 API 调用,或者访问 API 库查看更多有用的信息。如果大家没有 Google 账户，在使用 API 之前还需要注册一个 Google 账户，值得庆幸的是 Google 账号对 Google 旗下的服务是通用的，这免去了申请授权和填写密码的麻烦。

首先，在凭据页面中创建一个凭据(见图 2-12 中的 API 密钥)，创建之后，用户可以对这个密钥进行限制，也就是说用户能指定哪些网站、IP 地址或应用可以使用此密钥，这能够保证 API KEY 密钥的安全，对于收费服务而言，没有设定限制的密钥一旦泄露会带来不小的经济损失。如果创建了多个项目，用户可以为每个项目指定一个特定的 KEY。

图 2-12　Google API 的凭据页面

接下来在 API 库(见图 2-13)中看有哪些值得尝试的东西，这里以地图类的 API 为例，Google 的地图 API 支持很多不同的功能，可以查询一个经纬度的时区，可以将地图内嵌在网页中，可以把地址解析为经纬度，等等。

这些功能都是免费的，用户在开启 API 之后就能够使用了。Geocode API 能够输出一个地址的地理位置信息，如图 2-14 所示。

下面尝试编写这样一个小程序，它能够根据输入的地址查询时区信息，先通过 Geocode 查看其经纬度，之后使用 TimeZone API 根据经纬度查询时区，见例 2-2。

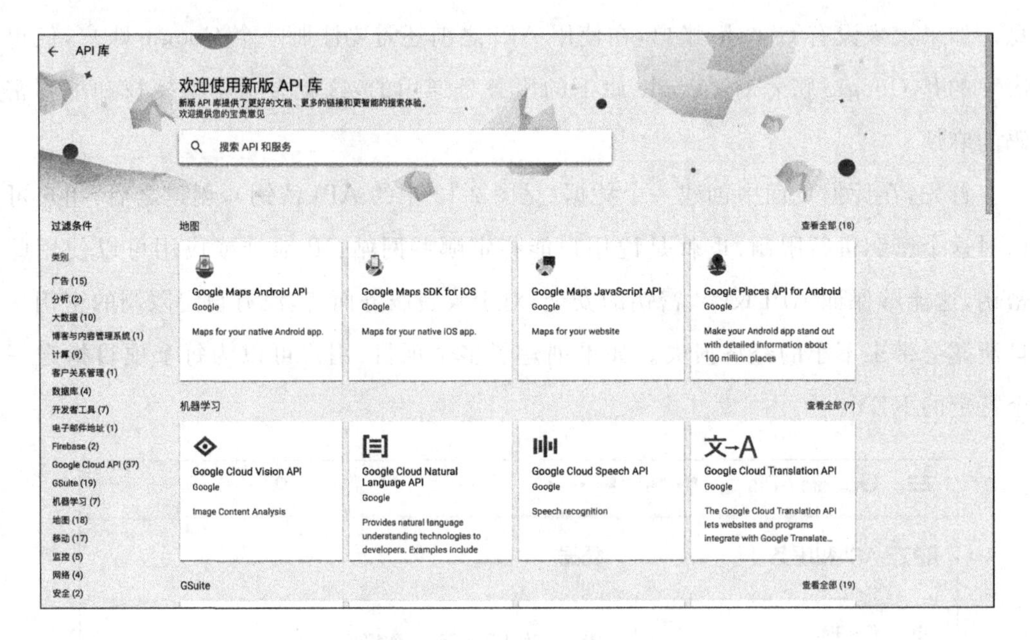

图 2-13　Google API 库

安全 https://maps.googleapis.com/maps/api/geocode/json?address=37+xueyuan+road+Beijing+China&key=


```
{
   "results" : [
      {
         "address_components" : [
            {
               "long_name" : "37",
               "short_name" : "37",
               "types" : [ "street_number" ]
            },
            {
               "long_name" : "Xue Yuan Lu",
               "short_name" : "Xue Yuan Lu",
               "types" : [ "route" ]
            },
            {
               "long_name" : "WuDaoKou",
               "short_name" : "WuDaoKou",
               "types" : [ "neighborhood", "political" ]
            },
            {
               "long_name" : "Haidian Qu",
               "short_name" : "Haidian Qu",
               "types" : [ "political", "sublocality", "sublocality_level_1" ]
            },
            {
               "long_name" : "Beijing Shi",
               "short_name" : "Beijing Shi",
               "types" : [ "administrative_area_level_1", "political" ]
            },
            {
               "long_name" : "China",
               "short_name" : "CN",
               "types" : [ "country", "political" ]
            }
         ],
```


图 2-14　Geocode API 返回的数据

【例 2-2】 TimeZoneAPI.py，调用时区 API。

```
import json, requests

API_KEY = 'your API KEY here'


def getGeo(add):
  add = str(add).replace(' ', '+')
  quiry = \
    'https://maps.googleapis.com/maps/api/geocode/' \
    'json?address = {}&key = {}' \
      .format(
      add,
      API_KEY
    )
  response = requests.get(quiry)
  j = json.loads(response.text)
  return
  j.get('results')[0].get('geometry').get('viewport').get('southwest').values()


def getTimezone(val1, val2):
  quiry = \
    'https://maps.googleapis.com/maps/api/timezone/json?location = {},{}&timestamp =
1412649030&key = {}'. \
      format(val1,
             val2,
             API_KEY)

  response = requests.get(quiry)
  j = json.loads(response.text)
  return j.get('timeZoneName'), j.get('timeZoneId')


if __name__ == '__main__':
  print(getTimezone(34.68, 113.65))
  address = input('Please input address:')
  q = list(getGeo(address))

  print(getTimezone(q[0], q[1]))
```

这里使用了一组经纬度作为测试，(34.68,113.65)是中国郑州的经纬度，运行上面的脚本：

```
('China Standard Time', 'Asia/Shanghai')
Please input address:Washington D.C. US
('Eastern Daylight Time', 'America/New_York')
```

此处输入的地址是“Washington D. C. US”，即美国华盛顿特区，其输出为：

```
('Eastern Daylight Time', 'America/New_York')
```

在这段代码中使用了 json 模块，它是 Python 的内置 JSON 库，这里使用的主要是 loads()方法。虽然这个例子十分粗略，但是要说明的是，API 的用法不只是作为一个单纯的调用查询脚本，API 服务还可以整合进更大的爬虫模块里，起到一个工具的作用(比如使用 API 获取代理服务作为爬虫代理)。总而言之，网络 API 的使用是网络爬取的一个不可分割的重要部分，说到底，用户无论编写什么样的爬虫程序，任务都是类似的，都是访问网络服务器、解析数据、处理数据。

2.7 本章小结

本章引入了 Python 网络爬虫的基本使用和相关概念，介绍了正则表达式、BeautifulSoup 和 lxml 等常见的网页解析方式，最后还对 API 数据抓取进行了讨论。本章中的内容是编写网络爬虫程序的重要基础，其中 lxml、BeautifulSoup 等工具的使用尤为重要。

第3章

文件与数据的存储

Python以简洁见长，在其他语言中比较复杂的文件读写和数据IO，在Python中由于比较简单的语法和丰富的类库而显得尤为方便。本章将从最简单的文本文件的读写出发，重点介绍CSV文件的读写和操作数据库，同时介绍一些其他形式的数据的存储方式。

3.1 Python中的文件

3.1.1 基本的文件读写

谈到Python中的文件读写，总会使人想到“open”关键字，其最基本的操作如下面的示例：

```
# 最朴素的open()方法
f = open('filename.text','r')
# 做点事情
f.close()
```

```
# 使用with,在语句块结束时会自动关闭
with open('t1.text','rt') as f: # r代表read,t代表text,一般"t"为默认,可省略
  content = f.read()

with open('t1.txt','rt') as f:
  for line in f:
    print(line)
with open('t2.txt', 'wt') as f:
  f.write(content) # 写入

append_str = 'append'
with open('t2.text','at') as f:
  # 在已有内容上追加写入,如果使用"w",则已有内容会被清除
  f.write(append_str)
# 文件的读写操作默认使用系统编码,一般为utf8
# 使用encoding设置编码方式
with open('t2.txt', 'wt',encoding = 'ascii') as f:
  f.write(content)
# 编码错误总是很烦人,如果用户觉得有必要暂时忽略,可以如下
with open('t2.txt', 'wt',errors = 'ignore') as f: # 忽略错误的字符
  f.write(content) # 写入
with open('t2.txt', 'wt',errors = 'replace') as f: # 替换错误的字符
  f.write(content) # 写入

# 重定向print()函数的输出
with open('redirect.txt', 'wt') as f:
  print('your text', file = f)

# 读写字节数据,例如图片、音频
with open('filename.bin', 'rb') as f:
  data = f.read()

with open('filename.bin', 'wb') as f:
  f.write(b'Hello World')

# 从字节数据中读写文本(字符串),需要使用编码和解码
with open('filename.bin', 'rb') as f:
  text = f.read(20).decode('utf - 8')

with open('filename.bin', 'wb') as f:
  f.write('Hello World'.encode('utf - 8'))
```

用户不难发现,在open()的参数中,第一个是文件路径,第二个是模式字符(串),代表了不同的文件打开方式,比较常用的是"r"(代表读)、"w"(代表写)、"a"(代表写,并追加内容),"w"和"a"经常引起混淆,其区别在于,如果用"w"模式打开一个已存在的文件,会清空文件里的内容数据,重新写入新的内容,如果用"a",不会清空原有数

据，而是继续追加写入内容。对模式字符(串)的详细解释见图 3-1。

```
========= ===============================================================
Character Meaning
--------- ---------------------------------------------------------------
'r'       open for reading (default)
'w'       open for writing, truncating the file first
'x'       create a new file and open it for writing
'a'       open for writing, appending to the end of the file if it exists
'b'       binary mode
't'       text mode (default)
'+'       open a disk file for updating (reading and writing)
'U'       universal newline mode (deprecated)
========= ===============================================================
```

图 3-1 open()函数定义中的模式字符

在一个文件(路径)被打开后，用户就拥有了一个 file 对象(在其他一些语言中常被称为句柄)，这个对象也拥有自己的一些属性：

```
f = open('h1.html','r')
print(f.name)                  # 文件名,h1.html
print(f.closed)                # 是否关闭,False
print(f.encoding)              # 编码方式,US - ASCII
f.close()
print(f.closed)                # True
```

当然，除了最简单的 read()和 write()方法以外，还有一些其他的方法：

```
# t1.txt 的内容
# line 1
# line 2: cat
# line 3: dog
#
# line 5

with open('t1.txt','r') as f1:
  # 返回是否可读
  print(f1.readable())          # True
  # 返回是否可写
  print(f1.writable())          # False
  # 逐行读取
  print(f1.readline())          # line 1
  print(f1.readline())          # line 2: cat
  # 读取多行到列表中
  print(f1.readlines())         # ['line 3: dog\n', '\n', 'line 5']
  # 返回文件指针的当前位置
  print(f1.tell())              # 38
  print(f1.read())              # 指针在末尾,因此没有读取到内容
  f1.seek(0)                    # 重设指针
```

```
    # 重新读取多行
    print(f1.readlines()) # ['line 1\n', 'line 2: cat\n', 'line 3: dog\n', '\n', 'line 5']

with open('t1.txt','a+') as f1:
    f1.write('new line')
    f1.writelines(['a','b','c'])          # 根据列表写入
    f1.flush()                            # 立刻写入,实际上是清空 IO 缓存
```

3.1.2 序列化

Python 程序运行时,其变量(对象)都保存在内存中,一般把"将对象的状态信息转换为可以存储或传输的形式的过程"称为(对象的)序列化。通过序列化,用户可以在磁盘上存储这些信息,或者通过网络来传输,并最终通过反序列化过程重新读入内存(可以是另外一个计算机的内存)且使用。在 Python 中主要使用 pickle 模块来实现序列化和反序列化。下面就是一个序列化的小例子:

```
import pickle
l1 = [1,3,5,7]
with open('l1.pkl','wb') as f1:
    pickle.dump(l1,f1)                    # 序列化

with open('l1.pkl','rb') as f2:
    l2 = pickle.load(f2)
    print(l2)                             # [1, 3, 5, 7]
```

在 pickle 模块的使用中还存在一些细节,比如 dump()和 dumps()两个方法的区别在于 dumps()将对象存储为一个字符串,与之相对应,可以使用 loads()来恢复(反序列化)该对象。从某种意义上说,Python 对象都可以通过这种方式来存储、加载,不过有一些对象比较特殊,无法进行序列化,例如进程对象、网络连接对象等。

3.2 字符串

字符串是 Python 中最常用的数据类型,Python 为字符串操作提供了很多有用的内建函数(方法),下面介绍几种常用的方法。

- str.capitalize():返回一个以大写字母开头,其他都小写的字符串。

- str.count(str, beg=0, end=len(string))：返回 str 在 string 里面出现的次数，如果 beg(开始)或者 end(结束)被设置，则返回指定范围内 str 出现的次数。
- str.endswith(obj, beg=0, end=len(string))：判断一个字符串是否以参数 obj 结束，如果 beg 或者 end 指定，则只检查指定的范围。其返回布尔值。
- str.find()：检测 str 是否包含在 string 中，这个方法与 str.index()方法类似，不同之处在于 str.index()如果没有找到会返回异常。
- str.format()：格式化字符串。
- str.decode()：以 encoding 指定的编码格式解码。
- str.encode()：以 encoding 指定的编码格式编码。
- str.join()：以 str 作为分隔符，把参数中所有的元素的字符串表示合并为一个新的字符串，要求参数是 iterable。
- str.partition(string)：从 string 出现的第一个位置起，把字符串 str 分成一个 3 元素的元组。
- str.replace(str1,str2)：将 str 中的 str1 替换为 str2，这个方法还能够指定替换次数，十分方便。
- str.split(str1="", num=str.count(str1))：以 str1 为分隔符对 str 进行切片，这个函数容易让人联想到 re 模块中的 re.split()方法(见第 2 章的相关内容)，前者可以视为后者的弱化版。
- str.strip()：去掉 str 左、右两侧的空格。

这里通过一段代码演示上面函数的功能：

```
s1 = 'mike'
s2 = 'miKE'
print(s1.capitalize())                                          # Mike
print(s2.capitalize())                                          # Mike
s1 = 'aaabb'
print(s1.count('a'))                                            # 3
print(s1.count('a',2,len(s1)))                                  # 1
print(s1.endswith('bb'))                                        # True
print(s1.startswith('aa'))                                      # True
cities_str = ['Beijing','Shanghai','Nanjing','Shenzhen']
print([cityname for cityname in cities_str if cityname.startswith(('S','N'))]) # 比较复杂
                                                                               # 的用法
```

```
# ['Shanghai', 'Nanjing', 'Shenzhen']

print(s1.find('aa'))                                          # 0
print(s1.index('aa'))                                         # 0
print(s1.find('c'))                                           # -1
# print(s1.index('c'))                                        # 值错误

print('There are some cities: ' + ', '.join(cities_str))
# There are some cities: Beijing, Shanghai, Nanjing, Shenzhen
print(s1.partition('b'))                                      # ('aaa', 'b', 'b')
print(s1.replace('b','c',1))                                  # aaacb
print(s1.replace('b','c',2))                                  # aaacc
print(s1.replace('b','c'))                                    # aaacc
print(s2.split('K'))                                          # ['mi', 'E']

s3 = '  a abc c '
print(s3.strip())                                             # 'a abc c'
print(s3.lstrip())                                            # 'a abc c '
print(s3.rstrip())                                            # '  a abc c'
# 最常见的format()的使用方法
print('{} is a {}'.format('He','Boy'))                        # He is a Boy
# 指明参数编号
print('{1} is a {0}'.format('Boy','He'))                      # He is a Boy
# 使用参数名
print('{who} is a {what}'.format(who = 'He',what = 'boy'))    # He is a boy

print(s2.lower())                                             # mike
print(s2.upper())                       # MIKE, 注意该方法与capitalize()不同
```

除了这些方法以外，Python 的字符串还支持其他一些实用方法。另外，如果要对字符串进行操作，正则表达式往往会成为十分重要的配套工具，关于正则表达式的内容可参考第 2 章和附录 A。

3.3 Python 与图片

3.3.1 PIL 与 Pillow

PIL(Python Image Library)是 Python 中用于图片、图像的基础工具，而 Pillow 可以认为是基于 PIL 的一个变体(正式说法是“分支”)，在某些场合，PIL 和 Pillow 可以当成同义词使用，因此这里主要介绍一下 Pillow。在这之前，如果用户没有安装

Pillow，记得要先通过 pip 安装。Pillow 的主要模块是"Image"，其中的 Image 类是比较常用的：

```
from PIL import Image, ImageFilter

# 打开图像文件
img = Image.open('cat.jpeg')
img.show()                                              # 查看图像
print(img.size)                                         # 图像尺寸，输出(289, 174)
print(img.format)                                       # 图像(文件)格式，输出 JPEG
w,h = img.size
# 缩放
img.thumbnail((w//2, h//2))
# 保存缩放后的图像
img.save('thumbnail.jpg', 'JPEG')

img.transpose(Image.ROTATE_90).save('r90.jpg')          # 旋转 90°
img.transpose(Image.FLIP_LEFT_RIGHT).save('l2r.jpg')    # 左右翻转

img.filter(ImageFilter.DETAIL).save('detail.jpg')       # 不同的滤镜
img.filter(ImageFilter.BLUR).save('blur.jpg')

img.crop((0,0,w//2,h//2)).save('crop.jpg')              # 根据参数指定的区域裁剪图像

# 创建新图片
img2 = Image.new("RGBA",(500,500),(255,255,0))
img2.save("new.png","PNG")                              # 创建一张 500 × 500 的纯色图片

img2.paste(img,(10,10))                                 # 将 img 粘贴到指定位置
img2.save('combine.png')
```

上面代码的运行结果见下面的几张图片，图 3-2 是缩放前后的图片对比，图 3-3 是翻转、旋转后的图片效果，图 3-4 是 BLUR 后的效果(模糊效果)，图片的粘贴效果可见图 3-5。

图 3-2　缩放前后的图片对比

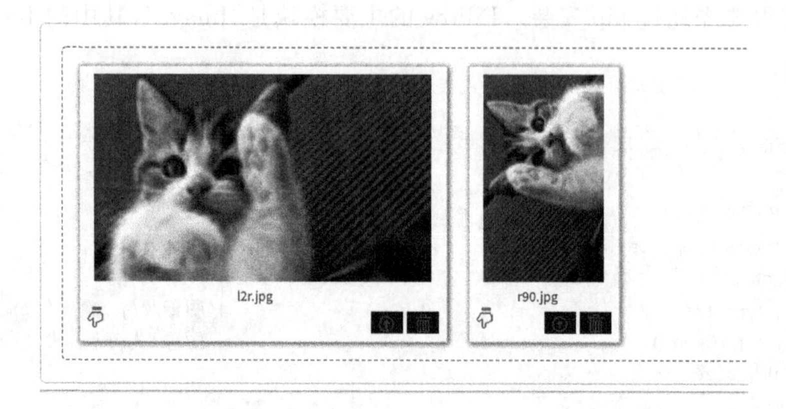

图 3-3 翻转、旋转后的图片

图 3-4 BLUR 后的图片

图 3-5 粘贴后的图片

在实际使用中，PIL 的 Image.save()方法常用来做图片格式的相互转换，而缩放等方法也十分实用。在网页抓取中，当用户遇到需要保存较小的图片时，可以先进行缩放处理再存储。

3.3.2 Python 与 OpenCV 简介

与基本的 PIL 相比，OpenCV 更像是一把瑞士军刀。cv2 模块则是比较新的接口版本。OpenCV 的全称是 Open Source Computer Vision Library，它基于 C/C++ 语言，但经过包装后可在 Java 和 Python 等其他语言中使用。OpenCV 由英特尔公司发起，可以在商业和学术领域免费、开源使用，2009 年后的 OpenCV 2.0 版本是目前比较常见的版本。目前已经出现了 OpenCV3 版本，但 OpenCV 2.0 仍旧受到广泛欢迎。由于免费、开源、功能丰富，并且跨平台易于移植，OpenCV 已经成为目前计算机视觉编程与图像处理方面最重要的工具之一。图 3-6 是 OpenCV 的官方站点。

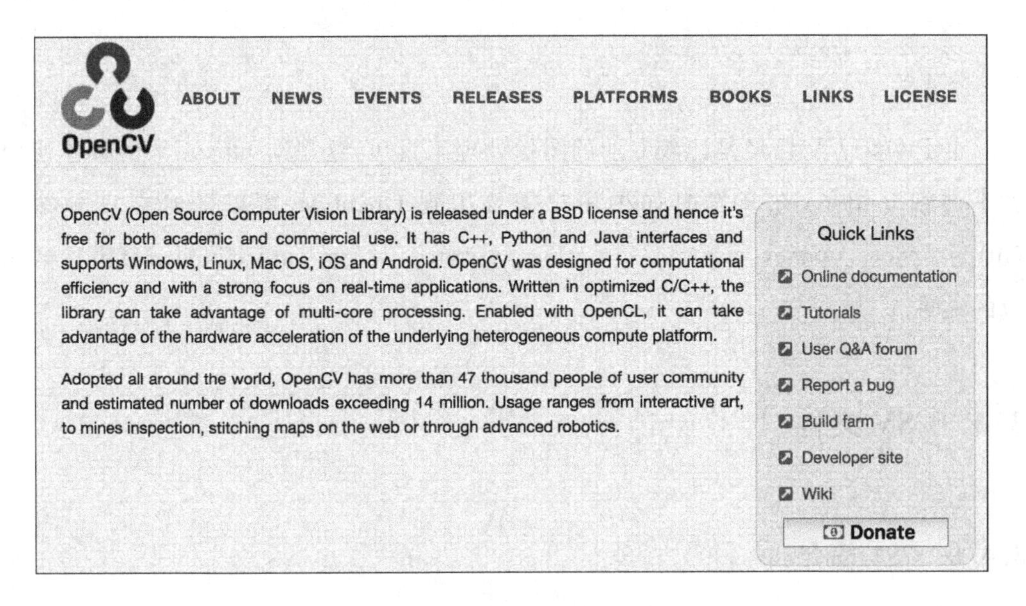

图 3-6　OpenCV 的官方站点

如果要在 Python 中使用 cv2 模块，需要先在计算机上安装 OpenCV 包。其实它在 Windows 系统上的安装并没有想象中那么复杂，将从下载网址（https://opencv.org/releases.html）中下载对应的 OpenCV 包解压，然后将“C:/opencv/build/python/2.7”下的 cv2.pyd 文件复制到“C:/Python27/lib/site-packages”即可。

在 Mac 系统上，则可以使用包管理工具 homebrew 进行快速安装，如图 3-7 所示。

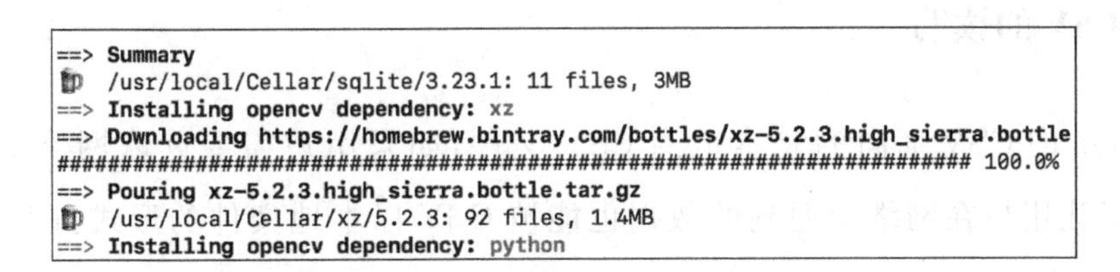

图 3-7　homebrew 安装 OpenCV 的过程

使用下面的命令安装 homebrew：/usr/bin/ruby -e "$(curl -fsSL https://raw.githubusercontent.com/Homebrew/install/master/install)"。

安装成功后，使用命令 brew update 和 brew install opencv 即可一键安装。除了 OpenCV 以外，Redis、MySQL、OpenSSL 等也可以使用这种方法安装。

最终在 Python 中导入 cv2，查看当前版本，安装成功：

```
>>> cv2.__version__
'3.4.0'
```

由于 OpenCV 已经是比较专业的图像处理工具包，这里对 OpenCV 的具体使用就不详细介绍了，在开发时如果用户需要用到 OpenCV，可以随时在官方站点(https://docs.opencv.org/3.0-beta/doc/py_tutorials/py_tutorials.html)中找到相应的说明。

3.4 CSV 文件

3.4.1 CSV 简介

CSV 的全称是 Comma Separated Values(逗号分隔值)，CSV 文件以纯文本形式存储表格数据(数字和文本)。CSV 文件由任意数目的记录组成，记录之间以某种换行符(一般是制表符或者逗号)分隔，每条记录中是一些字段。在进行网络抓取时，用户难免会遇到 CSV 文件数据，而且由于 CSV 的设计简单，在很多时候使用 CSV 保存数据(数据有可能是原生的网页数据，也可能是已经经过爬虫程序处理后的结果)十分方便。

3.4.2 CSV 的读写

Python 的 CSV 面向的是本地的 CSV 文件，如果用户需要读取网络资源中的 CSV，为了让用户在网络中遇到的数据也能被 CSV 以本地文件的形式打开，可以先把它下载到本地，然后定位文件路径，作为本地文件打开；如果用户只需要读取一次，并不想真正保存这个文件(就像验证码图片那样，可见第 5 章的相关内容)，可以在读取操作结束后用代码删除文件。除此之外，用户也可以直接把网络上的 CSV 文件当成一个字符串来读，转换成一个 StringIO 对象后就能够作为文件来操作了。

【提示】 IO 是 Input/Output 的简写，意为输入/输出，StringIO 就是在内存中读写字符串。StringIO 针对的是字符串(文本)，如果还要操作字节，可以使用 BytesIO。

使用StringIO的优点在于,这种读写是在内存中完成的(本地文件则是从硬盘读取),因此用户不需要先把CSV文件保存到本地。例3-1是一个直接获取网上的CSV文件并读取打印的例子。

【例3-1】 获取在线CSV文件并读取。

```
from urllib.request import urlopen
from io import StringIO
import csv

data = urlopen("https://raw.githubusercontent.com/jasonong/List - of - US - States/master/
states.csv").read().decode()
dataFile = StringIO(data)
dictReader = csv.DictReader(dataFile)
print(dictReader.fieldnames)

for row in dictReader:
  print(row)
```

运行结果为:

```
['State', 'Abbreviation']
{'Abbreviation': 'AL', 'State': 'Alabama'}
{'Abbreviation': 'AK', 'State': 'Alaska'}
...
{'Abbreviation': 'NY', 'State': 'New York'}
{'Abbreviation': 'NC', 'State': 'North Carolina'}
{'Abbreviation': 'ND', 'State': 'North Dakota'}
{'Abbreviation': 'OH', 'State': 'Ohio'}
{'Abbreviation': 'OK', 'State': 'Oklahoma'}
{'Abbreviation': 'OR', 'State': 'Oregon'}
...
```

这里需要说明一下DictReader(),DictReader()将CSV的每一行作为一个dict返回,而reader()则把每一行作为一个列表返回,使用reader()时的输出是这样的:

```
['State', 'Abbreviation']
...
['California', 'CA']
['Colorado', 'CO']
['Connecticut', 'CT']
['Delaware', 'DE']
['District of Columbia', 'DC']
['Florida', 'FL']
```

```
['Georgia', 'GA']
...
```

用户根据自己的需要选用读取形式即可。

写入和读取是反向操作,下面的例子展示了如何写入数据到CSV:

```
import csv

res_list = [['A','B','C'],[1,2,3],[4,5,6],[7,8,9]]
with open('SAMPLE.csv', "a") as csv_file:
  writer = csv.writer(csv_file, delimiter = ',')
  for line in res_list:
    writer.writerow(line)
```

打开SAMPLE.csv的内容:

```
A,B,C
1,2,3
4,5,6
```

writer()与上文的reader()是相对应的,这里需要说明的是writerow()方法和writerows()方法。writerow()顾名思义就是写入一行,接收一个可迭代对象作为参数;writerows()直观地说等于多个writerow(),因此上面的代码与下面是等效的:

```
res_list = [['A','B','C'],[1,2,3],[4,5,6],[7,8,9]]
with open('SAMPLE.csv', "a") as csv_file:
  writer = csv.writer(csv_file, delimiter = ',')
  writer.writerows(res_list)
```

如果说writerow()会把列表中的每个元素作为一列写入CSV的一行中,writerows()就是把列表中的每个列表作为一行再写入。所以如果用户误用了writerows(),可能会导致让人啼笑皆非的错误:

```
res_list = ['I WILL BE ','THERE','FOR YOU']
with open('SAMPLE.csv', "a") as csv_file:
  writer = csv.writer(csv_file, delimiter = ',')
  writer.writerows(res_list)
```

这里由于"I WILL BE"是一个字符串,而str在Python中是iterable(可迭代对象),所以这样写入,最终的结果为(逗号为分隔符):

```
I, ,W,I,L,L, ,B,E,
T,H,E,R,E
F,O,R, ,Y,O,U
```

如果 CSV 要写入数值,那么也会报错,即"csv. Error: iterable expected, not int"。

当然,在读取作为网络资源的 CSV 文件时,除了 StringIO 以外,还可以先下载到本地读取后再删除(对于只需要读取一次的情况而言)。另外,XLS 作为电子表格(使用 Office Excel 编辑)也常作为 CSV 的替代文件格式出现,处理 XLS 可以使用 openpyxl 模块,其设计和操作与 CSV 类似。

3.5 使用数据库

在 Python 中使用数据库(主要是关系型数据库)是一件非常方便的事情,因为一般都能找到对应的经过包装的 API 库,这些库的存在极大地提高了用户编写程序的效率。一般而言,用户只需要编写 SQL 语句并通过相应的模块 API 执行就可以完成数据库的读写了。

3.5.1 使用 MySQL

在 Python 中进行数据库操作需要通过特定的程序模块(API)来实现,其基本逻辑是首先导入接口模块,然后通过设置数据库名、用户、密码等信息来连接数据库,接着执行数据库操作(可以通过直接执行 SQL 语句等方式),最后关闭与数据库的连接。由于 MySQL 是比较简单且常用的轻量型数据库,下面先用 PyMySQL 模块来介绍在 Python 中如何使用 MySQL。

【提示】 PyMySQL 是 Python 3. x 版本中用于连接 MySQL 服务器的一个库,在 Python 2. x 版本中使用的是 mysqldb。PyMySQL 是基于 Python 开发的 MySQL 驱动接口,在 Python 3. x 中非常常用。

首先确保在本地计算机上已经成功开启了 MySQL 服务(如果还未安装 MySQL,需要先进行安装,可以在"https://dev.mysql.com/downloads/installer/"下载 MySQL 官方安装程序),之后使用 pip install pymysql 安装该模块。在上面的准备完成后,创建一个名为"DB"的数据库和一个名为"scraper1"的用户,密码设为

“password”：

```
CREATE DATABASE DB;
GRANT ALL PRIVILEGES ON * . 'DB' TO 'scraper1'@'localhost' IDENTIFIED BY 'password';
```

接着创建一个名为“users”的表：

```
USE DB;
CREATE TABLE 'users' (
    'id' int(11) NOT NULL AUTO_INCREMENT,
    'email' varchar(255) COLLATE utf8_bin NOT NULL,
    'password' varchar(255) COLLATE utf8_bin NOT NULL,
    PRIMARY KEY ('id')
) ENGINE = InnoDB DEFAULT CHARSET = utf8 COLLATE = utf8_bin
AUTO_INCREMENT = 1;
```

现在有了一个空表，使用 PyMySQL 进行操作，见例 3-2。

【例 3-2】 使用 PyMySQL。

```
import pymysql.cursors
# Connect to the database
connection = pymysql.connect(host = 'localhost',
                             user = 'scraper1',
                             password = 'password',
                             db = 'DB',
                             charset = 'utf8mb4',
                             cursorclass = pymysql.cursors.DictCursor)
try:
    with connection.cursor() as cursor:
        sql = "INSERT INTO 'users' ('email', 'password') VALUES ( %s, %s)"
        cursor.execute(sql, ('example@example.org', 'password'))

    connection.commit()

    with connection.cursor() as cursor:
        sql = "SELECT 'id', 'password' FROM 'users' WHERE 'email' = %s"
        cursor.execute(sql, ('example@example.org',))
        result = cursor.fetchone()
        print(result)
finally:
    connection.close()
```

在这段代码中，首先通过 pymysql.connect()函数进行了连接配置并打开了数据库连接；在 try 代码块中打开了当前 connection 的 cursor()（游标），并通过 cursor 执行了特定的 SQL 插入语句；commit()方法将提交当前的操作，之后再次通过 cursor 实现对刚才插入数据的查询；最后在 finally 语句块中关闭了当前数据库连接。

本程序的输出为：

```
{'id': 1, 'password': 'password'}
```

考虑到在执行 SQL 语句时可能发生错误，可以将程序写成下面的形式：

```
try:
    ...
except:
    connection.rollback()
finally:
    ...
```

rollback()方法将回滚操作。

3.5.2　使用 SQLite3

SQLite3 是一种小巧、易用的轻量型关系型数据库系统，在 Python 中内置了 sqlite3 模块用于和 SQLite3 数据库进行交互，首先使用 PyCharm 创建一个名为"new-sqlite3"的 SQLite3 数据源，如图 3-8 所示。

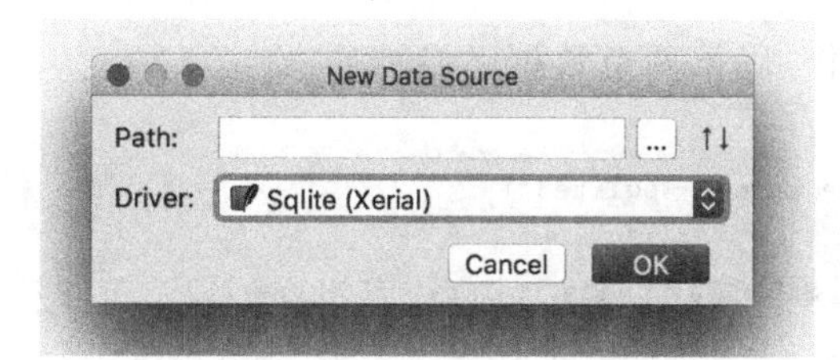

图 3-8　在 PyCharm 中新建 SQLite3 数据源

然后使用 sqlite3(此处的 sqlite3 指的是 Python 中的模块)进行建表操作，与前面对 MySQL 的操作类似：

```
import sqlite3
conn = sqlite3.connect('new-sqlite3')
print("Opened database successfully")
cur = conn.cursor()
cur.execute(
```

```
    '''CREATE TABLE users
        (ID INT PRIMARY KEY      NOT NULL,
        NAME           TEXT    NOT NULL,
        AGE            INT     NOT NULL,
        GENDER        TEXT,
        SALARY         REAL);'''
)
print("Table created successfully")
conn.commit()
conn.close()
```

接着在 users 表中插入两条测试数据，可以看到，sqlite3 模块与 pymysql 模块的函数名非常相像：

```
conn = sqlite3.connect('new - sqlite3')
c = conn.cursor()

c.execute(
  '''INSERT INTO users (id,name,age,gender,salary)
      VALUES (1, 'Mike', 32, 'Male', 20000);''')
c.execute(
  '''INSERT INTO users (id,name,age,gender,salary)
      VALUES (2, 'Julia', 25, 'Female', 15000);''')
conn.commit()
print("Records created successfully")
conn.close()
```

最后进行读取操作，确认两条数据已经被插入：

```
conn = sqlite3.connect('new - sqlite3')
c = conn.cursor()
cursor = c.execute("SELECT id, name, salary  FROM users")
for row in cursor:
  print(row)
conn.close()
# 输出
# (1, 'Mike', 20000.0)
# (2, 'Julia', 15000.0)
```

UPDATE、DELETE 等操作，只需要更改对应的 SQL 语句即可，除了 SQL 语句变化以外，整体的使用方法是一致的。

需要说明的是，在 Python 中通过 API 执行 SQL 语句往往需要使用通配符，遗憾的是，不同的数据库类型使用的通配符可能并不一样，比如在 SQLite3 中使用“?”，而在 MySQL 中使用"%s"。虽然看上去像是对 SQL 语句的字符串进行格式化(调用 format()方法),但是这并非一回事。另外,在一切操作完毕后不要忘了通过 close()关闭数据库连接。

3.5.3 使用 SQLAlchemy

有时候,为了进行数据库操作,用户还需要一个比底层 SQL 语句更高级的接口,即 ORM(对象关系映射)接口。SQLAlchemy 这样的库(见图 3-9)能够满足这样的需求,使得用户可以在隐藏底层 SQL 的情况下实现各种数据库的操作。所谓 ORM,大概的意思就是在数据表与对象之间建立对应关系,这样用户得以通过纯 Python 语句来表示 SQL 语句,从而进行数据库操作。

SQLAlchemy

图 3-9 SQLAlchemy 的 logo

除了 SQLAlchemy 以外,Python 中的 SQLObject 和 peewee 等也是 ORM 工具。值得一提的是,虽然 SQLAlchemy 是 ORM 工具,但也支持传统的基于底层 SQL 语句的操作。

使用 SQLAlchemy 进行建表以及增/删/改/查:

```
import pymysql
from sqlalchemy.ext.declarative import declarative_base
from sqlalchemy import create_engine, Column, Integer, String, func
from sqlalchemy.orm import sessionmaker

pymysql.install_as_MySQLdb()   # 如果没有这个语句,在导入 SQLAlchemy 时可能会报错
Base = declarative_base()

class Test(Base):
    __tablename__ = 'Test'
    id = Column('id', Integer, primary_key = True, autoincrement = True)
    name = Column('name', String(50))
    age = Column('age', Integer)


engine = create_engine(
    "mysql://scraper1:password@localhost:3306/DjangoBS",
)
```

```
db_ses = sessionmaker(bind = engine)
session = db_ses()

Base.metadata.create_all(engine)

# 插入数据
user1 = Test(name = 'Mike', age = 16)
user2 = Test(name = 'Linda', age = 31)
user3 = Test(name = 'Milanda', age = 5)
session.add(user1)
session.add(user2)
session.add(user3)
session.commit()

# 修改数据,使用merge()方法(如果存在则修改数据,如果不存在则插入数据)
user1.name = 'Bob'
session.merge(user1)

# 与上面等效的修改方式
session.query(Test).filter(Test.name == 'Bob').update({'name': 'Chloe'})
# 删除数据
session.query(Test).filter(Test.id == 3).delete() # 删除Milanda
# 查询数据
users = session.query(Test)
print([user.name for user in users])

# 按条件查询
user = session.query(Test).filter(Test.age < 20).first()
print(user.name)

# 在结果中进行统计
user_count = session.query(Test.name).order_by(Test.name).count()
avg_age = session.query(func.avg(Test.age)).first()
sum_age = session.query(func.sum(Test.age)).first()
print(user_count)
print(avg_age)
print(sum_age)

session.close()
```

上面程序的输出为：

```
['Chloe', 'Linda']
Chloe
2
(Decimal('23.5000'),)
```

```
(Decimal('47'),)
```

除此之外，在 SQLAlchemy 中还有其他一些常用的函数方法和功能，对于更多内容，用户可以参考 SQLAlchemy 的官方文档。上面的代码演示的 ORM 操作实际上为数据库提供了更高级的封装，用户在编写类似的程序时往往能获得更好的体验。

3.5.4 使用 Redis

简单地说，Redis 是一个开源的键值对存储数据库，因为不同于关系型数据库，往往也被称为数据结构服务器。Redis 是基于内存的，但可以将存储在内存的键值对数据持久化到硬盘。使用 Redis 最主要的好处就在于可以避免写入不必要的临时数据，也免去了对临时数据进行扫描或者删除的麻烦，并最终改善程序的性能。Redis 可以存储键与 5 种不同数据结构类型之间的映射，分别是 STRING（字符串）、LIST（列表）、SET（集合）、HASH（散列）和 ZSET（有序集合）。为了在 Python 中使用 Redis API，用户可以安装 redis 模块，其基本用法如下：

```
import redis

red = redis.Redis(host = 'localhost', port = 6379, db = 0)
red.set('name', 'Jackson')
print(red.get('name'))          # b'Jackson'
print(red.keys())               # [b'name']
print(red.dbsize())             # 1
```

redis 模块使用连接池来管理对一个 Redis Server 的所有连接，这样就避免了每次建立、释放连接的开销。默认每个 Redis 实例都会维护一个自己的连接池。用户可以直接建立一个连接池，这样可以实现多个 Redis 实例共享一个连接池：

```
import redis
# 使用连接池
pool = redis.ConnectionPool(host = 'localhost', port = 6379)

r = redis.Redis(connection_pool = pool)
r.set('Shanghai', 'Pudong')
print(r.get('Shanghai')) # b'Pudong'
```

通过 set()方法设置过期时间：

```
import time
r.set('Shenzhen','Luohu',ex = 5)                    # ex表示过期时间(按秒)
print(r.get('Shenzhen'))                            # b'Luohu'
time.sleep(5)
print(r.get('Shenzhen'))                            # None
```

批量设置与读取：

```
r.mset(Beijing = 'Haidian',Chengdu = 'Qingyang',Tianjin = 'Nankai')         # 批量
print(r.mget('Beijing','Chengdu','Tianjin'))     # [b'Haidian', b'Qingyang', b'Nankai']
```

除了上面这些最基本的操作以外，Redis 还提供了丰富的 API 供开发者与 Redis 数据库交互，由于本节只是简单地介绍一下 Python 中的数据库，这里对此就不赘述了。

3.6 其他类型的文档

除了一些常见的文件格式以外，用户有时候还需要处理一些相对比较特殊的文档类型文件。首先来试着读取.docx 文件(.doc 与.docx 是 Microsoft Word 程序的文档格式)，这里以一个内容为 University of Pennsylvania 的维基百科的 Word 文档为例，图 3-10 是该文件中的内容。

如果要读取这样的.docx 文件，用户必须先下载、安装 python-docx 模块，仍然使用 pip 或者 PyCharm IDE 进行安装。之后通过该模块进行文件操作：

```
import docx
from docx import Document
from pprint import pprint

def getText(filename):
  doc = docx.Document(filename)
  fullText = []
  for para in doc.paragraphs:
    fullText.append(para.text)
  return fullText

pprint(getText('sample.docx'))
```

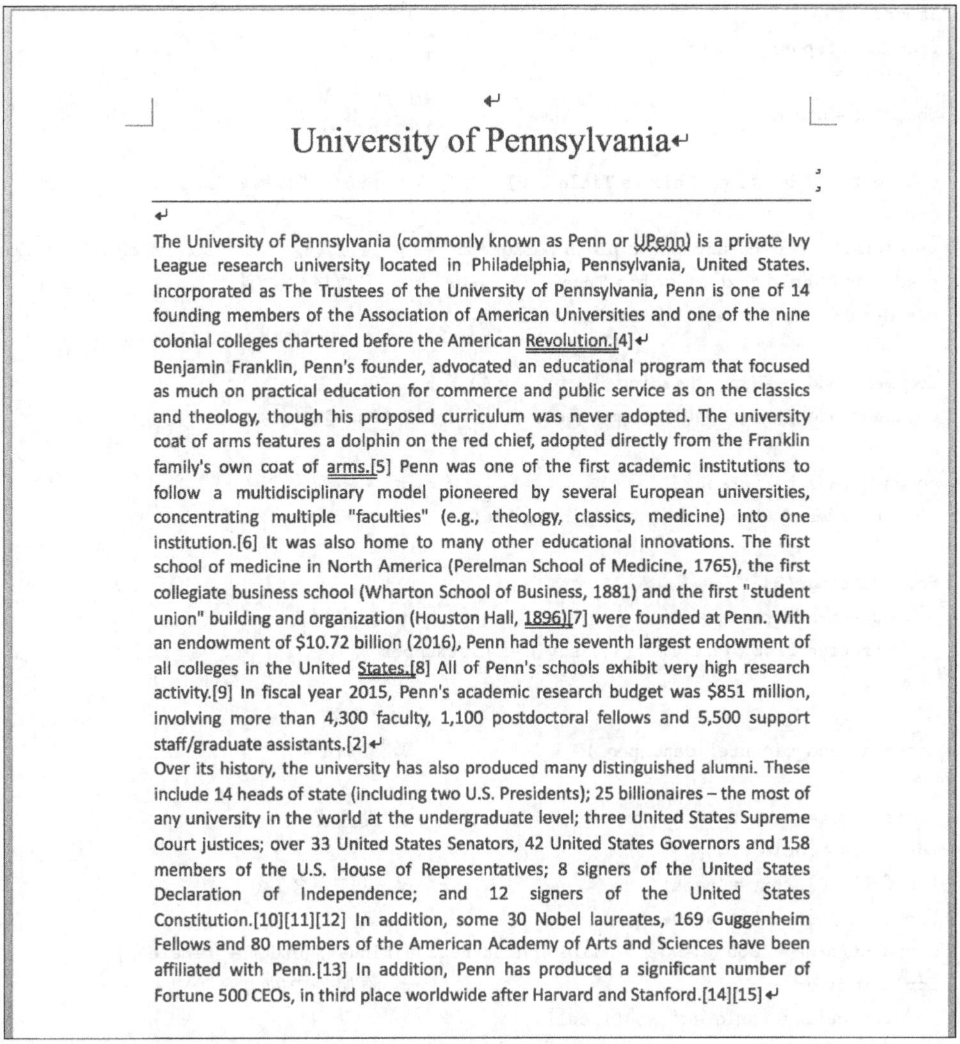

University of Pennsylvania

The University of Pennsylvania (commonly known as Penn or UPenn) is a private Ivy League research university located in Philadelphia, Pennsylvania, United States. Incorporated as The Trustees of the University of Pennsylvania, Penn is one of 14 founding members of the Association of American Universities and one of the nine colonial colleges chartered before the American Revolution.[4]

Benjamin Franklin, Penn's founder, advocated an educational program that focused as much on practical education for commerce and public service as on the classics and theology, though his proposed curriculum was never adopted. The university coat of arms features a dolphin on the red chief, adopted directly from the Franklin family's own coat of arms.[5] Penn was one of the first academic institutions to follow a multidisciplinary model pioneered by several European universities, concentrating multiple "faculties" (e.g., theology, classics, medicine) into one institution.[6] It was also home to many other educational innovations. The first school of medicine in North America (Perelman School of Medicine, 1765), the first collegiate business school (Wharton School of Business, 1881) and the first "student union" building and organization (Houston Hall, 1896)[7] were founded at Penn. With an endowment of $10.72 billion (2016), Penn had the seventh largest endowment of all colleges in the United States.[8] All of Penn's schools exhibit very high research activity.[9] In fiscal year 2015, Penn's academic research budget was $851 million, involving more than 4,300 faculty, 1,100 postdoctoral fellows and 5,500 support staff/graduate assistants.[2]

Over its history, the university has also produced many distinguished alumni. These include 14 heads of state (including two U.S. Presidents); 25 billionaires – the most of any university in the world at the undergraduate level; three United States Supreme Court justices; over 33 United States Senators, 42 United States Governors and 158 members of the U.S. House of Representatives; 8 signers of the United States Declaration of Independence; and 12 signers of the United States Constitution.[10][11][12] In addition, some 30 Nobel laureates, 169 Guggenheim Fellows and 80 members of the American Academy of Arts and Sciences have been affiliated with Penn.[13] In addition, Penn has produced a significant number of Fortune 500 CEOs, in third place worldwide after Harvard and Stanford.[14][15]

图 3-10　Word 文档的内容

上面程序的输出为：

```
...
"Benjamin Franklin, Penn's founder, advocated an educational program that "
'focused as much on practical education for commerce and public service as on '
'the classics and theology, though his proposed curriculum was never adopted. '
'The university coat of arms features a dolphin on the red chief, adopted '
"directly from the Franklin family's own coat of arms. [5] Penn was one of the "
'first academic institutions to follow a multidisciplinary model pioneered by '
...
```

除了读取.docx 文档以外，python-docx 模块还支持直接创建文档：

```
import docx
from docx import Document

document = Document()

document.add_heading('This is Title', 0)          # 添加标题,例如"Doc Title @zyang"

p = document.add_paragraph('A plain paragraph ')  # 添加段落,例如"Doc Paragraph @zyang"
p.add_run(' bold text ').bold = True              # 添加格式文字
p.add_run(' italic text ').italic = True

document.add_heading('Heading 1', level = 1)
document.add_paragraph('Intense quote', style = 'IntenseQuote')

document.add_paragraph(                           # 无序列表
    'unordered list 1', style = 'ListBullet'
)
for i in range(3):
  document.add_paragraph(                         # 有序列表
    'ordered list {}'.format(i), style = 'ListNumber'
  )

document.add_picture('cat.jpeg')                  # 添加图片

table = document.add_table(rows = 1, cols = 2)    # 设置表
hdr_cells = table.rows[0].cells
hdr_cells[0].text = 'name'                        # 设置列名
hdr_cells[1].text = 'gender'
d = [dict(name = 'Bob',gender = 'male'),dict(name = 'Linda',gender = 'female')]
for item in d:                                    # 添加表中的内容
    row_cells = table.add_row().cells
    row_cells[0].text = str(item['name'])
    row_cells[1].text = str(item['gender'])

document.add_page_break()                         # 添加分页

document.save('demo1.docx')                       # 保存到路径
```

使用 Office Word 软件打开 demo1. docx,效果如图 3-11 所示。

除了. doc 文件以外,在采集网络信息时用户还可能会遇到处理 PDF 文件的需求(在某些场合尤其常见,例如下载 slide 或者 paper 时)。在 Python 中有对应的库来操作 PDF 文件,这里使用 PyPDF2 来解决这个需求(使用 pip install PyPDF2 即可安装)。

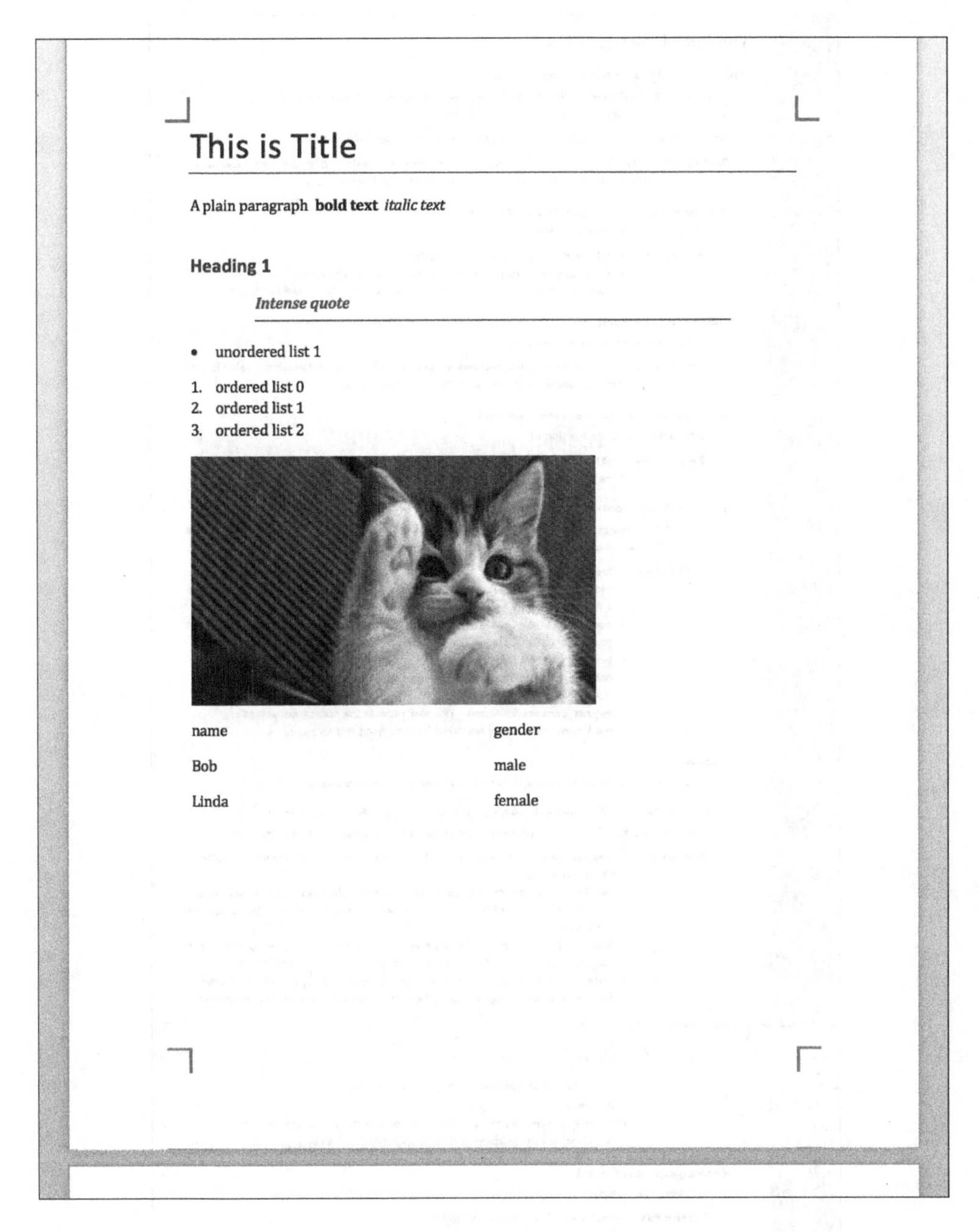

图 3-11　新建文档的内容

首先可以通过浏览器的打印页面方式生成一个内容为网页的 PDF 文件，此处将“https://pythonhosted.org/PyPDF2/PdfFileMerger.html”这个地址的网页内容保存在 raw.pdf 中，如图 3-12 所示。

接着使用 PyPDF2 进行简单的 PDF 页码粘贴与 PDF 合并操作：

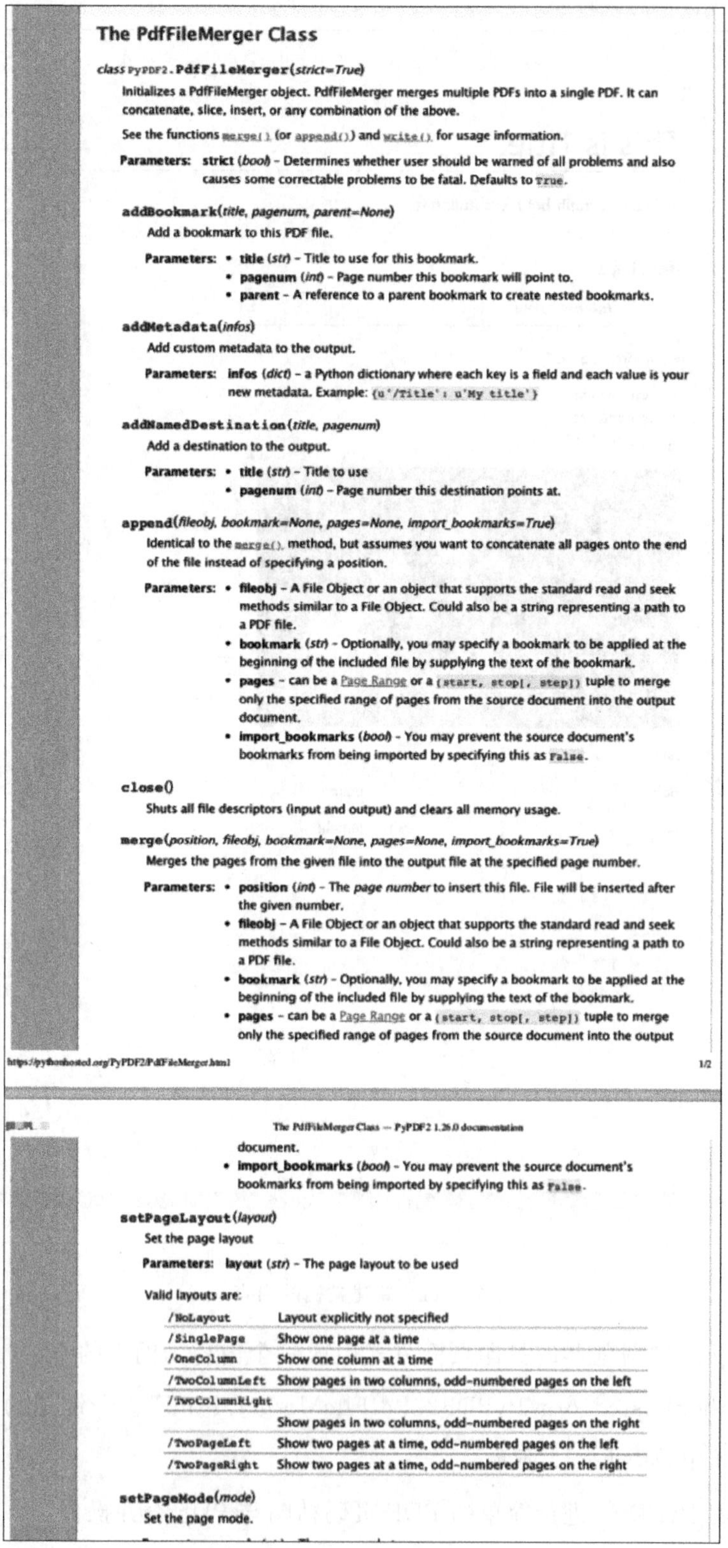

The PdfFileMerger Class

class PyPDF2.**PdfFileMerger**(*strict=True*)

Initializes a PdfFileMerger object. PdfFileMerger merges multiple PDFs into a single PDF. It can concatenate, slice, insert, or any combination of the above.

See the functions `merge()` (or `append()`) and `write()` for usage information.

Parameters: **strict** (*bool*) – Determines whether user should be warned of all problems and also causes some correctable problems to be fatal. Defaults to `True`.

addBookmark(*title, pagenum, parent=None*)

Add a bookmark to this PDF file.

Parameters:
- **title** (*str*) – Title to use for this bookmark.
- **pagenum** (*int*) – Page number this bookmark will point to.
- **parent** – A reference to a parent bookmark to create nested bookmarks.

addMetadata(*infos*)

Add custom metadata to the output.

Parameters: **infos** (*dict*) – a Python dictionary where each key is a field and each value is your new metadata. Example: `{u'/Title': u'My title'}`

addNamedDestination(*title, pagenum*)

Add a destination to the output.

Parameters:
- **title** (*str*) – Title to use
- **pagenum** (*int*) – Page number this destination points at.

append(*fileobj, bookmark=None, pages=None, import_bookmarks=True*)

Identical to the `merge()` method, but assumes you want to concatenate all pages onto the end of the file instead of specifying a position.

Parameters:
- **fileobj** – A File Object or an object that supports the standard read and seek methods similar to a File Object. Could also be a string representing a path to a PDF file.
- **bookmark** (*str*) – Optionally, you may specify a bookmark to be applied at the beginning of the included file by supplying the text of the bookmark.
- **pages** – can be a Page Range or a `(start, stop[, step])` tuple to merge only the specified range of pages from the source document into the output document.
- **import_bookmarks** (*bool*) – You may prevent the source document's bookmarks from being imported by specifying this as `False`.

close()

Shuts all file descriptors (input and output) and clears all memory usage.

merge(*position, fileobj, bookmark=None, pages=None, import_bookmarks=True*)

Merges the pages from the given file into the output file at the specified page number.

Parameters:
- **position** (*int*) – The *page number* to insert this file. File will be inserted after the given number.
- **fileobj** – A File Object or an object that supports the standard read and seek methods similar to a File Object. Could also be a string representing a path to a PDF file.
- **bookmark** (*str*) – Optionally, you may specify a bookmark to be applied at the beginning of the included file by supplying the text of the bookmark.
- **pages** – can be a Page Range or a `(start, stop[, step])` tuple to merge only the specified range of pages from the source document into the output

https://pythonhosted.org/PyPDF2/PdfFileMerger.html 1/2

The PdfFileMerger Class — PyPDF2 1.26.0 documentation

document.
- **import_bookmarks** (*bool*) – You may prevent the source document's bookmarks from being imported by specifying this as `False`.

setPageLayout(*layout*)

Set the page layout

Parameters: **layout** (*str*) – The page layout to be used

Valid layouts are:

/NoLayout	Layout explicitly not specified
/SinglePage	Show one page at a time
/OneColumn	Show one column at a time
/TwoColumnLeft	Show pages in two columns, odd-numbered pages on the left
/TwoColumnRight	Show pages in two columns, odd-numbered pages on the right
/TwoPageLeft	Show two pages at a time, odd-numbered pages on the left
/TwoPageRight	Show two pages at a time, odd-numbered pages on the right

setPageMode(*mode*)

Set the page mode.

图 3-12 raw.pdf 的内容

```
from PyPDF2 import PdfFileReader, PdfFileWriter
raw_pdf = 'raw.pdf'
out_pdf = 'out.pdf'

# PdfFileReader 对象
pdf_input = PdfFileReader(open(raw_pdf, 'rb'))

page_num = pdf_input.getNumPages()                # 页数,输出 2
print(page_num)
print(pdf_input.getDocumentInfo())                # 文档信息
# 输出{'/Creator': 'Mozilla/5.0 (Macintosh; Intel Mac OS X 10_13_3) AppleWebKit/537.36
(KHTML, like Gecko)
#   Chrome/65.0.3325.181 Safari/537.36', '/Producer': 'Skia/PDF m65', '/CreationDate':
# "D:20180425142439 + 00'00'", '/ModDate': "D:20180425142439 + 00'00'"}

# 返回一个 PageObject
pages_from_raw = [pdf_input.getPage(i) for i in range(2)]
# raw.pdf 共两页,这里取出这两页

# 获取一个 PdfFileWriter 对象
pdf_output = PdfFileWriter()
# 将一个 PageObject 添加到PdfFileWriter 中
for page in pages_from_raw:
  pdf_output.addPage(page)
# 输出到文件中
pdf_output.write(open(out_pdf, 'wb'))

from PyPDF2 import PdfFileMerger, PdfFileReader
# 合并两个 PDF 文件
merger = PdfFileMerger()
merger.append(PdfFileReader(open('out.pdf', 'rb')))
merger.append(PdfFileReader(open('raw.pdf', 'rb')))
merger.write("output_merge.pdf")
```

最后打开 output_merge.pdf,发现已经成功地合并了 out.pdf 与 raw.pdf,由于 out.pdf 是 raw.pdf 中两页的完全复制,所以最终的效果是 raw.pdf 的两页内容的重复(共 4 页,见图 3-13)。

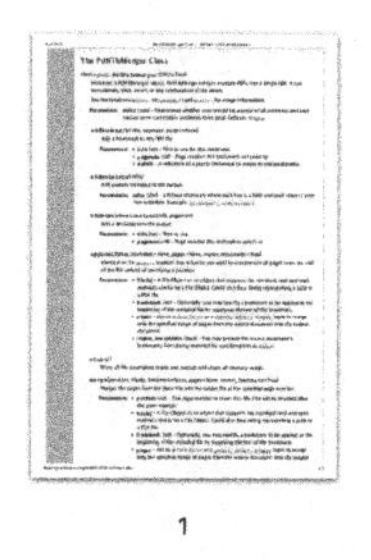
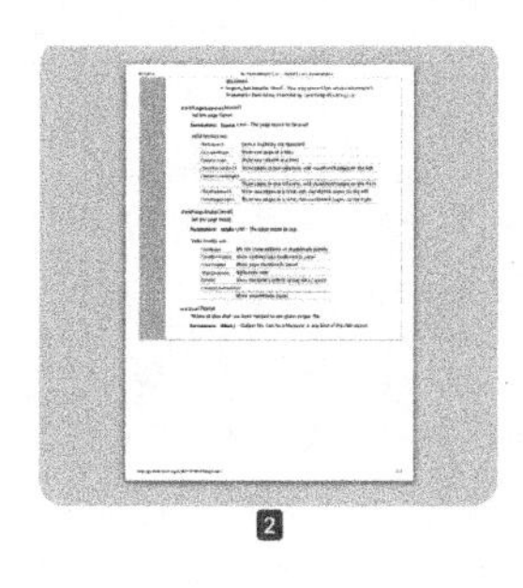
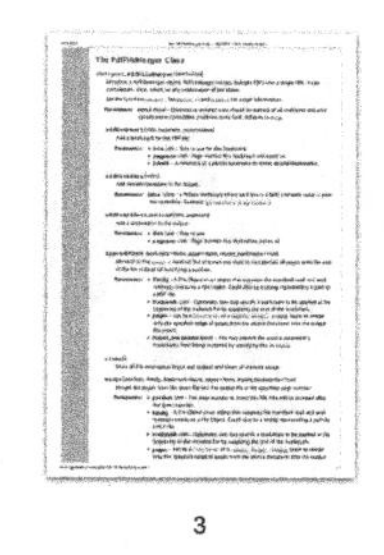

图 3-13 output_merge.pdf 文件的内容

3.7 本章小结

在本章中主要讨论了 Python 与各种文件的一些操作，首先介绍了最基本的文件打开与读写操作，之后通过图片文件以及 CSV、DOCX、PDF 等格式的文件展示了 Python 中文件处理的丰富功能。本章还系统性地介绍了一些数据库交互的方法，其中有关 MySQL 和 Redis 的部分对爬虫程序的编写尤为重要。

进阶篇

第 4 章

JavaScript与动态内容

如果用户利用 requests 库和 BeautifulSoup 来采集一些大型电商网站的页面，可能会发现一个令人疑惑的现象，那就是对于同一个 URL、同一个页面，用户抓取到的内容和在浏览器中看到的内容有所不同。比如用户有的时候去寻找某一个< div >元素，却发现 Python 程序报出异常，查看 requests. get()方法的响应数据也没有看到想要的元素信息。这其实代表了网页数据抓取的一个关键问题，用户通过程序获取到的 HTTP 响应内容都是原始的 HTML 数据，但浏览器中的页面其实是在 HTML 的基础上经过 JavaScript 进一步加工和处理后生成的效果。比如淘宝的商品评论就是通过 JavaScript 获取 JSON 数据，然后“嵌入”到原始 HTML 中并呈现给用户。这种在页面中使用 JavaScript 的网页对于 20 世纪 90 年代的 Web 界面而言几乎是天方夜谭，但在今天，以 AJAX 技术(Asynchronous JavaScript and XML，异步 JavaScript 与 XML)为代表的结合 JavaScript、CSS、HTML 等语言的网页开发技术已经成为绝对的主流。

为了避免给每一份要呈现的网页内容都准备一个 HTML，网站开发者们开始考虑对网页的呈现方式进行变革。在 JavaScript 问世之初，Google 公司的 Gmail 邮箱网站是第一个大规模使用 JavaScript 加载网页数据的产品，在此之前，用户为了获取下一页的网页信息，需要访问新的地址并重新加载整个页面，而新的Gmail做出了更好的方案，用户只需要单击“下一页”按钮，网页（实际上是浏览器）就会根据用户交互对下一页数据进行加载，且这个过程并不需要对整个页面（HTML）的刷新，换句话说，JavaScript使得网页可以灵活地加载其中一部分数据。后来，随着这种设计的流行，“AJAX”这个词语成为一个“术语”，Gmail作为第一个大规模使用这种模式的商业化网站成功地引领了被称为“Web 2.0”的潮流。

4.1 JavaScript与AJAX技术

4.1.1 JavaScript语言

JavaScript一般被定义为一种“面向对象、动态类型的解释性语言”，最初由Netscape（网景）公司推出，目的是作为新一代浏览器的脚本语言支持。换句话说，不同于PHP或者ASP.NET，JavaScript不是为“网站服务器”提供的语言，而是为“用户浏览器”提供的语言。从客户端-服务端的角度来说，JavaScript无疑是一种“客户端”语言。但是由于JavaScript受到业界和用户的强烈欢迎，加之开发者社区的活跃，目前JavaScript已经开始朝着更为综合的方向发展，随着V8引擎（可以提高JavaScript的解释执行效率）和Node.js等新潮流的出现，JavaScript甚至已经开始涉足“服务端”，在TIOBE排名（一个针对各类程序设计语言受欢迎度的比较）上JavaScript稳居前10，并与PHP、Python、C#等分庭抗礼。有一种说法是，对于今天任何一个正式的网站页面而言，HTML决定了网页的基本内容，CSS（Cascading Style Sheets，层叠样式表）描述了网页的样式布局，JavaScript则控制了用户与网页的交互。

【提示】 JavaScript的名字使得很多人将其与Java语言联系起来，认为它是Java的某种派生语言，但实际上JavaScript在设计原则上更多地受到Scheme（一种函数式编程语言）和C语言的影响，除了变量类型和命名规范等细节以外，JavaScript与Java的关系并不大。Netscape公司最初将其命名为“LiveScript”，但由于当时正与Sun公司合作，加上Java语言所获得的巨大成功，为了“蹭热点”，遂将名字改为

“JavaScript”。JavaScript推出后受到了业界的一致肯定，对JavaScript的支持也成为新世纪后出现的现代浏览器的基本要求。浏览器端的脚本语言还包括用于Flash动画的ActionScript等。

为了在网页中使用JavaScript，开发者一般会把JavaScript脚本程序写在HTML的< script >标签中。在HTML语法里，< script >标签用于定义客户端脚本，如果需要引用外部脚本文件，可以在src属性中设置其地址，如图4-1所示。

```
▼<script>
    Do(function() {
      var app_qr = $('.app-qr');
      app_qr.hover(function() {
        app_qr.addClass('open');
      }, function() {
        app_qr.removeClass('open');
      });
    });

  </script>
</div>
▶<div id="anony-sns" class="section">…</div>
▶<div id="anony-time" class="section">…</div>
▶<div id="anony-video" class="section">…</div>
▶<div id="anony-movie" class="section">…</div>
▶<div id="anony-group" class="section">…</div>
▶<div id="anony-book" class="section">…</div>
▶<div id="anony-music" class="section">…</div>
▶<div id="anony-market" class="section">…</div>
▶<div id="anony-events" class="section">…</div>
▼<div class="wrapper">
   <div id="dale_anonymous_home_page_bottom" class="extra"></div>
  ▶<div id="ft">…</div>
</div>
<script type="text/javascript" src="https://img3.doubanio.com/f/shire/72ced6d…/js/jquery.min.js" async="true"></script> == $0
```

图4-1 豆瓣首页的网页源代码中的< script >元素

JavaScript在语法结构上比较类似C++等面向对象的语言，循环语句、条件语句等与Python中的写法有较大的差异，但其弱类型特点会更符合Python开发者的使用习惯。一段简单的JavaScript脚本程序如下：

【例4-1】 JavaScript示例，计算a+b和a * b。

```
function add(a,b) {
    var sum = a + b;
    console.log('%d + %d equals to %d',a,b,sum);
}
function mut(a,b) {
    var prod = a * b;
    console.log('%d * %d equals to %d',a,b,prod);
}
```

这里使用Chrome开发者模式的Console工具(Console一般翻译为“控制台”)，输入并执行这个程序，就可以看到Console对应的输出，如图4-2所示。

```
> function add(a,b) {
      var sum = a + b;
      console.log('%d + %d equals to %d',a,b,sum);
  }
<· undefined
> add(1,2)
  1 + 2 equals to 3
<· undefined
> function mut(a,b) {
      var prod = a * b;
      console.log('%d * %d equals to %d',a,b,prod);
  }
<· undefined
> mut(3,4)
  3 * 4 equals to 12
<· undefined
>
```

图 4-2　在 Chrome Console 中执行的结果

下面通过例子来展示 JavaScript 的基本概念和语法。

【例 4-2】 JavaScript 程序,演示 JavaScript 的基本内容。

```
var a = 1;                                      // 变量的声明与赋值
// 变量都用 var 关键字定义
var myFunction = function(arg1) {   // 注意这个赋值语句,在 JavaScript 中函数和变量本质上
                                    // 是一样的
    arg1 += 1;
    return arg1;
}
var myAnotherFunction = function(f,a) {         // 函数也可以作为另一个函数的参数传入
    return f(a);
}
console.log(myAnotherFunction(myFunction,2))
// 条件语句
if (a > 0) {
    a -= 1;
} else if (a == 0) {
    a -= 2;
} else {
    a += 2;
}
// 数组
arr = [1,2,3];
console.log(arr[1]);
// 对象
myAnimal = {
    name: "Bob",
    species: "Tiger",
    gender: "Male",
```

```
    isAlive: true,
    isMammal: true,
}
console.log(myAnimal.gender); // 访问对象的属性
// 匿名函数
myFunctionOp = function(f, a) {
    return f(a);
}
res = myFunctionOp( // 直接在参数位置写上一个函数
    function(a) {
      return a * 2;
    },
    4)
// 可以联想 lambda 表达式来理解
console.log(res); //结果为 8
```

除了对 JavaScript 语法了解以外，为了更好地分析和抓取网页，用户还需要对目前广为流行的 JavaScript 第三方库有简单的认识，包括 jQuery、Prototype、React 等在内的 JavaScript 库一般会提供丰富的函数和设计完善的使用方法。

如果用户要使用 jQuery，可以访问"http://jquery.com/download/"，并将 jQuery 源代码下载到本地，最后在 HTML 中引用：

```
<head>
</head>
<body>
    <script src = "jquery-1.10.2.min.js"></script>
</body>
```

用户也可以使用另一种不必在本地保存 JS 文件的方法，即使用 CDN(见下方的代码)。Google、百度、新浪等大型互联网公司的网站上都会提供常见 JavaScript 库的 CDN。如果网页使用 CDN，当用户向网站服务器请求文件时，CDN 会从离用户最近的服务器上返回响应，这在一定程度上可以提高加载速度。

```
<head>
</head>
<body>
    <script src = "https://cdn.jsdelivr.net/npm/jquery@3.2.1/dist/jquery.min.js">
</script>
</body>
```

【提示】 编写过网页的人对 CDN 一词不会陌生，CDN 即 Content Delivery

Network(内容分发网络),一般用于存放供人们共享使用的代码。Google 的 API 服务就提供了存放 jQuery 等 JavaScript 库的 CDN。这是比较狭义的 CDN 含义,实际上 CDN 的用途不止"支持 JavaScript 脚本"一项。

4.1.2 AJAX

AJAX 技术与其说是一种"技术",不如说是一种"方案"。如上文所述,在网页中使用 JavaScript 加载页面中的数据都可以看成 AJAX 技术。AJAX 技术改变了过去用户浏览网站时一个请求对应一个页面的模式,允许浏览器通过异步请求来获取数据,从而使得一个页面能够呈现并容纳更多的内容,同时也就意味着更多的功能。只要用户使用的是主流的浏览器,同时允许浏览器执行 JavaScript,用户就能够享受网站在网页中的 AJAX 内容。

AJAX 技术在逐渐流行的同时也面临着一些批评和意见,由于 JavaScript 本身是作为客户端脚本语言在浏览器的基础上执行,因此浏览器的兼容性成为不可忽视的问题;另外,由于 JavaScript 在某种程度上实现了业务逻辑的分离(此前的业务逻辑统一由服务器端实现),因此在代码维护上也存在一些效率问题。但总体而言,AJAX 技术已经成为现代网站技术中的中流砥柱,受到了用户的广泛欢迎。AJAX 目前的使用场景十分广泛,很多时候普通用户甚至察觉不到网页正在使用 AJAX 技术。

这里以知乎的首页信息流为例(见图 4-3),与用户的主要交互方式就是用户通过下拉页面(具体操作可滚动鼠标滚轮、拖动滚动条等)查看更多动态,而且在一部分动态(对于知乎而言包括被关注用户的点赞和回答等)展示完毕后会显示一段加载动画并呈现后续的动态内容。在这个过程中页面动画其实只是"障眼法",正是 JavaScript 脚本请求了服务器发送相关数据,并最终加载到页面中。在这个过程中页面显然没有进行全部刷新,而是只刷新了一部分,通过这种异步加载的方式完成了对新的内容的获取和呈现,这个过程就是典型的 AJAX 应用。

比较尴尬的是,编写的爬虫一般不能执行包括"加载新内容"或者"跳到下一页"等功能在内的各类写在网页中的 JavaScript 代码。如本节开头所述,爬虫会获取网站的原始 HTML 页面,由于爬虫没有浏览器那样的执行 JavaScript 脚本的能力,因此也就不会为网页运行 JavaScript,最终爬取到的结果就会和浏览器里显示的结果有所差异,在很多时候便不能直接获取到想要的关键信息。为了解决这个尴尬问题,基

图 4-3 知乎首页的动态刷新

于 Python 编写的爬虫程序可以做出两种改进：一种是通过分析 AJAX 内容(需要开发者手动观察和实验)，观察其请求目标、请求内容和请求的参数等信息，编写程序来模拟这样的 JavaScript 请求，最终获取信息(这个过程也可以叫"逆向工程")；另外一种方式则比较取巧，那就是直接模拟出浏览器环境，使得程序得以通过浏览器模拟工具"移花接木"，最终通过浏览器渲染后的页面获取信息。这两种方式的选择与 JavaScript 在网页中的具体使用方法有关，相应内容将在下一节中具体讨论。

4.2 抓取 AJAX 数据

4.2.1 分析数据

网页使用 JavaScript 的第一种模式就是获取 AJAX 数据并在网页中加载，这实际上是一个"嵌入"的过程，借助这种方式不需要一个单独的页面请求就可以加载新的数据，这无论是对网站开发者还是对浏览网站的用户都能有更好的体验。这个概念与"动态 HTML"非常接近，动态 HTML 一般指通过客户端语言来动态改变网页 HTML 元素的方式。很显然，这里的"客户端语言"几乎是"JavaScript"的同义词，而"改变网页 HTML 元素"本身就意味着对新请求数据的加载。读者在 4.1 节末看到的知乎首页的例子实际上就是一种非常典型且综合的动态 HTML，不仅网页中的文本数据是通过 JavaScript 加载的(即 AJAX)，而且网页中的各类元素(例如<div>或<p>元素)也是通过 JavaScript 代码生成并最终呈现给用户的。在本小节首先考虑最单纯的 AJAX 数据抓取，暂时不考虑那些复杂的页面变化(直观地说，就是各类动画加载效果)，可以以携程网的酒店详情页面为例完成一次对 AJAX 数据的逆向工程。

具体地说，网页中的 AJAX 过程一般可以简单地理解为“发送请求”→“获得数据”→“显示元素”的流程。在第一步“发送请求”时，客户端主要借助了一个所谓的 XMLHttpRequest 对象。使用 Python 发送请求时的程序语句是这样的：

```
import requests
res = requests.get('url')
# 做点事情
```

浏览器使用 XMLHttpRequest 发送请求也是类似的，它使用的是 JavaScript 语言而不是 Python 语言。对于 AJAX 而言，从“发送请求”到“获得数据”的过程当然不止两行代码这么简单，最终浏览器在 XMLHttpRequest 的 responseText 属性中获取响应内容。常见的响应内容包括 HTML 文本、JSON 数据等(见图 4-4)。

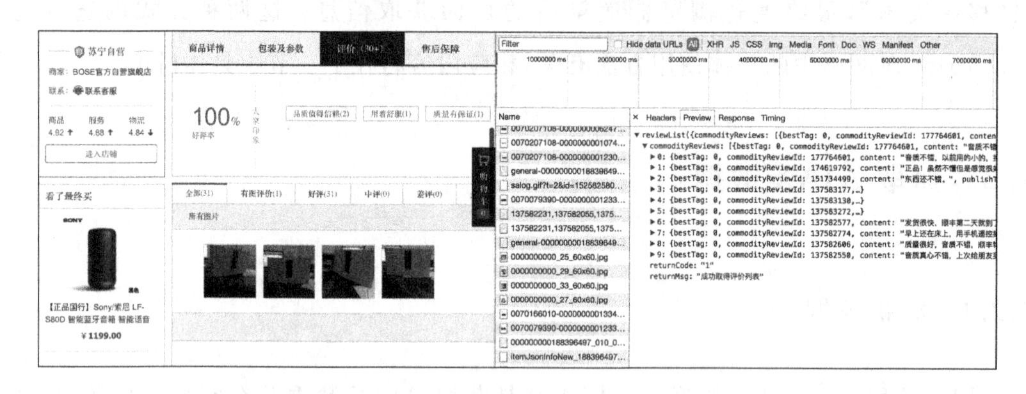

图 4-4　通过开发者工具查看 JSON 数据(图中网页为苏宁易购)

【提示】 对 XMLHttpRequest 的定义可以参考 Mozilla(一个脱胎于 Netscape 公司的软件社区组织，旗下软件包括著名的 Firefox 浏览器)给出的说明：XMLHttpRequest 是一个 API，它为客户端提供了在客户端和服务器之间传输数据的功能。它提供了一个通过 URL 来获取数据的简单方式，并且不会使整个页面刷新。

之后，JavaScript 将根据获取到的响应内容来改变网页 HTML 内容，使得“网页源代码”真正变为用户在开发者模式中看到的实时网页 HTML 代码。在这个“显示元素”的过程中，第一步就是 JavaScript 进行 DOM 操作(即改变网页文档的操作)。之后浏览器完成对新加载内容的渲染，这样用户就看到了最终的网页效果。

【提示】 文档对象模型(DOM)是 HTML 和 XML 文档的编程接口。DOM 将网页文档解析为一个由结点和对象(包含属性和方法的对象)组成的数据结构。最直接的理解是，DOM是Web页面的面向对象化，便于JavaScript等语言对页面中的内容（元素）进行更改、增加等操作。“渲染”这个词则没有一个很严格的定义，可以理解为浏览器把那些只有程序员才会留心的代码和数据“变为”普通用户所看到的网页画面的过程。

根据上面的分析，用户很容易想到，为了抓取这样的网页内容，不必着眼于网页这个“最终产物”，因为“最终产物”也是经过加工的结果。如果用户对那些AJAX数据（比如商品的客户评论）感兴趣，并且暂时不需要页面中的其他一些数据（比如商品的名称标题），那么可以将注意力完全集中在AJAX请求上，对于很多简单的AJAX数据而言，只要知道了AJAX请求的URL地址，抓取就已经成功了一半。幸运的是，虽然AJAX数据可能会进行加密，有一些AJAX请求的数据格式也可能非常复杂（尤其是一些大型互联网公司旗下网站的页面），但很多网页中的AJAX内容还是不难分析的。

这里访问携程网的一个酒店页面（见图4-5），打开开发者工具并进入Network选项卡，用户能够看到很多条记录，这些记录记载了页面加载过程中浏览器和服务器之间的各个交互。如果选中XHR这个选项，用户便能过滤掉其他类型的数据交互，只显示XHR请求（即XMLHttpRequest）。

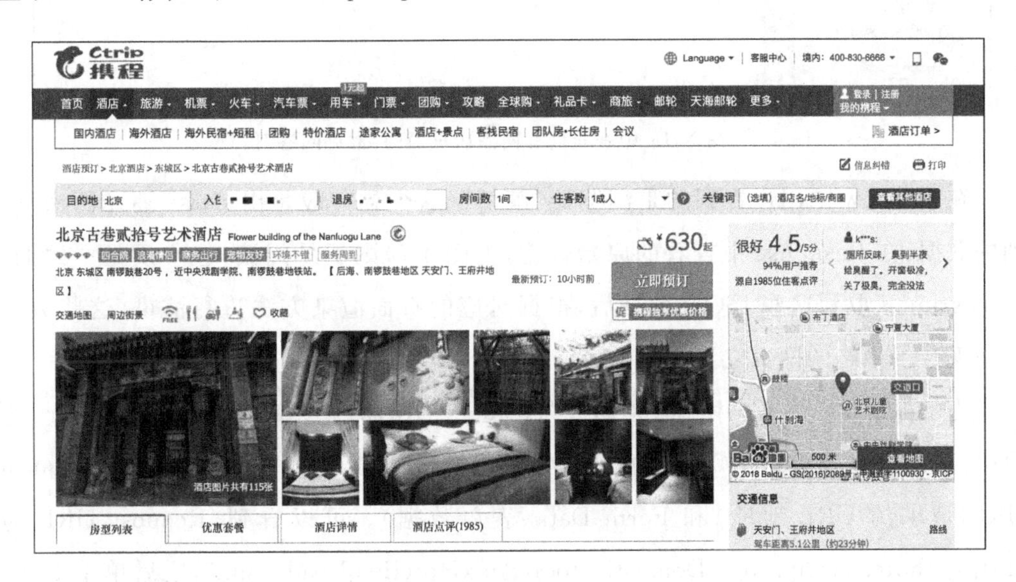

图4-5 携程网的酒店详情页面

由此得到了网页中的AJAX数据请求，对于酒店页面而言，把抓取目标设定为获取其“常见问答”信息（见图4-6），这个内容显然是AJAX加载的数据。在Network

中，用户也能看到"AjaxHotelFaqLoad.aspx"这条记录，选中记录后查看"Preview"就能够看到请求到的数据详情（实际上查看响应数据应该在"Response"中，但"Preview"会将数据以比较易于观察的格式来显示，便于开发者进行预览）。

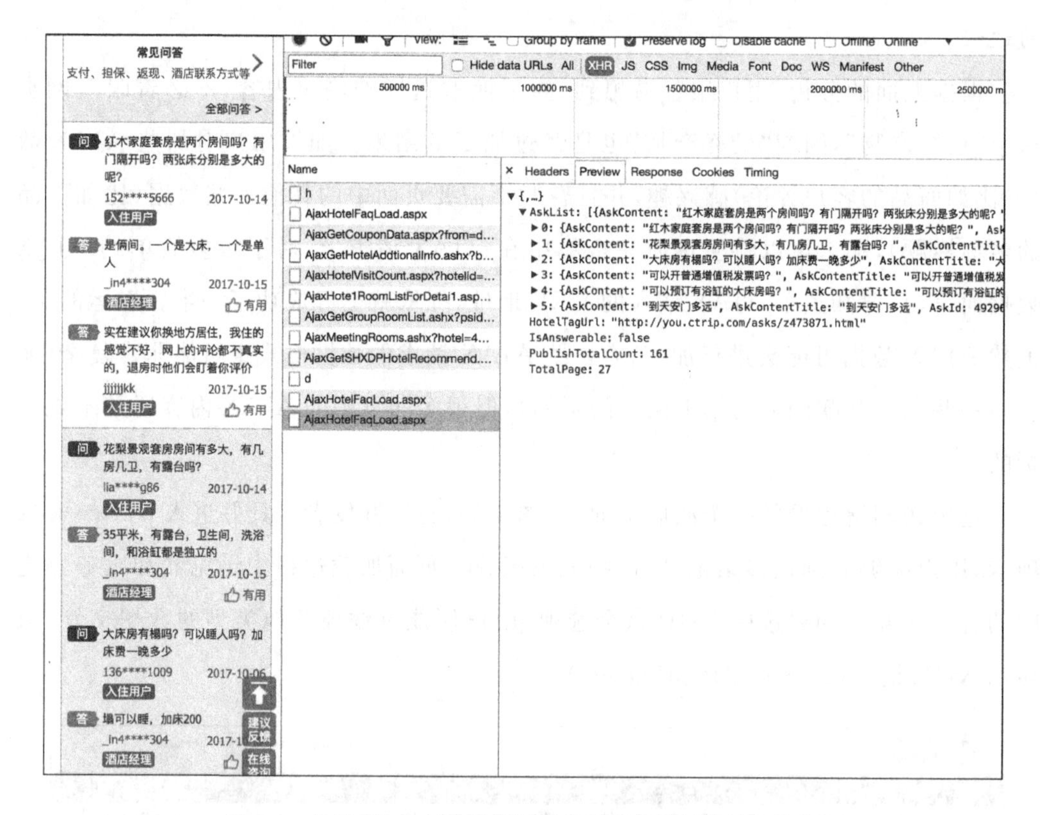

图 4-6　在 XHR 中查看携程网酒店页面的"常见问答"信息

在 Preview 中用户看到的是浏览器"解析"（这个词一般是由 parse 翻译而来）得到的数据，在 Response 中查看的原始数据（见图 4-7）则不易阅读，但本质是一致的。JavaScript 获取到这些 JSON 数据后，根据对应的页面渲染方法进行渲染，这些数据就呈现在了最终的网页之上。

为了抓取这些数据，用户必须研究"Headers"中的那些关键信息。在 Headers 选项中，用户可以查看这次 XHR 请求的各种详细信息，其中比较重要的包括 Request URL（请求的 URL 地址）和 Form Data（表单数据）。可以看到，Request URL 为"http://hotels.ctrip.com/Domestic/tool/AjaxHotelFaqLoad.aspx"，之后单击 Form Data 中的 View Source，可以获得查询字符串"hotelid=473871¤tPage=1"。如果用户对后端开发比较熟悉，就会明白其中的"a=x"形式实际上就是后端给查询函数传入的具体参数名和参数值。这是一个表单数据，因此可以使用 POST 表单得

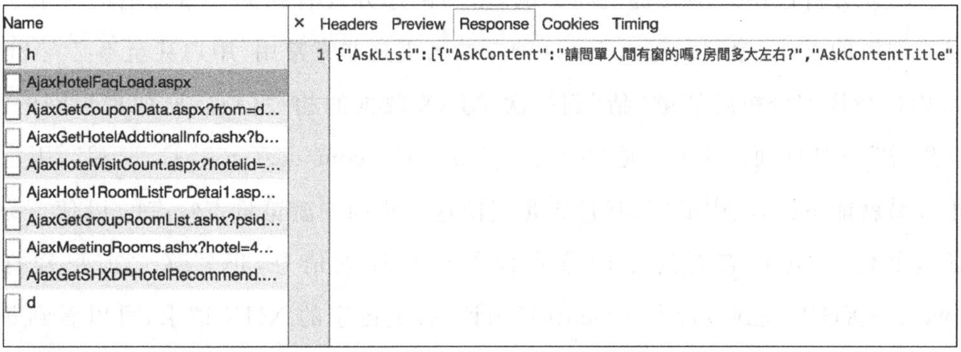

Name | × Headers Preview Response Cookies Timing
h
AjaxHotelFaqLoad.aspx
AjaxGetCouponData.aspx?from=d...
AjaxGetHotelAddtionalInfo.ashx?b...
AjaxHotelVisitCount.aspx?hotelid=...
AjaxHote1RoomListForDetai1.asp...
AjaxGetGroupRoomList.ashx?psid...
AjaxMeetingRooms.ashx?hotel=4...
AjaxGetSHXDPHotelRecommend....
d

1 {"AskList":[{"AskContent":"請問單人間有窗的嗎?房間多大左右?","AskContentTitle"

图 4-7 查看 Response 信息

到返回的 JSON。用户还可以使用另外一种方式验证一下,那就是将 POST 转化为 GET。实际上,在这种情况下,如果 POST 操作发送的参数是用于查询的普通字符串,便可以使用 GET 来替代 POST,同样能得到相应数据,但这时需要把 GET 发送的请求参数附加到原始 URL 之后,形成类似"url?param1=value1¶m2=value2&...paramN=valueN"的形式。

于是,对于这个酒店的"常见问答"信息得到了新的 URL:

http://hotels.ctrip.com/Domestic/tool/AjaxHotelFaqLoad.aspx?hotelid=473871¤tPage=1

在浏览器中输入这个地址并访问,可以看到如图 4-8 所示的网页显示。

[],"userid":62384507,"dealurl":"http://www.meituan.com/deal/0.html","score":5,"islong":0,"isFoldable":0,"id":1501740129,"userattr":0,"fbtimestamp":1542283909,"growthlevel":5,"feedbacktime":"2018-11-15","orderid":"945733498","dealid":0,"avatar":"https://img.meituan.net/w.h/avatar/df470565a720e771fec1886aa81dc42935041.jpg","isdoyen":0,"votestatus":0,"bizacctid":0,"bizreply":"","doyenstatus":0,"isAnonymous":false,"picinfo":[],"isQuick":false,"phrase":"","readcnt":61,"shopname":"7天连锁酒店(北京西客站丽泽桥店)","comment":"#卫生好# #性价比高# 怎么说呢, 在这里住了三天, 感觉很不错, 价位合适, 卫生也不错, 推荐, ","isHighQuality":false,"poiid":2444480,"showdeal":false,"useful":0,"username":"小飞0010500","status":1},
{"orderType":3,"dealtitle":"","replytime":"","replytimestamp":0,"readstatus":1,"type":"酒店预订评价","scoretext":"满意","doyeniconurl":"","canModify":false,"subscore":
[],"userid":147612490,"dealurl":"http://www.meituan.com/deal/0.html","score":4,"islong":0,"isFoldable":0,"id":1475546298,"userattr":0,"fbtimestamp":1535875756,"growthlevel":4,"feedbacktime":"2018-09-

图 4-8 访问查询 URL 的结果

获得的数据正是包含了这个酒店的"常见问答"信息的 JSON 数据,很显然,其中的 hotelid 标志了一个特定的酒店,而 currentPage 字段是页码数,在酒店详情页面中单击"下一页",执行的实际上就是将 currentPage 递增 1 并获取新数据的操作。

有时候分析这样的参数是很简单的，因为网站开发者在为参数命名时一般会采用易于理解的方式，像 id、page、city 这种参数名更是非常常用，用户甚至不必在 Form Data 中进行详细分析就能够“猜”到一次 AJAX 数据的相关信息，比如携程网的“北京欢乐谷”门票页面的 URL 是“http://piao. ctrip. com/dest/t57491. html”，用户其实很容易就能猜到，其中的“57491”正是当前这个页面中游览景点特有的 id 值。为了验证这个想法，可以查看这个门票页面的用户评论信息，仍然像之前那样打开 Network→XHR，找到包含 comment(意为评论)关键字的 XHR 请求，可以看到获取门票页面用户评论信息的链接是“http://piao. ctrip. com/Thingstodo-Booking-ShoppingWebSite/api/TicketDetailApi/action/GetUserComments?productId=1604343&scenicSpotId=57491&page=1,”其中的 scenicSpotId 正是用户猜到的 id 值。

回到之前的酒店“常见问答”信息，用户可以发现响应的 JSON 数据中的主要字段包括 AskContent、AskerText、ReplyList 等(见图 4-9)。如果用户想通过程序获取这里的提问和对应的回答，需要通过解析这些 JSON 数据来实现。

```
    Zaned: false
    Url: "http://you.ctrip.com/asks/beijing1/5711877.html"
▼1: {AskContent: "4大1小, 孩子8岁, 景观套房能住下吗? 用加钱加床吗? ", AskContentTi
    AskContent: "4大1小, 孩子8岁, 景观套房能住下吗? 用加钱加床吗? "
    AskContentTitle: "4大1小, 孩子8岁, 景观套房能住下吗? 用加钱加床吗? "
    AskId: 5584109
    AskerText: "入住用户"
    CreateTime:
    IsMyAsk: false
    NickName: "Maysnowheb"
    ReplyCount: 2
  ▼ReplyList: [{NickName: "_in4****304", ReplierText: "酒店经理",…},…]
    ▼0: {NickName: "_in4****304", ReplierText: "酒店经理",…}
        NickName: "_in4****304"
        ReplierText: "酒店经理"
        ReplyContent: "尊敬的客人您好, 景观套房这个房间您加床恐怕您也是住不下的, 建议
        ReplyContentTitle: "尊敬的客人您好, 景观套房这个房间您加床恐怕您也是住不下的,
        ReplyId: 12061437
        ReplyTime: "2018-04-02"
        UsefulCount: 0
        ZanDisable: false
        Zaned: false
    ▼1: {NickName: "肥肉粱", ReplierText: "入住用户", ReplyContent: "没住过! 不
        NickName: "肥肉粱"
        ReplierText: "入住用户"
        ReplyContent: "没住过! 不好意思, 不能给意见! "
        ReplyContentTitle: "没住过! 不好意思, 不能给意见! "
        ReplyId: 12063152
        ReplyTime:
        UsefulCount: 0
        ZanDisable: false
        Zaned: false
```


图 4-9　响应的 JSON 数据中的详细内容

4.2.2 提取数据

在对JSON数据中的内容进行分析后，用户会发现其中有一些暂时不感兴趣的字段，例如ReplyId和ReplyTime等。如果想编写一个程序，获得携程网酒店对应的前5页“常见问答”的最基本信息，也就是提问和回答的内容，只需要提取该JSON中的AskContentTitle和ReplyList字段。从用户对Python中json库的了解出发，很快便能够写出这样的一个简单程序，见例4-3。

【例4-3】 抓取酒店常见问答的JSON信息。

```
import requests
import json
from pprint import pprint

urls = ['http://hotels.ctrip.com/Domestic/tool/AjaxHotelFaqLoad.aspx?hotelid = 473871&
currentPage = {}'.format(i) for i in range(1,6)]
for url in urls:
  res = requests.get(url)
  js1 = json.loads(res.text)
  asklist = dict(js1).get('AskList')
  for one in asklist:
    print('问: {}\n 答: {}\n'.format(one['AskContentTitle'], one['ReplyList'][0]
['ReplyContentTitle']))
```

在上面的代码中，由于只抓取单一页面中的很少一部分JSON数据，因此没有使用headers信息，也没有任何对爬虫的限制(比如访问的时间间隔)。urls是一个根据currentPage的值进行构造的url列表，用户对其中的url进行循环抓取；asklist是将JSON中的AskList字段单独拿出来，以便于用户后续在其中寻找AskContentTile(代表提问的标题)和ReplyContentTitle(代表回答的标题)。

运行上面的程序，能够得到非常整洁的输出，如图4-10所示，内容与用户在网页中看到的一致。

但这样的简单程序毕竟稍显单薄，主要的不足如下：

(1) 只能抓取问答JSON中的少量信息，回答日期和回答用户身份(普通用户或者酒店经理)没有记录下来。

(2) 有一些提问同时拥有多条回答，这里没有完整的获取。

```
问：請問單人間有窗的嗎?房間多大左右?
答：您好，所有房间都是有窗的。木艺大床25㎡左右，帐幔大床30㎡左右，家庭房50㎡左右，花梨景观套房60㎡左右，以上供您参考。

问：4大1小，孩子8岁，景观套房能住下吗？用加钱加床吗?
答：尊敬的客人您好，景观套房这个房间您加床恐怕您也是住不下的，建议您订红木家庭套房，然后我们酒店这边为您再加钱加张床估计就没问题啦。

问：三大一小住什么房型合适?
答：您好您三大一小住帐幔大床就可以了

问：三大一小住什么房型合适
答：住帐幔和家庭房都可以的

问：我们四大两小，小孩一个六岁一个2岁 一套家庭房住得下吗
答：您好，您四位大人，两个小孩要是住家庭房需要加一张床

问：请问大床房可以加床吗
答：可以加床的，这个需要每天加收200加床费的。
```

图 4-10 简单的 JSON 抓取程序的输出

(3) 没有足够的爬虫限制机制,可能有被服务器拒绝访问的风险。

(4) 程序模块化不够,不利于后续的调试和使用。

(5) 没有合理的数据存储机制,输出完毕后,计算机的内存和存储中都不再有这些信息了。

从这些考虑出发,对上面的代码进行重新编写,为它解决这几条不足,得到的最终程序见例 4-4。

【例 4-4】 酒店问答数据抓取程序。

```
import requests
import time
from pymongo import MongoClient

# client = MongoClient('mongodb://yourserver:yourport/')
client = MongoClient()  # 使用 Pymongo 对数据库进行初始化,由于用户使用了本地 mongodb,
                        # 因此此处不需要配置
# 等效于 client = MongoClient('localhost', 27017)

# 使用名为"ctrip"的数据库
db = client['ctrip']
# 使用其中的 collection 表: hotelfaq(酒店常见问答)
collection = db['hotelfaq']
global hotel
global max_page_num
# 原始数据获取 URL
raw_url = 'http://hotels.ctrip.com/Domestic/tool/AjaxHotelFaqLoad.aspx?'
# 根据开发者工具中的 request header 信息来设置 headers
headers = {
    'Host': 'hotels.ctrip.com',
    'Referer': 'http://hotels.ctrip.com/hotel/473871.html',
    'User - Agent':
```

```
    'Mozilla/5.0 (Macintosh; Intel Mac OS X 10_13_3) AppleWebKit/537.36 (KHTML, like
Gecko) Chrome/66.0.3359.170 Safari/537.36'
}
# 在此只使用了 Host、Referer、User - Agent 这几个关键字段

def get_json(hotel, page):
  params = {
    'hotelid': hotel,
    'page': page
  }
  try:
    # 使用 request 中 get()方法的 params 参数
    res = requests.get(raw_url, headers = headers, params = params)
    if res.ok: # 成功访问
      return res.json()                    # 返回 JSON
  except Exception as e:
    print('Error here:\t', e)

# JSON 数据处理
def json_parser(json):
  if json is not None:
    asks_list = json.get('AskList')
    if not asks_list:
      return None
    for ask_item in asks_list:
      one_ask = {}
      one_ask['id'] = ask_item.get('AskId')
      one_ask['hotel'] = hotel
      one_ask['createtime'] = ask_item.get('CreateTime')
      one_ask['ask'] = ask_item.get('AskContentTitle')
      one_ask['reply'] = []
      if ask_item.get('ReplyList'):
        for reply_item in ask_item.get('ReplyList'):
          one_ask['reply'].append((reply_item.get('ReplierText'),
                                   reply_item.get('ReplyContentTitle'),
                                   reply_item.get('ReplyTime')
                                 ))
        yield one_ask                      # 使用生成器 yield 方法

# 存储到数据库
def save_to_mongo(data):
  if collection.insert(data):              # 插入一条数据
    print('Saving to db!')

# 工作函数
def worker(hotel):
  max_page_num = int(input('input max page num:')) # 输入最大页数(通过观察问答网页可以
                                                   # 得到)
```

```
    for page in range(1, max_page_num + 1):
        time.sleep(1.5)                          # 访问间隔,避免服务器由于过高压力而拒绝访问
        print('page now:\t{}'.format(page))
        raw_json = get_json(hotel, page)         # 获取原始 JSON 数据
        res_set = json_parser(raw_json)
        for res in res_set:
            print(res)
            save_to_mongo(res)


if __name__ == '__main__':
    hotel = int(input('input hotel id:'))    # 以本例而言,hotel id 为 473871
    worker(hotel)
```

在此输入之前所看到的一家酒店的页面中的信息,酒店 ID 为 473871、页数为 27 页,程序运行结束后,用户可以看到成功地爬取到了数据(见图 4-11)。当然,使用另外一家酒店的页面中的酒店 ID 和页数信息也能得到类似的结果。

{ "_id" : ObjectId("5af7c79de1c439e78a41e734"), "id" : 2861251, "createtime" : "2016-09-28", "ask" : "单人间可以两个人人一起住吗? ", "reply" : [["酒店经理", "可以，不过需要加床", "2017-09-16"], ["入住用户", "不可以的　单人间是一张单人床　只能住一个人", "2016-10-21"]] }
{ "_id" : ObjectId("5af7c79de1c439e78a41e735"), "id" : 2845235, "createtime" : "2016-09-24", "ask" : "我是來自馬來西亞的～請問這個酒店允許外國人居住嗎? ", "reply" : [["酒店经理", "容许，欢迎您来", "2017-09-16"], ["入住用户", "可以接待外宾的", "2016-10-21"]] }
{ "_id" : ObjectId("5af7c79de1c439e78a41e736"), "id" : 2839712, "createtime" : "2016-09-23", "ask" : "3個女生住什麼房間比較合適? ! ", "reply" : [["酒店经理", "家庭套", "2017-09-16"], ["入住用户", "加我住套房合适", "2017-08-29"]] }
{ "_id" : ObjectId("5af7c79de1c439e78a41e737"), "id" : 2826469, "createtime" : "2016-09-21", "ask" : "特惠房，可以睡两个人吗? ", "reply" : [["酒店经理", "可以", "2017-09-16"], ["入住用户", "可以", "2017-08-06"]] }
{ "_id" : ObjectId("5af7c79de1c439e78a41e738"), "id" : 2826782, "createtime" : "2016-09-21", "ask" : "我刚定的两个特惠房，三个成人一个老人，请问能住得下吗", "reply" : [["酒店经理", "能，欢迎您来", "2017-09-17"], ["入住用户", "特惠房只要是大床应该能住下", "2016-10-20"], ["入住用户", "注明两个单人床应该没问题", "2016-09-29"]] }
{ "_id" : ObjectId("5af7c79de1c439e78a41e739"), "id" : 2777285, "createtime" : "2016-09-10", "ask" : "标准间的大床请问是1.8米的吗", "reply" : [["酒店经理", "1.5/2米的床", "2017-09-16"], ["入住用户", "1.5的", "2017-08-29"]] }
{ "_id" : ObjectId("5af7c79de1c439e78a41e73a"), "id" : 2774927, "createtime" : "2016-09-09", "ask" : "请问大床一张床是多大", "reply" : [["酒店经理", "您好，宽是1米8长两米的", "2017-09-19"], ["入住用户", "问前台服务员", "2017-08-29"]] }

图 4-11　数据库中的问答内容

除了这种直接在 JSON 数据中抓取信息的方法以外,有时候我们不会那么直接,而是将 AJAX 数据作为跳板,通过其中的内容来继续下一步抓取,这种模式最为典型的例子就是在一些网页中抓取图片。比如说,类似于新闻或门户网站这样的舆论中心,往往会将每一则新闻报道项目中的图片链接地址单独作为一份 AJAX 数据来传输,并最终通过网页元素渲染给用户,这时如果打算抓取网页中的图片,可能就会避开网页采集,而直接访问对应的 AJAX 接口,进行图片的下载和保存操作。

这里通过一个简单的例子来说明这一点,在哔哩哔哩(网址为 bilibili.com,一个国内知名的弹幕视频网站)的首页下方有一个特别推荐区域,该区域会展示一些推广视频,如图 4-12 所示。

其中的内容正是通过 AJAX 进行加载的,用户在开发者工具中能够很清楚地看到这一点,如图 4-13 所示。

图 4-12 哔哩哔哩首页中的“特别推荐”

图 4-13 在开发者模式下找到的“特别推荐”数据，使用 Preview

在 Request Headers 中，用户可以确定最为重要的一些信息，获取该数据的 URL 为“https://www.bilibili.com/index/recommend.json”，而 Host、Referer、User-Agent 等字段可以完全照搬。结合之前采集 AJAX 中的 JSON 数据和抓取图片的经验，用户最终能够编写出抓取“特别推荐”中视频图片的爬虫程序，见例 4-5。

【例 4-5】 哔哩哔哩“特别推荐”视频图片的抓取。

```
import requests
import time
import os

# 原始数据获取 URL
raw_url = 'https://www.bilibili.com/index/recommend.json'
# 根据开发者工具中的 request header 信息来设置headers
headers = {
    'Host':'www.bilibili.com',
    'X-Requested-With': 'XMLHttpRequest',
    'User-Agent':
        'Mozilla/5.0 (Macintosh; Intel Mac OS X 10_13_3) AppleWebKit/537.36 (KHTML, like
Gecko) Chrome/66.0.3359.170 Safari/537.36'
}


def save_image(url):
    filename = url.lstrip('http://').replace('.', '').replace('/', '').rstrip('jpg') + '.jpg'
    # 将图片地址转化为图片文件名
    try:
        res = requests.get(url, headers = headers)
        if res.ok:
            img = res.content
            if not os.path.exists(filename): # 检查该图片是否已经下载过
                with open(filename, 'wb') as f:
                    f.write(img)
    except Exception:
        print('Failed to load the picture')


def get_json():
    try:
        res = requests.get(raw_url, headers = headers)
        if res.ok:                                   # 成功访问
            return res.json()                        # 返回 JSON
        else:
            print('not ok')
            return False
    except Exception as e:
        print('Error here:\t', e)


# JSON 数据处理
def json_parser(json):
    if json is not None:
```

```
        news_list = json.get('list')
        if not news_list:
            return False
        for news_item in news_list:
            pic_url = news_item.get('pic')
            yield pic_url                          # 使用生成器 yield 方法

def worker():
    raw_json = get_json()                          # 获取原始 JSON 数据
    print(raw_json)
    urls = json_parser(raw_json)
    for url in urls:
        save_image(url)

if __name__ == '__main__':
    worker()
```

这个程序在框架上和之前的携程问答抓取的程序非常接近，运行该程序，用户最终能够在本地文件目录下看到下载后的图片（见图 4-14），如果想在一个特定的目录中存放这些图片，只需要在文件操作中设置统一的上级目录即可（或者直接更改 filename，变为“.../parentdir/xxx.jpg”的形式）。

i2hdslbcombfsarc hive05c...17f47.jpg

i2hdslbcombfsarc hive90c...c751.jpg

i2hdslbcombfsarc hivea83...c409.jpg

i2hdslbcombfsarc hiveaec...dd07.jpg

图 4-14 下载到了本地的视频封面图片

4.3 抓取动态内容

4.3.1 动态渲染页面

在 4.2 节中可以看到，网页会使用 JavaScript 加载数据，对应于这种模式，用户可以通过分析数据接口进行直接抓取，但这种方式需要用户对网页的内容、格式和 JavaScript 代码有所研究才能顺利完成。用户还会碰到另外一些页面，这些页面同样使用 AJAX 技术，但是其页面结构比较复杂，很多网页中的关键数据由 AJAX 获得，而页面元素本身使用 JavaScript 添加或修改，甚至用户感兴趣的内容在原始页面中并不出现，需要进行一定的用户交互（比如不断下拉滚动条）才会显示。对于这种情况，为了方便，用户就会考虑使用模拟浏览器的方法进行抓取，而不是通过“逆向工程”去分析 AJAX 接口。使用模拟浏览器的方法的特点是普适性强、开发耗时短、抓取耗时长（模拟浏览器的性能问题始终令人忧虑），使用分析 AJAX 的方法的特点刚好与模拟浏览器相反，甚至在同一个网站的同一个类别中的不同网页上，AJAX 数据的具体访问信息都有差别，因此开发过程投入的时间和精力成本是比较大的。对于 4.2 节提到的酒店“常见问答”的抓取，用户也可以用模拟浏览器的方法来做，但鉴于这个 AJAX 形式并不复杂，而且页面结构相对简单（没有复杂的动画），因此使用 AJAX 逆向分析会是比较明智的选择。如果用户碰到页面结构相对复杂或者 AJAX 数据分析比较困难（比如数据经过加密）的情况，就需要考虑使用浏览器模拟的方式了。

需要注意的是，“AJAX 数据抓取”和“动态页面抓取”是两个很容易混淆的概念，正如“AJAX 页面”和“动态页面”让人摸不着头脑一样。可以这样说，动态页面（Dynamic HTML，DHTML）是指利用了 JavaScript 在客户端改变页面元素的一类页面，而 AJAX 页面是指利用 JavaScript 请求了网页中数据内容的页面，这两者很难分开，因为很少会见到利用 JavaScript 只请求数据或者用 JavaScript 只改变页面内容的网页，所以将“AJAX 数据抓取”和“动态页面抓取”分开谈其实也是不太妥当的，在这里分开两个概念只是为了从抓取的角度审视网页，实际上这两类网页并没有本质上的不同。

4.3.2 使用 Selenium

在 Python 模拟浏览器进行数据抓取方面，Selenium（见图 4-15）永远是必不可少的内容。Selenium（意为化学元素“硒”）是浏览器自动化工具，在设计之初是为了进行浏览器的功能测试，Selenium 的作用直观地说就是操作浏览器，进行一些类似普通用户的操作，比如访问某个地址、判断网页状态、单击网页中的某个元素（按钮）等。使用 Selenium 操控浏览器进行的数据抓取其实不能算是一种“爬虫”程序，谈到爬虫，用户一般会想到是独立于浏览器之外的程序，但无论如何，这种方法能够帮助用户解决一些比较复杂的网页抓取任务，由于直接使用了浏览器，所以麻烦的 AJAX 数据和 JavaScript 动态页面一般都已经渲染完成。利用一些函数，用户完全可以做到随心所欲的抓取，加之开发流程也比较简单，因此有必要对其进行基本的介绍。

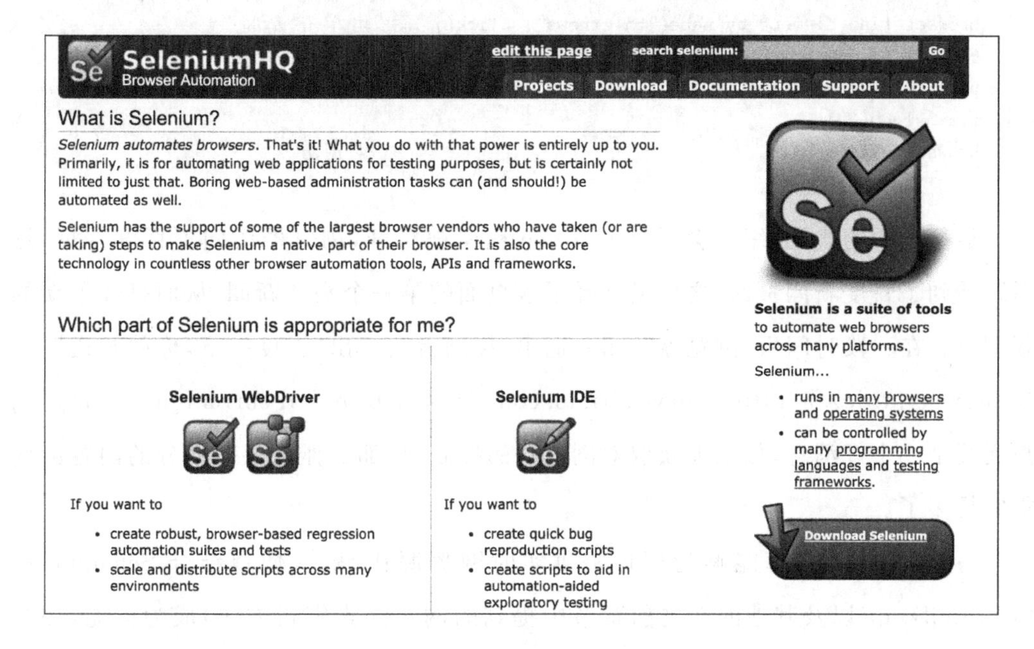

图 4-15　Selenium 官网介绍

Selenium 本身只是个工具，不是一个具体的浏览器，但是 Selenium 支持包括 Chrome 和 Firefox 在内的主流浏览器。为了在 Python 中使用 Selenium，用户需要安装 selenium 库(仍然通过 pip install selenium 的方式进行安装)。完成安装后，为了使用特定的浏览器，用户可能需要下载对应的驱动，以 Chrome 为例，可以在 Google 的对应站点下载，即"http://chromedriver.storage.googleapis.com/index.html"，最新的 ChromeDriver 可见"http://chromedriver.chromium.org/downloads"，将下载到的文件放在某个路径下，并在程序中指明该路径即可，如果想避免每次配置路径的麻烦，可以将该路径设置为环境变量，这里就不再赘述了。

下面通过一个访问百度新闻站点的例子来引入 Selenium，见例 4-6。

【例 4-6】 使用 Selenium 的最简单的例子。

```
from selenium import webdriver
import time

browser = webdriver.Chrome('your chrome driver path')
# 例如"/home/zyang/chromedriver"
browser.get('http:www.baidu.com')
```

```
print(browser.title)                                    # 输出"百度一下,你就知道"
browser.find_element_by_name("tj_trnews").click()       # 单击"新闻"
browser.find_element_by_class_name('hdline0').click()   # 单击头条
print(browser.current_url)                              # 输出"http://news.baidu.com/"
time.sleep(10)
browser.quit()                                          # 退出
```

运行上面的代码,用户会看到 Chrome 程序被打开,浏览器访问了百度首页,然后跳转到了百度新闻页面,之后又选择了该页面的第一个头条新闻,从而打开了新的新闻页。在一段时间后,浏览器关闭并退出,控制台会输出"百度一下,你就知道"(对应 browser.title)和"http://news.baidu.com/"(对应 browser.current_url)。这对用户无疑是一个好消息,如果能获取对浏览器的控制权,那么抓取某一部分的内容会变得容易多了。

另外,Selenium 库能够为用户提供实时网页源代码,这使得结合 Selenium 和 BeautifulSoup(以及其他的在之前章节中提到的网页元素解析方法)成为可能,如果用户对 Selenium 库自带的元素定位 API 不甚满意,那么这会是一个非常好的选择。总的来说,使用 Selenium 库的主要步骤如下。

(1) 创建浏览器对象,即使用类似下面的语句:

```
from selenium import webdriver

browser = webdriver.Chrome()
browser = webdriver.Firefox()
browser = webdriver.PhantomJS()
browser = webdriver.Safari()
...
```

(2) 访问页面,主要使用 browser.get()方法传入目标网页地址。

(3) 定位网页元素,可以使用 Selenium 自带的元素查找 API,即:

```
element = browser.find_element_by_id("id")
element = browser.find_element_by_name("name")
element = browser.find_element_by_xpath("xpath")
element = browser.find_element_by_link_text('link_text')
element = browser.find_element_by_tag_name('tag_name')
element  = browser.find_element_by_class_name('class_name')
element = browser.find_elements_by_class_name()         # 定位多个元素的版本
# ...
```

用户还可以使用 browser.page_source 获取当前网页源代码并使用 BeautifulSoup 等网页解析工具定位：

```
from selenium import webdriver
from bs4 import BeautifulSoup

browser = webdriver.Chrome('your chrome driver path')
url = 'https://www.douban.com'
browser.get(url)
ht = BeautifulSoup(browser.page_source,'lxml')
for one in ht.find_all('a',class_ = 'title'):
  print(one.text)
# 输出
# 52 倍人生——戴锦华大师电影课
# 哲学闪耀时——不一样的西方哲学史
# 黑镜人生——网络生活的传播学肖像
# 一个故事的诞生——22 堂创意思维写作课
# 12 文豪——围绕日本文学的冒险
# 成为更好的自己——许燕人格心理学 32 讲
# 控制力幻象——焦虑感背后的心理觉察
# 小说课——毕飞宇解读中外经典
# 亲密而独立——洞悉爱情的 20 堂心理课
# 觉知即新生——终止童年创伤的心理修复课
```

(4) 网页交互，对元素进行输入、选择等操作。例如访问豆瓣网并搜索某一关键字(见例 4-7，效果如图 4-16 所示)。

【例 4-7】 使用 Selenium 配合 Chrome 在豆瓣网进行搜索。

```
from selenium import webdriver
import time
from selenium.webdriver.common.by import By

browser = webdriver.Chrome('your chrome driver path')
browser.get('http://www.douban.com')
time.sleep(1)
search_box = browser.find_element(By.NAME,'q')
search_box.send_keys('网站开发')
button = browser.find_element(By.CLASS_NAME,'bn')
button.click()
```

【提示】 在上面的例子中使用了 By，这是一个附加的用于网页元素定位的类，为查找元素提供了更抽象的统一接口。实际上，该段代码中的 browser.find_element(By.CLASS_NAME,'bn')和 browser.find_element_by_class_name('bn')是等效的。

图 4-16 使用 Selenium 操作 Chrome 进行豆瓣网搜索的结果

在导航（窗口中的前进与后退）方面，主要使用 browser.back()和 browser.forward()两个函数。

(5) 获取元素属性，可以使用的函数、方法很多。

```
# one 应该是一个 selenium.webdriver.remote.webelement.WebElement 类的对象
one.text
one.get_attribute('href')
one.tag_name
one.id
...
```

在 Selenium 自动化浏览器时，除了单击、查找这些操作，实际上还需要一个常用操作，即“下拉页面”，直观地讲，就是在模拟浏览器中实现鼠标滚轮下滑或者拖动右侧滚动条的效果。遗憾的是，selenium 库本身没有提供这一便利，但用户可以使用两种方式来解决这个问题，一是使用模拟键盘输入（例如输入 PageDown），二是使用执行 JavaScript 代码的形式。

【例 4-8】 Selenium 模拟页面下拉滚动。

```
from selenium import webdriver
from selenium.webdriver import ActionChains
from selenium.webdriver.common.keys import Keys
import time

# 滚动页面
browser = webdriver.Chrome('your chrome driver path')
browser.get('https://news.baidu.com/')
print(browser.title)            # 输出"百度一下,你就知道"
for i in range(20):
  # browser.execute_script("window.scrollTo(0,document.body.scrollHeight)")
                                                    # 使用执行JS的方式滚动
  ActionChains(browser).send_keys(Keys.PAGE_DOWN).perform() # 使用模拟键盘输入的方式
                                                    #滚动
  time.sleep(0.5)

browser.quit()                  # 退出
```

在上面的代码中，使用 Selenium 操作 Chrome 访问百度新闻首页，并执行下滚页面的动作。第一种方法使用了 ActionChains（动作链，一些中文文档中译为“行为链”），这是一个为模拟一组键鼠操作而设计的类，在 perform()调用时会执行 ActionChains 存储的所用动作，例如：

```
ActionChains(browser).move_to_element(some_element).click(a_button).send_keys(some_
keys).perform()
```

这种写法被称为“链式模型”，当然，同样的逻辑可以换一种写法：

```
ac = ActionChains(browser)
ac.move_to_element(some_element)
ac.click(a_button)
ac.send_keys(some_keys)
ac.perform()
```

ActionChains 允许用户进行一些相对复杂的操作，比如将网页中的一部分进行拖曳并读取页面弹出窗口信息。用户可以使用 switch_to()方法来切换 frame，通过 webdriver.common.alert 包中的 Alert 类来读取当前弹窗警告信息。这里利用菜鸟教程中的一个演示页面来说明（地址为“http://www.runoob.com/try/try.php?filename=jqueryui-api-droppable”，见图 4-17），用户打开开发者工具查看网页结构，可以看到 iframe 这个结点。

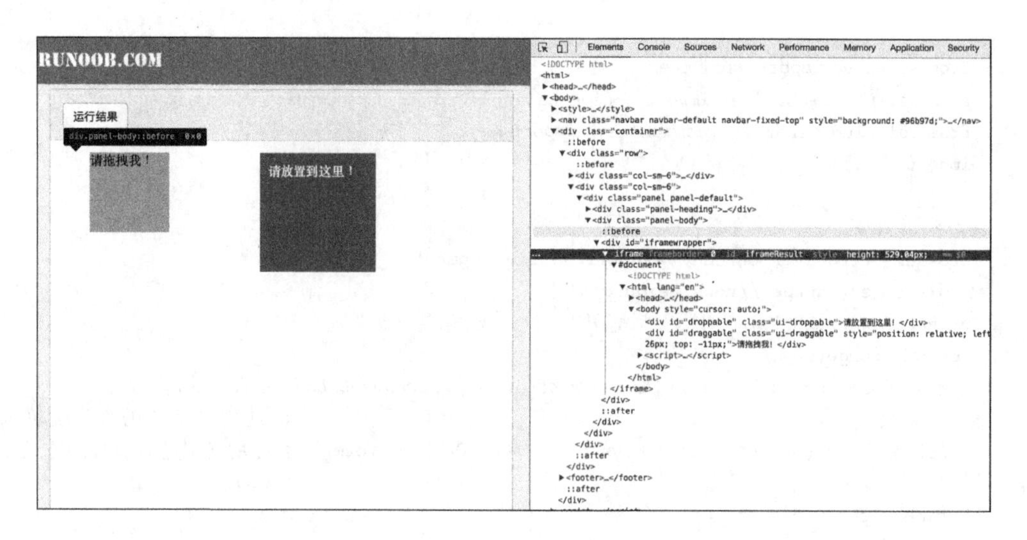

图 4-17 RUNOOB 演示网页的结构

据此可以编写出代码，见例 4-9。

【例 4-9】 拖曳网页中的区域并读取弹出框信息。

```
from selenium import webdriver
from selenium.webdriver import ActionChains
from selenium.webdriver.common.alert import Alert

browser = webdriver.Chrome('your chrome driver path')
url = 'http://www.runoob.com/try/try.php?filename = jqueryui - api - droppable'
browser.get(url)
# 切换到一个 frame
browser.switch_to.frame('iframeResult')
# 不推荐 browser.switch_to_frame()方法
# 根据 id 定位元素
source = browser.find_element_by_id('draggable')                    # 被拖曳区域
target = browser.find_element_by_id('droppable')                    # 目标区域
ActionChains(browser).drag_and_drop(source, target).perform()   # 执行动作链
alt = Alert(browser)
print(alt.text)                                                     # 输出“dropped”
alt.accept()                                                        # 接受弹出框
```

除了上面的方法以外，另一种下滚页面的策略是使用 execute_script()方法，该方法会在当前的浏览器窗口中执行一段 JavaScript 代码。一般而言，使用 DOM（网

页的文档对象模型)的 window 对象中的 scrollTo()方法可以滚动到任意位置,由于传入的参数为"document.body.scrollHeight",表示页面整个 body 的高度,因此该方法执行后会滚动到当前页面的最下方。除了下滚页面之外,利用 execute_script()显然还可以实现很多有意思的效果。

最后,在使用 Selenium 时要注意隐式等待的概念,在 Selenium 中具体的函数为 implicitly_wait()。由于 AJAX 技术的原因(使用 Selenium 的主要出发点就是对付比较复杂的基于 JavaScript 的页面),网页中的元素可能是在打开页面后的不同时间加载完成的(取决于网络通信情况和 JS 脚本详细内容等),等待机制保证了浏览器在被驱动时能够有寻找元素的缓冲时间,显式等待是指使用代码命令浏览器在等待一个确定的条件出现后执行后续操作,隐式等待一般需要先使用元素定位 API 函数来指定某个元素,使用方法类似下面的代码:

```
from selenium import webdriver

browser = webdriver.Firefox()
browser.implicitly_wait(10)      # 隐式等待 10 秒
browser.get("the site you want to visit")
myDynamicElement = browser.find_element_by_id('Dynamic Element')
```

如果 find_element_by_id()未能立即获取结果,程序将保持轮询并等待 10 秒的期限。由于隐式等待的使用方式不够灵活,而显式等待可以通过 WebDriverWait 结合 ExpectedCondition 等方法进行比较灵活的定制,因此后者是推荐的选择,前者可以用在程序前期的调试开发中。

值得一提的是,除了 Chrome 和 Firefox 这样的界面型浏览器以外,在网络数据的抓取中用户还经常看到 PhantomJS 的身影,这是一个被称为"无头浏览器"的工具,所谓的"无头",其实就是指"无界面",因此 PhantomJS 更像是一个 JavaScript 模拟器而不是一个"浏览器"。无界面带来的好处是性能上的提高和使用上的轻量,但缺点也很明显,由于无界面,因此用户无法实时看到网页,这会给程序的开发和调试造成一定的影响。PhantomJS 可以在"http://phantomjs.org/"访问下载,由于无界面的特征,在使用 PhantomJS 时 Selenium 的截图保存函数 browser.save_screenshot()就显得十分重要了。

4.3.3 PyV8与Splash

在介绍PyV8之前，读者需要先认识一下V8引擎。V8是一款基于C++编写的JavaScript引擎，在设计之初是考虑到JavaScript的应用愈发广泛，因此需要在执行性能上有所进步。在Google出品V8后，其被迅速应用到了包括Chromium在内的多个产品中，受到用户的广泛欢迎。粗略地说，V8引擎就是一个能够用来执行JavaScript的运行工具，既然是执行JS的利器，只要配合网页DOM树解析，在理论上能够当作一个浏览器来使用。为了在Python中使用V8引擎，用户需要安装PyV8库(使用pip安装)，使用PyV8执行JavaScript代码的方法主要是使用JSContext对象，见例4-10。

【例4-10】 使用PyV8执行JavaScript代码。

```
import PyV8

ct = PyV8.JSContext()
ct.enter()
func = ct.eval(
"""
    (function(){
        function hi(){
            return "Hi!";
        }
        return hi();
    })
"""
)

print(func())        # 输出"Hi!"
```

由于PyV8只能单纯地提供JS执行环境，无法与实际的网页URL对接(除非在脚本基础上做更多的扩展和更改)，只能用于单纯的JS执行，因此比较常见的使用方式是通过分析网页代码将网页中用于构造JSON数据接口的JavaScript语句写入Python程序中，利用PyV8执行JS并获取必要的信息(比如获取JSON数据的特定URL)。换句话说，单纯地使用PyV8并不能直接获得最终的网页元素信息。与V8不同，Splash是一个专为JS渲染而生的工具(文档可见“https://splash.readthedocs.io/en/stable/”)，基于Twisted和QT5开发的Splash为用户提供了JavaScript渲染服务，同时也可以作为一个轻量级浏览器来使用。用户先使用

Docker 安装 Splash(如果计算机上尚未安装 Docker,还需要先安装 Docker 服务):

```
docker pull scrapinghub/splash
```

之后使用对应的命令来运行 Splash:

```
docker run -p 8050:8050 -p 5023:5023 scrapinghub/splash
```

运行后会出现类似图 4-18 的输出。

```
 docker run -p 8050:8050 -p 5023:5023 scrapinghub/splash
g opened.
Splash version: 3.2
Qt 5.9.1, PyQt 5.9, WebKit 602.1, sip 4.19.3, Twisted 16.1.1, Lua 5.2
Python 3.5.2 (default, Nov 23 2017, 16:37:01) [GCC 5.4.0 20160609]
Open files limit: 1048576
Can't bump open files limit
Xvfb is started: ['Xvfb', ':1925382788', '-screen', '0', '1024x768x24'

 not set, defaulting to '/tmp/runtime-root'
proxy profiles support is enabled, proxy profiles path: /etc/splash/pr

verbosity=1
slots=50
argument_cache_max_entries=500
Web UI: enabled, Lua: enabled (sandbox: enabled)
Server listening on 0.0.0.0:8050
Site starting on 8050
Starting factory <twisted.web.server.Site object at 0x7f4ed4c957f0>
```

图 4-18 运行后的终端输出

此时打开“http://localhost:8050”即可看到 Splash 自带的 Web UI,见图 4-19。

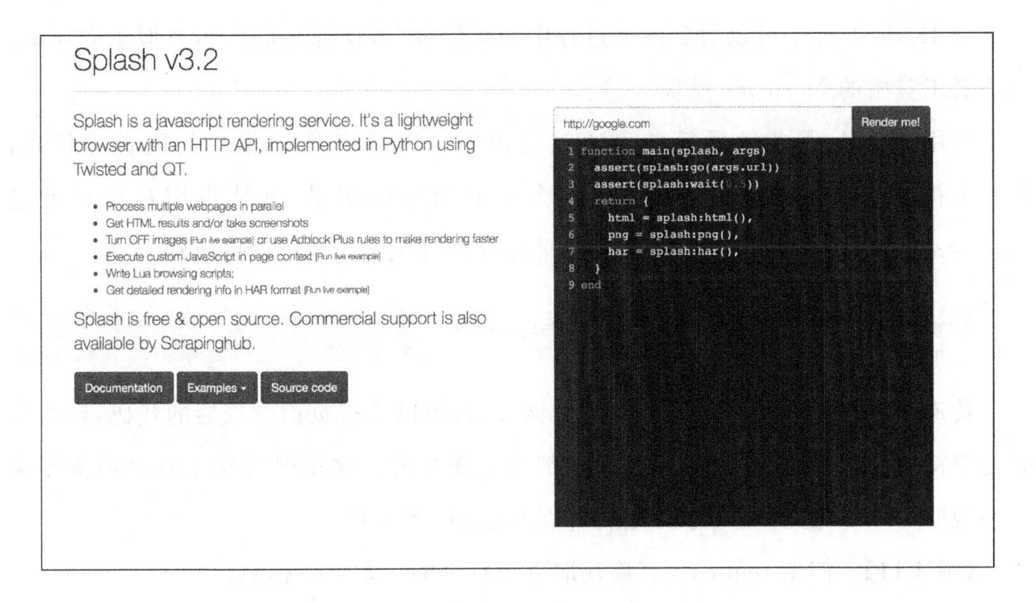

图 4-19 Splash 运行后的界面

用户可以输入携程网的地址来体验一下，由图 4-20 可见 Splash 提供了很多信息，包括界面截图、网页源代码等。

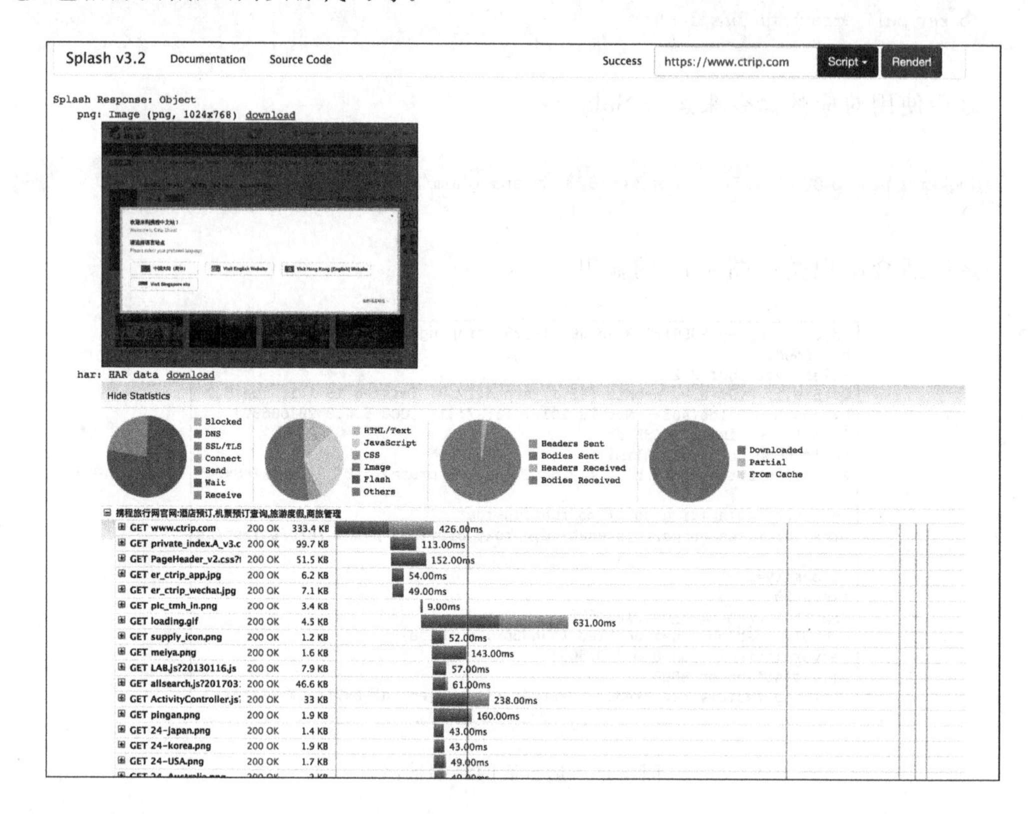

图 4-20 利用 Splash 访问携程网的结果

在 HAR data 中可以看到渲染过程中的通信情况，这部分的内容类似于 Chrome 开发者工具中的 Network 模块。

使用 Splash 服务的最简单方法就是使用 API 来获取渲染后的网页源代码，Splash 提供了这样的 URL 来访问某个页面的渲染结果，这使得用户可以通过 requests 来获取 JavaScript 加载后的页面代码，而非原始的静态源代码：

```
http://localhost:8050/render.html?url = targeturl
```

传递一个特定的 URL(targeturl)给该接口，可以获得页面渲染后的代码，还可以指定等待时间，确保页面内的所有内容都被加载完成。这里通过京东首页的例子来具体说明 Splash 在 Python 抓取程序中的用法，见例 4-11。

【例 4-11】 使用 requests 直接获取京东首页的活动推荐信息。

```python
import requests
from bs4 import BeautifulSoup

# url = 'http://localhost:8050/render.html?url = https://www.jd.com'
url = 'https://www.jd.com'
resp = requests.get(url)
html = resp.text
ht = BeautifulSoup(html)
print(ht.find(id = 'J_event_lk').get('href')) # 根据开发者工具分析得到元素 id
```

上面的程序试图访问京东商城首页并获取活动推荐信息(图 4-21 中的深色区域),但输出结果为“AttributeError: 'NoneType' object has no attribute 'get'”,这是因为该元素是 JavaScript 加载的动态内容,无法使用直接访问 URL 获取源代码的形式来解析。如果将 URL 替换为“http://localhost:8050/render.html?url=https://www.jd.com&wait=5”,即使用 Splash 服务,其他代码不变,最终得到的输出为:

```
//c-nfa.jd.com/adclick?keyStr = 6PQwtwh0f06syGHwQVvRO7pzzm8GVdWoLPSzhvezm0UieGAQ0EB4
PPcsnv4tPllwbxK7wW7Kf1CBkRCm1uYvOJnvdYZDppI + XkwTAYaaVUaxLOaI1mk2Xg1G8DT1I9Ea4fLWlv
RBkxoM4QrINBB7LY7hQn2KQCvRIb1VTSHvkrdxr1ZcSsjvXwtVY5sfkeNsjnSIFtrxkX4xkYbQvHViCGKnFt
B6rhrxWO1MpkcMG5SoRUSOdb56zrttLfl8vNBFcptr0poJNKZrfeMvuWRplv4bRbtDQshzWfMXyqdyQxyNrm
P1wRDLNloYOL46zk6YpGgD9f7DD80JI2OBqrgiZA == &cv = 2.0&url = //sale.jd.com/act/ePj4fdN51
p6Smn.html
```

访问这个链接,用户便能看到活动详情,说明抓取成功。

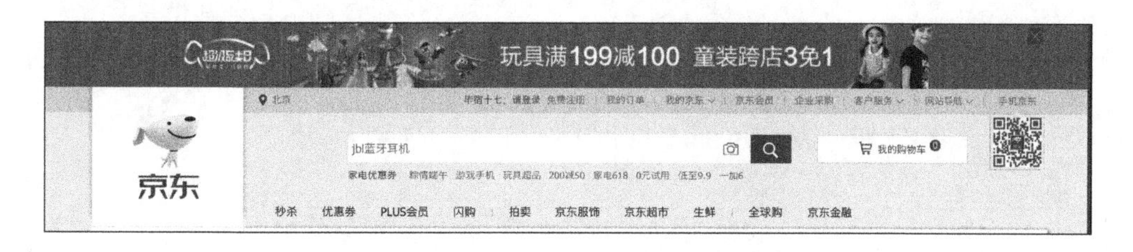

图 4-21 京东首页的活动推荐信息

这个例子说明了 Splash 最大的优点:提供了十分方便的 JS 网页渲染服务,提供了简单的 HTTP API,而且由于不需要浏览器程序,在机器资源上不会有太大的浪费,和 Selenium 相比,这一点尤其突出。最后要说明的是,Splash 的执行脚本是基于 Lua 语言编写的,支持用户自行编辑,并且仍然可以通过 HTTP API 的方式在 Python 中调用,因此通过 execute 接口(http://localhost:8050/execute?lua_source=...)可以实现很多更复杂的网页解析过程(与页面元素进行交互而非单纯地获取页面源代码)，能够极大地提高用户抓取的灵活性，用户可访问 Splash 的文档做更多的了解。除此之外，Splash 还可以配合 Scrapy 框架(Scrapy 框架的内容可见后文)进行抓取，在这方面 scrapy-splash(pip install scrapy-splash)会是一个比较好的辅助工具。

【提示】 Lua 语言是主打轻量、便捷的嵌入式脚本编程语言，基于 C 语言编写，可与其他一些"重量级"语言配合，在游戏插件开发、C 程序嵌入编写方面都有着广泛的应用。

4.4 本章小结

本章对 JavaScript 进行了简要的介绍，并对于抓取 JavaScript 页面数据给出了多种不同的参考方案，对 AJAX 分析以及模拟浏览器等方面进行了重点阐释。在实际应用中，用户很难不碰到使用 AJAX 的网页，因此对本章内容有一定的了解将会大大有利于爬虫程序的编写。

第 5 章

表单与模拟登录

在每个人的互联网生活体验中，浏览网页都是最为重要的一部分，而在各种各样的网页中，有一类网站页面是基于注册/登录功能的，很多内容对于尚未登录的游客并不开放。网站目前的趋势是，各种网站都在朝着更社交、更注重用户交互的方向发展，因此在爬虫程序的编写中考虑账号登录的问题就显得很有必要。对于这部分要先从 HTML 中的表单说起，本章使用大家熟悉的 Python 语言及工具来探索网站登录这一主题。在之前的部分中，对于爬虫程序基本上只使用了 HTTP 中的 GET 方法，在本章将注意力主要放在 POST 方法上。

5.1 表单

5.1.1 表单与 POST

在之前的爬虫程序的编写中，爬虫程序基本上只使用了 HTTP GET 操作，即仅通过程序去“读”网页中的数据，但每个人在实际的浏览网页的过程中还会大量涉及 HTTP POST 操作。表单(Form)这个概念往往会与 HTTP POST 联系在一起，“表单”具体是指 HTML 页面中的 form 元素，通过 HTML 页面的表单发送出信息是最为常见的与网站服务器交互的方式之一。

这里以登录表单为例，访问 Yahoo 网站的登录界面，使用 Chrome 的网页检查工具，可以看到源代码中十分明显的 form 元素（见图 5-1），注意其 method 属性为“post”，即该表单将会把用户的输入通过 POST 发送出去。

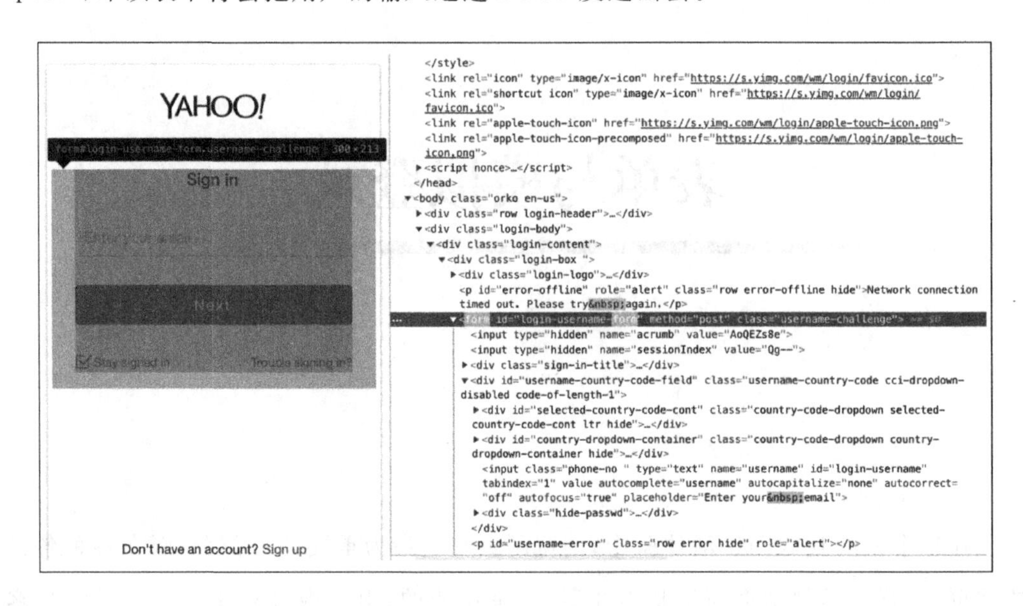

图 5-1 Yahoo 网站页面的登录表单

除了用于登录的表单以外，还有用于其他用途的表单，而且网页中表单的输入（字段）信息也不一定必须是用户输入的文本内容，在上传文件时用户也会用到表单。以图床网站为例，这种网站的主要服务就是在线存储图片，用户上传本地图片文件后，由服务器存储并提供一个图片 URL，这样人们就能通过该 URL 来使用这张图片。这里使用 SM. MS 图床进行分析，访问其网址“https://sm. ms/”，可以看到 Upload（上传）按钮本身就在一个 form 结点下，这个表单发送的数据不是文本数据，而是一份文件，见图 5-2。

在待上传区域添加一张本地图片，单击 Upload 按钮上传，即可在开发者工具的 Network 选项卡中看到本次 POST 的一些详细信息，见图 5-3。

需要说明的是，如果网页中的任务只是向服务器发送一些简单信息，表单还可以使用除 POST 之外的方法，比如 HTTP GET。一般而言，如果使用 HTTP GET 方法来发送一个表单，那么发送到服务器的信息（一般是文本数据）将被追加到 URL 之

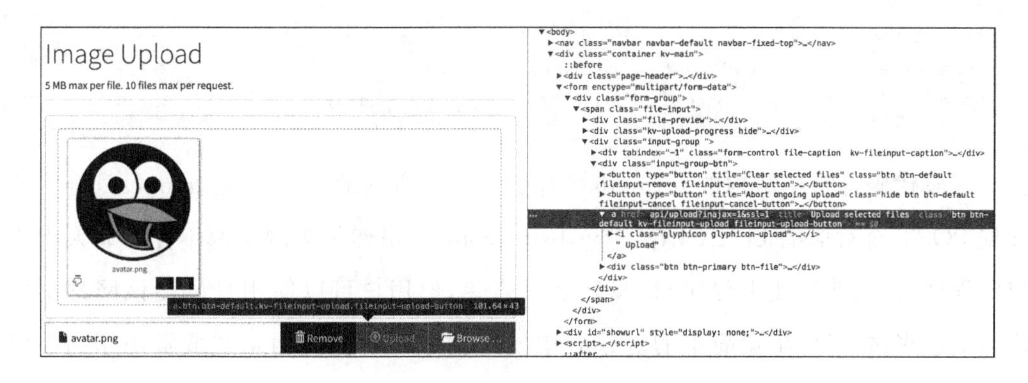

图 5-2　SM. MS 网站中上传图片的表单

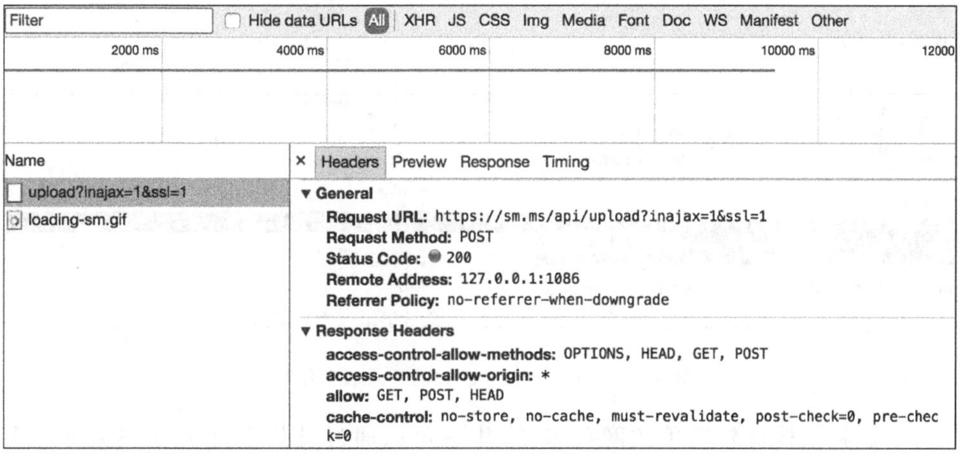

图 5-3　上传图床图片的 POST 信息

中；如果使用 HTTP POST 请求，发送的信息会被直接放入 HTTP 请求的主体里。两种方式的特点也很明显，使用 GET 比较简单，适用于发送的信息不复杂且对参数数据安全没有要求的情况（很难想象用户和密码作为 URL 中追加的查询字符串的一部分被发送）；而 POST 更像是“正规”的表单发送方式，用于文件传送的 multipart/form-data 方式也只支持 POST。

5.1.2　发送表单数据

使用 requests 库中的 post()方法可以完成简单的 HTTP POST 操作，下面的代码就是一个最基本的模板：

```
import requests
form_data = {'username':'user','password':'password'}
resp = requests.post('http://website.com',data=form_data)
```

这段代码将字典结构的form_data作为post()方法的data参数，requests会将该数据POST至对应的URL(http://website.com)。虽然很多网站都不允许非人类用户的程序(包括普通爬虫程序)来发送登录表单，但用户可以使用自己在该网站上的账号信息来试一试，毕竟简单的登录表单发送程序也不会对网站造成资源压力。以1point3acres.com论坛为例，访问其网站(论坛网址为“http://www.1point3acres.com/bbs/”)，通过网页结构分析可以发现，用户登录表单的主要内容就是用户名和密码(见图5-4)。

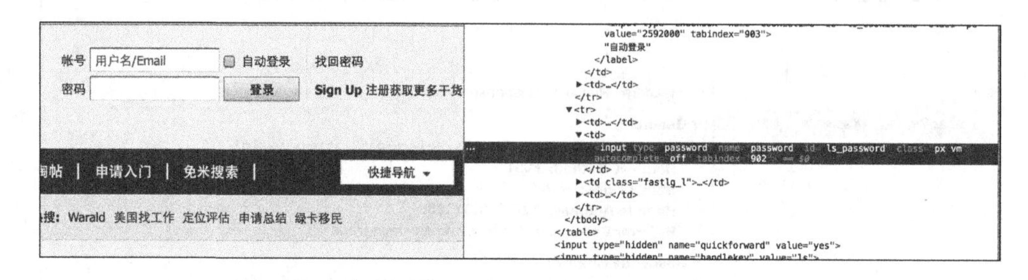

图5-4 1point3acres.com的登录表单结构

对于这种结构比较简单的网页表单，用户可以通过分析页面源代码来获取其字段名并构造自己的表单数据(主要是确定表单的每个input字段的name属性，该名称对应着表单数据被提交到服务器后的变量名称)，而对于相对比较复杂的表单，它有可能向服务器提供了一些额外的参数数据，用户可以使用Chrome开发者工具的Network界面来分析。进入论坛首页，打开开发者工具并在Network工具中选中Preserve log选项(如图5-5所示)，这样可以保证在页面刷新或重定向时不会清除之前的监控数据，接着在网页中填写自己的用户名和密码并单击“登录”按钮，用户很容易就能够发现一条登录的POST表单记录。

根据这条记录，首先可以确定POST的目标URL地址，接着需要注意的是Request Headers中的信息，其中的User-Agent值可以作为用户伪装爬虫的有力帮助。最后找到Form Data数据，其中的字段包括username、password、quickforward、handlekey，据此用户就可以编写自己的登录表单POST程序了。

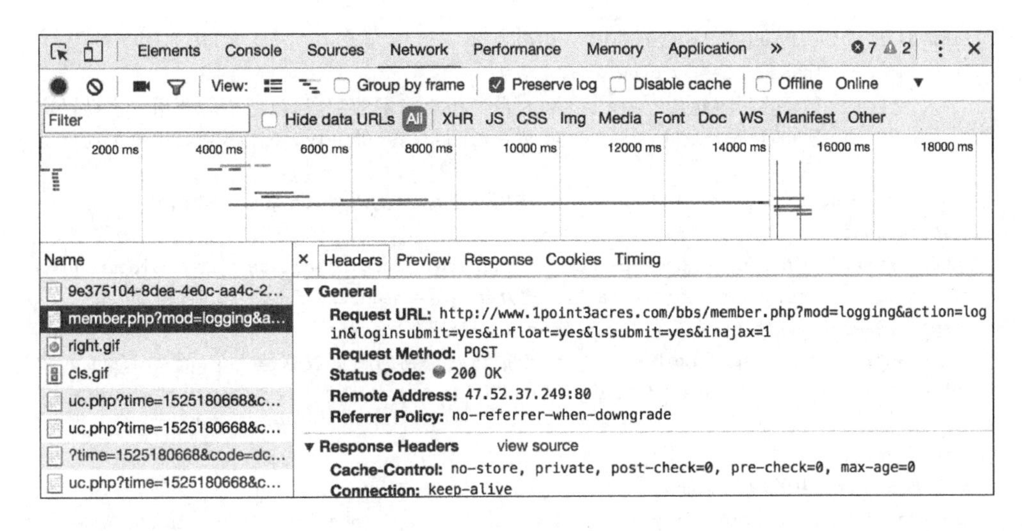

图 5-5 登录的 POST 数据

为了着手编写这个针对 1point3acres.com 的登录程序，需要先引入 requests 库中的 Session 对象，官方文档中对此的描述为“Session 会话对象让你能够跨请求保持某些参数，也会在同一个 Session 实例发出的所有请求之间保持 Cookie 信息”，因此，如果用户使用 Session 对象成功登录了网站，那么访问网站首页应该会获得当前账号的信息，并且下一次使用 Session 仍然记录此登录状态。可以看到，登录后的网页顶部出现了用户头像信息(见图 5-6)，我们现在就将这次模拟登录的目标设为获取这个头像并保存在本地。

图 5-6 网页中的用户账号信息

使用 Chrome 来分析网页源代码，会发现该头像图片是在<div class="avt y">元素中，据此可以完成这个简单的头像下载程序，见例 5-1。

【例 5-1】 使用表单 POST 来登录 1point3acres.com 网站。

```
import requests
from bs4 import BeautifulSoup

headers = {
  'User-Agent': 'Mozilla/5.0 (Macintosh; Intel Mac OS X 10_13_3) '
              'AppleWebKit/537.36 (KHTML, like Gecko) Chrome/66.0.3359.139 Safari/537.36'}
```

```
form_data = {'username': 'yourname',      # 用户名
             'password': 'yourpw',        # 密码
             'quickforward': 'yes',       # 对普通用户隐藏的字段,该值不需要用户主动设定
             'handlekey': 'ls'}           # 对普通用户隐藏的字段,该值不需要用户主动设定

session = requests.Session()              # 使用 requests 的Session 来保持会话状态
session.post(
'http://www.1point3acres.com/bbs/member.php?mod = logging&action = login&loginsubmit =
yes&infloat = yes&lssubmit = yes&inajax = 1', headers = headers, data = form_data)
resp = session.get('http://www.1point3acres.com/bbs/').text
ht = BeautifulSoup(resp, 'lxml')          # 根据访问得到的网页数据建立 BeautifulSoup 对象
cds = ht.find('div', {'class': 'avt y'}).findChildren() # 获取"<div class = "avt y">元素结
                                                        #点下的孩子元素"
print(cds)
# 获取 img src 中的图片地址
img_src_links = [one.find('img')['src'] for one in cds if one.find('img') is not None]

for src in img_src_links:
  img_content = session.get(src).content
  src = src.lstrip('http://').replace(r'/', '-')   # 将图片地址稍作处理并作为文件名
  with open('{src}.jpg'.format_map(vars()), 'wb+') as f:
    f.write(img_content)                  # 写入文件
```

在上述程序中,对于 BeautifulSoup 和 requests 用户已经非常熟悉了,需要稍作说明的是打开 JPG 文件路径的这段代码:

```
with open('{src}.jpg'.format_map(vars()), 'wb+') as f:
```

其中,format_map()方法与 format(** mapping)等效,而 vars()函数是 Python 中的一个内置函数,它会返回一个保存了对象的属性-属性值键值对的字典,在不接受其他参数时也可以使用 locals()来替换这里的 vars(),将会实现同样的功能。除此之外,如果用户需要知道提交表单后网页的响应地址,可以通过网页中 form 元素的 action 属性分析得到。

执行程序后,在本地就能够看到下载完成后的头像图片,如果用户没有成功进入登录状态,网站将不会在首页显示用户的这个头像,因此看到这张图片也说明用户的登录模拟已经成功。为了在本地成功运行,在运行上述代码之前需要将其中的账号信息设置为自己的用户名和密码。

值得一提的是,有些表单会包含一些单选框、多选框等内容(见图 5-7),其实分析其本质仍然是简单的字段名:字段值结构,仍然可以使用上述类似的方法进行 GET

和 POST 操作。获取这些信息的最佳方式就是打开 Network 并尝试提交一次表单，观察一条 Form Data 的记录。

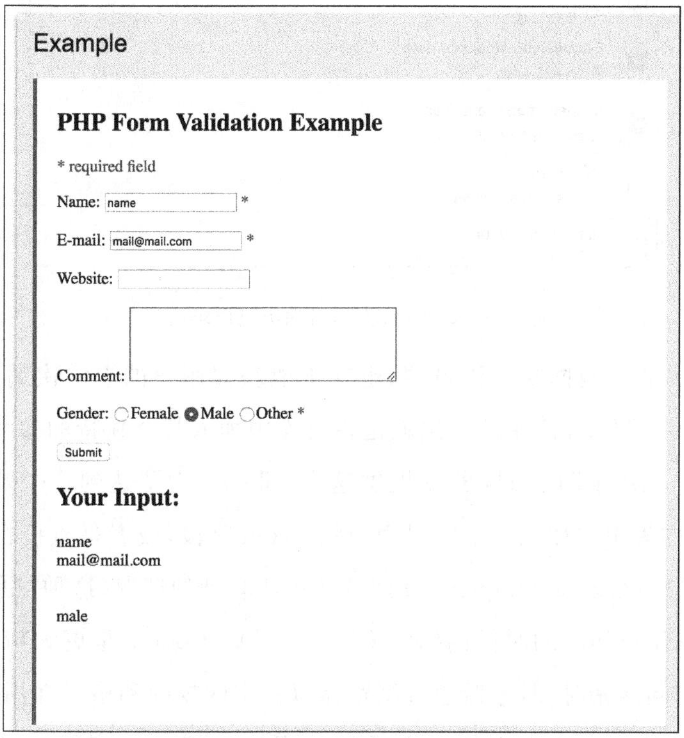

图 5-7 一个具有单选框的表单示例（“单选框”实际上是 radio 类型元素）

5.2 Cookie

5.2.1 什么是 Cookie

很多人可能有这样的经历，在清除浏览器的历史记录数据时会碰到一个关于 Cookies 数据的选项（见图 5-8），对于那些对 Web 开发不太了解的用户而言，这个所谓的“Cookies”可能是非常令人疑惑的，从字面意思上完全看不出它的功能。“Cookie”的本意是指曲奇饼干，在 Web 技术中则是指网站方为了一定的目的而存储在用户本地的数据，如果要细分，可以分为非持久的 Cookie 和持久的 Cookie。

Cookie 的诞生来源于 HTTP 协议本身的一个小问题，因为仅仅通过 HTTP 协议，服务器（网站方）无法辨别用户（浏览器使用者）的身份。换句话说，服务器并不能

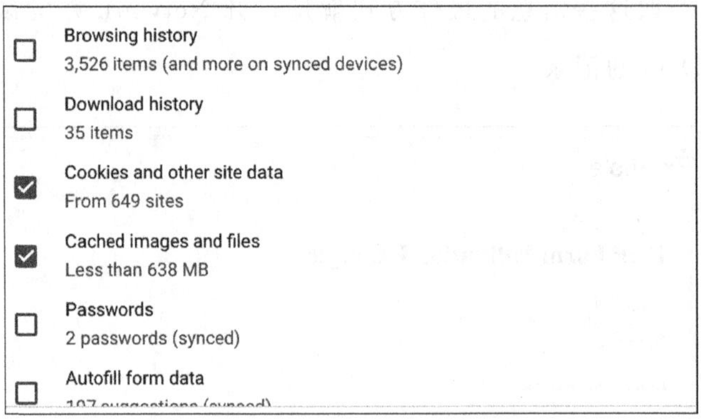

Browsing history
3,526 items (and more on synced devices)
Download history
35 items
Cookies and other site data
From 649 sites
Cached images and files
Less than 638 MB
Passwords
2 passwords (synced)
Autofill form data

图 5-8 Chrome 中的清除历史记录选项

获知两次请求是否来自同一个浏览器，也就不能获知用户的上一次请求信息。解决这个小问题倒也不难，最简单的方法就是在页面中加入某个独特的参数数据（一般叫"token"），在下一次请求时向服务器提供这个 token。为了达到这个效果，网站方可能需要在网页的表单中加入一个针对用户的 token 字段，或者是直接在 URL 中加入 token，类似用户在很多 URL query 查询链接中所看到的情况（这种"更改"URL 的方式，在用于标识用户访问的时候也称为 URL 重写）。Cookie 是更为精巧的一种解决方案，在用户访问网站时，服务器通过浏览器以一定的规则和格式在用户本地存储一小段数据（一般是一个文本文件），之后如果用户继续访问该网站，浏览器将会把 Cookie 数据也发送到服务器端，网站得以通过该数据来识别用户（浏览器）。更概括地说，Cookie 就是保持和跟踪用户浏览网站时的状态的一种工具。

关于 Cookie，一个最为普遍的场景就是"保持登录状态"，在那些需要用户输入用户名和密码进行登录的网站中往往会有一个"下次自动登录"选项。图 5-9 即为百度的用户登录页，如果用户选中"下次自动登录"选项，则下次（比如关闭这个浏览器，然后重新打开）访问网站，用户会发现自己仍然是登录后的状态。在第一次登录时，服务器会把包含了经过加密的登录信息作为 Cookie 保存到用户本地（硬盘），在进行新的一次访问时，如果 Cookie 中的信息尚未过期（网站会设定登录信息的过期时间），网站收到了这一份 Cookie 就会自动为用户进行登录。

【提示】 Cookie 和 Session 不是一个概念，Cookie 数据保存在本地（客户端），Session 数据保存在服务器（网站方）。一般而言，Session 是指抽象的客户端-服务器端交互状态（因此往往被翻译成"会话"），其作用是"跟踪"状态，比如保持用户在电商网站加入购物车的商品信息，而 Cookie 这时就可以作为 Session 的一个具体实现手

图 5-9　百度的登录界面

段，在 Cookie 中设置一个标明 Session 的 Session ID。

具体到发送 Cookie 的过程，浏览器一般把 Cookie 数据放在 HTTP 请求的 Header 数据中，由于增加了网络流量，也招致了一些人对 Cookie 的批评。另外，由于 Cookie 中包含了一些敏感信息，容易成为网络攻击的目标，在 XSS 攻击（跨网站指令攻击）中，黑客往往会尝试对 Cookie 数据进行窃取。

5.2.2　在 Python 中使用 Cookie

Python 提供了 Cookielib 库来对 Cookie 数据进行简单的处理（在 Python 3 中为 http.cookiejar 库），这个模块里主要的类有 CookieJar、FileCookieJar、MozillaCookieJar、LWPCookieJar 等。在源代码注释中特意说明了这些类之间的继承关系，见图 5-10。

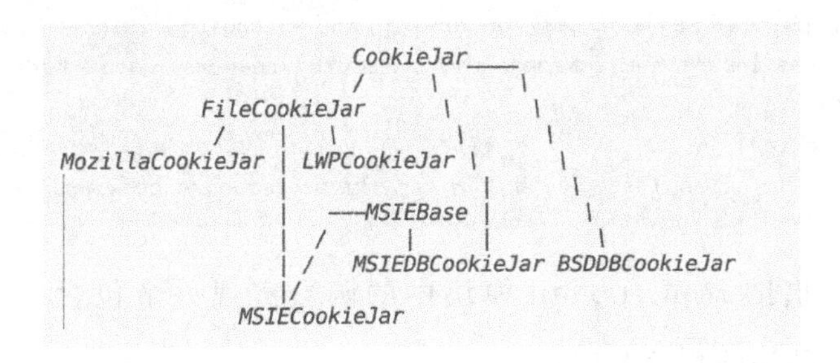

图 5-10　各类 CookieJar 的关系

除了 cookiejar 模块，在抓取程序的编写中使用更为广泛的是 requests 的 Cookie 功能（实际上，requests. cookie 模块中的 RequestsCookieJar 类就是一种 CookieJar 的继承），可以将字典结构信息作为 Cookie 伴随一次请求来发送：

```
import requests
cookies = {
  'cookiefiled1': 'value1',
  'cookiefiled2': 'value2',
  # 更多Cookie信息
}
headers = {
  'User - Agent': 'Mozilla/5.0 (Macintosh; Intel Mac OS X 10_9_4) AppleWebKit/537.36
(KHTML, like Gecko) Chrome/36.0.1985.125 Safari/537.36',
}
url = 'https://www.douban.com'
requests.get(url, cookies = cookies,. headers = headers)  # 在get()方法中加入Cookie信息
```

上文提到，Session 可以帮助用户保持会话状态，用户可以通过这个对象来获取 Cookie：

```
import requests
import requests.cookies

headers = {
  'User - Agent': 'Mozilla/5.0 (Macintosh; Intel Mac OS X 10_13_3) '
              'AppleWebKit/537.36 (KHTML, like Gecko) Chrome/66.0.3359.139 Safari/537.36'}
form_data = {'username': 'yourname',   # 用户名
             'password': 'yourpw',     # 密码
             'quickforward': 'yes',    # 对普通用户隐藏的字段,该值不需要用户主动设定
             'handlekey': 'ls'}   # 对普通用户隐藏的字段,该值不需要用户主动设定

sess = requests.Session()          # 使用requests的Session来保持会话状态
sess.post(
'http://www.1point3acres.com/bbs/member.php?mod = logging&action = login&loginsubmit =
yes&infloat = yes&lssubmit = yes&inajax = 1', headers = headers, data = form_data)

print(sess.cookies)                # 获取当前Session的Cookie信息
print(type(sess.cookies))          # 输出: <class 'requests.cookies.RequestsCookieJar'>
```

用户还可以借助 requests. util 模块中的函数实现一个包含了 Cookie 存储和 Cookie 加载双向功能的爬虫类模板：

```
import requests
import pickle


class CookieSpider:
    # 实现了基于 requests 的Cookie 存储和加载的爬虫模板
    cookie_file = ''

    def __init__(self, cookie_file):
        self.initial()
        self.cookie_file = cookie_file

    def initial(self):
        self.sess = requests.Session()

    def save_cookie(self):
        with open(self.cookie_file, 'w') as f:
            pickle.dump(requests.utils.dict_from_cookiejar(   # dict_from_cookiejar turn a
                                                             # cookiejar object to dict
                self.sess.cookies), f
            )

    def load_cookie(self):
        with open(self.cookie_file) as f:
            self.sess.cookies = requests.utils.cookiejar_from_dict(   # cookiejar_from_dict
                                                                      # turn a dict into a
                                                                      # cookiejar
                pickle.load(f)
            )
    ...
```

5.3 模拟登录网站

5.3.1 分析网站

以国内著名的问答社区网站“知乎”(www.zhihu.com)为例，下面试图通过Python编写一个程序来模拟对知乎的登录。首先手动访问其首页并登录，进入用户后台界面后可以看到这里有“基本资料”选项卡，其中比较重要的信息包括用户名、个性域名等，详情见图5-11。

接下来，为了获得知乎Cookies的字段信息，打开Chrome开发者工具的

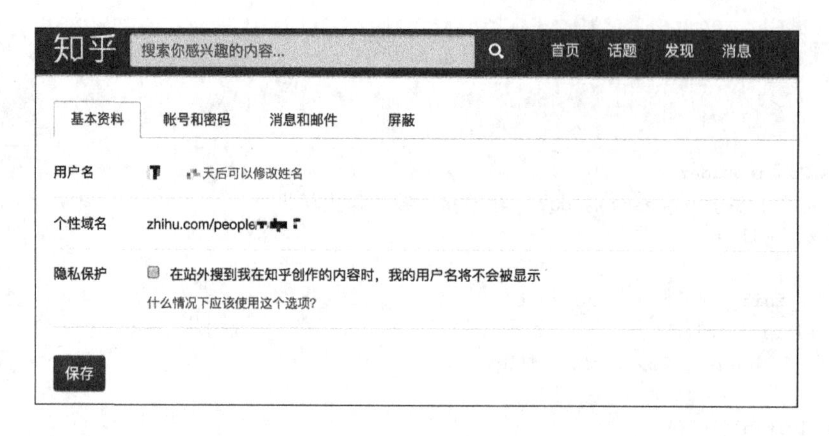

图 5-11　知乎后台的“基本资料”界面

Application 选项卡，在 Storage(存储)下的 Cookies 选项中就能够看到当前网站的 Cookies 信息，Name 和 Value 分别是字段名和值，如图 5-12 所示。

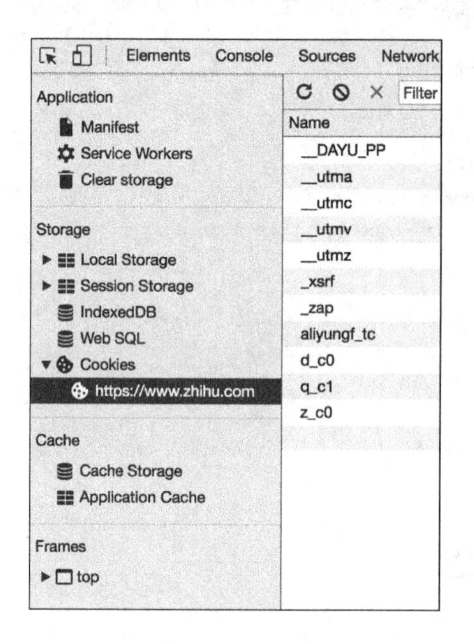

图 5-12　查看知乎 Cookies 的字段内容

可以设想一下模拟登录的基本思路，第一种就是直接在爬虫程序中提交表单(用户名和密码等)，通过 requests 的 Session 来保持会话，成功进行登录，用户在之前登录 1point3acres.com 就是用了这种思路；第二种则是通过浏览器进行辅助，先通过一次手动登录来获取并保存 Cookie，在之后的抓取或者访问中直接加载保存了的 Cookie，使得网站方“认为”用户已经登录。显然，第二种方法在应对一些登录过程比较复杂(尤其是登录表单复杂且存在验证码)的情况时比较合适。从理论上说，只要本地的 Cookie 信息仍在未过期期限内，就一直能够模拟出登录状态。再想象一下，其实无论是通过模拟浏览器还是其他方法，只要用户能够成功还原出登录后的 Cookie 状态，那么模拟登录状态就不再困难了。

5.3.2　通过 Cookie 模拟登录

根据上面讨论的第二种思路，即可着手利用 Selenium 模拟浏览器来保存知乎登录后的 Cookie 信息。对于 Selenium 的相关使用之前已经介绍过，这里需要考虑的是如何保存 Cookie，一种比较简便的方法是通过 webdriver 对象的 get_cookies()方法在内存中获得 Cookie，接着用 pickle 工具保存到文件中，见例 5-2。

【例 5-2】 使用 Selenium 保存知乎登录后的 Cookie 信息。

```
import selenium.webdriver
import pickle, time, os


class SeleZhihu():
  _path_of_chromedriver = 'chromedriver'
  _browser = None
  _url_homepage = 'https://www.zhihu.com/'
  _cookies_file = 'zhihu-cookies.pkl'
  _header_data = {'Accept': 'text/html,application/xhtml+xml,application/xml;q=0.9,
image/webp,*/*;q=0.8',
                  'Accept-Encoding': 'gzip, deflate, sdch, br',
                  'Accept-Language': 'zh-CN,zh;q=0.8',
                  'Connection': 'keep-alive',
                  'Cache-Control': 'max-age=0',
                  'Upgrade-Insecure-Requests': '1',
                  'User-Agent': 'Mozilla/5.0 (Windows NT 6.1; WOW64) AppleWebKit/537.36
(KHTML, like Gecko) Chrome/36.0.1985.125 Safari/537.36',
                  }

  def __init__(self):
    self.initial()

  def initial(self):
    self._browser = selenium.webdriver.Chrome(self._path_of_chromedriver)
    self._browser.get(self._url_homepage)

    if self.have_cookies_or_not():
      self.load_cookies()
    else:
```

```
            print('Login first')
            time.sleep(30)
            self.save_cookies()

        print('We are here now')

    def have_cookies_or_not(self):
        if os.path.exists(self._cookies_file):
            return True
        else:
            return False

    def save_cookies(self):
        pickle.dump(self._browser.get_cookies(), open(self._cookies_file, "wb"))
        print("Save Cookies successfully!")

    def load_cookies(self):
        self._browser.get(self._url_homepage)
        cookies = pickle.load(open(self._cookies_file, "rb"))
        for cookie in cookies:
            self._browser.add_cookie(cookie)
        print("Load Cookies successfully!")

    def get_page_by_url(self, url):
        self._browser.get(url)

    def quit_browser(self):
        self._browser.quit()


if __name__ == '__main__':
    zh = SeleZhihu()
    zh.get_page_by_url('https://www.zhihu.com/')

    time.sleep(10)
    zh.quit_browser()
```

运行上面的程序，将会打开 Chrome 浏览器，如果此前没有本地 Cookie 信息，将会提示用户“Login first”，并等待 30 秒，在此期间用户需要手动输入用户名和密码等信息，执行登录操作，之后程序将会自行存储登录成功后的 Cookie 信息。本例还为这个 SeleZhihu 类添加了 load_cookies()方法，在之后访问网站时，如果发现本地已经存在了 Cookie 信息文件就直接加载。这个逻辑主要通过 initial()方法来实现，而 initial()方法会在__init__()中调用。__init__()是所谓的“初始化”函数，类似于 C++中的构造函数，会在类的实例初始化时被调用。'zhihu-cookies.pkl'是本地的

Cookie 信息文件名，使用 pickle 序列化保存，对于这方面的详细内容请参看第 3 章。

在保存过 Cookie 之后，用户就可以“移花接木”了。“移花接木”就是将 Selenium 为用户保存的 Cookie 信息拿到其他工具中(比如 requests)使用，毕竟 Selenium 模拟浏览器的抓取效率十分低下，且性能也成问题。使用 requests 加载本地的 Cookie，并通过解析网页元素来获取个性域名，如果模拟登录成功，用户就能够看到对应的域名信息，关于这部分的程序见例 5-3。

【例 5-3】 使用 requests 加载 Cookie，进入知乎登录状态并抓取个性域名。

```
import requests, pickle
from bs4 import BeautifulSoup
from pprint import pprint

headers = {
  'User-Agent': 'Mozilla/5.0 (Macintosh; Intel Mac OS X 10_13_3) '
              'AppleWebKit/537.36 (KHTML, like Gecko) Chrome/66.0.3359.139 Safari/537.36'}
sess = requests.Session()
with open('zhihu-cookies.pkl', 'rb') as f:
  cookie_data = pickle.load(f)                          # 加载 Cookie 信息

for cookie in cookie_data:
  sess.cookies.set(cookie['name'], cookie['value'])  # 为 Session 设置Cookie 信息

res = sess.get('https://www.zhihu.com/settings/profile', headers = headers).text
                                                         # 访问并获得页面信息
ht = BeautifulSoup(res, 'lxml')
# pprint(ht)
node = ht.find('div', {'id': 'js-url-preview'})
print(node.text)
```

运行程序后，如果顺利，用户将会看到个性域名的输出。该程序的抓取目标相对比较简单，“https://www.zhihu.com/settings/profile”这个地址所对应的网页也没有使用大量动态内容(指那些经过 JS 刷新或更改的页面元素)，如果想要抓取其他页面，在保持模拟登录机制的基础上改进抓取机制即可，用户可以结合第 4 章的内容进行更复杂的抓取。关于结合实际网站的模拟登录程序，可见第 11 章豆瓣登录的相关内容。

最后要提到的是处理 HTTP 基本认证(HTTP Basic Access Authentication)的情形，这种验证用户身份的方式一般不会在公开的商业性网站上使用，但在公司内网或者一些面向开发者的网页 API 中较为常见，与目前普遍的通过表单提交登录信息

的方式不同，HTTP 基本认证会使浏览器弹出要求用户输入用户名和口令(密码)的窗口，并根据输入的信息进行身份验证。这里通过一个例子来说明这个概念，“https://www.httpwatch.com/httpgallery/authentication/”提供了一个 HTTP 基本认证的示例(见图 5-13)，需要用户输入用户名“httpwatch”作为 Username，并输入一个自定义的密码作为 Password，单击 Sign in 按钮登录后，将会显示一个包含了之前输入信息的图片。通过检查元素可以得知，该认证的 URL 地址为“https://www.httpwatch.com/httpgallery/authentication/authenticatedimage/default.aspx”，根据以上信息，用户通过 requests.auth 模块中的 HTTPBasicAuth 类即可通过该认证并下载最终显示的图片到本地，见例 5-4。

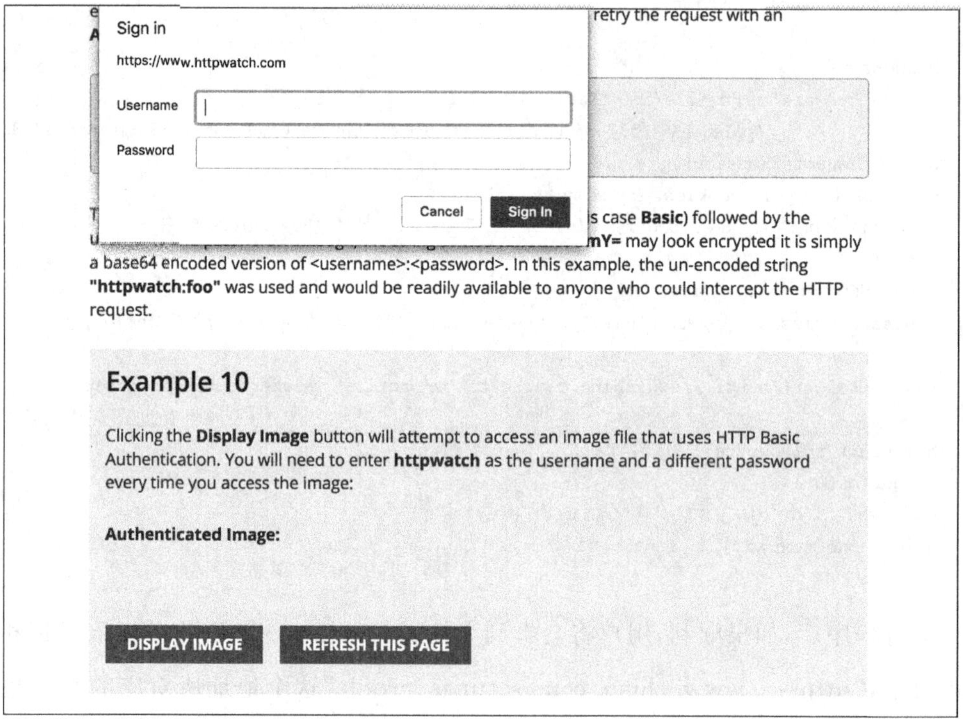

图 5-13 基本认证的界面，需要输入 Username 和 Password

【例 5-4】 使用 requests 通过 HTTP 基本认证并下载图片。

```
import requests
from requests.auth import HTTPBasicAuth

url = 'https://www.httpwatch.com/httpgallery/authentication/authenticatedimage/default.aspx'
```

```
auth = HTTPBasicAuth('httpwatch', 'pw123')      # 将用户名和密码作为对象初始化的参数
resp = requests.post(url, auth = auth)

with open('auth - image.jpeg','wb') as f:
  f.write(resp.content)
```

运行程序后，用户即可在本地看到 auth-image.jpeg 图片(见图 5-14)，说明成功使用程序通过了验证。

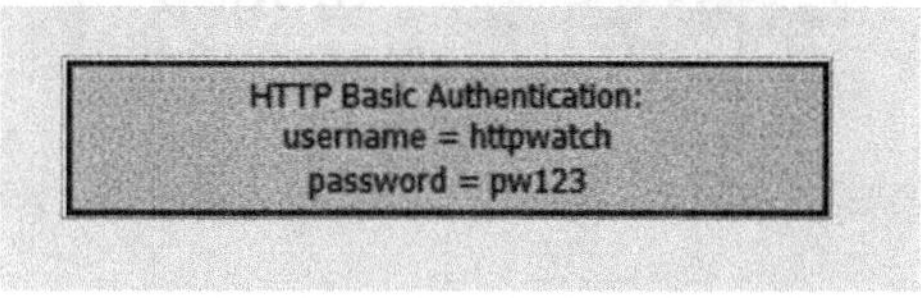

HTTP Basic Authentication:
username = httpwatch
password = pw123

图 5-14　下载到本地的图片

5.4　验证码

5.4.1　图片验证码

弄明白模拟表单提交和使用 Cookie 可以说解决了登录问题的主要难点，但目前的网站在验证用户身份这个问题上总是精益求精，不惜下大力气防范非人类的访问，对于大型商业性网站而言尤其如此——最大的障碍在于验证码，毫不夸张地说，验证码问题始终是程序模拟登录过程中让人最为头疼的一环，也可能是所有爬虫程序所要面对的最大问题之一。人们在日常生活中总会碰到要求输入验证码的情况，从某种意义上来说，验证码其实是一种图灵测试，这从它的英文名(CAPTCHA)的全称“Completely Automated Public Turing test to tell Computers and Humans Apart”(完全自动化地将计算机与人类分辨开来的公开图灵测试)就能看出来。从之前模拟知乎登录的过程中可以看到，用户可以通过手动登录并加载 Cookie 的方式“避开”验证码(只是抓取程序避开了验证码，开发者实际上并未真正“避开”，毕竟还需要手动输入验证码)，另外，由于验证码形式多变、网站页面结构各异，试图用程序全自动破解验证码的投入产出比确实太大，因此处理验证码的确十分棘手。考虑到攻克验证码始终是爬虫程序开发中的一个重要问题，在这里简要介绍一下处理验证码的种种

思路。

图片验证码(从狭义上说就是一类图片中存在字母或数字,需要用户输入对应文字的验证方式)是比较简单的一类验证码(见图 5-15)。

图 5-15 典型的图片验证码

在爬虫程序中对付这样的验证码一般会有几种不同的思路,一是通过程序识别图片,转换为文字并输入;二是手动打码,等于直接避开程序破解验证码的环节;三是使用一些人工打码平台的服务。有关处理图片验证码这方面的讨论很多,下面对这几种方式分别做简要的介绍。

首先是识别图片并转换到文字的思路,传统上这种方式会借助 OCR(文字光学识别)技术,步骤包括对图像进行降噪、二值化、分割和识别,这要求验证码图片的复杂度不高,否则很可能识别失败。近年来随着机器学习技术的发展,目前这种图片转文字的方式拥有了更多的可能性,比如使用卷积神经网络(CNN),只要用户手头拥有足够多的训练数据,通过训练神经网络模型就能够实现很高的验证码识别准确度。

手动打码是指在验证码出现时通过解析网页元素的方式将验证码图片下载下来,由开发者自行输入验证码内容,通过编写好的函数填入对应的表单字段中(或者是网站对应的 HTTP API),从而完成后续抓取工作。这种方式最为简单,在开发中也最为常用,优点是完全没有经济成本,但其缺点也很突出,即需要开发者自身劳动,自动化程度低。不过,如果只是应对登录情形,配合 Cookie 数据的使用,可以做到“毕其功于一役”,用户初次登录填写验证码后在一段时间内便可以摆脱验证码的烦恼。

使用人工打码服务则是直接将验证码识别的任务“外包”到第三方服务,图 5-16 为某人工打码平台,在实际使用中,除非遇到需要频繁通过验证的情形,对这种打码服务的需求不大,有一些打码平台开放了免费打码的 API(一般会有使用次数和频率的限制)，可以用来在抓取程序中进行调用，满足调试和开发的需要。

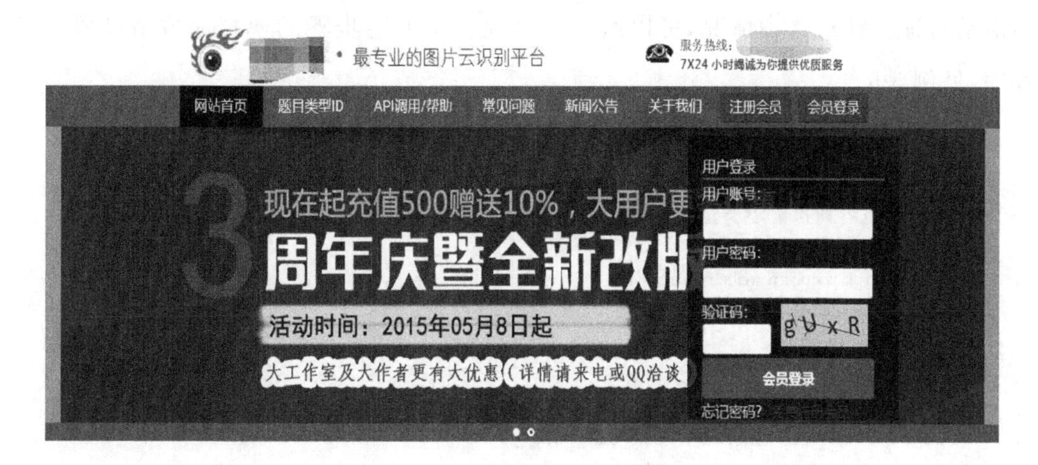

图 5-16　某人工验证码打码服务平台

5.4.2　滑动验证

与图片验证码不同，目前被广泛使用的滑动验证不仅需要验证用户的视觉能力，还会通过要求拖曳元素的方式防止验证关卡被暴力破解(见图 5-17)。对于这类滑动验证码，其实也存在通过程序进行破解的方式，基本思路就是通过模拟浏览器来实现对拖曳元素的自动拖动，尽可能模仿人类用户的拖动行为，“欺骗”验证。这种方式可以分为几个主要的步骤：①获取验证码图像；②获取背景图片与缺失部分；③计算滑动距离；④操纵浏览器进行滑动；⑤等待验证完成。这里主要存在两个难点，其一是如何获得背景图片与缺失部分轮廓，背景图片往往是由一组剪切后的小图拼接而成，因此在程序抓取元素的过程中可能需要使用 PIL 库做更复杂的拼接等工作；其二是模拟人类的滑动动作，过于机械式的滑动(比如严格的匀速滑动或加速度不变的滑动)可能会被系统识别为机器人。

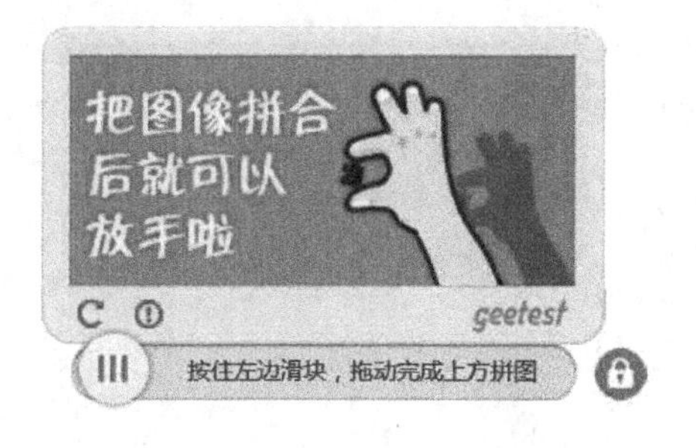

图 5-17　某滑动验证服务

假设用户需要登录某个网站，很可能需要在输入用户名和密码后通过这种类似的滑动验证。针对这种情况，可以编写一个综合了上述步骤的模拟完成滑动验证的程序，见例5-5。

【例5-5】 以Selenium模拟浏览器方式通过滑动验证的示例。

```
# 模拟浏览器通过滑动验证的程序示例，目标是在登录时通过滑动验证
import time
from selenium import webdriver
from selenium.webdriver import ActionChains
from PIL import Image

def get_screenshot(browser):
  browser.save_screenshot('full_snap.png')
  page_snap_obj = Image.open('full_snap.png')
  return page_snap_obj

# 在一些滑动验证中，获取背景图片可能需要更复杂的机制
# 原始的HTML图片元素需要经过拼接整理才能拼出最终想要的效果
# 为了避免这样的麻烦，一个思路就是直接对网页截图，而不是去下载元素中的img src


def get_image(browser):
  img = browser.find_element_by_class_name('geetest_canvas_img')  # 根据元素的class
                                                                  # 名定位
  time.sleep(2)
  loc = img.loc
  size = img.size

  left = loc['x']
  top = loc['y']
  right = left + size['width']
  bottom = top + size['height']

  page_snap_obj = get_screenshot(browser)
  image_obj = page_snap_obj.crop((left, top, right, bottom))
  return image_obj

# 获取滑动距离
def get_distance(image1, image2, start = 57, thres = 60, bias = 7):
  # 比对RGB的值
  for i in range(start, image1.size[0]):
    for j in range(image1.size[1]):
      rgb1 = image1.load()[i, j]
      rgb2 = image2.load()[i, j]
      res1 = abs(rgb1[0] - rgb2[0])
      res2 = abs(rgb1[1] - rgb2[1])
```

```
        res3 = abs(rgb1[2] - rgb2[2])

        if not (res1 < thres and res2 < thres and res3 < thres):
            return i - bias
    return i - bias

# 计算滑动轨迹
def gen_track(distance):
    # 也可通过随机数来获得轨迹

    # 将滑动距离增大一点,即先滑过目标区域,再滑动回来,有助于避免被判定为机器人
    distance += 10
    v = 0
    t = 0.2
    forward = []

    current = 0
    mid = distance * (3 / 5)
    while current < distance:
        if current < mid:
            a = 2.35
            # 使用浮点数,避免机器人判定
        else:
            a = - 3.35
        s = v * t + 0.5 * a * (t ** 2)          # 使用加速直线运动公式
        v = v + a * t
        current += s
        forward.append(round(s))

    backward = [ - 3, - 2, - 2, - 2, ]

    return {'forward_tracks': forward, 'back_tracks': backward}


def crack_slide(browser):   # 破解滑动认证
    # 单击验证按钮,得到图片
    button = browser.find_element_by_class_name('geetest_radar_tip')
    button.click()
    image1 = get_image(browser)

    # 单击滑动,得到有缺口的图片
    button = browser.find_element_by_class_name('geetest_slider_button')
    button.click()
    # 获取有缺口的图片
    image2 = get_image(browser)
    # 计算位移量
    distance = get_distance(image1, image2)
```

```
    # 计算轨迹
    tracks = gen_track(distance)
    # 在计算轨迹方面,还可以使用一些鼠标采集工具事先采集人类用户的正常轨迹,将采集到的
    # 轨迹数据加载到程序中

    # 执行滑动
    button = browser.find_element_by_class_name('geetest_slider_button')
    ActionChains(browser).click_and_hold(button).perform()     # 单击并保持

    for track in tracks['forward']:
        ActionChains(browser).move_by_offset(xoffset = track, yoffset = 0).perform()
    time.sleep(0.95)
    for back_track in tracks['backward']:
        ActionChains(browser).move_by_offset(xoffset = back_track, yoffset = 0).perform()

    # 在滑动终点区域进行小范围的左右位移,模仿人类的行为
    ActionChains(browser).move_by_offset(xoffset =- 2, yoffset = 0).perform()
    ActionChains(browser).move_by_offset(xoffset = 2, yoffset = 0).perform()

    time.sleep(0.5)
    ActionChains(browser).release().perform()                  # 松开

def worker(username, password):
    browser = webdriver.Chrome('your chrome driver path')
    try:
        browser.implicitly_wait(3)                             # 隐式等待
        browser.get('your target login url')

        # 在实际使用时需要根据当前网页的情况定位元素
        username = browser.find_element_by_id('username')
        password = browser.find_element_by_id('password')
        login = browser.find_element_by_id('login')
        username.send_keys(username)
        password.send_keys(password)
        login.click()

        crack_slide(browser)

        time.sleep(15)
    finally:
        browser.close()

if __name__ == '__main__':
    worker(username = 'yourusername', password = 'yourpassword')
```

对于程序的一些说明可详见上方代码中的注释,值得一提的是,这种破解滑动验证的方式使用了 Selenium 自动化 Chrome 作为基础,为了在一定程度上降低性能开

销，还可以使用PhantomJS这样的无头浏览器来代替Chrome。这种模式的缺点在于无法离开浏览器环境，但退一步说，如果需要自动化控制滑动验证，没有Selenium这样的浏览器自动化工具可能是难以想象的，网络上也出现了一些针对滑动验证的打码API，但总体上看实用性和可靠性都不高，这种模拟鼠标拖动的方案虽然耗时长，但至少能够取得应有的效果。

将上述程序有针对性地进行填充和改写，运行程序后即可看到程序成功模拟出了滑动验证并通过了验证(见图5-18)。

图5-18 滑动验证结果

另外要提的是，有一些滑动验证服务的数据接口设计较为简单，JS传输数据的安全性也不高，针对这种验证码完全可以采取破解API的方式来欺骗验证码服务，不过这种方式的普适性不高，往往需要花费大量精力分析对应的数据接口，并且具有一定的道德和法律问题，因此暂不赘述。

在今天，除了传统的图形验证码(典型的例子就是单词验证码)以外，新式的验证码(或类验证码)手段正在成为主流，例如滑动验证、拼图验证、短信验证(一般用于手机号快速登录的情形)以及Google大名鼎鼎的reCAPTCHA(据称该解决方案甚至会将用户鼠标在页面内的移动方式作为一条判定依据)等。用户不仅在登录环节会遇到验证码，很多时候如果用户的抓取程序运行频率较高，网站方也会通过弹出验证码的方式进行"拦截"，毫不夸张地说，要做到程序模拟通过验证码的完全自动化很不容易。但无论如何，从总体上看，针对图形验证码而言，通过OCR、人工打码或者神经网络识别等方式至少能够降低一部分时间和精力成本，因此算是比较可行的方案。针对滑动验证方式，也可以使用模拟浏览器的方法来应对。从省时、省力的角度来说，先进行一次人工登录，记录Cookie，再使用Cookie加载登录状态进行抓取也是不错的选择。

5.5 本章小结

表单、登录以及验证码识别是爬虫程序的编写中相对不那么“愉快”的部分，但对提高爬虫程序的实用性有着很大的作用，因此本章中的内容也是编写更复杂、更强大爬虫程序的必备要点，如果读者对模拟登录比较感兴趣，可以抽时间多研究一下JavaScript与表单的配合使用，在很多网页中填写的表单信息实际上会经过页面中JS的一层“再加工”处理才会发送至服务器。在图片验证码破解方面，网络上有很多利用OCR手段识别验证码文字的例子，如果读者对基于神经网络的图像文字识别感兴趣，可以参考斯坦福大学的CS231课程（http://cs231n.stanford.edu/）入门图像识别领域。

第 6 章

数据的进一步处理

网络爬虫抓取到的数值、文本等各类信息在经过存储和预处理后可以通过 Python 进行更深层次的分析，本章就以 Python 应用最为广泛的文本分析和数据统计等领域为例介绍一些对数据做进一步处理的方式、方法。

6.1 Python 与文本分析

6.1.1 什么是文本分析

文本分析，也就是通过计算机对文本数据进行分析，其实这不算一个新的话题，但是近年来随着 Python 在数据分析和自然语言处理领域的广泛应用，使用 Python 进行文本分析变得十分方便。

【提示】 结构化数据一般是指能够存储在数据库里，可以用二维表结构逻辑来表达的数据。与之相比，不适合通过数据库二维逻辑表来表现的数据就称为非结构化数据，包括所有格式的办公文档、文本、图片、XML、HTML、各类报表、图像和音频/视频信息等。这种数据的特征在于，其数据是多种信息的混合，通常无法直接知道其内部结构，只有经过识别以及一定的存储分析后才能体现其价值。

由于文本数据是非结构化数据（或者半结构化数据），所以用户一般都需要对其进行某种预处理，这时可能遇到的问题如下。

(1) 数据量问题：这是任何数据预处理过程中都可能碰到的一个问题，由于现在人们在网络上进行文字信息交流十分广泛，文本数据规模往往也非常大。

(2) 在文本挖掘时，用户往往将文本（词语等）转换为文本向量，但一般在数据处理后向量都会面临维度过高或过于稀疏的问题，如果希望进行进一步的文本挖掘，可能需要一些特定的降维处理。

(3) 文本数据的特殊性：由于人类语言的复杂性，计算机目前对文本数据进行逻辑和情感上的分析能力还很有限，近年来机器学习技术火热发展，但在语言处理方面的能力尚不如图像视觉方面的成就。

一般来说，文本分析（有时候也称为文本挖掘）的主要内容如下。

- 语言处理：虽然一些文本数据分析会涉及较高级的统计方法，但是部分分析还是会更多地涉及自然语言处理过程，例如分词、词性标注、句法分析等。
- 模式识别：文本中可能会出现像电话号码、邮箱地址这样的有正规表示方式的实体，通过这些特殊的表示方式或者其他模式来识别这些实体的过程就是模式识别。
- 文本聚类：即运用无监督机器学习手段归类文本，适用于海量文本数据的分析，在发现文本话题、筛选异常文本资料方面应用广泛。
- 文本分类：即在给定分类体系下根据文本特征构建有监督机器学习模型，达到识别文本类型或内容主旨的目的。

Python 发达的第三方库提供了一些文本分析的实用工具，这里要说的是文本分析与字符串处理并不相同，字符串处理更多地是指对一个 str 在形式上进行一些变换和更改，而文本分析则更多地强调对文本内容进行语义、逻辑上的分析和处理。在整个分析的过程中，用户需要使用一些基本的概念和方法，在各种实现文本挖掘的工具中一般都会有所体现。

- 分词：是指将由连续字符组成的句子或段落按照一定的规则划分成独立词语的过程。在英文中，由于单词之间是以空格作为自然分界符的，因此可以直接使用“空格(space)”符作为分词标记，而中文句子内部一般没有分界符，所以中文分词比英文要更为复杂。

- 停用词：是指在文本中不影响核心语义的"无用"字词，通常为在自然语言中常见但没有具体实在意义的助词、虚词、代词，例如"的""了""啊"等。停用词的存在直接增加了文本数据的特征维度，提高了文本数据分析过程中的成本，因此一般需要先设置停用词，对其进行筛选。
- 词向量：为了能够使用计算机和数学方式分析文本信息，需要使用某种方法把文字转变为数学形式，这方面比较常见的解决方法就是将自然语言中的字词通过数学中向量的形式进行表示。
- 词性标注：也就是说对每个字词进行词性归类（标签），例如"苹果"为名词、"吃"为动词等，以便于后续的处理。不过在中文语境下词性本身就比较复杂，因此词性标注也是一个值得用户深入探索的领域。
- 句法分析：指根据给定的语法体系分析句子的句法结构，划分句子中词语的语法功能，并判断词语之间的句法关系，在语义分析的基础上，这是对文本逻辑进行分析的关键。
- 情感分析：是指在文本分析和挖掘过程中对内容中体现的主观情感性进行分析和推理的过程，情感分析与舆论分析、意见挖掘等领域有着十分密切的联系。

6.1.2 jieba与SnowNLP

下面通过jieba和SnowNLP两个中文文本分析工具来熟悉一下文本分析的简单用途。其中，jieba是国人开发的一个中文分词与文本分析工具，可以实现很多实用的文本分析处理。jieba和其他模块一样，通过"pip install jieba"指令安装后用"import jieba"即可使用，接下来通过一些例子来介绍具体的细节。

使用jieba进行分词非常方便，jieba.cut()方法接受3个输入参数，即待处理的字符串、cut_all（是否采用全模式）、HMM（是否使用HMM模型）。jieba.cut_for_search()方法接受两个参数，即待处理的字符串和HMM，这个方法适合用于搜索引擎构建倒排索引的分词，粒度比较细，使用频率不高。

```
import jieba

seg_list = jieba.cut("这里曾经有一座大厦", cut_all = True)
```

```
print(" / ".join(seg_list))                          # 全模式

seg_list = jieba.cut("欢迎使用 Python 语言", cut_all = False)
print(" / ".join(seg_list))                          # 精确模式

seg_list = jieba.cut("我喜欢吃苹果,不喜欢吃香蕉。")      # 默认是精确模式
print(" / ".join(seg_list))
```

输出如下：

```
这里 / 曾经 / 有 / 一座 / 大厦
欢迎 / 使用 / Python / 语言
我 / 喜欢 / 吃 / 苹果 / , / 不 / 喜欢 / 吃 / 香蕉 / 。
```

cut()与 cut_for_research()方法返回生成器，而 jieba. lcut()以及 jieba. lcut_for_search()方法会直接返回 list。

【提示】 迭代器和生成器是 Python 中很重要的概念，实际上 list 本身就是一个可迭代对象，对于它们的具体关系，读者可参考附录 A 中的相关内容。

jieba 还支持关键词提取，例如基于 TF-IDF 算法（Term Frequency-Inverse Document Frequency）的关键词提取方法 jieba. analyse. extract_tags(sentence, topK=20, withWeight=False, allowPOS=())，其中，sentence 为待提取的文本；topK 为返回几个 TF/IDF 权重最大的关键词，默认值为 20；withWeight 为是否一并返回关键词权重值，默认值为 False；allowPOS 指仅包括指定词性的词，默认值为空，即不筛选。

例如：

```
import jieba.analyse
import jieba

sentence = '''
上海市(Shanghai),简称"沪"或"申",有"东方巴黎"的美称。它是中国四个中央直辖市之一,也是
中国第一大城市。
它是中国大陆的经济、金融、贸易和航运中心。上海创造和打破了中国世界纪录协会多项世界之
最、中国之最。
上海位于中国大陆海岸线中部的长江口,拥有中国最大的外贸港口、最大的工业基地。
'''
res = jieba.analyse.extract_tags(sentence, topK = 5, withWeight = False, allowPOS = ())
print(res)
```

输出为：

```
['中国', '大陆', '中国之最', 'Shanghai', '世界之最']
```

jieba.posseg.POSTokenizer(tokenizer=None)方法可以新建自定义分词器，其中，tokenizer参数可指定内部使用的jieba.Tokenizer分词器。

jieba.posseg.dt则为默认词性标注分词器：

```
from jieba import posseg
words = posseg.cut("我不明白你这句话的意思")
for word, flag in words:
    print('{}:\t{}'.format(word, flag))
```

tokenize()方法会返回分词结果中词语在原文的起止位置：

```
result = jieba.tokenize('它是站在海岸遥望海中已经看得见桅杆尖头了的一只航船')
for tk in result:
    print("word %s\t\t start: %d \t\t end: %d" % (tk[0],tk[1],tk[2]))
```

部分输出如下：

```
word 遥望          start: 6           end:8
word 海            start: 8           end:9
word 中            start: 9           end:10
word 已经          start: 10          end:12
word 看得见        start: 12          end:15
```

另外，jieba模块还支持自定义词典、调整词频等，这里就不赘述了。

SnowNLP是一个主打简洁、实用的中文处理类Python库，与jieba分词不同的是，SnowNLP模仿TextBlob编写，拥有更多的功能，但是SnowNLP并非基于NLTK(Natural Language Toolkit)库，在使用上仍存在一些不足。

【提示】 TextBlob是基于NLTK和Pattern封装的英文文本处理工具包，同时提供了很多文本处理功能的接口，包括词性标注、名词短语提取、情感分析、文本分类、拼写检查等，还包括翻译和语言检测功能。

SnowNLP中的主要方法如下：

```
from snownlp import SnowNLP

s = SnowNLP('我来自中国,喜欢吃饺子,爱好是游泳。')
# 分词
print(s.words)
# 输出：['我', '来自', '中国', ',', '喜欢', '吃', '饺子', ',', '爱好', '是', '游泳', '。']

# 输出
```

```
# 情感极性概率
print(s.sentiments)            # positive的概率,输出0.9959503726200969

# 文字转换为拼音
print(s.pinyin)
# 输出
# ['wo', 'lai', 'zi', 'zhong', 'guo', ',', 'xi', 'huan',
# 'chi', 'jiao', 'zi', ',', 'ai', 'hao', 'shi', 'you', 'yong', '。']


s = SnowNLP(u'「繁體中文」的叫法在我國臺灣也很常見。')

# 繁简转换
print(s.han)
# 输出:「繁体中文」的叫法在我国台湾也很常见

text = u'''
深圳,简称"深",别称"鹏城",古称南越、新安、宝安,是中国四大一线城市之一,
为广东省省辖市、计划单列市、副省级市、国家区域中心城市、超大城市
。深圳地处广东南部,珠江口东岸,与香港一水之隔,东临大亚湾和大鹏湾,西濒珠江口和伶仃洋,
南隔深圳河与我国香港相连,北部与东莞、惠州接壤。
'''

s = SnowNLP(text)
# 关键词提取
print(s.keywords(3))
# 输出:['南', '深圳', '珠江']

# 文本摘要
print(s.summary(5))
# 输出:['南隔深圳河与我国香港相连', '珠江口东岸', '西濒珠江口和伶仃洋',
# '为广东省省辖市、计划单列市、副省级市、国家区域中心城市、超大城市', '是中国四大一线城
#市之一']

# 分句
print(s.sentences)
# 输出:['深圳', '简称"深"', '别称"鹏城"', '古称南越、新安、宝安', '是中国四大一线城市之一',
# '为广东省省辖市、计划单列市、副省级市、国家区域中心城市、超大城市', '深圳地处广东南部',
#   '珠江口东岸', '与香港一水之隔', '东临大亚湾和大鹏湾', '西濒珠江口和伶仃洋', '南隔深
#圳河与香港相连', '北部与东莞、惠州接壤']
```

以上是两个比较简单的中文处理工具,如果用户只是想对文本信息进行初步的分析,并且对于准确性要求不是很高,那么足以满足用户的需求。与 jieba 和 SnowNLP 相比,在文本分析领域中 NLTK 是比较成熟的库,接下来将对它进行一

些简单的介绍。

6.1.3 NLTK

NLTK 是一个比较完备的提供 Python API 的语言处理工具，提供了丰富的语料和词典资源接口以及一系列的文本处理库，支持分词、标记、语法分析、语义推理、文本分类等文本数据分析需求。

NLTK 提供了对语料与模型等的内置管理器(见图 6-1)，使用下面的语句就可以管理包：

```
import nltk
nltk.download()
```

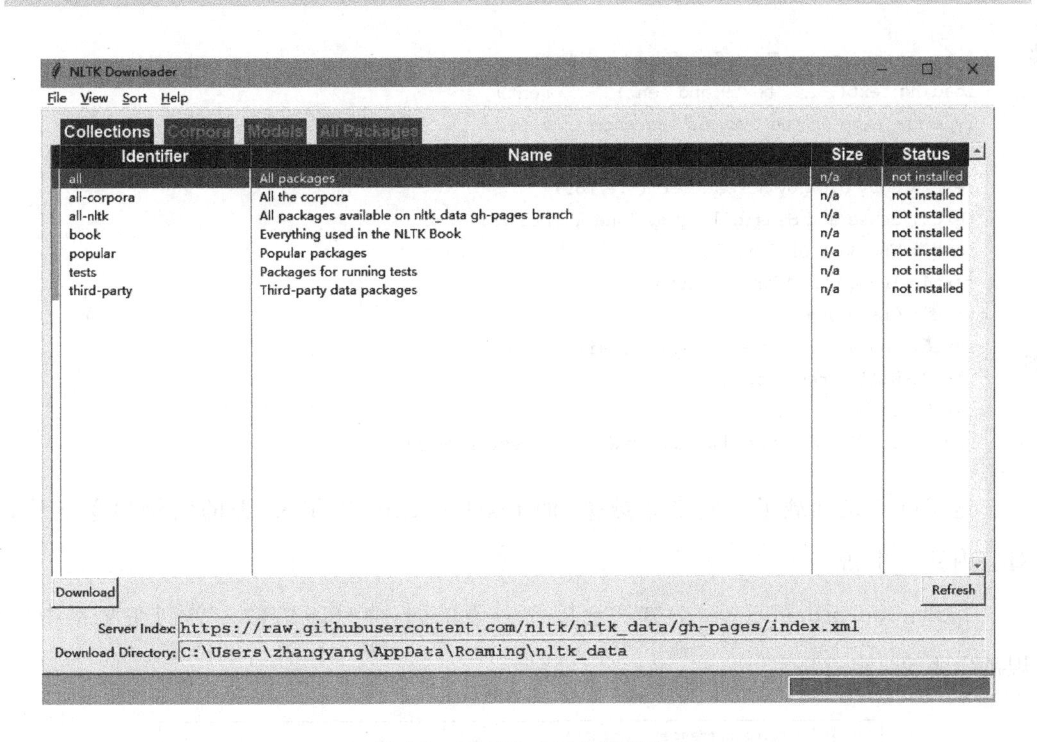

图 6-1　NLTK 内置的管理器

在安装需要的语料或模型之后，用户可以看一下 NLTK 的一些基本用法，首先是基础的文本解析。

基本的 tokenize 操作(英文分词)：

```
import nltk
sentence = "Susie got your number and Susie says it's right."
tokens = nltk.word_tokenize(sentence)
print(tokens)
```

输出为：

```
['Susie', 'got', 'your', 'number', 'and', 'Susie', 'says', 'it', "'s", 'right', '.']
```

这里需要注意的是，如果是首次在计算机上运行这段NLTK的代码，会提示安装punkt包(punkt tokenizer models)，这时用户通过上面提到的download()方法安装即可。这里建议在包管理器里同时安装books，之后通过from nltk. book import * 可以导入这些内置文本。导入成功后的结果如下：

```
*** Introductory Examples for the NLTK Book ***
Loading text1, ..., text9 and sent1, ..., sent9
Type the name of the text or sentence to view it.
Type:'texts()' or 'sents()' to list the materials.
text1: Moby Dick by Herman Melville 1851
text2: Sense and Sensibility by Jane Austen 1811
text3: The Book of Genesis
text4: Inaugural Address Corpus
text5: Chat Corpus
text6: Monty Python and the Holy Grail
text7: Wall Street Journal
text8: Personals Corpus
text9: The Man Who Was Thursday byG . K . Chesterton 1908
```

这实际上是加载了一些书籍数据，而text1～text9为Text类的实例对象名称，对应内置的书籍。

Text::concordance(word)方法会接收一个单词，会打印出输入单词在文本中出现的上下文，见图6-2。

```
In[6]: text1.concordance('america')
Displaying 12 of 12 matches:
 of the brain ." -- ULLOA ' S SOUTH AMERICA . " To fifty chosen sylphs of speci
, in spite of this , nowhere in all America will you find more patrician - like
hree pirate powers did Poland . Let America add Mexico to Texas , and pile Cuba
 , how comes it that we whalemen of America now outnumber all the rest of the b
mocracy in those parts . That great America on the other side of the sphere , A
f age ; though among the Red Men of America the giving of the white belt of wam
 and fifty leagues from the Main of America , our ship felt a terrible shock ,
```

图6-2 concordance()方法的输出

Text::similar(word)方法接收一个单词字符串，会打印出和输入单词具有相同上下文的其他单词,例如寻找与“american”具有相同上下文的单词,见图 6-3。

```
In[4]: text1.similar('american')
english sperm whale entire great last same ancient right oars that
famous old he greenland before beheaded whole particular trumpa
```

图 6-3　similar()方法的输出

common_contexts()方法则返回多个单词的共用上下文,见图 6-4。

```
In[15]: text1.common_contexts(['english','american'])
the_whalers the_whale and_whale of_whalers
```

图 6-4　common_contexts()方法的输出

Text::dispersion_plot(words)方法接收一个单词列表作为参数,绘制每个单词在文本中的分布情况,效果见图 6-5。

用户还可以使用 count()方法进行词频计数,例如 text1. count('her')的输出为“329”,表示这个单词在 text1 中出现了 329 次。

FreqDist 也是十分常用的对象,用户可以使用 fd1 = FreqDist(text1)语句创建它,接着使用 most_common()方法查看高频词,例如查看文本中出现次数最多的 20 个词,如图 6-6 所示。

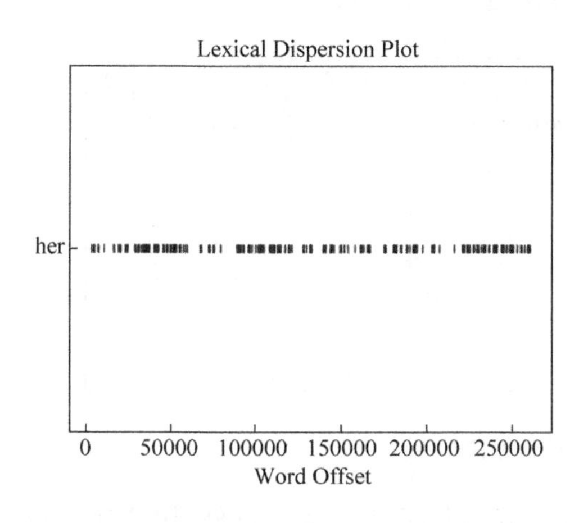

图 6-5　“her”在文本中的分布情况

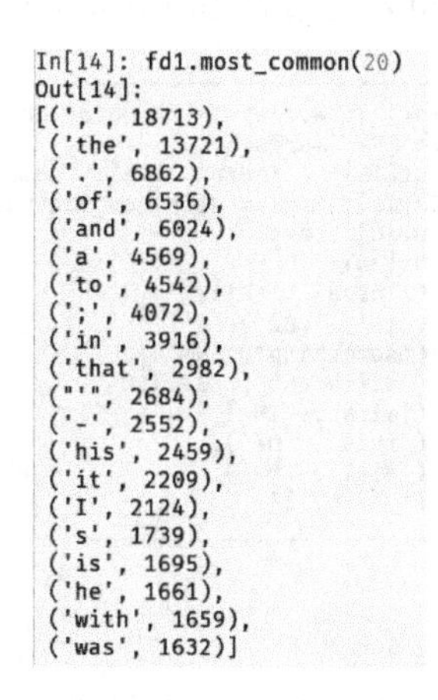

```
In[14]: fd1.most_common(20)
Out[14]:
[(',', 18713),
 ('the', 13721),
 ('.', 6862),
 ('of', 6536),
 ('and', 6024),
 ('a', 4569),
 ('to', 4542),
 (';', 4072),
 ('in', 3916),
 ('that', 2982),
 ('"', 2684),
 ('-', 2552),
 ('his', 2459),
 ('it', 2209),
 ('I', 2124),
 ('s', 1739),
 ('is', 1695),
 ('he', 1661),
 ('with', 1659),
 ('was', 1632)]
```

图 6-6　查看文本中出现最多的词

FreqDist 也自带绘图方法,例如绘制高频词折线图,查看出现最多的前 15 项,语句为 fd1. plot(15),绘制效果如图 6-7 所示。

除了图形方式以外,用户还可以用表格方式呈现高频词,使用 tabulate()方法,见图 6-8。

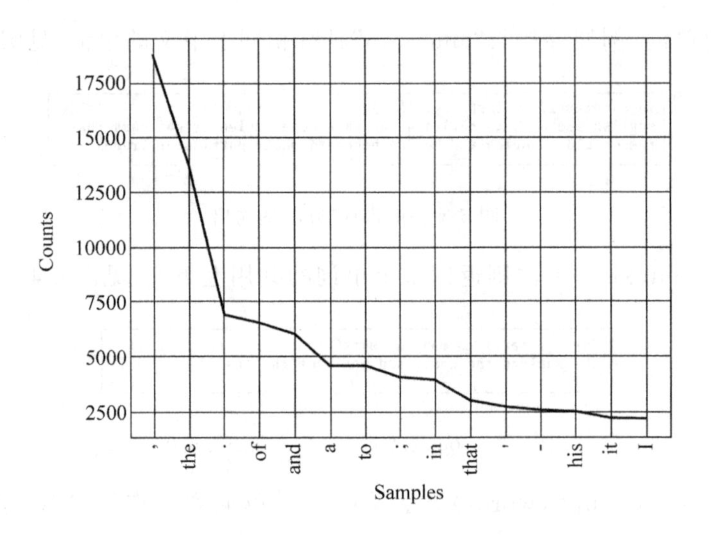

图 6-7　绘制结果

```
In[16]: fd1.tabulate(15)
    ,   the     .    of   and     a    to     ;    in  that     '     -   his    it     I
18713 13721  6862  6536  6024  4569  4542  4072  3916  2982  2684  2552  2459  2209  2124
```

图 6-8　tabulate()方法的使用

在 NLTK 中还提供了分词(tokenize)和词性标注的方法，用户可以使用 nltk. word_tokenize()方法和 nltk. pos_tag()方法进行操作，见图 6-9。

```
In[17]: words = nltk.word_tokenize('There is something different with this girl.')
In[18]: words
Out[18]: ['There', 'is', 'something', 'different', 'with', 'this', 'girl', '.']
In[19]: tags = nltk.pos_tag(words)
In[20]: tags
Out[20]:
[('There', 'EX'),
 ('is', 'VBZ'),
 ('something', 'NN'),
 ('different', 'JJ'),
 ('with', 'IN'),
 ('this', 'DT'),
 ('girl', 'NN'),
 ('.', '.')]
```

图 6-9　词性标注结果

词性标注一般需要先借助语料库进行训练，除了西方文字以外，用户还可以使用中文语料库实现对中文句子的词性标注。

以上是 NLTK 中的一些最基础的方法，除了下载到本地的 Python 类库以外，还有必要提到一些基于并行计算系统和分布式爬虫构建的中文语义开放平台，其中的基本功能是免费使用的，用户可以通过 API 实现搜索、推荐、舆情、挖掘等语义分析应用，国内比较有名的平台有哈工大语言云、腾讯文智(见图 6-10)等。

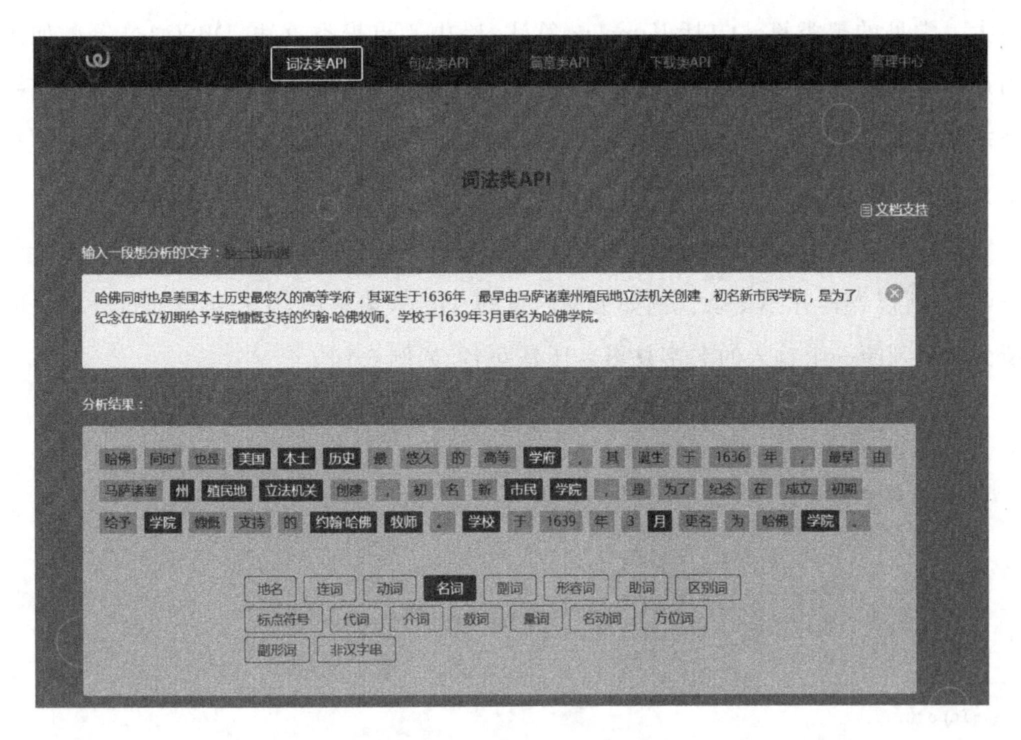

图 6-10 在线文本分析 API

6.1.4 文本的分类与聚类

分类和聚类是数据挖掘领域非常重要的概念，在文本数据分析的过程中，分类和聚类也有举足轻重的意义。文本分类可以预测判断文本的类别，广泛用于垃圾邮件的过滤、网页分类、推荐系统等，而文本聚类主要用于用户兴趣识别、文档自动归类等。

分类和聚类最核心的区别在于训练样本是否有类别标注。分类模型的构建基于有类别标注的训练样本，属于有监督学习，即每个训练样本的数据对象已经有对应的类（标签）。通过分类学习，用户可以构建出一个分类函数或分类模型，这就是人们常说的分类器，分类器会把数据项映射到已知的某一个类别中。数据挖掘中的分类方法一般都适用于文本分类，这方面常用的方法有决策树、神经网络、朴素贝叶斯、支持向量机（SVM）等。

与分类不同，聚类是一种无监督学习。换句话说，聚类任务预先并不知道类别（标签），所以会根据信息相似度的衡量来进行信息处理。聚类的基本思想是使得属于同类别的项之间的“差距”尽可能小，同时使得不同类别上的项的“差距”尽可能大。常见的聚类算法包括K-means算法、K-中心点聚类算法、DBSCAN等。如果用户需要通过Python实现文本聚类和分类的任务，推荐使用scikit-learn库，这是一个非常强大的库，提供了包括朴素贝叶斯、KNN、决策树、K-means等在内的各种工具。

这里可以使用NLTK做一个简单的分类任务，由于NLTK中内置了一些统计学习函数，所以操作并不复杂。例如借助内置的names语料库，用户可以通过朴素贝叶斯分类来判断一个输入的名字是男名还是女名，见例6-1。

【例6-1】 NLTK使用朴素贝叶斯分类判断姓名对应的性别。

```
def gender_feature(name):
    return {'first_letter': name[0],
            'last_letter': name[-1],
            'mid_letter': name[len(name) // 2]}
    # 提取姓名中的首字母、中位字母、末尾字母为特征


import nltk
import random
from nltk.corpus import names

# 获取名字-性别的数据列表
male_names = [(name, 'male') for name in names.words('male.txt')]
female_names = [(name, 'female') for name in names.words('female.txt')]
names_all = male_names + female_names
random.shuffle(names_all)

# 生成特征集
feature_set = [(gender_feature(n), g) for (n, g) in names_all]

# 拆分为训练集和测试集
train_set_size = int(len(feature_set) * 0.7)
train_set = feature_set[:train_set_size]
test_set = feature_set[train_set_size:]

classifier = nltk.NaiveBayesClassifier.train(train_set)
for name in ['Ann','Sherlock','Cecilia']:
    print('{}:\t{}'.format(name,classifier.classify(gender_feature(name))))
```

这里使用“Ann”（女名）、“Sherlock”（男名）、“Cecilia”（女名）作为输入，输出如下：

```
Ann:    female
```

```
Sherlock:  male
Cecilia:  female
```

最后，使用 classifier.show_most_informative_features()方法可以查看影响最大的一些特征值，部分输出如下：

```
Most Informative Features
            mid_letter = 'w'              male : female = 5.8 : 1.0
          first_letter = 'W'              male : female = 4.7 : 1.0
          first_letter = 'U'              male : female = 3.3 : 1.0
            mid_letter = 'f'              male : female = 2.9 : 1.0
```

可见，通过简单的训练，用户已经获得了相对满意的预测结果。

最后要说明的是，NLTK 在文本分析和自然语言处理方面拥有很丰富的沉淀，语料也支持用户定义和编辑。如上所述，NLTK 在配合一些统计学习方法(这里可以笼统的称为"机器学习")处理文本时能获得非常好的效果，上面的姓名-性别分类就是一个小例子。由于统计学习方法这部分涉及的数学知识和 Python 工具较为复杂，已经超出了本书的讨论范围，在此就不再赘述了。NLTK 还有很多其他功能，包括分块、实体识别等，都可以帮助人们获得更多、更丰富的文本挖掘结果。

6.2　数据处理与科学计算

6.2.1　从 MATLAB 到 Python

MATLAB 是什么？官方说法为"MATLAB 是一种用于算法开发、数据分析、数据可视化以及数值计算的高级技术计算语言和交互式环境"(官网介绍见图 6-11)。MATLAB 凭借着在科学计算与数据分析领域的强大表现，被学术界和工业界作为主流的技术。不过 MATLAB 也有一些劣势，首先是价格，与 Python 这种下载即用的语言不同，MATLAB 软件的正版价格不菲，这一点导致其受众并不十分广泛；其次，MATLAB 的可移植性与可扩展性都不强，比起在这方面得天独厚的 Python，可以说它没有任何长处。

随着 Python 语言的发展，由于其简洁和易于编码的特性，使用 Python 进行科研和数据分析的人越来越多。另外，由于 Python 活跃的开发者社区和日新月异的第三方扩展库市场，Python 在这一领域也逐渐与 MATLAB 并驾齐驱，成为中流砥柱。

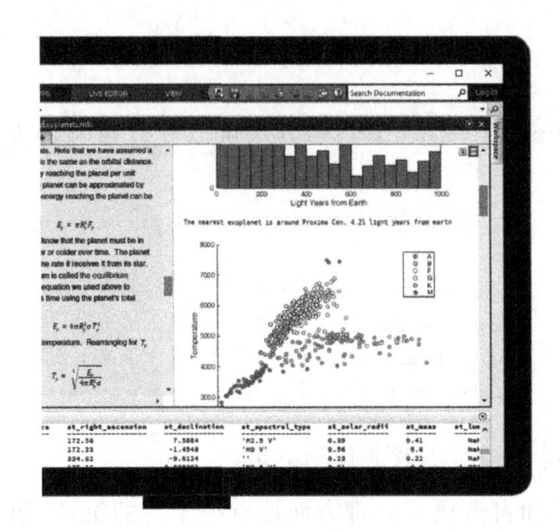

图 6-11 MATLAB 官网中的介绍

Python 中用于这方面的著名工具如下。

- NumPy：这个库提供了很多关于数值计算的工具，例如矢量与矩阵处理，以及精密的计算。
- SciPy：科学计算函数库，包括线性代数模块、统计学常用函数、信号和图像处理等。
- Pandas：Pandas 可以视为 NumPy 的扩展包，它在 NumPy 的基础上提供了一些标准的数据模型（例如二维数组）和实用的函数（方法）。
- Matplotlib：它有可能是 Python 中最负盛名的绘图工具，模仿 MATLAB 的绘图包。

作为一门通用的程序语言，Python 比 MATLAB 的应用范围更广泛，有更多程序库（尤其是一些十分实用的第三方库）的支持。这里以 Python 中常用的科学计算与数值分析库为例，简单介绍一下 Python 在这方面的一些应用方法。由于篇幅所限，下面将注意力主要放在 NumPy、Pandas 和 Matplotlib 3 个最基础的工具上。

6.2.2 NumPy

NumPy 这个名字一般认为是"Numeric Python"的缩写，使用它的方法和使用其他库一样（import numpy）。用户还可以在 import 扩展模块时给它起一个"外号"，例如：

```
import numpy as np
```

NumPy 中的基本操作对象是 ndarray，与原生 Python 中的 list(列表)和 array(数组)不同，ndarray 的名字就暗示了这是一个“多维”的对象。首先创建一个这样的 ndarray：

```
raw_list = [i for i in range(10)]
a = numpy.array(raw_list)
pr(a)
```

输出为：

```
array([0, 1, 2, 3, 4, 5, 6, 7, 8, 9])
```

用户还可以使用 arange()方法做等效的构建过程(提醒一下，Python 中的计数是从 0 开始的)，之后通过 reshape()可以重新构造这个数组。例如可以构造一个三维数组，其中 reshape()的参数表示各维度的大小，且按各维顺序排列：

```
from pprint import pprint as pr
a = numpy.arange(20)   # 构造一个数组
pr(a)
a = a.reshape(2,2,5)
pr(a)
pr(a.ndim)
pr(a.size)
pr(a.shape)
pr(a.dtype)
```

输出为：

```
array([ 0,  1,  2,  3,  4,  5,  6,  7,  8,  9, 10, 11, 12, 13, 14, 15, 16,17, 18, 19])
array([[[ 0,  1,  2,  3,  4],
        [ 5,  6,  7,  8,  9]],

       [[10, 11, 12, 13, 14],
        [15, 16, 17, 18, 19]]])
3
20
(2, 2, 5)
dtype('int32')
```

上面通过 reshape()方法将原来的数组构造为了 2×2×5 的数组(3 个维度)，之后用户还可以进一步查看 a(ndarray 对象)的相关属性，其中 ndim 表示数组的维度；shape 属性为各维度的大小；size 属性表示数组中全部的元素个数(等于各维度大小的乘积)；dtype 可查看数组中元素的数据类型。

数组的创建方法比较多，可以直接以列表(list)对象为参数创建，还可以通过特殊的方式创建，np. random. rand()将创建一个 0～1 的随机数组：

```
a = numpy.random.rand(2,4)
pr(a)
```

输出为：

```
array([[ 0.61546266,  0.51861284,  0.04923905,  0.84436196],
       [ 0.98089299,  0.21496841,  0.23208293,  0.81651831]])
```

ndarray 也支持四则运算，例如：

```
a = numpy.array([[1, 2], [2, 4]])
b = numpy.array([[3.2, 1.5], [2.5, 4]])
pr(a + b)
pr((a + b).dtype)
pr(a - b)
pr(a * b)
pr(10 * a)
```

上面的代码演示了对 ndarray 对象进行基本的数学运算，其输出为：

```
array([[ 4.2,  3.5],
       [ 4.5,  8. ]])
dtype('float64')
array([[ -2.2,  0.5],
       [ -0.5,  0. ]])
array([[  3.2,   3. ],
       [  5. ,  16. ]])
array([[10, 20],
       [20, 40]])
```

在两个 ndarray 做运算时要求维度满足一定的条件(例如加减时维度相同)。另外，a+b 的结果作为一个新的 ndarray，其数据类型已经变为 float64，这是因为 b 数组的类型为浮点，在执行加法时自动转换为了浮点类型。

ndarray 还提供了十分方便的求和、求最大/最小值方法：

```
ar1 = numpy.arange(20).reshape(5,4)
pr(ar1)
pr(ar1.sum())
pr(ar1.sum(axis = 0))
pr(ar1.min(axis = 0))
pr(ar1.max(axis = 1))
```

axis＝0 表示按行，axis＝1 表示按列。其输出结果为：

```
array([[ 0,  1,  2,  3],
       [ 4,  5,  6,  7],
       [ 8,  9, 10, 11],
       [12, 13, 14, 15],
       [16, 17, 18, 19]])
190
array([40, 45, 50, 55])
array([0, 1, 2, 3])
array([ 3,  7, 11, 15, 19])
```

众所周知，在科学计算中会经常用到矩阵的概念，在 NumPy 中也提供了基础的矩阵对象(numpy.matrixlib.defmatrix.matrix)。矩阵和数组的不同之处在于，矩阵一般是二维的，而数组却可以是任意维度(正整数)；另外，矩阵进行的乘法是真正的矩阵乘法(数学意义上的)，而在数组中“*”只是每一对应元素的数值相乘。

创建矩阵对象非常简单，可以通过 asmatrix()方法把 ndarray 转换为矩阵。

```
ar1 = numpy.arange(20).reshape(5,4)
pr(numpy.asmatrix(ar1))
mt = numpy.matrix('1 2; 3 4',dtype = float)
pr(mt)
pr(type(mt))
```

输出为：

```
matrix([[ 0,  1,  2,  3],
        [ 4,  5,  6,  7],
        [ 8,  9, 10, 11],
        [12, 13, 14, 15],
        [16, 17, 18, 19]])
matrix([[ 1.,  2.],
        [ 3.,  4.]])
<class 'numpy.matrixlib.defmatrix.matrix'>
```

对两个符合要求的矩阵可以进行乘法运算：

```
mt1 = numpy.arange(0,10).reshape(2,5)
mt1 = numpy.asmatrix(mt1)
mt2 = numpy.arange(10,30).reshape(5,4)
mt2 = numpy.asmatrix(mt2)
mt3 = mt1 * mt2
pr(mt3)
```

输出为：

```
matrix([[220, 230, 240, 250],
        [670, 705, 740, 775]])
```

访问矩阵中的元素仍然使用类似于列表索引的方式：

```
pr(mt3[[1],[1,3]])
```

输出为：

```
matrix([[705, 775]])
```

对于二维数组以及矩阵，还可以进行一些更为特殊的操作，具体包括转置、求逆、求特征向量等。

```
import numpy.linalg as lg
a = numpy.random.rand(2,4)
pr(a)
a = numpy.transpose(a)                    # 转置数组
pr(a)
b = numpy.arange(0,10).reshape(2,5)
b = numpy.mat(b)
pr(b)
pr(b.T)                                   # 转置矩阵
```

上面代码的输出为：

```
array([[ 0.73566352,  0.56391464,  0.3671079 ,  0.50148722],
       [ 0.79284278,  0.64032832,  0.22536172,  0.27046815]])
array([[ 0.73566352,  0.79284278],
       [ 0.56391464,  0.64032832],
       [ 0.3671079 ,  0.22536172],
```

```
import numpy.linalg as lg

a = numpy.arange(0,4).reshape(2,2)
```

```
a = numpy.mat(a)                        # 将数组构造为矩阵(方阵)
pr(a)
ia = lg.inv(a)                          # 求逆矩阵
pr(ia)
pr(a * ia)                              # 验证 ia 是否为a 的逆矩阵,相乘结果应该为单位矩阵
eig_value, eig_vector = lg.eig(a)       # 求特征值与特征向量
pr(eig_value)
pr(eig_vector)
```

上面代码的输出为：

```
matrix([[0, 1],
        [2, 3]])
matrix([[-1.5,  0.5],
        [ 1. ,  0. ]])
matrix([[ 1.,  0.],
        [ 0.,  1.]])
array([-0.56155281,  3.56155281])
matrix([[-0.87192821, -0.27032301],
        [ 0.48963374, -0.96276969]])
```

另外,用户可以对二维数组进行拼接操作,包括横、纵两种拼接方式：

```
import numpy as np

a = np.random.rand(2,2)
b = np.random.rand(2,2)
pr(a)
pr(b)
c = np.hstack([a,b])
d = np.vstack([a,b])
pr(c)
pr(d)
```

输出为：

```
array([[ 0.39433009,  0.61635481],
       [ 0.90390343,  0.58251318]])
array([[ 0.48100629,  0.89721558],
       [ 0.07523263,  0.33338738]])
array([[ 0.39433009,  0.61635481,  0.48100629,  0.89721558],
       [ 0.90390343,  0.58251318,  0.07523263,  0.33338738]])
array([[ 0.39433009,  0.61635481],
       [ 0.90390343,  0.58251318],
       [ 0.48100629,  0.89721558],
       [ 0.07523263,  0.33338738]])
```

最后，用户可以使用 boolean mask(布尔屏蔽)来筛选需要的数组元素并绘图：

```
import matplotlib.pyplot as plt
a = np.linspace(0, 2 * np.pi, 100)
b = np.cos(a)
plt.plot(a,b)
mask = b >= 0.5
plt.plot(a[mask], b[mask], 'ro')
mask = b <= - 0.5
plt.plot(a[mask], b[mask], 'bo')
plt.show()
```

最终的绘图效果如图 6-12 所示。

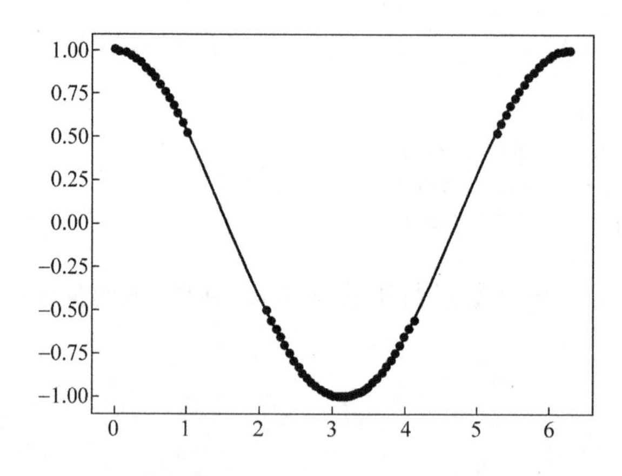

图 6-12　结合 NumPy 与 Matplotlib 绘图

6.2.3 Pandas

Pandas 一般被认为是基于 NumPy 设计的，由于其具有丰富的数据对象和强大的函数方法，Pandas 成为数据分析与 Python 结合的最好范例之一。Pandas 中主要的高级数据结构为 Series 和 DataFrame，帮助用户用 Python 更方便、简单地处理数据，其受众也非常广泛。

由于它们一般需要配合 NumPy 使用，因此可以这样导入两个模块：

```
import pandas
import numpy as np
from pandas import Series, DataFrame
```

Series 可以看成是一般的数组(一维数组)，不过 Series 这个数据类型具有索引

(index),这是与普通数组十分不同的一点:

```
s = Series([1,2,3,np.nan,5,1])                                # 从 list 创建
print(s)

a = np.random.randn(10)
s = Series(a, name = 'Series 1')                              # 指明 Series 的name
print(s)

d = {'a': 1, 'b': 2, 'c': 3}
s = Series(d,name = 'Series from dict')                       # 从 dict 创建
print(s)

s = Series(1.5, index = ['a','b','c','d','e','f','g'])        # 指明 index
print(s)
```

需要注意的是,如果在使用字典创建 Series 时指定 index,那么 index 的长度要和数据(数组)的长度相等。如果不相等,会被 NaN 填补,类似这样:

```
d = {'a': 1, 'b': 2, 'c': 3}
s = Series(d,name = 'Series from dict',index = ['a','c','d','b'])   # 从 dict 创建
print(s)
```

输出为:

```
a     1.0
c     3.0
d     NaN
b     2.0
Name: Series from dict, dtype: float64
```

注意,这里索引的顺序是和创建时索引的顺序一致的,“d”索引是“多余的”,因此被分配了 NaN(not a number,表示数据缺失)值。

若创建 Series 时的数据只是一个恒定的数值,会为所有索引分配该值,因此 s = Series(1.5, index=['a','b','c','d','e','f','g'])会创建一个所有索引都对应 1.5 的 Series。另外,如果需要查看 index 或者 name,可以使用 Series.index 或 Series.name 来访问。

访问 Series 的数据仍然使用类似列表的下标方法,或者是直接通过索引名访问,不同的访问方式如下:

```
s = Series(1.5, index = ['a','b','c','d','e','f','g'])      # 指明 index
print(s[1:3])
print(s['a':'e'])
print(s[[1,0,6]])
print(s[['g','b']])
print(s[s < 1])
```

输出为：

```
b    1.5
c    1.5
dtype: float64
a    1.5
b    1.5
c    1.5
d    1.5
e    1.5
dtype: float64
b    1.5
a    1.5
g    1.5
dtype: float64
g    1.5
b    1.5
dtype: float64
Series([], dtype: float64)
```

如果想单纯地访问数据值，使用 values 属性：

```
print(s['a':'e'].values)
```

输出为：

```
[ 1.5  1.5  1.5  1.5  1.5]
```

除了 Series 以外，Pandas 中的另一个基础的数据结构就是 DataFrame。粗略地说，DataFrame 是将一个或多个 Series 按列逻辑合并后的二维结构，也就是说，每一列单独取出来是一个 Series。DataFrame 这种结构看起来很像是 MySQL 数据库中的表(table)结构。用户仍然可以通过字典(dict)来创建一个 DataFrame，例如通过一个值是列表的字典创建：

```
d = {'c_one': [1., 2., 3., 4.], 'c_two': [4., 3., 2., 1.]}
df = DataFrame(d, index = ['index1', 'index2', 'index3', 'index4'])
print(df)
```

输出为：

```
        c_one  c_two
index1    1.0    4.0
index2    2.0    3.0
index3    3.0    2.0
index4    4.0    1.0
```

其实，从 DataFrame 的定义出发，用户应该从 Series 结构来创建。DataFrame 有一些基本的属性可供用户访问：

```
d = {'one': Series([1., 2., 3.], index = ['a', 'b', 'c']),
     'two': Series([1, 2, 3, 4], index = ['a', 'b', 'c', 'd'])}
df = DataFrame(d)
print(df)
print(df.index)
print(df.columns)
print(df.values)
```

输出为：

```
   one  two
a  1.0    1
b  2.0    2
c  3.0    3
d  NaN    4
Index(['a', 'b', 'c', 'd'], dtype = 'object')
Index(['one', 'two'], dtype = 'object')
[[  1.    1.]
 [  2.    2.]
 [  3.    3.]
 [ nan    4.]]
```

由于“one”这一列对应的 Series 数据个数少于“two”这一列，因此其中有一个 NaN 值，表示数据空缺。

创建 DataFrame 的方式多种多样，还可以通过二维的 ndarray 直接创建：

```
d = DataFrame(np.arange(10).reshape(2,5),columns = ['c1','c2','c3','c4','c5'],index =
['i1','i2'])
print(d)
```

输出为：

```
    c1  c2  c3  c4  c5
```

```
i1    0    1    2    3    4
i2    5    6    7    8    9
```

用户还可以将各种方式结合起来。利用 describe()方法可以获得 DataFrame 的一些基本特征信息：

```
df2 = DataFrame({ 'A' : 1., 'B': pandas.Timestamp('20120110'), 'C': Series(3.14,index = list(range(4))), 'D' : np.array([4] * 4, dtype = 'int64'), 'E' : 'This is E' })
print(df2)
print(df2.describe())
```

输出为：

```
     A          B     C  D          E
0  1.0 2012-01-10  3.14  4  This is E
1  1.0 2012-01-10  3.14  4  This is E
2  1.0 2012-01-10  3.14  4  This is E
3  1.0 2012-01-10  3.14  4  This is E
         A     C    D
count  4.0  4.00  4.0
mean   1.0  3.14  4.0
std    0.0  0.00  0.0
min    1.0  3.14  4.0
25%    1.0  3.14  4.0
50%    1.0  3.14  4.0
75%    1.0  3.14  4.0
max    1.0  3.14  4.0
```

在 DataFrame 中包括了两种形式的排序，一种是按行/列排序，即按照索引（行名）或者列名进行排序，指定 axis=0 表示按索引（行名）排序，指定 axis=1 表示按列名排序，并可指定升序或降序；第二种排序是按值排序，当然也可以自由指定列名和排序方式：

```
d = {'c_one': [1., 2., 3., 4.], 'c_two': [4., 3., 2., 1.]}
df = DataFrame(d, index = ['index1', 'index2', 'index3', 'index4'])
print(df)
print(df.sort_index(axis = 0,ascending = False))
print(df.sort_values(by = 'c_two'))
print(df.sort_values(by = 'c_one'))
```

在 DataFrame 中访问（以及修改）数据的方法也非常多样化，最基本的是使用类似列表索引的方式：

```
dates = pd.date_range('20140101', periods = 6)
df = pd.DataFrame(np.arange(24).reshape((6,4)), index = dates, columns = ['A','B','C','D'])
print(df)
print(df['A'])                              # 访问"A"这一列
print(df.A)                                 # 同上,另外一种方式
print(df[0:3])                              # 访问前3行
print(df[['A','B','C']])                    # 访问前3列
print(df['A']['2014-01-02'])                # 按列名/行名访问元素
```

除此之外,还有很多更复杂的访问方法,主要如下:

```
print(df.loc['2014-01-03'])                 # 按照行名访问
print(df.loc[:,['A','C']])                  # 访问所有行中的A、C两列
print(df.loc['2014-01-03',['A','D']])  # 访问'2014-01-03'行中的A和D列
print(df.iloc[0,0])                         # 按照下标访问,访问第1行的第1列元素
print(df.iloc[[1,3],1])                     # 按照下标访问,访问第2、4行的第2列元素
print(df.ix[1:3,['B','C']])# 混合索引名和下标两种访问方式,访问第2到第3行的B、C两列
print(df.ix[[0,1],[0,1]])                   # 访问前两行前两列的元素(共4个)
print(df[df.B>5])                           # 访问所有B列数值大于5的数据
```

对于DataFrame中的NaN值,Pandas也提供了实用的处理方法,为了演示对NaN的处理,先为目前的DataFrame添加NaN值:

```
df['E'] = pd.Series(np.arange(1,7), index = pd.date_range('20140101', periods = 6))
df['F'] = pd.Series(np.arange(1,5), index = pd.date_range('20140102', periods = 4))
print(df)
```

这时的df是:

```
             A   B   C   D  E    F
2014-01-01   0   1   2   3  1  NaN
2014-01-02   4   5   6   7  2  1.0
2014-01-03   8   9  10  11  3  2.0
2014-01-04  12  13  14  15  4  3.0
2014-01-05  16  17  18  19  5  4.0
2014-01-06  20  21  22  23  6  NaN
```

通过dropna()(丢弃NaN值,可以选择按行或按列丢弃)和fillna()来处理(填充NaN部分):

```
print(df.dropna())
print(df.dropna(axis = 1))
print(df.fillna(value = 'Not NaN'))
```

对两个 DataFrame 可以进行拼接(或者说合并),用户可以为拼接指定一些参数:

```
df1 = pd.DataFrame(np.ones((4,5)) * 0, columns = ['a','b','c','d','e'])
df2 = pd.DataFrame(np.ones((4,5)) * 1, columns = ['A','B','C','D','E'])
pd3 = pd.concat([df1,df2],axis = 0)                          # 按行拼接
print(pd3)
pd4 = pd.concat([df1,df2],axis = 1)                          # 按列拼接
print(pd4)
pd3 = pd.concat([df1,df2],axis = 0,ignore_index = True)      # 拼接时丢弃原来的 index
print(pd3)
pd_join = pd.concat([df1,df2],axis = 0,join = 'outer')       # 类似 SQL 中的外连接
print(pd_join)
pd_join = pd.concat([df1,df2],axis = 0,join = 'inner')       # 类似 SQL 中的内连接
print(pd_join)
```

对于"拼接",其实还有另一种方法——append(),不过 append()和 concat()之间有一些小差异,有兴趣的读者可以做进一步的了解,这里就不再赘述。最后要提到 Pandas 自带的绘图功能(这里导入 matplotlib 只是为了使用 show()方法显示图表):

```
from matplotlib import pyplot as plt

df = DataFrame(abs(np.random.randn(4,5)),
               columns = ['Students','Doctors','Teachers','Drivers','Trader'],
               index  =  ['Beijing','Shanghai','Hangzhou','Shenzhen'])
df.plot(kind = 'bar')
plt.show()
```

绘图结果如图 6-13 所示。

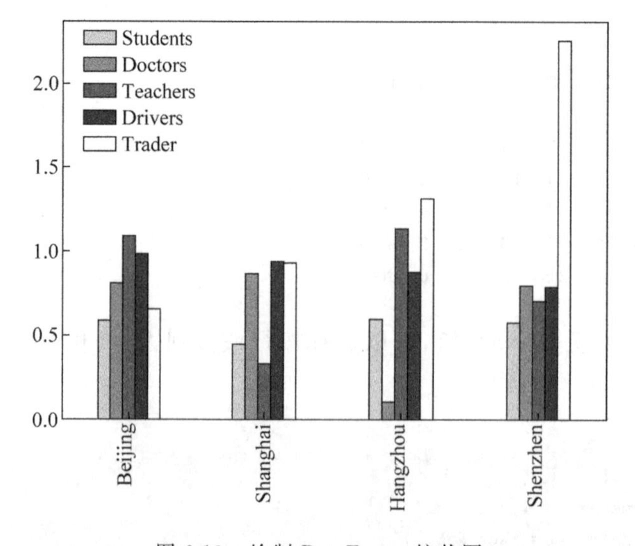

图 6-13　绘制 DataFrame 柱状图

6.2.4　Matplotlib

matplotlib.pyplot 是 Matplotlib 中最常用的模块，几乎就是一个从 MATLAB 的风格“迁移”过来的 Python 工具包。每个绘图函数对应某种功能，例如创建图形、创建绘图区域、设置绘图标签等。

```
from matplotlib import pyplot as plt
import numpy as np

x = np.linspace( - np.pi, np.pi)
plt.plot(x,np.cos(x), color = 'red')
plt.show()
```

这是一段最基本的绘图代码，plot()方法会进行绘图工作，用户还需要使用 show()方法将图表显示出来，最终的绘制结果如图 6-14 所示。

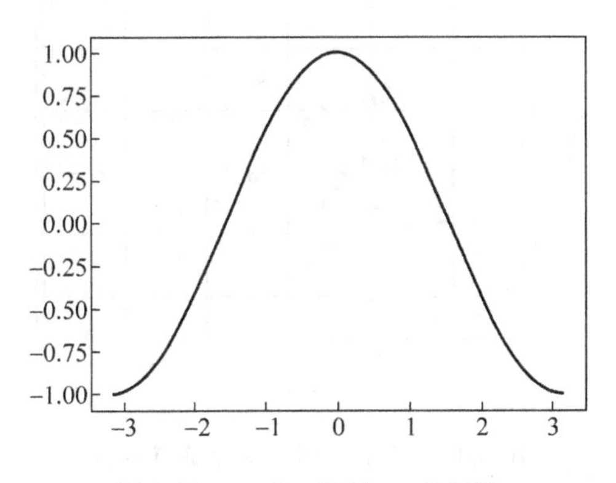

图 6-14　pyplot 绘制 cos()函数

在绘图时，用户可以通过一些参数设置图表的样式，例如颜色可以使用英文字母(表示对应颜色)、RGB 数值、十六进制颜色等方式来设置，线条样式可设置为“：”(表示点状线)、“-”(表示实线)等，点样式还可设置为“.”(表示圆点)、“s”(方形)、“o”(圆形)等。用户可以通过这前 3 种默认提供的样式直接进行组合设置，这里使用一个参数字符串，第一个字母为颜色，第二个字母为点样式，最后是线段样式：

```
x = np.linspace(0, 2 * np.pi, 50)
plt.plot(x, np.sin(x), 'c:',
         x, np.sin(x - np.pi/2), 'b - .')
plt.show()
```

另外,用户还可以添加 X/Y 轴标签、函数标签、图表名称等,效果见图 6-15。

```
x = np.random.randn(20)
y = np.random.randn(20)
x1 = np.random.randn(40)
y1 = np.random.randn(40)
# 绘制散点图
plt.scatter(x,y,s = 50,color = 'b',marker = '<',label = 'S1')      # s 表示散点尺寸
plt.scatter(x1,y1,s = 50,color = 'y',marker = 'o',alpha = 0.2,label = 'S2') # alpha 表示透明度
plt.grid(True)                                                     # 为图表打开网格效果
plt.xlabel('x axis')
plt.ylabel('y axis')
plt.legend()                                                       # 显示图例
plt.title('My Scatter')
plt.show()
```

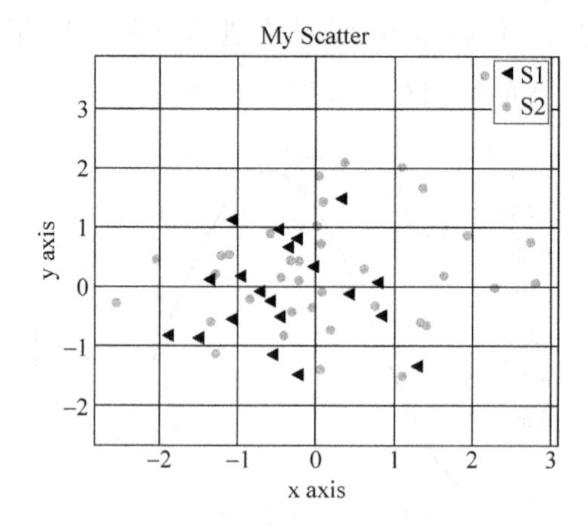

图 6-15 为散点图添加标签与名称

为了在一张图表中使用子图,在调用 plot()函数之前需要先调用 subplot()。该函数的第一个参数代表子图的总行数,第二个参数代表子图的总列数,第三个参数代表子图的活跃区域。绘图效果见图 6-16。

```
x = np.linspace(0, 2 * np.pi, 50)
plt.subplot(2, 2, 1)
plt.plot(x, np.sin(x), 'b',label = 'sin(x)')
plt.legend()
plt.subplot(2, 2, 2)
plt.plot(x, np.cos(x), 'r',label = 'cos(x)')
plt.legend()
plt.subplot(2, 2, 3)
```

```
plt.plot(x, np.exp(x), 'k',label = 'exp(x)')
plt.legend()
plt.subplot(2, 2, 4)
plt.plot(x, np.arctan(x), 'y',label = 'arctan(x)')
plt.legend()
plt.show()
```

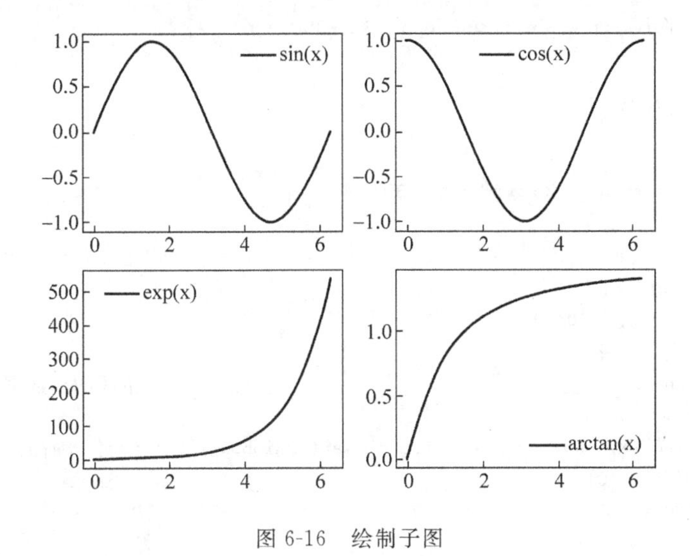

图 6-16 绘制子图

另外几种常用的图表绘图方式如下：

```
# 条形图
x = np.arange(12)
y = np.random.rand(12)
labels = ['Jan','Feb','Mar','Apr','May','Jun','Jul','Aug','Sep','Oct','Nov','Dec']
plt.bar(x,y,color = 'blue',tick_label = labels)          # 条形图(柱状图)
# plt.barh(x,y,color = 'blue',tick_label = labels)  # 横条
plt.title('bar graph')
plt.show()

# 饼图
size = [20,20,20,40]                                      # 各部分占比
plt.axes(aspect = 1)
explode = [0.02,0.02,0.02,0.05]                           # 突出显示
plt.pie(size,labels = ['A','B','C','D'],autopct = '%.0f%%',explode = explode,shadow =
True)
plt.show()

# 直方图
x = np.random.randn(1000)
plt.hist(x, 200)
plt.show()
```

最后要提到的是 3D 绘图功能，绘制三维图像主要通过 mplot3d 模块实现，它主要包含 4 个大类，即 mpl_toolkits. mplot3d. axes3d()、mpl_toolkits. mplot3d. axis3d()、mpl_toolkits. mplot3d. art3d()、mpl_toolkits. mplot3d. proj3d()。

axes3d()下面主要包含了实现绘图的各种类和方法，通过下面的语句导入：

```
from mpl_toolkits.mplot3d.axes3d import Axes3D
```

导入后开始作图：

```
from mpl_toolkits.mplot3d import Axes3D

fig = plt.figure()                                         # 定义 figure
ax = Axes3D(fig)
x = np.arange( - 2, 2, 0.1)
y = np.arange( - 2, 2, 0.1)
X, Y = np.meshgrid(x, y)                                   # 生成网格数据
Z = X ** 2 + Y ** 2
ax.plot_surface(X, Y, Z ,cmap = plt.get_cmap('rainbow'))  # 绘制 3D 曲面
ax.set_zlim( - 1, 10)                                      # Z 轴区间
plt.title('3d graph')
plt.show()
```

运行代码绘制出的图表如图 6-17 所示。

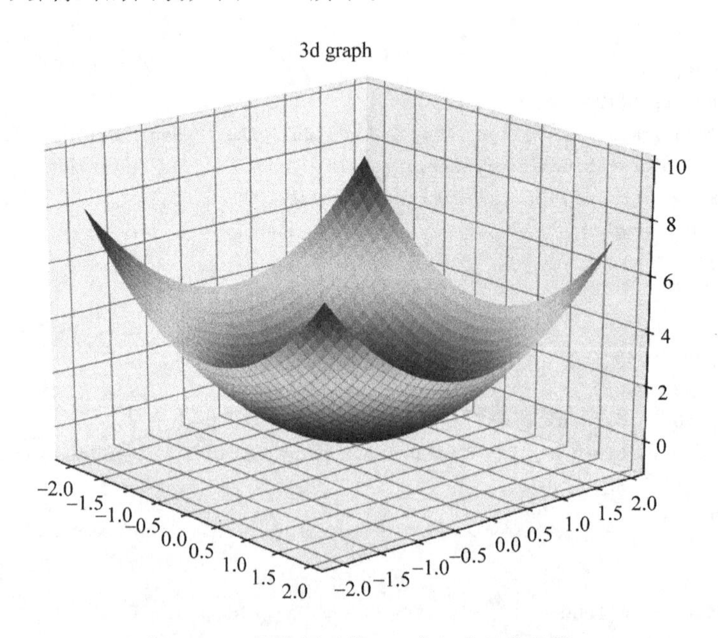

图 6-17　3D 绘图下的 $z=x^2+y^2$ 函数曲线

在 Matplotlib 中还有很多实用的工具和细节用法(例如等高线图、图形填充、图形标记等),用户在有需求的时候查询用法和 API 即可。掌握上面的内容即可绘制一些基础的图表,便于进一步的数据分析或者做数据可视化应用。如果用户需要更多图表样例,可以参考官方的页面"https://matplotlib.org/gallery.html",其中提供了十分丰富的图表示例。

6.2.5 SciPy 与 SymPy

SciPy 也是基于 NumPy 的库,它包含数学、科学工程计算中众多的常用的函数,例如线性代数、常微分方程数值求解、信号处理、图像处理、稀疏矩阵等。SymPy 是数学符号计算库,可以进行数学公式的符号推导。例如求定积分:

```
from sympy import  integrate
from sympy.abc import  a,x,y
a = integrate(x,
            (x,0,2.0)
            )
print(a)    # 输出为2.0
```

Scipy 和 SymPy 在信号处理、概率统计等方面还有其他更复杂的应用,由于超出了本书的范围,在此就不做讨论了。

6.3 本章小结

Python 在数据挖掘和科学计算等领域的发展十分迅猛,除了本章中关注的文本分析和数据统计等领域以外,还可以对抓取到的多媒体数据进行处理(例如使用 Python 中的图像处理包进行一些基本的处理)。另外,Python 与机器学习的紧密结合使得在大量数据集上做高准确度、高智能化的分析成为可能。在第 7 章中将回到抓取本身,讨论更多的抓取思路和方式。

高 级 篇

第 7 章

更灵活和更多样的爬虫

有些时候，一个小小的爬虫程序的出发点可能并不是抓取某些“网页”上的信息，而是采用迂回的办法，将本无法通过爬虫解决的需求转化为爬虫问题。爬虫程序本身就是十分灵活的，只要结合合适的应用场景和开发工具就能获得意想不到的效果。在这一章中将广开思路，从各个角度讨论爬虫程序的更多可能性，了解新的网页数据定位工具，并介绍在线爬虫平台和爬虫部署等方面的知识。

7.1 更灵活的爬虫——以微信数据的抓取为例

7.1.1 用 Selenium 抓取 Web 微信信息

微信群聊功能是微信中十分常用的一个功能，与 QQ 不同的是，微信群聊并没有显示群成员性别比例的选项，如果用户对所在群聊的成员性别分布感兴趣，无法得到直观的(类似图 7-1 所示)信息。对于人数很少的群而言，可以自行统计，但如果群成员太多，那就很难方便地得到性别分布结果。这个问题也可以使用一种灵活的爬虫方法来解决，即利用微信的网页端版本，用户可以通过 Selenium 操控浏览器，通过解析其中的群成员信息来进行成员性别的分析。

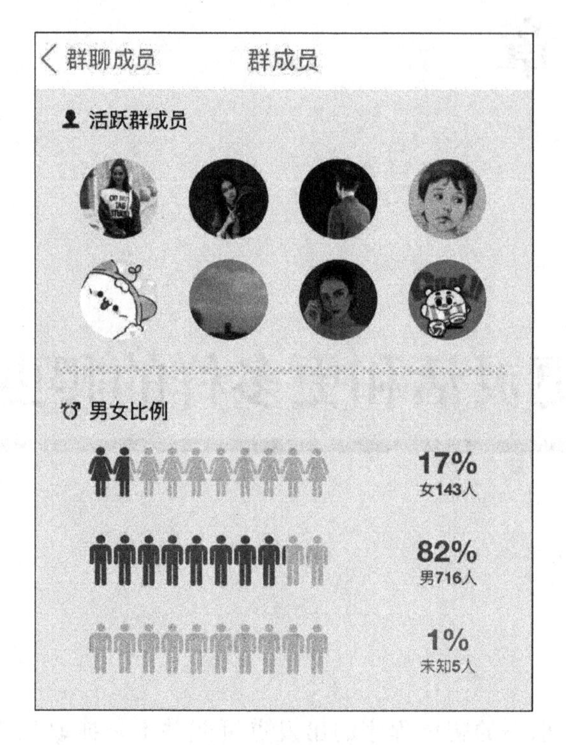

图 7-1　QQ 群查看成员性别比例

首先考虑一下整体思路，通过 Selenium 访问网页微信(wx. qq. com)，用户可以在网页中打开群聊并查看其成员头像，通过头像旁的性别分类图标来完成对群成员性别的统计，最终通过统计出的数据来绘制性别比例图。

在 Selenium 访问到 wx. qq. com 时，用户首先需要扫码登录，登录成功后还需调出想要统计的群聊子页面，这些操作都需要时间，因此在抓取正式开始之前需要让程序等待一段时间，最简单的实现方法就是使用 time. sleep()。

通过 Chrome 工具分析网页，可以发现群成员头像的 XPath 路径都是类似于“//*[@id="mmpop_chatroom_members"]/div/div/div[1]/div[3]/img”这样的格式。通过 XPath 定位元素后，用户通过 click()方法模拟一次单击，之后再定位成员的性别图标，便能够获取性别信息，将这些数据保存在 dict 结构的变量中，最终再通过已保存的 dict 数据作图，见例 7-1。

【例 7-1】 WechatSelenium. py，使用 Selenium 工具分析微信群成员的性别。

```
from selenium import webdriver
import selenium.webdriver, time, re
from selenium.common.exceptions import WebDriverException
import logging
import matplotlib.pyplot as pyplot
from collections import Counter

path_of_chromedriver = 'your path of chromedriver'
driver = webdriver.Chrome(executable_path = path_of_chromedriver)
logging.getLogger().setLevel(logging.DEBUG)

if __name__ == '__main__':

  try:
    driver.get('https://wx.qq.com')
    time.sleep(20)  # 等待扫描QRCode并打开群聊页面
    logging.debug('Starting traking the webpage')
    group_elem = driver.find_element_by_xpath('//*[@id = "chatArea"]/div[1]/div[2]/
div/span')
    group_elem.click()
    group_num = int(str(group_elem.text)[1: - 1])
    # group_num = 64
    logging.debug('Group num is {}'.format(group_num))

    gender_dict = {'MALE': 0, 'FEMALE': 0, 'NULL': 0}
    for i in range(2, group_num + 2):
      logging.debug('Now the {}th one'.format(i - 1))
      icon = driver.find_element_by_xpath('//*[@id = "mmpop_chatroom_members"]/div/
div/div[1]/div[%s]/img' % i)
      icon.click()
      gender_raw = driver.find_element_by_xpath('//*[@id = "mmpop_profile"]/div/
div[2]/div[1]/i').get_attribute('class')
      if 'women' in gender_raw:
        gender_dict['FEMALE'] += 1
      elif 'men' in gender_raw:
        gender_dict['MALE'] += 1
      else:
        gender_dict['NULL'] += 1

      myicon = driver.find_element_by_xpath('/html/body/div[2]/div/div[1]/div[1]/
div[1]/img')
      logging.debug('Now click my icon')
      myicon.click()
      time.sleep(0.7)
```

```
            logging.debug('Now click group title')
            group_elem.click()
            time.sleep(0.3)

        print(gender_dict)
        print(gender_dict.items())
        counts = Counter(gender_dict)

        pyplot.pie([v for v in counts.values()],
                   labels = [k for k in counts.keys()],
                   pctdistance = 1.1,
                   labeldistance = 1.2,
                   autopct = '%1.0f%%')
        pyplot.show()

    except WebDriverException as e:
        print(e.msg)
```

在上面的代码中需要解释的主要是 Matplotlib 的使用和 Counter 这个对象。pyplot 是 Matplotlib 的一个子模块，这个模块提供了和 MATLAB 类似的绘图 API，可以使得用户快捷地绘制 2D 图表。其中一些主要参数的意义如下。

- labels：定义饼图的标签(文本列表)。
- labeldistance：文本的位置离远点有多远，例如 1.1 指 1.1 倍半径的位置。
- autopct：百分比文本的格式。
- shadow：饼是否有阴影。
- pctdistance：百分比的文本离圆心的距离。
- startangle：起始绘制的角度。默认是从 X 轴正方向逆时针画，一般会设定为 90，即从 Y 轴正方向画起。
- radius：饼图半径。

Counter 可以用来跟踪值出现的次数，这是一个无序的容器类型，它以字典的键值对形式存储计数结果，其中元素作为 key，其计数(出现次数)作为 value，计数值可以是任意非负整数。Counter 的常用方法如下：

```
from collections import Counter

# 以下是几种初始化 Counter 的方法
c = Counter()                                  # 创建一个空的 Counter 类
```

```
print(c)
c = Counter(
  ['Mike','Mike','Jack','Bob','Linda','Jack','Linda']
)  # 从一个可迭代对象(list、tuple、字符串等)创建
print(c)
c = Counter({'a': 5, 'b': 3})                # 从一个字典对象创建
print(c)
c = Counter(A = 5, B = 3, C = 10)            # 从一组键值对创建
print(c)

# 获取一段文字中出现频率前10的字符
s = 'I love you, I like you, I need you'.lower()
ct = Counter(s)
print(ct.most_common(3))

# 返回一个迭代器,元素被重复了多少次,在该迭代器中就包含多少个该元素
print(list(ct.elements()))

# 使用Counter()对文件计数
with open('tobecount', 'r') as f:
  line_count = Counter(f)
print(line_count)
```

上面代码的输出为：

```
Counter()
Counter({'Mike': 2, 'Jack': 2, 'Linda': 2, 'Bob': 1})
Counter({'a': 5, 'b': 3})
Counter({'C': 10, 'A': 5, 'B': 3})
[(' ', 8), ('i', 4), ('o', 4)]
['i', 'i', 'i', 'i', ' ', ' ', ' ', ' ', ' ', ' ', ' ', ' ', 'l', 'l', 'o', 'o', 'o', 'o', 'v', 'e',
'e', 'e', 'e', 'y', 'y', 'y', 'u', 'u', 'u', ',', ',', 'k', 'n', 'd']
Counter({'dog\n': 3, 'cat\n': 2, 'whale\n': 2, 'lion\n': 1, 'tiger\n': 1, 'dolphin\n': 1,
'cat': 1})
```

【提示】 collections 模块是 Python 的一个内置模块,其中包含了 dict、set、list、tuple 以外的一些特殊的容器类型。

- OrderedDict 类：有序字典,是字典的子类。
- namedtuple()函数：命名元组,是一个工厂函数。
- Counter 类：计数器,是字典的子类。
- deque：双向队列。
- defaultdict：使用工厂函数创建字典,带有默认值。

运行这个 Selenium 抓取程序并扫码登录微信，打开希望统计分析的群聊页面，等程序运行完毕后就会看到图 7-2 所示的饼状图，显示了当前群聊的性别比例，实现了和 QQ 群类似的效果。

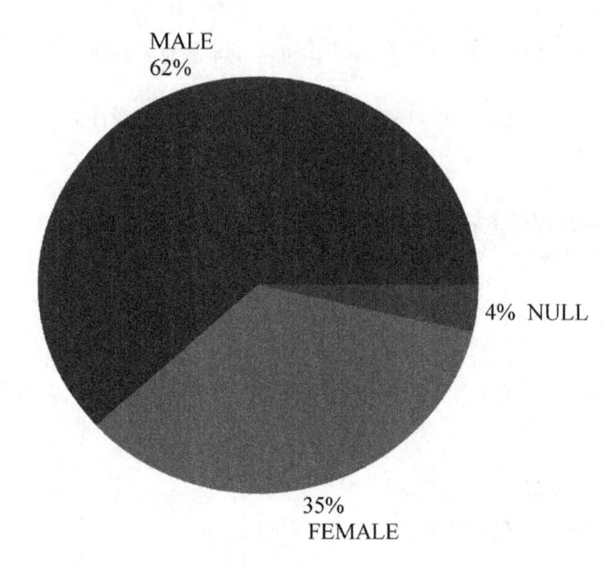

图 7-2 pyplot 绘制的微信群成员性别分布饼状图

7.1.2 基于 Python 的微信 API 工具

虽然上面的程序实现了想要的目的，但总体来看还很简单，如果需要对微信中的其他数据进行分析，很可能需要重构绝大部分代码。另外，使用 Selenium 模拟浏览器的速度毕竟很慢，如果结合微信提供的开发者 API，则可以达到更好的效果。如果能够直接访问 API，这个时候的"爬虫"抓取的就是纯粹的网络通信信息，而不是网页的元素了。

itchat 是一个简洁、高效的开源微信个人号接口库，仍然通过 pip 安装（当然也可以直接在 PyCharm 中使用 GUI 安装）。itchat 的设计非常方便，例如使用 itchat 给微信文件助手发信息：

```
import itchat
itchat.auto_login()
itchat.send('Hello', toUserName = 'filehelper')
```

auto_login()方法即微信登录，可附带 hotReload 参数和 enableCmdQR 参数。如果设置为 True，则分别开启短期免登录和命令行显示二维码功能。具体来说，如果给 auto_login()方法传入值为真的 hotReload，即使程序关闭，在一定时间内重新开启也可以不用重新扫码。该方法会生成一个静态文件 itchat. pkl，用于存储登录的状态。如果给 auto_login()方法传入值为真的 enableCmdQR，那么就可以在登录的时候使用命令行显示二维码，这里需要注意的是，在默认情况下控制台背景色为黑色，如果背景色为浅色(白色)，可以将 enableCmdQR 赋为负值。

get_friends()方法可以帮助用户轻松地获取所有的好友(其中好友首位是自己，如果不设置 update 参数，则会返回本地的信息)：

```
friends = itchat.get_friends(update = True)
```

借助 pyplot 模块以及上面介绍的 itchat 使用方法，用户就能够编写一个简洁、实用的微信好友性别分析程序。

【例 7-2】 itchatWX. py，使用第三方库分析微信数据。

```
import itchat
from collections import Counter
import matplotlib.pyplot as plt
import csv
from pprint import pprint


def anaSex(friends):
    sexs = list(map(lambda x: x['Sex'], friends[1:]))
    counts = list(map(lambda x: x[1], Counter(sexs).items()))
    labels = ['Unknow', 'Male', 'Female']
    colors = ['Grey', 'Blue', 'Pink']
    plt.figure(figsize = (8, 5), dpi = 80) # 调整绘图大小
    plt.axes(aspect = 1)
    # 绘制饼图
    plt.pie(counts,
            labels = labels,
            colors = colors,
            labeldistance = 1.1,
            autopct = '%3.1f%%',
            shadow = False,
            startangle = 90,
            pctdistance = 0.6
            )
    plt.legend(loc = 'upper right',)
```

```
    plt.title('The gender distribution of {}\'s WeChat Friends'.format(friends[0]['NickName']))
    plt.show()

def anaLoc(friends):
    headers = ['NickName', 'Province', 'City']
    with open('location.csv', 'w', encoding = 'utf - 8', newline = '', ) as csvFile:
        writer = csv.DictWriter(csvFile, headers)
        writer.writeheader()
        for friend in friends[1:]:
            row = {}
            row['NickName'] = friend['RemarkName']
            row['Province'] = friend['Province']
            row['City'] = friend['City']
            writer.writerow(row)

if __name__ == '__main__':

    itchat.auto_login(hotReload = True)
    friends = itchat.get_friends(update = True)
    anaSex(friends)
    anaLoc(friends)
    pprint(friends)
    itchat.logout()
```

其中，anaLoc()、anaSex()分别为分析好友性别与分析好友地区的函数。anaSex()会将性别比例绘制饼图，anaLoc()函数则将好友及其所在地区信息保存到CSV文件中。这里需要稍微解释下面的代码：

```
sexs =  list(map(lambda x: x['Sex'], friends[1:]))
counts  =  list(map(lambda x: x[1], Counter(sexs).items()))
```

这里的map()是Python中的一个特殊函数，原型为map(func, *iterables)，函数执行时对*iterables(可迭代对象)中的item依次执行function(item)，返回一个迭代器，之后使用list()变为列表对象。lambda可以理解为“匿名函数”，即输入x，返回x的“Sex”字段值。

friends是一个以dict为元素的列表，由于其首位元素是用户自己的微信账户，所以使用friends[1:]获得所有好友的列表。因此，list(map(lambda *x*: x['Sex'], *friends*[1:]))将获得一个所有好友性别的列表，微信中好友的性别值包括Unkown、Male和Female 3种，其对应的数值分别为0、1、2。如果输出该sexs列表，得到的结果如下：

```
[1, 2, 1, 1, 1, 1, 0, 1...]
```

第 2 行通过 Collection 模块中的 Counter()对这 3 种不同的取值进行统计，Counter 对象的 items()方法返回的是一个元组的集合，该元组的第一维元素表示键，即 0、1、2，该元组的第二维元素表示对应的键的数目，并且该元组的集合是排序过的，即其键按照 0、1、2 的顺序排列，最终通过 map()方法的匿名函数执行，就可以得到这 3 种不同性别的数目。

main 中的 itchat.logout()为注销登录状态。在执行该程序后，用户就能看到绘制出的性别比例图，如图 7-3 所示。

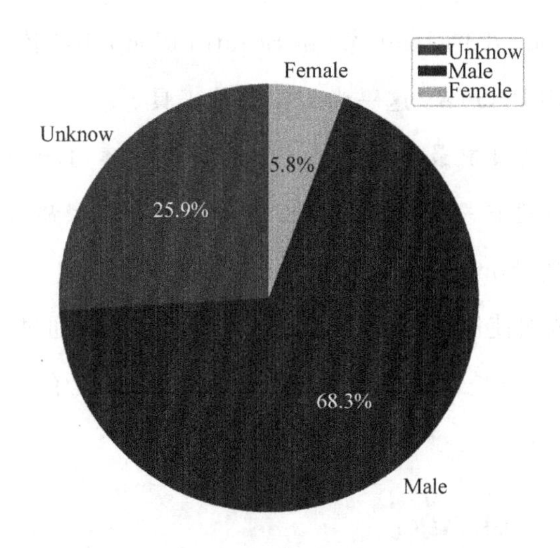

图 7-3　微信好友性别分布分析结果

在本地查看 location.csv 文件，结果类似这样：

```
...
王小明,北京,海淀
李小狼,江苏,无锡
陈小刚,陕西,延安
张辉,北京,
刘强,北京,西城
...
```

至此，性别分析和地区分析都已经圆满完成。仅就微信接口而言，除了 itchat 以外，Python 开发社区还有很多不错的工具。例如 wxPy、wxBot 等，它们在使用上也非常方便。对微信接口感兴趣的读者可通过网络做更深入的了解。

7.2 更多样的爬虫

7.2.1 PyQuery

PyQuery 这个 Python 库，大家从名字大概就能够猜到，这是一个类似于 JQuery 的东西。实际上，PyQuery 的主要用途是以类 JQuery 的形式来解析网页，并且支持 CSS 选择器，使用起来与 XPath 和 BeautifulSoup 一样简洁、方便。在前面的内容中主要使用 XPath(Python 中的 lxml 库)和 BeautifulSoup(bs4 库)来解析网页和寻找元素，接下来学习使用 PyQuery 这一尚未接触的工具。

【提示】 JQuery 是目前最流行的 JavaScript 函数库，JQuery 的基本思想是"选择某个网页元素，对其进行一些操作"，其语法和使用基本上都基于这个思路，因此将 JQuery 的形式放在 Python 网页解析中讲解也是十分合适的。

安装 PyQuery 依然使用 pip(pip install pyquery)，下面通过豆瓣网首页的例子来介绍它的基本使用，首先是 PyQuery 对象的初始化，这里存在几种不同的初始化方式：

```
from pyquery import PyQuery as pq
import requests

ht = requests.get('https://www.douban.com/').text          # 获取网页内容
doc = pq(ht)                                               # 初始化一个网页文档对象

print(doc('a'))
# 输出所有<a></a>结点
# <a href="https://www.douban.com/gallery/topic/3394/?from=hot_topic_anony_sns"
class="rec_topics_name">你人生中哪件小事产生了蝴蝶效应?</a>
# <a href="https://www.douban.com/gallery/topic/892/?from=hot_topic_anony_sns"
class="rec_topics_name">哪些关于书的书是值得一看的</a>
# …

# 使用本地文件初始化
doc = pq(filename='h1.html')

# 直接使用一个url来初始化
doc1 = pq('https://www.douban.com')
```

```
print(doc1('title'))
# 输出：<title>豆瓣</title>
```

通过 JQuery 的形式，以 CSS 选择器（可使用 Chrome 开发者工具得到，见图 7-4）来定位网页中的元素。

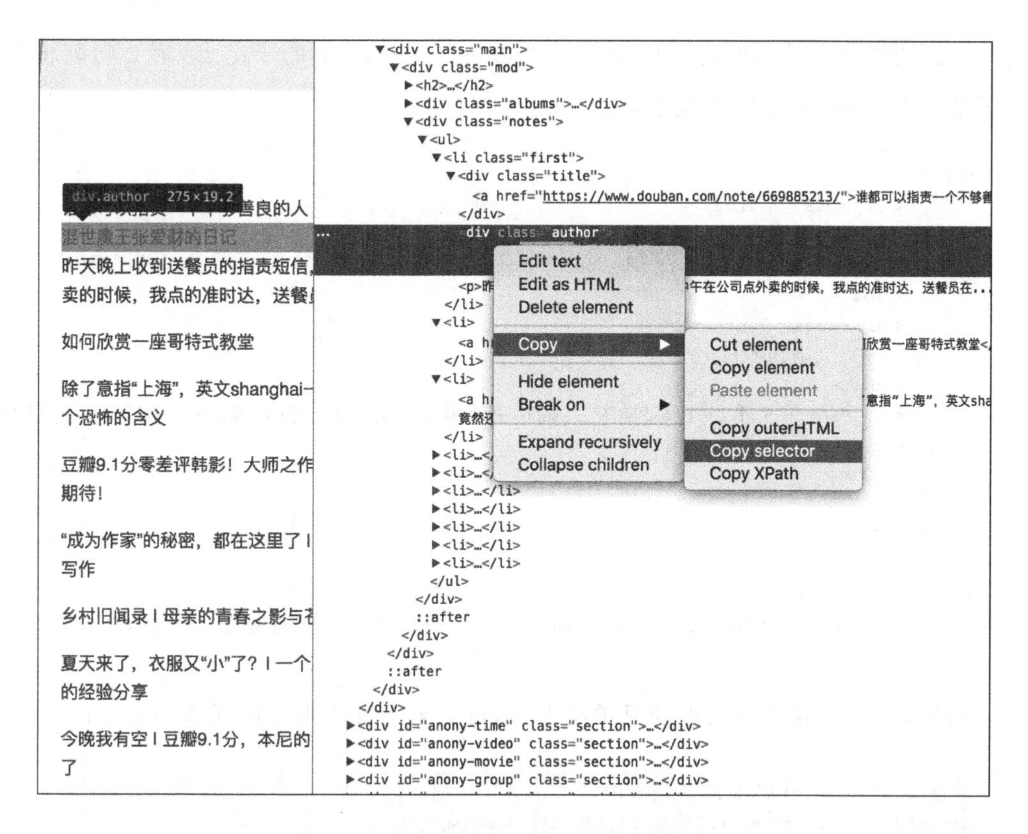

图 7-4　通过 Chrome 开发者工具复制选择器

```
# 元素选择
print(doc1('#anony-sns > div > div.main > div > div.notes > ul > li.first > div.title > a'))
# 一种简便的选择器表达式获取方式是在 Chrome 的开发者工具中选中元素，复制得到(Copy
# selector)

print(doc1('div.notes').find('li.first').find('div.author').text())
# 在<div class = "notes">结点下寻找 li 结点且class 为first 的结点，输出其文本
# find()方法会将符合条件的所有结点选择出来
```

上面语句的输出为：

```
<a href = "https://www.douban.com/note/669285810/">猫咪会如何与你告别</a>
皇后大道西的日记
```

用户可以通过定位到的一个结点来获取其子结点：

```
#查找子结点
print(doc1('div.notes').children())
# 在子结点中查找符合class 为title 这个条件的结点
print(doc1('div.notes').children().find('.title'))
```

上面的语句会获得所有<div class="notes"></div>下的子结点，第2句则将获得子结点中class为title的结点，输出为：

```
<ul>
        <li class = "first">
        <div class = "title">
              <a href = "https://www.douban.com/note/669285810/">猫咪会如何与你告别</a>
        </div>
        <div class = "author">
          皇后大道西的日记
        </div>
        <p>2018年5月11日，星期五，一周里最清闲的一天。上午没有课，下午的课正好轮到不
是我...</p>
        </li>
        ...
     </ul>

<div class = "title">
              <a href = "https://www.douban.com/note/669285810/">猫咪会如何与你告别</a>
        </div>
```

同样，可以获取某个结点的兄弟结点，通过text()方法来获取元素的文本内容：

```
#查找兄弟结点，获取文本
print(doc1('div.notes').find('li.first').siblings().text())
```

输出为：

```
一周豆瓣热门图书 |《斯通纳》之后，他用这部书信体小说重塑了罗马皇帝的一生 今晚我有空 |
豆瓣9.1分，本尼的演技可以说是超神了 谁都可以指责一个不够善良的人 猫咪会如何与你告别
一周豆瓣热门图书 | 他曾是嬉皮一代的文化偶像，代表作在沉寂半世纪后首出中文版 如何欣赏
一座哥特式教堂 明明想写作的你，为什么迟迟没有动笔？海内文章谁是我——关于我所理解的汪
曾祺及其作品 乡村旧闻录 | 母亲的青春之影与苍老之门
```

最后，除了子结点、兄弟结点以外，还可以获取父结点：

```
#查找父结点
print(type(doc1('div.notes').find('li.first').parent()))
# 输出：<class 'pyquery.pyquery.PyQuery'>
# 父结点、子结点、兄弟结点都可以使用find()方法
```

当需要遍历结点时，使用 items()方法来获取一组结点的列表结构：

```
# 使用 items()方法获取结点的列表
li_list = doc1('div.notes').find('li').items()
for li in li_list:
  print(li.text())
  # 选取 li 结点中的a 结点,获取其属性
  print(li('a').attr('href'))
  # 另外一种等效的获取属性的方法
  # print(li('a').attr.href)
```

输出为：

```
除了意指"上海",英文 shanghai 一词,竟然还有另一个恐怖的含义
benshuier 的日记
上海开埠后,随着"贩卖猪仔"事件的不断反升,Shanghai 一词,除了作"上海"地名...
https://www.douban.com/note/668572260/
一周豆瓣热门图书 |《斯通纳》之后,他用这部书信体小说重塑了罗马皇帝的一生
https://www.douban.com/note/670570293/
今晚我有空 | 豆瓣 9.1 分,本尼的演技可以说是超神了
https://www.douban.com/note/670345306/
谁都可以指责一个不够善良的人
https://www.douban.com/note/669885213/
…
```

PyQuery 还支持所谓的伪类选择器，其语法非常用户友好：

```
# 其他的一些选择方式
from pyquery import PyQuery as pq
doc1 = pq('https://www.douban.com')
# 获取<div class = "notes">类的第一个子结点下的第一个"li"结点中的第一个子结点
print(doc1.find('div.notes').find(':first-child').find('li.first').find(':first-child'))
print('-*'*20)
print(doc1.find('div.notes').find('ul').find(':nth-child(3)'))
# :nth-child(3)获取第3 个子结点
print('-*'*20)
print(doc1('p:contains("上海")'))  # 获取内容包含"上海"的p 结点
```

输出为：

```
<div class = "title">
            <a href = "https://www.douban.com/note/668572260/">除了意指"上海",英文
shanghai 一词,竟然还有另一个恐怖的含义</a>
      </div>
      <a href = "https://www.douban.com/note/668572260/">除了意指"上海",英文 shanghai
一词,竟然还有另一个恐怖的含义</a>
```

```
-*-*-*-*-*-*-*-*-*-*-*-*-*-*-*-*-*-*-*-*-*-*-*
<p>上海开埠后,随着"贩卖猪仔"事件的不断发生,Shanghai一词,除了作"上海"地名...</p>
    <li><a href="https://www.douban.com/note/670345306/">今晚我有空 | 豆瓣9.1分,
本尼的演技可以说是超神了</a></li>

-*-*-*-*-*-*-*-*-*-*-*-*-*-*-*-*-*-*-*-*-*-*
<p>上海开埠后,随着"贩卖猪仔"事件的不断发生,Shanghai一词,除了作"上海"地名...</p>
```

由上面的基本用法可见,PyQuery有着不输于BeautifulSoup的简洁,其函数接口设计也十分方便,可以将它作为与lxml、BeautifulSoup并列的几大爬虫网页解析工具之一。

7.2.2 在线爬虫应用平台

随着爬虫技术的广泛应用,目前还出现了一些旨在提供网络数据采集服务或爬虫辅助服务的在线应用平台,这些服务在一定程度上能够帮助用户减少一些编写复杂抓取程序的成本,其中的一些优秀产品也具有很强大的功能。国外的import.io就是一个提供网络数据采集服务的平台,允许用户通过Web页面来筛选并收集对应的网页数据,另外一款产品"ParseHub"则提供了下载到Windows、Mac OS的桌面应用,这个应用基于Firefox开发,支持页面结构分析、可视化元素抓取等多种功能,见图7-5。

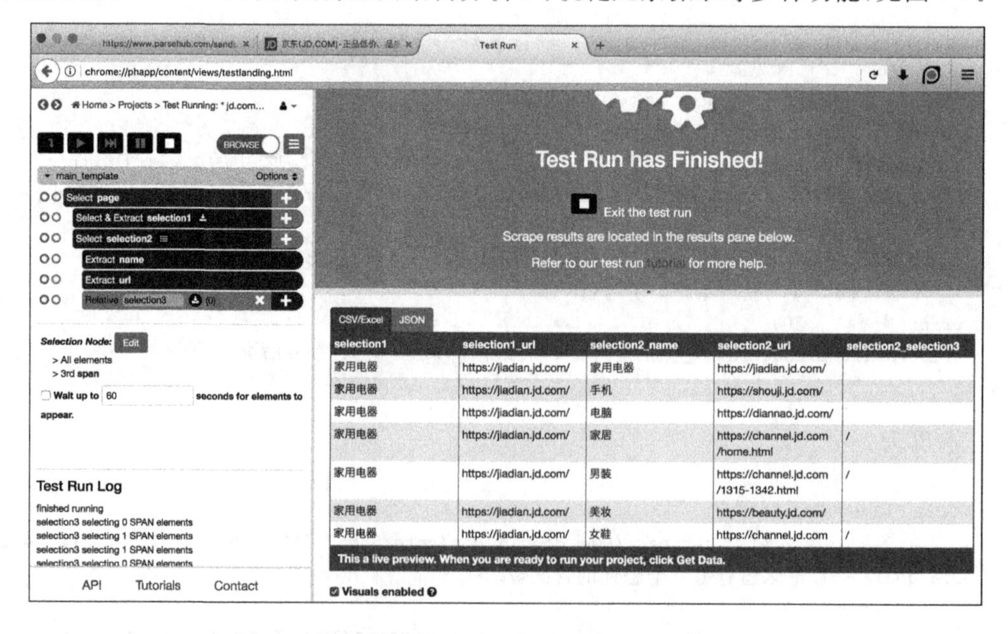

图7-5 使用ParseHub应用抓取京东首页的商品分类

在 Chrome 浏览器上甚至还出现了一些用于网页数据抓取的插件(例如比较主流的 Web Scraper)。

国内的网络数据采集平台也可以说方兴未艾,八爪鱼(见图 7-6)、神箭手采集平台(见图 7-7)、集搜客等都是具有一定市场的服务平台,其中神箭手主打面向开发者的服务(官方介绍是"一个大数据和人工智能的云操作系统"),提供了一系列具有很强实用价值的 API,同时还提供了有针对性的云爬虫服务,对于开发者而言是非常方便的。

图 7-6 八爪鱼网站

这些在线爬虫应用平台往往能够很方便地解决用户的一些简单的爬虫需求,而一些 API 服务则能够大大简化用户编写爬虫的流程,有兴趣的读者可对此做深入了解。随着机器学习、大数据技术的逐渐发展,数据采集服务也会迎来更广阔的市场和更大的利好。

7.2.3 使用 urllib

虽然在爬虫编写中大量使用到的是 requests,但由于 urllib 是老牌的 HTTP 库,而网络上使用 urllib 来编写爬虫的样例也十分繁多,因此这里有必要讨论一下 urllib 的具体使用。在 Python 中,urllib 算是一个比较特殊的库了。从功能上说,urllib 库

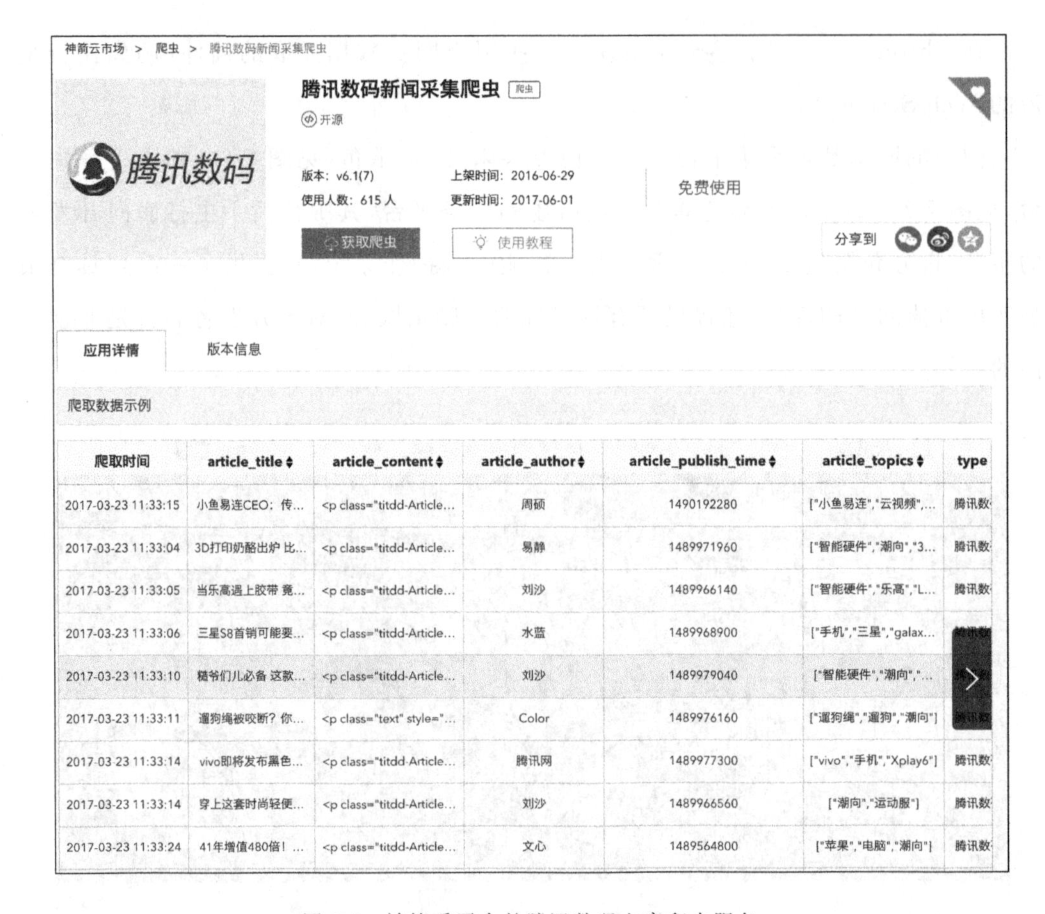

图 7-7 神箭手平台的腾讯数码文章爬虫服务

是用于操作 URL（主要就是访问 URL）的 Python 库，在 Python 2.x 版本中分为 urllib 和 urllib2。这两个名称十分相近的库的关系比较复杂，简单地说就是 urllib2 作为 urllib 的扩展而存在。它们的主要区别如下：

（1）urllib2 可以接收 Request 对象为 URL 设置头信息，修改用户代理，设置 cookie 等。与之相对比，urllib 只能接收一个普通的 URL。

（2）urllib 会提供一些比较原始、基础的方法，但在 urllib2 中并不存在这些，例如 urlencode()方法。

Python 2.x 中的 urllib 库可以实现基本的 GET 和 POST 操作，下面的这段代码根据 params 发送 POST 请求。

```
import urllib
params = urllib.urlencode({'spam': 1, 'eggs': 2, 'bacon': 0})
f = urllib.urlopen("http://www.musi-cal.com/cgi-bin/query", params)
print f.read()
```

在 Python 2.x 版本的 urllib2 中，urlopen()方法也是最为常用且最简单的方法，它打开一个 URL 网址，url 参数可以是一个字符串或者是一个 Request 对象：

```
import urllib2
response = urllib2.urlopen('http://www.baidu.com/')
html = response.read()
print html
```

urlopen()还可以以一个 Request 对象为参数。在调用 urlopen()后，对请求的 URL 返回一个 Response 对象，用户可以用 read()方法操作这个 Response。

```
import urllib2
req = urllib2.Request('http://www.baidu.org/')
response = urllib2.urlopen(req)
the_page = response.read()

print the_page
```

上面代码中的 Request 类描述了一个 URL 请求，它的定义如图 7-8 所示。

```
class Request:

    def __init__(self, url, data=None, headers={},
                 origin_req_host=None, unverifiable=False):
        # unwrap('<URL:type://host/path>') --> 'type://host/path'
        self.__original = unwrap(url)
        self.__original, self.__fragment = splittag(self.__original)
        self.type = None
        # self.__r_type is what's left after doing the splittype
        self.host = None
        self.port = None
        self._tunnel_host = None
        self.data = data
```

图 7-8 Request 类

其中，url 是一个字符串，代表一个有效的 URL；data 指定了发送到服务器的数据，使用 data 时的 HTTP 请求是唯一的，即 POST，没有 data 时默认为 GET；headers 是字典类型，这个字典可以作为参数在 Request 中直接传入，也可以把每个键和值作为参数调用 add_header()方法来添加：

```
import urllib2
req = urllib2.Request('http://www.baidu.com/')
req.add_header('User-Agent', 'Mozilla/5.0')
r = urllib2.urlopen(req)
```

当不能正常处理一个 Response 时，urlopen()方法会抛出一个 URLError，另外一种异常为 HTTPError，是在特别情况下被抛出的 URLError 的一个子类。URLError 通常是因为没有网络连接(也就是没有路由到指定的服务器)或指定的服务器不存在时抛出这个异常，例如下面这段代码：

```
import urllib2
req = urllib2.Request('http://www.wikipedia123.org/')
try:
    response = urllib2.urlopen(req)
except urllib2.URLError,e:
    print e.reason
```

其输出为：

```
[Errno 8] nodename nor servname provided, or not known
```

另外，因为每个来自服务器的响应都有一个“status code”(状态码)，有时对于不能处理的请求，urlopen()将抛出 HTTPError 异常。典型的错误如“404”(没有找到页面)、“403”(禁止请求)、401(需要验证)等。

```
import urllib2
req = urllib2.Request('http://www.wikipedia.org/notfound.html')
try:
    response = urllib2.urlopen(req)
except urllib2.HTTPError,e:
    print e.code
    print e.reason
    print e.geturl()
```

上面代码的输出为：

```
404
Not Found
https://en.wikipedia.org/notfound.html
```

如果需要同时处理 HTTPError 和 URLError 两种异常，应该把捕获处理 HTTPError 的部分放在 URLError 的前面，原因在于 HTTPError 是 URLError 的子类。

在 Python 3 中，urllib 库整理了 2.x 版本中 urllib 和 urllib2 的内容，合并了它们的功能，并最终以 4 个不同模块的面貌呈现，它们分别是 urllib.request、urllib.error、urllib.parse、urllib.robotparser。Python 3 的 urllib 相对于 2.x 的版本更为简洁，如

果说一定要在这些库中做一个选择，当然应该首先考虑使用 urllib(3. x 版本)。

urllib. request 模块主要用来访问网页等基本操作，是最常用的一个模块。例如模拟浏览器发起一个 HTTP 请求，这时就需要用到 urllib. request 模块。urllib. request 同时也能够获取请求返回结果，使用 urllib. request. urlopen()方法来访问 URL 并获取其内容：

```
import urllib.request

url = "http://www.baidu.com"
response = urllib.request.urlopen(url)
html = response.read()
print(html.decode('utf-8'))
```

这样会输出百度首页的网页源代码。在某些情况下，请求可能因为网络原因无法得到响应。因此，用户可以手动设置超时时间，当请求超时时，用户可以采取进一步措施，例如选择直接丢弃该请求。

```
import urllib.request

url = "http://www.baidu.com"
response = urllib.request.urlopen(url,timeout = 3)
html = response.read()
print(html.decode('utf-8'))
```

从 URL 下载一个图片也很简单，依旧通过 Response 的 read()方法来完成。

```
from urllib import request

url = 'https://i.pinimg.com/736x/aa/68/2c/aa682ca9c222b77c74a3875a8607c38d--th-parallel-ontario.jpg'
response = request.urlopen(url)

data = response.read()
with open('pic.jpg', 'wb') as f:
  f.write(data)
```

urlopen()方法的 API 是这样的：

```
urllib.request.urlopen(url, data = None, [timeout, ]*, cafile = None, capath = None,
cadefault = False, context = None)
```

其中，url 为需要打开的网址，data 为 POST 提交的数据（如果没有 data 参数，则使用 GET 请求），timeout 即设置访问超时时间。用户还要注意，如果直接用 urllib.request 模块的 urlopen()方法获取页面，page 的数据格式为 bytes 类型，需要用 decode()解码，转换成 str 类型。

用户可以通过一些 HTTPResponse 方法来获取更多信息。

- read()、readline()、readlines()、fileno()、close()：对 HTTPResponse 类型的数据进行操作。
- info()：返回 HTTPMessage 对象，表示远程服务器返回的头信息。
- getcode()：返回 HTTP 状态码。如果是 HTTP 请求，200 表示请求成功完成。
- geturl()：返回请求的 URL。

这里用一段代码试一下：

```
from urllib import request

url = 'http://www.baidu.com'
response = request.urlopen(url)
print(type(response))
print(response.geturl())
print(response.info())
print(response.getcode())
```

最终的输出见图 7-9。

```
<class 'http.client.HTTPResponse'>
http://www.baidu.com
Date: [illegible]
Conte[illegible]-8
Transfer-Encoding: chunked
Connection: Close
Vary: Accept-Encoding
Set-Cookie: BAIDUID=C80EC1722A5D2AD324F79264513F7ECE:FG=1; expires=[illegible]:55:55 GMT; max-age=2147483647; path=/; domain=.baidu.com
Set-Cookie: [illegible]; expires=Th[illegible]:55:55 GMT; max-age=2147483647; path=/; domain=.baidu.com
Set-Cookie[illegible]age=2147483647; path=/; domain=.baidu.com
Set-Cookie: BDSVRTM=0; path=/
Set-Cookie: BD_HOME=0; path=/
Set-Cookie: H_PS_PSSID=1442_25809_21102_17001_20927; path=/; domain=.baidu.com
P3P: CP=" OTI DSP COR IVA OUR IND COM "
Cache-Control: private
Cxy_all: [illegible]cd91eb6963f0401bb5c0899865
Expires [illegible]
X-Powered-By: HPHP
Server: BWS/1.1
X-UA-Compatible: IE=Edge,chrome=1
BDPAGETYPE: [illegible]
BDQID [illegible]
BDUSERID: 0


200
```

图 7-9 Response 对象相关方法的输出

当然，用户还可以设置一些 Headers 信息，模拟成浏览器去访问网站（正如在爬虫开发中常做的那样)。在这里设置一下 User-Agent 信息。打开百度主页(或者任意一个网站),然后进入 Chrome 的开发者模式(按 F12 键),这时会出现一个窗口。切换到 Network 选项卡,输入某个关键词(这里是“mike”),之后单击网页中的“百度一下”按钮,让网页发生一个动作,此时用户可以看到在下方的窗口中出现了一些数据。将界面右上方的标签切换到“Headers”,就能看到对应的头信息(见图 7-10),在这些信息中找到 User-Agent 对应的信息。接着将它们复制出来,作为自己的 urllib.request 执行访问时的 UA 信息,这时需要用到 request 模块里的 Request 对象来“包装”请求。

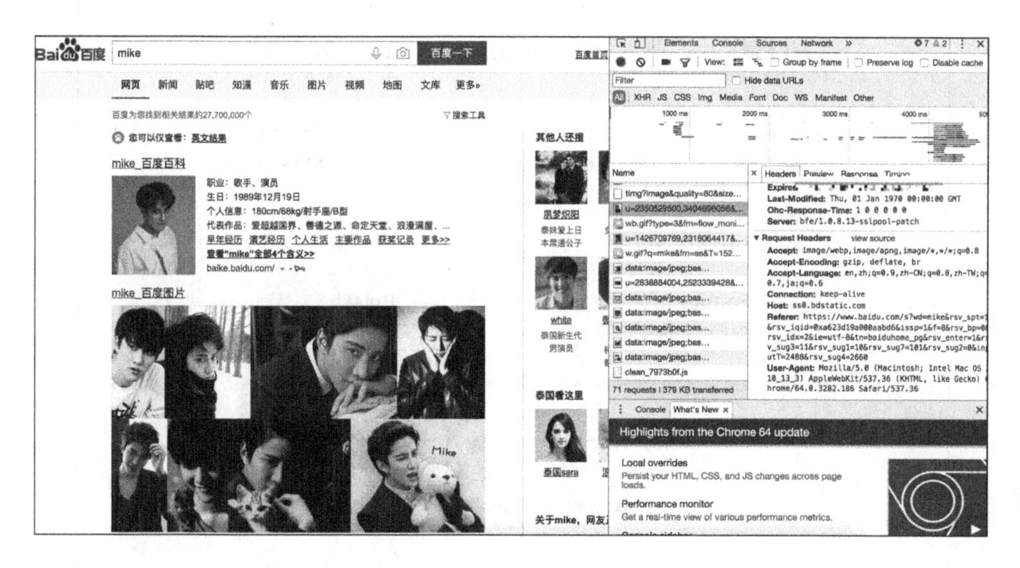

图 7-10 查看 Headers 信息

编写代码如下:

```
import urllib.request

url = 'https://www.wikipedia.org'
header = {
    'User-Agent':'Mozilla/5.0 (X11; Fedora; Linux x86_64) AppleWebKit/537.36 (KHTML, like Gecko) Chrome/58.0.3029.110 Safari/537.36'
}
request = urllib.request.Request(url, headers = header)
reponse = urllib.request.urlopen(request).read()

fhandle = open("./zyang-htmlsample-1.html","wb")
fhandle.write(reponse)
fhandle.close()
```

在上面的代码中给出了要访问的网址，然后调用 urllib. request. Request()函数创建一个 Request 对象，第 1 个参数传入访问的 URL，之后传入 headers 信息，最后通过 urlopen()打开该 Request 对象即可读取并保存网页内容。在本地打开 zyang-htmlsample-1. html 文件，即可看到维基百科的页面，见图 7-11。

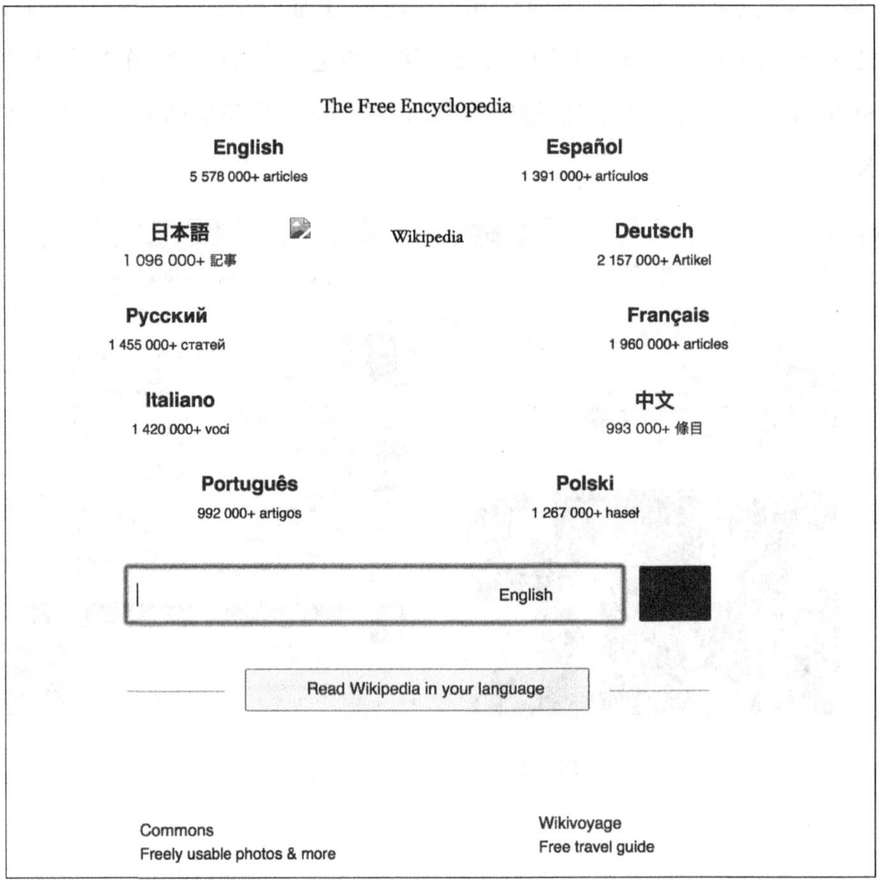

图 7-11　本地保存的 HTML(维基百科页面)

除了访问网页(即 HTTP 中的 GET 请求)，用户在进行注册、登录等操作的时候也会用到 POST 请求，仍然使用 request 模块中的 Request 对象来构建一个 POST 操作，代码如下：

```
import urllib.request
import urllib.parse
url = 'https://account.example.com/user/signin?'
postdata = {
  'username': 'yourname',
```

```
    'password': 'yourpw'
}
post = urllib.parse.urlencode(postdata).encode('utf - 8')
req = urllib.request.Request(url, post)
r = urllib.request.urlopen(req)
```

其他请求类型(例如 PUT)可以通过 Request 对象这样实现：

```
import urllib.request
data = 'some data'
req = urllib.request.Request(url = 'http://example.com:8080', data = data,method = 'PUT')
with urllib.request.urlopen(req) as f:
    pass
print(f.status)
print(f.reason)
```

urllib.parse 的目标是解析 URL 字符串，用户可以使用它分解或合并 URL 字符串。这里试着用它来转换一个包含查询的 URL 地址。

```
import urllib.parse

url = 'https://www.google.com/search?q = mike&oq = mike&aqs = chrome..69i57j69i60l4j69i57.
3555j0j7&sourceid = chrome&ie = UTF - 8'
result = urllib.parse.urlparse(url)
print(result)
print(result.netloc)
print(result.geturl())
```

这里使用了 urlparse()，把一个包含搜索查询“mike”的 Google URL 作为参数传给它，最终它返回了一个 ParseResult 对象，用户可以用这个对象了解更多关于 URL 的信息(例如网络位置)。上面代码的输出如下：

```
ParseResult(scheme = 'https', netloc = 'www.google.com', path = '/search', params = '', query = 'q =
mike&oq = mike&aqs = chrome..69i57j69i60l4j69i57.3555j0j7&sourceid = chrome&ie = UTF - 8',
fragment = '')
www.google.com
https://www.google.com/search?q = mike&oq = mike&aqs = chrome..69i57j69i60l4j69i57.
3555j0j7&sourceid = chrome&ie = UTF - 8
```

urllib.parse 也可以在其他场合发挥作用，例如使用 Google 来进行一次搜索：

```
import urllib.parse
import urllib.request
data = urllib.parse.urlencode({'q': 'OSCAR'})
print(data)
url = 'http://google.com/search'
full_url = url + '?' + data
response = urllib.request.urlopen(full_url)
```

其实使用 urllib 足以完成一些简单的爬虫，例如通过 urllib 编写一个在线翻译程序。这里使用爱词霸翻译来达成这个目标，首先进入爱词霸网页并通过 Chrome 工具来检查页面。仍然选择 Network 选项卡，在左侧输入翻译内容，并观察 POST 请求，见图 7-12。

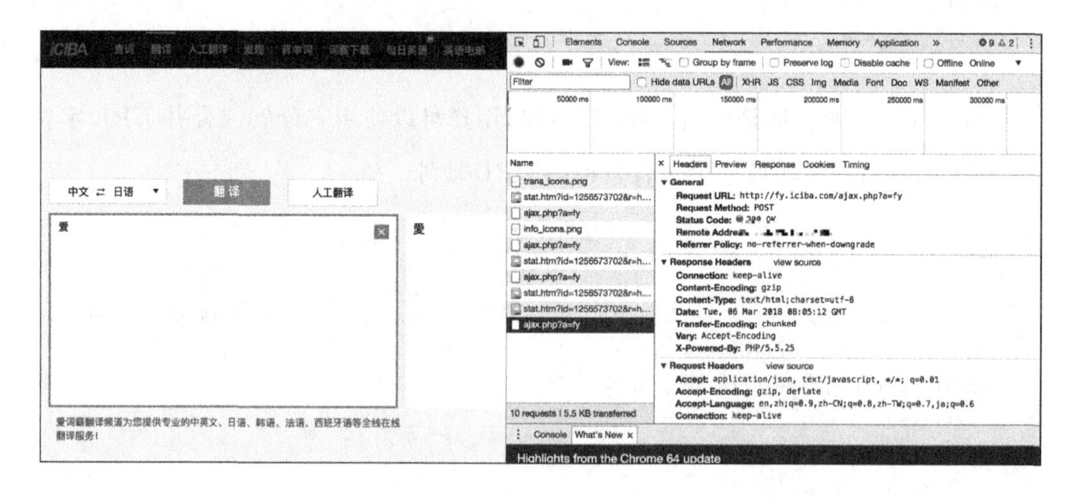

图 7-12 爱词霸页面上的 POST 请求

查看 Form Data 中的数据（见图 7-13），可以发现这个表单的构成较为简单，不难通过程序直接发送。

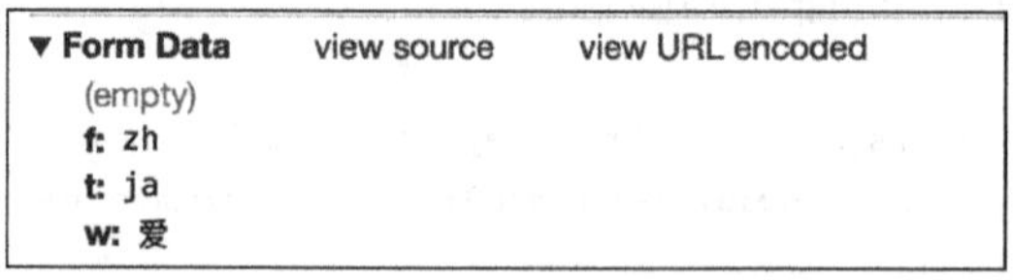

▼ Form Data view source view URL encoded
(empty)
f: zh
t: ja
w: 爱

图 7-13 爱词霸翻译的表单数据

有了这些信息，结合之前掌握的 request 和 parse 模块的知识，就可以写出一个简单的翻译程序：

```
import urllib.request as request
import urllib.parse as parse
import json

if __name__ == "__main__":
    query_word = input("输入需翻译的内容：\t")
    query_type = input("输入目标语言，英文或日文：\t")
    query_type_map = {
        '英文': 'en',
        '日文': 'ja',
    }
    url = 'http://fy.iciba.com/ajax.php?a=fy'
    headers = {
        'User-Agent': 'Mozilla/5.0 (Macintosh; Intel Mac OS X 10_13_3) AppleWebKit/537.36
(KHTML, like Gecko) Chrome/64.0.3282.186 Safari/537.36'
    }
    formdata = {
        'f': 'zh',
        't': query_type_map[query_type],
        'w': query_word,
    }

    # 使用urlencode()进行编码
    data = parse.urlencode(formdata).encode('utf-8')
    # 创建Request对象
    req = request.Request(url, data, headers)
    response = request.urlopen(req)
    # 读取信息
    content = response.read().decode()
    # 使用JSON
    translate_results = json.loads(content)

    # 找到翻译结果
    translate_results = translate_results['content']['out']
    # 输出最终翻译结果
    print("翻译的结果是：\t%s" % translate_results.split('<')[0])
```

运行程序，输入对应的信息就能够看到翻译的结果：

```
输入需翻译的内容：我爱你
输入目标语言，英文或日文：日文
翻译的结果是：あなたのことが好きです
```

urllib还有两个模块，其中urllib.robotparser模块比较特殊，它是由一个单独的RobotFileParser类构成的。这个类的目标是网站的robot.txt文件。通过使用robotparser解析robot.txt文件，用户会得知网站方面认为网络爬虫不应该访问哪些内容，一般使用 can_fetch()方法对一个 URL 进行判断。另外还有 urllib. error 这个模块，它主要负责“由 urllib. request 引发的异常类”(按照官方文档的说法)，urllib . error 有两个方法，即 URLError 和 HTTPError。

官方文档在介绍 urllib 库的最后推荐人们尝试第三方库“requests”——一个高级的 HTTP 客户端接口，不过熟悉 urllib 库也是需要的，这也有助于人们理解 requests 的设计。

7.3 对爬虫的部署和管理

7.3.1 配置远程主机

使用一些强大的爬虫框架(例如前面曾提到过的 Scrapy 框架)可以开发出效率高、扩展性强的各种爬虫程序。在爬取时，用户可以使用自己手头的机器来完成整个运行的过程，但问题在于机器资源是有限的，尤其是当爬取数据量比较大的时候，直接在自己的计算机上运行爬虫不仅不方便，也不现实。这时一个不错的方法就是将本地的爬虫部署到远程服务器上来执行。

在部署之前，用户首先需要拥有一台远程服务器，购买 VPS 是一个比较方便的选择。所谓的虚拟专用服务器(Virtual Private Server，VPS)，是将一台服务器分区成多个虚拟专享服务器的服务。因而每个 VPS 都可以分配独立公网 IP 地址、独立操作系统，为用户和应用程序模拟出“独占”使用计算资源的体验。这么听起来，VPS 似乎很像是现在流行的云服务器，但二者并不相同。云服务器(Elastic Compute Service，ECS)是一种简单高效、处理能力可弹性伸缩的计算服务。其特点是能在多个服务器资源(CPU、内存等)中调度，而 VPS 一般只是在一台物理服务器上分配资源。当然，VPS 相比于 ECS 在价格上低廉很多。作为普通开发者，如果只是需要做一些小网站或者简单程序，那么使用 VPS 就已经满足需求了。接下来从购买 VPS 服务开始，说明在 VPS 上部署普通爬虫的过程。

VPS 的提供商众多，这里推荐采用国外(尤其是北美)的提供商，相比而言，堪称“物美价廉”。其中有名的是 Linode、Vultr、Bandwagon 等厂商。为方便起见，在此选择 Bandwagon 作为示例(见图 7-14)，主要原因是它支持支付宝付款，无须信用卡(其

他很多 VPS 服务的支付方式是使用支持 VISA 的信用卡)，而且可供选择的服务项目也比较多样化。

图 7-14　Bandwagon 的服务项目

进入 Bandwagon 的网站(bandwagonhost. com)，注册账号并填写相关信息，包括姓名、所在地等，见图 7-15。

First Name
Last Name
Company Name
Email Address
Password
Confirm Password
Password Strength　Enter a Password
Address 1
Address 2
City
State/Region　Choose One...
Zip Code
Country　United States
Phone Number
I have read and agree to the Terms of Service
Submit

图 7-15　Bandwagon 的注册账号页面

填写相关信息，拿到账号之后，选择合适的VPS服务项目并订购。这里需要注意的是订购周期(年度、季度等)和架构(OpenVZ或者KVM)两个关键信息。一般而言，如果选择年度周期，平均计算下来会享受更低的价格。至于OpenVZ和KVM，作为不同的架构各有特点。由于KVM架构提供了更好的内核优化，并有不错的稳定性，因此这里选择KVM。付款成功后回到管理后台，单击KiviVM Control Panel进入控制面板。

【提示】 OpenVZ是基于Linux内核和作业系统的虚拟化技术，是操作系统级别的。OpenVZ的特征是允许物理机器(一般就是服务器)运行多个操作系统，这被称为虚拟专用服务器(Virtual Private Server，VPS)或虚拟环境(Virtual Environment，VE)。KVM则是嵌入在Linux操作系统标准内核中的一个虚拟化模块，是完全虚拟化的。

如图7-16所示，在管理后台安装Cent OS 6系统，首先单击左侧的Install new OS，选择带bbr加速的Cent OS 6 x86系统，然后单击reload，等待安装完成。这时系统会提供对应的密码和端口(之后还可以更改)，然后开启VPS(单击start按钮)。

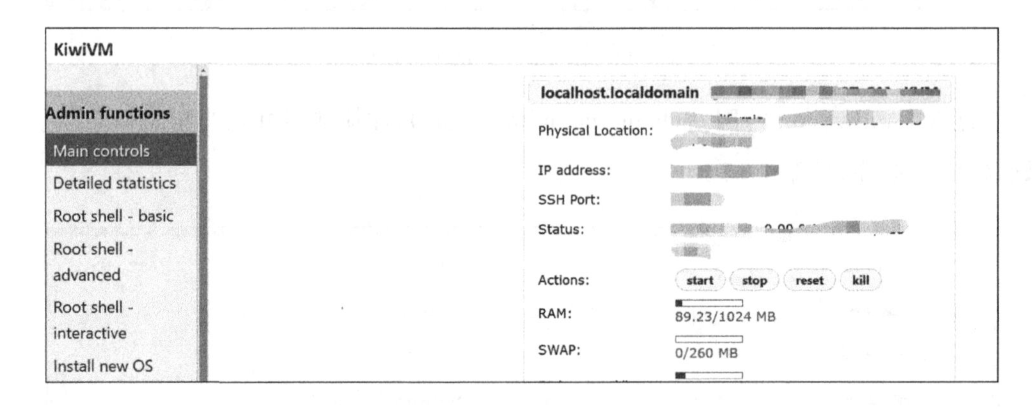

图7-16 KVM后台管理面板

成功开启VPS之后，用户在本地机器(例如自己的笔记本式计算机)上使用ssh命令即可登录VPS，如下：

```
ssh username@hostip -p sshport
```

其中，username和hostip分别为用户名和服务器IP，sshport为设定的ssh端口。在执行ssh命令后，若看到带有“Last Login”字样的提示就说明登录成功。

当然，如果用户想要更好的计算资源，还可以使用国内的一些云服务器服务（见图 7-17），阿里云服务器就是值得推荐的选择，在购买过程中配置想要的预装系统（例如 Ubuntu 14.04），成功购买并开机后即可使用 SSH 等方式连接访问，部署自己的程序。

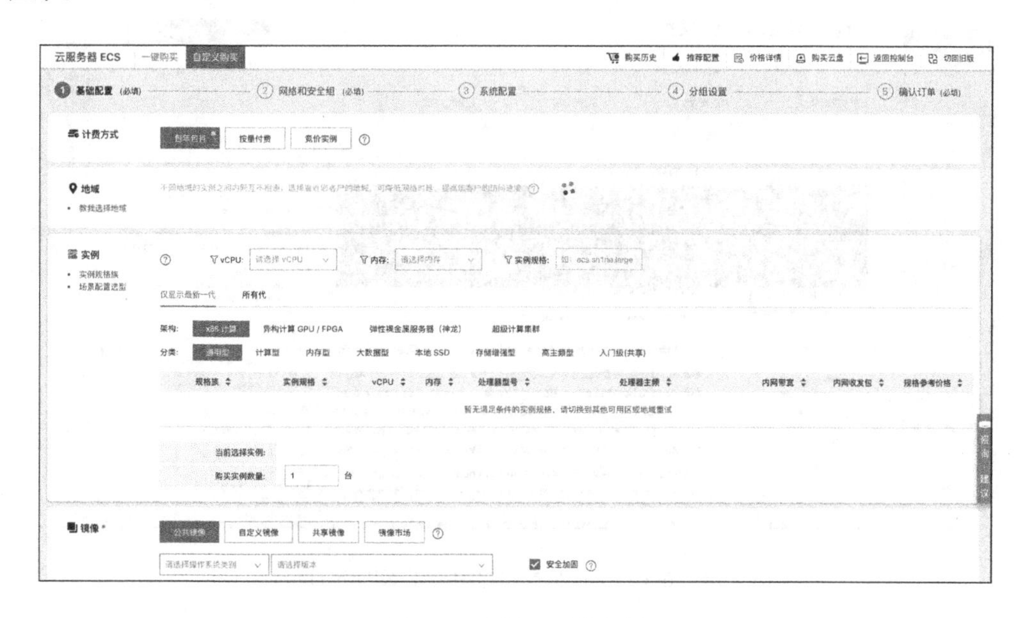

图 7-17　阿里云云服务器

7.3.2　编写本地爬虫

这次的爬虫程序，打算将目标着眼于论坛网站，在很多时候，论坛网站中的一些用户发表的帖子是一种有价值的信息。一亩三分地论坛（bbs.1point3acres.com）是一个比较典型的国内论坛，上面有很多关于留学和国外生活的帖子，受到年轻人的普遍喜爱，这里希望在该论坛页面中爬取特定的帖子，将帖子的关键信息存储到本地文件，同时通过程序将这些信息发送到自己的电子邮箱中。从技术上说，可以通过 requests 模块获取到页面的信息，经过简单的字符串处理，最终将这些信息通过 smtplib 库发送到邮箱中。

使用 Chrome 分析网页，这里希望提取到帖子的标题信息，并且使用右键复制其 XPath 路径。另外，Chrome 浏览器其实还提供了一些对于解析网页有用的扩展。XPath Helper 就是这样一款扩展程序（见图 7-18），输入查询（即 XPath 表达式）后会输出并高亮显示网页中的对应元素，效果类似图 7-19，这样就可以帮助用户验证 XPath 路径，保证了爬虫编写的准确性。根据验证了的 XPath，用户就可以着手编写抓取帖子信息的爬虫了，见例 7-3。

图 7-18 在 Chrome 扩展程序中搜索 XPath Helper

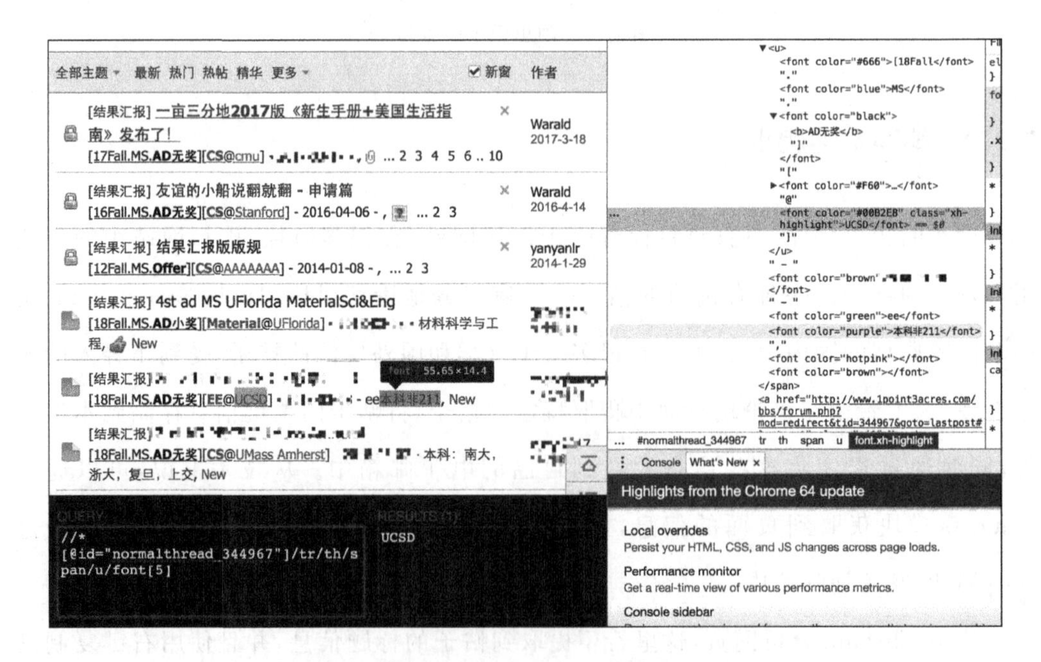

图 7-19 使用 XPath Helper 验证的结果

【例 7-3】 crawl-1p. py,爬取一亩三分地论坛帖子的爬虫。

```
from lxml import html
import requests
from pprint import pprint
import smtplib
from email.mime.text import MIMEText
import time, logging, random
import os

class Mail163():
    _sendbox = 'yourmail@mail.com'
    _receivebox = ['receive@mail.com']
    _mail_password = 'password'
    _mail_host = 'server.smtp.com'
    _mail_user = 'yourusername'
    _port_number = 465  # 465 默认是SMTP 服务器的端口号

    def SendMail(self, subject, body):
        print("Try to send...")
        msg = MIMEText(body)
        msg['Subject'] = subject
        msg['From'] = self._sendbox
        msg['To'] = ','.join(self._receivebox)
        try:
            smtpObj = smtplib.SMTP_SSL(self._mail_host, self._port_number)      # 获取服务器
            smtpObj.login(self._mail_user, self._mail_password)                 # 登录
            smtpObj.sendmail(self._sendbox, self._receivebox, msg.as_string()) # 发送邮件
            print('Sent successfully')
        except:
            print('Sent failed')


# Global Vars
header_data = {
    'Accept': 'text/html,application/xhtml + xml,application/xml;q = 0.9,image/webp, * / * ;q
= 0.8',
    'Accept - Encoding': 'gzip, deflate, sdch, br',
    'Accept - Language': 'zh - CN,zh;q = 0.8',
'Upgrade - Insecure - Requests': '1',
    'User - Agent': 'Mozilla/5.0 (Windows NT 6.1; WOW64) AppleWebKit/537.36 (KHTML, like
Gecko) Chrome/36.0.1985.125 Safari/537.36',
}
url_list = [
    'http://www.1point3acres.com/bbs/forum.php?mod = forumdisplay&fid = 82&sortid = 164&%1
 = &sortid = 164&page = {}'.format(i) for i
    in range(1, 5)]
url = 'http://www.1point3acres.com/bbs/forum - 82 - 1.html'
```

```python
mail_sender = Mail163()
shit_words = ['PhD', 'MFE', 'Spring', 'EE', 'Stat', 'ME', 'Other']
DONOTCARE = 'DONOTCARE'
DOCARE = 'DOCARE'
PWD = os.path.abspath(os.curdir)
RECORDTXT = os.path.join(PWD, 'Record - Titles.txt')
ses = requests.Session()


def SentenceJudge(sent):
    for word in shit_words:
        if word in sent:
            return DONOTCARE

    return DOCARE


def RandomSleep():
    float_num = random.randint(-100, 100)
    float_num = float(float_num / (100))
    sleep_time = 5 + float_num
    time.sleep(sleep_time)
    print('Sleep for {} s.'.format(sleep_time))


def SendMailWrapper(result):
    mail_subject = 'New AD/REJ @ 一亩三分地: {}'.format(result[0])
    mail_content = 'Title:\t{}\n' \
                   'Link:\n{}\n' \
                   '{} in\n' \
                   '{} of\n' \
                   '{}\n' \
                   'Date:\t{}\n' \
                   '---\nSent by Python Toolbox.' \
        .format(result[0], result[1], result[3], result[4], result[5], result[6])

    mail_sender.SendMail(mail_subject, mail_content)


def RecordWriter(title):
    with open(RECORDTXT, 'a') as f:
        f.write(title + '\n')
    logging.debug("Write Done!")

def RecordCheckInList():
    checkinlist = []
    with open(RECORDTXT, 'r') as f:
        for line in f:
```

```
        checkinlist.append(line.replace('\n', ''))

    return checkinlist

def Parser():
    final_list = []
    for raw_url in url_list:
        RandomSleep()
        pprint(raw_url)
        r = ses.get(raw_url, headers = header_data)
        text = r.text
        ht = html.fromstring(text)
        for result in ht.xpath('//*[@id]/tr/th'):
            # pprint(result)
            # pprint('------')
            content_title = result.xpath('./a[2]/text()')  # 0
            content_link = result.xpath('./a[2]/@href')  # 1
            content_semester = result.xpath('./span[1]/u/font[1]/text()')  # 2
            content_degree = result.xpath('./span[1]/u/font[2]/text()')  # 3
            content_major = result.xpath('./span/u/font[4]/b/text()')  # 4
            content_dept = result.xpath('./span/u/font[5]/text()')  # 5
            content_releasedate = result.xpath('./span/font[1]/text()')  # 6

            if len(content_title) + len(content_link)>= 2 and content_title[0]!= '预览':
                final = []
                final.append(content_title[0])
                final.append(content_link[0])

                if len(content_semester) > 0:
                    final.append(content_semester[0][1:])
                else:
                    final.append('No Semester Info')
                if len(content_degree) > 0:
                    final.append(content_degree[0])
                else:
                    final.append('No Degree Info')
                if len(content_major) > 0:
                    final.append(content_major[0])
                else:
                    final.append('No Major Info')
                if len(content_dept) > 0:
                    final.append(content_dept[0])
                else:
                    final.append('No Dept Info')
                if len(content_releasedate) > 0:
                    final.append(content_releasedate[0])
                else:
                    final.append('No Date Info')
```

```
            # print('Now :\t{}'.format(final[0]))
            if SentenceJudge(final[0]) != DONOTCARE and \
                            SentenceJudge(final[3])!= DONOTCARE and \
                            SentenceJudge(final[4])!= DONOTCARE and \
                            SentenceJudge(final[2])!= DONOTCARE:
                final_list.append(final)
        else:
            pass

    return final_list

if __name__ == '__main__':

    print("Record Text Path:\t{}".format(RECORDTXT))
    final_list = Parser()
    pprint('final_list:\tThis time we have these results:')
    pprint(final_list)
    print('*' * 10 + '-' * 10 + '*' * 10)
    sent_list = RecordCheckInList()
    pprint("sent_list:\tWe already sent these:")
    pprint(sent_list)
    print('*' * 10 + '-' * 10 + '*' * 10)
    for one in final_list:
        if one[0] not in sent_list:
            pprint(one)
            SendMailWrapper(one)          # 发送此新帖子
            RecordWriter(one[0])          # 将新内容写入
            RandomSleep()

    RecordWriter('-' * 15)

    del mail_sender
    del final_list
    del sent_list
```

在上面的代码中，Mail163类是一个邮件发送类，其对象可以被理解为一个抽象的发信操作。负责发信的是SendMail()方法，shit_words是一个包含了屏蔽词的列表，SentenceJudge()方法通过该列表判断信息是否应该保留。SendMailWrapper()方法包装了SendMail()方法，最终可以在邮件中发出格式化的文本。RecordWriter()方法负责将抓取的信息保存到本地中，RecordCheckInList()则读取本地已保存的信息，如果本地已保存(即旧帖子)，便不再将帖子添加到发送列表sent_list(见main中的语句)。

Parser()是负责解析网页和爬虫逻辑的主要部分，其中连续的if else判断部分是为了判断帖子是否包含用户关心的信息。在编写爬虫完毕后,用户可以先使用自己的邮箱账号在本地测试一下,将发送邮箱和接收邮箱都设置为自己的邮箱。

7.3.3 部署爬虫

在编辑并调试好爬虫程序后,使用 scp -P 可以将本地的脚本文件传输(实际上是一种远程复制)到服务器上。scp 是 secure copy 的简写,这个命令用于在 Linux 下远程复制文件,和它类似的命令有 cp,不过 cp 是在本机上进行复制。

将文件从本地机器复制到远程机器的命令如下:

```
scp local_file remote_username@remote_ip:remote_file
```

将 remote_username 和 remote_ip 等参数替换为自己想要的内容(例如将 remote_username 换为"root",因为 VPS 的用户名一般是 root),执行命令并输入密码即可。如果需要通过端口号传输,命令如下:

```
scp -P port local_file remote_username@remote_ip:remote_file
```

当 scp 执行完毕后,用户的远程机器上便有了一份本地爬虫程序的副本。这时可以选择直接手动执行这个爬虫程序,只要远程服务器的运行环境能够满足要求就能够成功运行这个爬虫。也就是说,一般只要安装好爬虫所需的 Python 环境和各个扩展库等即可,可能还需要配置数据库。由于本例中的爬虫较为简单,数据通过文件存取,故暂时不需要这一环节。不过,用户还可以使用一些简单的命令将爬虫变得更"自动化"一些,其中 Linux 系统下的 crontab 命令就是一个很方便的工具。

【提示】 crontab 是一个控制计划任务的命令,而 crond 是 Linux 下用来周期性执行某种任务或等待处理某些事件的一个守护进程。如果用户发现机器上没有 crontab 服务,可以通过 yum install crontabs 安装。crontab 的基本命令行格式为 crontab [-u user] [-e | -l | -r],其中,-u user 表示用来设定某个用户的 crontab 服务;-e 表示编辑某个用户的 crontab 文件内容,如果不指定用户,则表示编辑当前用户的 crontab 文件;-l 表示显示某个用户的 crontab 文件内容,如果不指定用户,则表示显示当前用户的 crontab 文件内容;-r 参数表示从/var/spool/cron 目录中删除某个用户的 crontab 文件,如果不指定用户,则默认删除当前用户的 crontab 文件,等于是一个归零操作。

在用户所建立的 crontab 文件中，每一行都代表一项任务，每行的每个字段代表一项设置，它的格式共分为 6 段，前 5 段是时间设定段，第 6 段是要执行的命令段。

执行 crontab 命令的时间格式一般是类似图 7-20 这样的：

```
# .---------------- minute (0 - 59)
# |  .------------- hour (0 - 23)
# |  |  .---------- day of month (1 - 31)
# |  |  |  .------- month (1 - 12) OR jan,feb,mar,apr ...
# |  |  |  |  .---- day of week (0 - 6) (Sunday=0 or 7)  OR
#sun,mon,tue,wed,thu,fri,sat
# |  |  |  |  |
# *  *  *  *  *  command to be executed
```

图 7-20 crontab 的时间格式

在远程服务器上执行 crontab -e 命令，添加一行：

```
0 * * * * python crawl-1p.py
```

之后保存并退出(对于 vi 编辑器而言，即按下 ESC 键后输入“:wq”)，使用 crontab -l 命令可以查看到这条定时任务。接下来要做的就是等待程序每隔一小时运行一次，系统会将爬取到的格式化信息发送到用户的邮箱。不过这里要说明的是，在这个程序中将邮箱用户名、密码等信息直接写入程序是不可取的行为，正确的方式是在执行程序时通过参数传递，这里为了重点展示远程爬虫，省去了对数据安全性的考虑。

7.3.4 查看运行结果

根据在 crontab 中设置的时间间隔，用户等待程序自动运行后进入自己的邮箱，可以看到远程自动发送来的邮件(见图 7-21)，其内容即爬取到的论坛数据(见图 7-22)。目前，这个程序还没有考虑性能上的问题，另外，在爬取的帖子数据较多时应该考虑使用数据库进行存储。

这样的结果说明，本次对爬虫程序的远程部署已经成功。本例中的爬虫较为简单，如果涉及更复杂的内容，用户可能还需要用到一些专为此设计的工具。

7.3.5 使用爬虫管理框架

Scrapy 作为一个非常强大的爬虫框架受众广泛，正因为如此，它在被大家作为基础爬虫框架进行开发的同时衍生出了一些其他的实用工具，Scrapyd 就是这样一个工

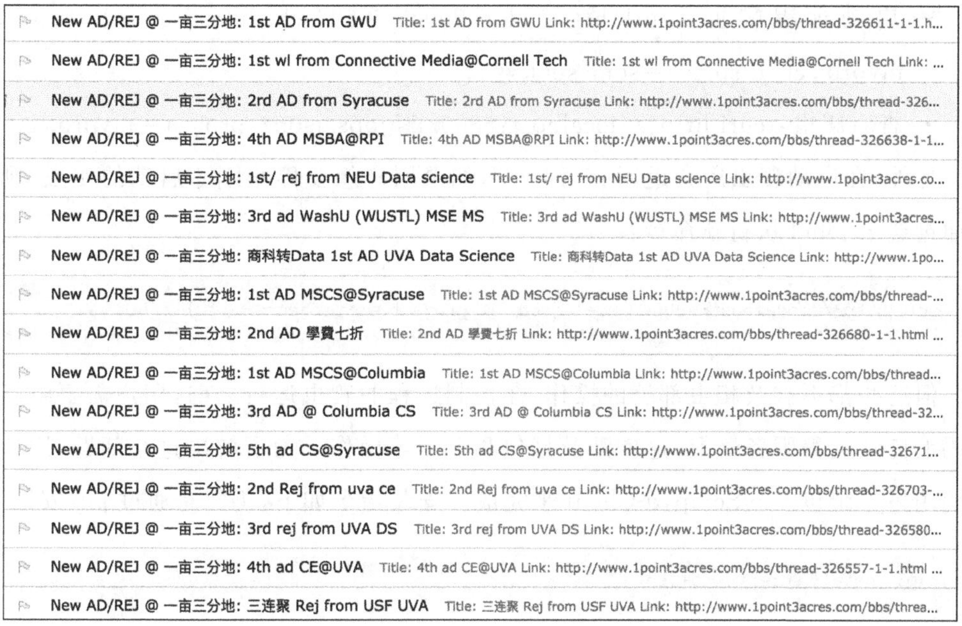

New AD/REJ @ 一亩三分地: 1st AD from GWU Title: 1st AD from GWU Link: http://www.1point3acres.com/bbs/thread-326611-1-1.h...
New AD/REJ @ 一亩三分地: 1st wl from Connective Media@Cornell Tech Title: 1st wl from Connective Media@Cornell Tech Link: ...
New AD/REJ @ 一亩三分地: 2rd AD from Syracuse Title: 2rd AD from Syracuse Link: http://www.1point3acres.com/bbs/thread-326...
New AD/REJ @ 一亩三分地: 4th AD MSBA@RPI Title: 4th AD MSBA@RPI Link: http://www.1point3acres.com/bbs/thread-326638-1-1...
New AD/REJ @ 一亩三分地: 1st/ rej from NEU Data science Title: 1st/ rej from NEU Data science Link: http://www.1point3acres.co...
New AD/REJ @ 一亩三分地: 3rd ad WashU (WUSTL) MSE MS Title: 3rd ad WashU (WUSTL) MSE MS Link: http://www.1point3acres...
New AD/REJ @ 一亩三分地: 商科转Data 1st AD UVA Data Science Title: 商科转Data 1st AD UVA Data Science Link: http://www.1po...
New AD/REJ @ 一亩三分地: 1st AD MSCS@Syracuse Title: 1st AD MSCS@Syracuse Link: http://www.1point3acres.com/bbs/thread-...
New AD/REJ @ 一亩三分地: 2nd AD 學費七折 Title: 2nd AD 學費七折 Link: http://www.1point3acres.com/bbs/thread-326680-1-1.html ...
New AD/REJ @ 一亩三分地: 1st AD MSCS@Columbia Title: 1st AD MSCS@Columbia Link: http://www.1point3acres.com/bbs/thread...
New AD/REJ @ 一亩三分地: 3rd AD @ Columbia CS Title: 3rd AD @ Columbia CS Link: http://www.1point3acres.com/bbs/thread-32...
New AD/REJ @ 一亩三分地: 5th ad CS@Syracuse Title: 5th ad CS@Syracuse Link: http://www.1point3acres.com/bbs/thread-32671...
New AD/REJ @ 一亩三分地: 2nd Rej from uva ce Title: 2nd Rej from uva ce Link: http://www.1point3acres.com/bbs/thread-326703-...
New AD/REJ @ 一亩三分地: 3rd rej from UVA DS Title: 3rd rej from UVA DS Link: http://www.1point3acres.com/bbs/thread-326580...
New AD/REJ @ 一亩三分地: 4th ad CE@UVA Title: 4th ad CE@UVA Link: http://www.1point3acres.com/bbs/thread-326557-1-1.html ...
New AD/REJ @ 一亩三分地: 三连聚 Rej from USF UVA Title: 三连聚 Rej from USF UVA Link: http://www.1point3acres.com/bbs/threa...

图 7-21 邮件列表

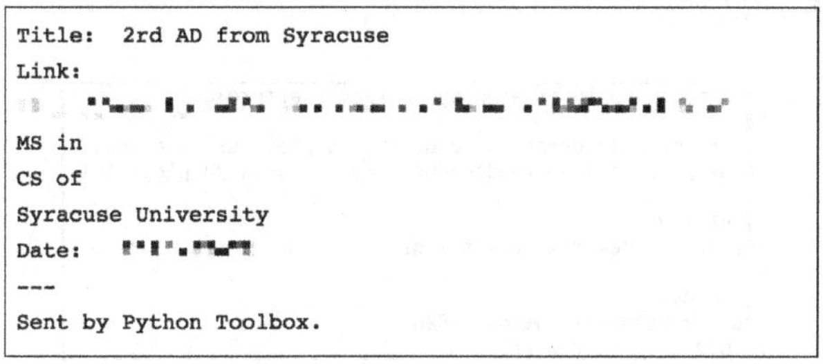

```
Title:  2rd AD from Syracuse
Link:

MS in
CS of
Syracuse University
Date:
---
Sent by Python Toolbox.
```

图 7-22 邮件正文内容示例

具库，它能够用来方便地部署和管理 Scrapy 爬虫。

如果在远程服务器上安装 Scrapyd，启动服务，用户就可以将自己的 Scrapy 项目直接部署到远程主机上。另外，Scrapyd 还提供了一些便于操作的方法和 API，用户借此可以控制 Scrapy 项目的运行。Scrapyd 的安装仍然是通过 pip 命令：

```
pip install scrapyd
```

安装完成后，在 shell 中通过 scrapyd 命令直接启动服务，在浏览器中根据 shell 中的提示输入地址，即可看到 Scrapyd 已在运行。

Scrapyd 的常用命令（在本地机器的命令）如下。

- 列出所有爬虫：curl http://localhost:6800/listprojects.json

- 启动远程爬虫：curl http://localhost:6800/schedule.json -d project=myproject -d spider=somespider
- 查看爬虫：curl http://localhost:6800/listjobs.json? project=myproject

另外，在启动爬虫后会返回一个jobid，如果用户想要停止刚才启动的爬虫，则需要通过这个jobid执行新命令：

```
curl http://localhost:6800/cancel.json -d project=myproject -d job=jobid
```

但这些都不涉及爬虫部署的操作，在控制远程的爬虫运行之前，用户需要将爬虫代码上传到远程服务器上，这就涉及打包和上传等操作。为了解决这个问题，用户可以使用另一个包——Scrapyd-Client来完成。安装指令如下，仍然是通过pip安装：

```
pip3 install scrapyd-client
```

熟悉Scrapy爬虫的读者可能知道，每次创建Scrapy新项目后会生成一个配置文件scrapy.cfg，见图7-23。

```
# Automatically created by: scrapy startproject
#
# For more information about the [deploy] section see:
# https://scrapyd.readthedocs.org/en/latest/deploy.html

[settings]
default = newcrawler.settings

[deploy]
#url = http://localhost:6800/
project = newcrawler
```

图7-23 Scrapy爬虫中的scrapy.cfg文件内容

打开此配置文件进行一些配置：

```
# scrapyd的配置名
[deploy:scrapy_cfg1]
# 启动scrapyd服务的远程主机ip，localhost默认为本机
url = http://localhost:6800/
# url = http:xxx.xxx.xx.xxx:6800        # 服务器的IP
username = yourusername
password = password
# 项目名称
project = ProjectName
```

在完成之后，就能够省略scp等烦琐操作，通过"scrapyd-deploy"命令实现一键部署。如果用户还想实时监控服务器上Scrapy爬虫的运行状态，可以通过请求

Scrapyd 的 API 来实现。Scrapyd-API 库就能完美地满足这个要求，在安装这个工具后，用户可以通过简单的 Python 语句来查看远程爬虫的状态（例如下面的代码），得到的输出结果就是以 JSON 形式呈现的爬虫运行情况。

```
from scrapyd_api import ScrapydAPI
scrapyd = ScrapydAPI('http://host:6800')
scrapyd.list_jobs('project_name')
```

当然，在爬虫的部署和管理方面还有一些更有综合性，在功能上更强大的工具，例如由国人开发的 Gerapy（https://github.com/Gerapy/Gerapy），这是一个基于 Scrapy、Scrapyd、Scrapyd-Client、Scrapy-Redis、Scrapyd-API、Scrapy-Splash、Django、Jinjia2 等众多强大工具的库，能够帮助用户通过网页 UI 查看并管理爬虫。

安装 Gerapy 仍然是通过 pip：

```
pip3 install gerapy
```

pip3 指明了是为 Python 3 安装，当计算机中同时存在 Python 2 与 Python 3 环境时，使用 pip2 和 pip3 便能够区分。

在安装完成之后就可以马上使用 gerapy 命令，初始化命令如下：

```
gerapy init
```

该命令执行完毕之后会在本地生成一个 gerapy 文件夹，进入该文件夹（cd 命令），可以看到有一个 projects 文件夹（ls 命令）。之后执行数据库初始化命令：

```
gerapy migrate
```

它会在 gerapy 目录下生成一个 SQLite 数据库，同时建立数据库表。之后执行启动服务的命令（见图 7-24）：

```
gerapy runserver
```

```
Django version 2.0.2, using settings 'gerapy.server.server.settings'
Starting development server at http://127.0.0.1:8000/
Quit the server with CONTROL-C.
```

图 7-24　runserver 命令的结果

最后在浏览器中打开“http://localhost:8000/”，就可以看到 Gerapy 的主界面，如图 7-25 所示。

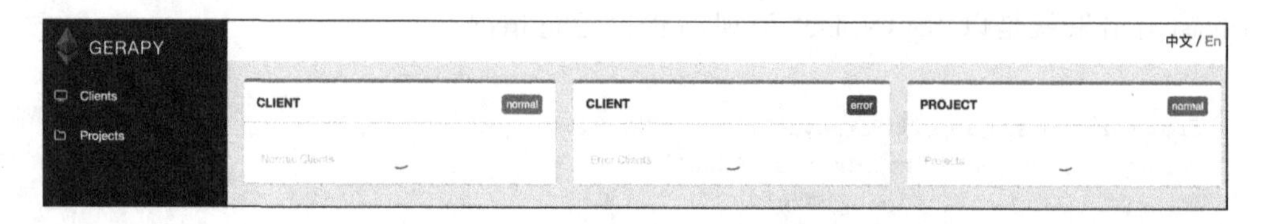

图 7-25　Gerapy 显示的主机和项目状态

Gerapy 的主要功能就是进行项目管理，用户可以通过它配置、编辑和部署自己的 Scrapy 爬虫。如果用户想对一个 Scrapy 项目进行管理和部署，将项目移到刚才 Gerapy 运行目录的 projects 文件夹下即可。

接下来通过单击“部署”按钮进行打包和部署，单击“打包”按钮，即可发现 Gerapy 会提示打包成功，之后便可以开始部署。当然，对于部署了的项目，Gerapy 也能够监控项目状态。Gerapy 甚至提供了基于 GUI 的代码编辑页面，如图 7-26 所示。

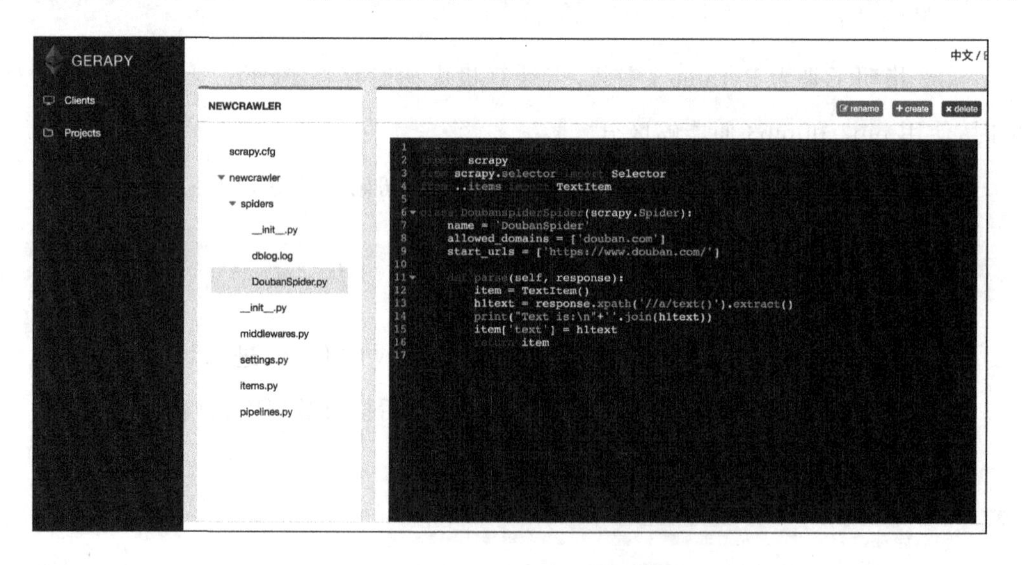

图 7-26　Gerapy 中的程序编辑功能

众所周知，Scrapy 中的 CrawlSpider 是一个非常常用的模板，用户已经看到，CrawlSpider 通过一些简单的规则来完成爬虫的核心配置（例如爬取逻辑等），因此基于这个模板，如果要新创建一个爬虫，用户只需要写好对应的规则即可。Gerapy 利用了 Scrapy 的这一特性，如果用户写好规则，Gerapy 就能够自动生成 Scrapy 项目代码。

单击项目页面右上角的按钮，用户就能够增加一个可配置爬虫。然后在此处添加提取实体、爬取规则和抽取规则，详见图 7-27。在配置完所有相关规则内容后生成代码，最后用户只需要继续在 Gerapy 的 Web 页面操作，对项目进行部署和运行即可。也就是说，我们通过 Gerapy 完成了从创建到运行完毕这所有的工作。

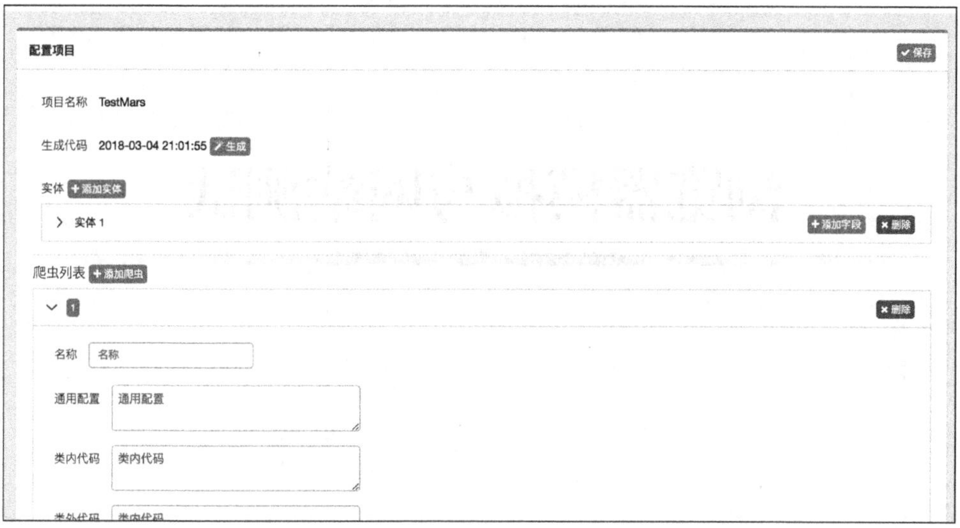

图 7-27　Gerapy 通过 UI 编辑爬虫(实体和规则等)

7.4　本章小结

在本章中介绍了不同应用领域的爬虫，还讨论了对爬虫的远程部署和管理。在接下来的章节中将转向爬虫的另一个应用领域，那就是利用爬虫进行网站测试。

第 8 章

浏览器模拟与网站测试

爬虫程序是为采集网络数据而产生的,不过作为与网站进行交互的程序,爬虫还可以扮演网站测试的角色。对于很多 Web 应用而言,通常会将注意力放在后端的各项测试上,前端界面测试一般会由一个程序员完成。使用爬虫程序,尤其是浏览器模拟程序,用户可以轻松地对网站进行测试。借助 Python 程序,我们可以把原本需要手动进行的一系列界面操作自动化、程序化。事实上,Selenium 这个工具就是为网页测试而开发的,使用 Selenium WebDriver 可以使得网站开发者十分方便地进行 UI 测试,其丰富的 API 可以帮助用户访问 DOM、模拟键盘输入,甚至运行 JavaScript。

8.1 关于测试

8.1.1 什么是测试

在人们提到"测试"这个概念时,很多时候所指的就是"单元测试"。单元测试(有时候也叫模块测试)就是开发者所编写的一段代码,用于检验被测代码的一个较小的、明确的功能是否正确。所以通常而言,一个单元测试是用于判断某个特定条件

(或者场景)下某个特定函数的行为,而一个小模块的所有单元测试都会被集中到同一个类(class)中,并且每个单元测试都能够独立地运行。当然,单元测试的代码与生产代码也是独立的,一般会被保存在独立的项目和目录中。

作为程序开发中的重要一环,单元测试的作用包括确保代码质量、改善代码设计、保证代码重构不会引入新问题(在以函数为单位进行重构的时候,只需要重新测试基本上就可以保证重构没引入新问题)。

除了单元测试,大家还会听到"集成测试""系统测试"等其他名词。集成测试就是在软件系统集成过程中所进行的测试,一般安排在单元测试完成之后,目的是检查模块之间的接口是否正确;系统测试则是对已经集成好的软件系统进行彻底的测试,目的在于验证软件系统的正确性和性能等是否满足要求。本章主要讨论单元测试。

8.1.2 什么是 TDD

按照理解,测试似乎是在代码完成之后再实现的部分,毕竟测试的是代码,但是测试却可以先行,而且还会收到良好的效果,这就是所谓的测试驱动开发(TDD)。换句话说,TDD 就是先写测试,再写代码。在《代码大全》中这样说:

- 在开始写代码之前先写测试用例,并不比之后再写多花多少工夫,只是调整了一下测试用例编写活动的工作顺序而已。
- 假如先编写测试用例,那么用户将可以更早地发现缺陷,同时也更容易修正它们。
- 首先编写测试用例,将迫使用户在开始写代码之前至少思考一下需求和设计,而这往往会催生更高质量的代码。
- 在编写代码之前先编写测试用例,能更早地把需求上的问题暴露出来。

实际上,在《代码整洁之道》[①]中还描述了 TDD 的三定律。

- 定律一:在编写不能通过的单元测试前不可编写生产代码。
- 定律二:只可编写刚好无法通过的单元测试,不能编译也算不通过。
- 定律三:只可编写刚好足以通过当前失败测试的生产代码。产品代码能够让当前失败的单元测试成功通过即可,不要多写。

---

① 《代码整洁之道》为一部关于软件编写中代码风格的专著,见 Martin,Robert C. Clean Code: a Handbook of Agile Software Craftsmanship. London: Pearson Education,2009。

无论是先写测试还是后写测试，测试都是需要重视的环节，我们的最终目的是提供可用的、完善的程序模块。

8.2 Python 的单元测试

8.2.1 使用 unittest

在 Python 中，用户可以使用 Python 自带的 unittest 模块编写单元测试，见例 8-1。

【例 8-1】 TestStringMethods.py，unittest 简单示例。

```
import unittest

class TestStringMethods(unittest.TestCase):

    def test_upper(self):
        self.assertEqual('test'.upper(), 'TEST')          # 判断两个值是否相等

    def test_isupper(self):
        self.assertTrue('TEST'.isupper())                 # 判断值是否为True
        self.assertFalse('Test'.isupper())                # 判断值是否为False
```

在 PyCharm IDE 中运行这个程序，可以看到它与普通的脚本不同，这个程序被作为一个测试来执行，见图 8-1。

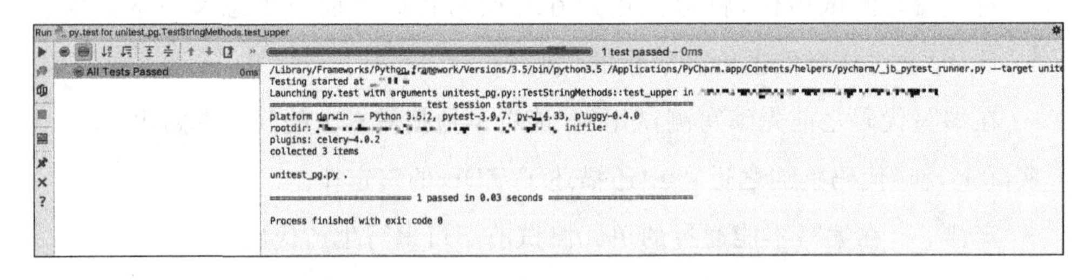

图 8-1 在 PyCharm IDE 中运行 TestStringMethods

当然，也可以使用命令行来运行：

```
python3 -m unittest TestStringMethods
```

输出为：

```
...
----------------------------------------------------------------------
Ran 2 tests in 0.000s

OK
```

使用-v 参数执行命令可以获得更多信息，见图 8-2。

```
test_isupper (TestStringMethods.TestStringMethods) ... ok
test_upper (TestStringMethods.TestStringMethods) ... ok

----------------------------------------------------------------------
Ran 2 tests in 0.000s

OK
```

图 8-2　运行 TestStringMethods 的信息

以上输出说明用户的测试都已通过。如果用户想换一种方式，使用运行普通脚本的方式来执行测试，例如“python3 TestStringMethods.py”，那么还需要在脚本末尾增加两行代码：

```
if __name__ == '__main__':
  unittest.main()
```

在这个示例中创建了一个 TestStringMethods 类，并继承了 unittest.TestCase。这里方法的命名以 test 开头，表明该方法是测试方法。实际上，不以 test 开头的方法在测试的时候不会被 Python 解释器执行。因此，如果用户添加这样一个方法：

```
def nottest_isupper(self):
  self.assertEqual('TEST'.upper(),'test')
```

虽然'TEST'.upper()与'test'并不相等，但是这个测试仍然会通过，因为 nottest_isupper()方法不会被执行。在上述各个方法里面使用了以下断言(assert)来判断运行的结果是否和预期相符。

- assertEqual：判断两个值是否相等。
- assertTrue/assertFalse：判断表达式的值是 True 还是 False。

断言方法主要分为 3 种类型。

- 检测两个值的大小关系：相等、大于、小于等。
- 检查逻辑表达式的值：True/False。
- 检查异常。

在实践中常用的断言方法见表 8-1。

表 8-1 常用的断言方法

断言方法	意义解释
assertEqual(a, b)	判断 a==b
assertNotEqual(a, b)	判断 a!=b
assertTrue(x)	bool(x) is True
assertFalse(x)	bool(x) is False
assertIs(a, b)	a is b
assertIsNot(a, b)	a is not b
assertIsNone(x)	x is None
assertIsNotNone(x)	x is not None
assertIn(a, b)	a in b
assertNotIn(a, b)	a not in b
assertIsInstance(a, b)	isinstance(a, b)
assertNotIsInstance(a, b)	not isinstance(a, b)

有时候用户还需要在每个测试方法的执行前和执行后做一些操作，例如在每个测试方法执行前连接数据库，在执行后断开连接。此时可以使用 setUp()（启动）和 tearDown()（退出）方法，这样就不需要在每个测试方法中编写重复的代码。这里改写一下刚才的测试类：

```
import unittest

class TestStringMethods(unittest.TestCase):
  def setUp(self):
    print("set up the test")

  def tearDown(self):
    print("tear down the test")

  def test_upper(self):
    self.assertEqual('test'.upper(), 'TEST')          # 判断两个值是否相等

  def test_isupper(self):
    self.assertTrue('TEST'.isupper())                 # 判断值是否为True
    self.assertFalse('Test'.isupper())                # 判断值是否为False

  def nottest_isupper(self):
    self.assertEqual('TEST'.upper(),'test')
```

再次使用“python3 -m unittest -v TestStringMethods”命令来执行测试，如图 8-3 所示。

```
test_isupper (TestStringMethods.TestStringMethods) ... set up the test
tear down the test
ok
test_upper (TestStringMethods.TestStringMethods) ... set up the test
tear down the test
ok

----------------------------------------------------------------------
Ran 2 tests in 0.000s

OK
```

图 8-3 再次执行 TestStringMethods 的测试

可见测试类在执行测试之前和之后会分别执行 setUp()和 tearDown()。注意，这两个方法在每个测试的开始和结束都运行，而不是把 TestStringMethods 这个测试类作为一个整体只在开始和结束运行一次。

8.2.2 其他方法

除了 Python 内置的 unittest 以外，用户还有不少其他选择，pytest 模块就是一个不错的选择。pytest 兼容 unittest，目前很多开源项目也都在用。pytest 的安装也是一如既往的方便：

```
pip install pytest
```

pytest 的功能比较全面而且可扩展，但是语法很简洁，甚至比 unittest 还要简单，见例 8-2。

【例 8-2】 pytestCalculate. py，pytest 模块示例。

```
def add(a, b):
  return a + b

def test_add():
  assert add(2, 4) == 6
```

使用 pytest pytestCalculate. py 命令来执行测试，如图 8-4 所示。

```
============================= test session starts ==============================
platform darwin -- Python 3.5.2, pytest-3.0.7, py-1.4.33, pluggy-0.4.0
rootdir: [illegible]
plugins: celery-4.0.2
collected 1 items

pytestCalculate.py .

=========================== 1 passed in 0.01 seconds ===========================
```

图 8-4 pytestCalculate 的测试结果

当需要编写多个测试样例的时候，可以将其放到一个测试类中：

```
def add(a, b):
  return a + b

def mul(a, b):
  return a * b

class TestClass():
  def test_add(self):
    assert add(2, 4) == 6

  def test_mul(self):
    assert mul(2,5) == 10
```

在编写时需要遵循一些原则：

(1) 测试类以 Test 开头，并且不能带有__init__方法。

(2) 测试函数以 test_开头。

(3) 断言使用基本的 assert 来实现。

用户仍然可以使用"pytest pytestCalculate. py"进行这个测试，输出结果会显示"2 passed in 0. 03 seconds"。

当然，除了 unittest 和 pytest 以外，Python 中的单元测试工具还有很多，有兴趣的读者可以自行了解。

8.3 使用 Python 爬虫测试网站

把 Python 单元测试的概念与网络爬虫程序结合起来，用户就可以实现简单的网站功能测试。这里不妨来测试一下论坛类网站（即以用户发帖和回帖为主要内容的网站），为了举例简单，从一个十分基础的功能单元切入——顶帖对网站内容排序的影响。也就是说，在众多页面中，被展示在前面的页面（即页码较小）中的帖子的最后回复时间（日期）一定新于后面页面中帖子的最后回复时间，而同一页面的帖子列表中上面的帖子的最后回复时间（日期）也一定新于下面的帖子。以著名的水木论坛为例，爬虫类见例 8-3。

【例 8-3】 Newsmth_pg.py，水木论坛的爬虫。

```
import requests, time
from lxml import html

class NewsmthCrawl():
  header_data = {'Accept': 'text/html,application/xhtml+xml,application/xml;q=0.9,
image/webp,*/*;q=0.8',
                 'Accept-Encoding': 'gzip, deflate, sdch, br',
                 'Accept-Language': 'zh-CN,zh;q=0.8',
                 'Connection': 'keep-alive',
                 'Upgrade-Insecure-Requests': '1',
                 'User-Agent': 'Mozilla/5.0 (Windows NT 6.1; WOW64) AppleWebKit/537.36
(KHTML, like Gecko) Chrome/36.0.1985.125 Safari/537.36',
                 }

  def set_startpage(self, startpagenum):
    self.start_pagenum = startpagenum

  def set_maxpage(self, maxpagenum):
    self.max_pagenum = maxpagenum

  def set_kws(self, kw_list):
    self.kws = kw_list

  def keywords_check(self, kws, str):
    if len(kws) == 0 or len(str) == 0:
      return False
    else:
      if any(kw in str for kw in kws):
        return True
      else:
        return False

  def get_all_items(self):
    res_list = []
    ses = requests.Session()

    raw_urls = ['http://www.newsmth.net/nForum/board/Joke?ajax&p={}'.
                format(i) for i in range(self.start_pagenum, self.max_pagenum)]
    for url in raw_urls:
      resp = ses.get(url, headers=NewsmthCrawl.header_data)
      h1 = html.fromstring(resp.content)
      raw_xpath = '//*[@id="body"]/div[3]/table/tbody/tr'

      for one in h1.xpath(raw_xpath):
        tup = (one.xpath('./td[2]/a/text()')[0], 'http://www.newsmth.net' + one.xpath
('./td[2]/a/@href')[0],
```

```
                one.xpath('./td[8]/a/text()')[0])
            res_list.append(tup)

        time.sleep(1.2)

    return res_list
```

这个爬虫类的核心方法是 get_all_items()，这个方法会返回一个列表(list)，列表中的每个元素都是一个元组(tuple)，元组中有 3 个元素，即帖子的标题、帖子的链接、帖子的最后回复日期。它们会对水木论坛的笑话版面(地址是 www.newsmth.net/nForum/#!board/Joke)进行爬取。另外，keywords_check()方法会接收两个参数——kws 和 str，判断 kws 列表中是否存在某个关键词也在 str 这个字符串中，返回布尔值。不过在目前的 get_all_items()方法中还没有进行关键词检测，这个方法也没有在任何地方被调用。

简单地执行这个爬虫，输出 get_all_items()的结果，见图 8-5。

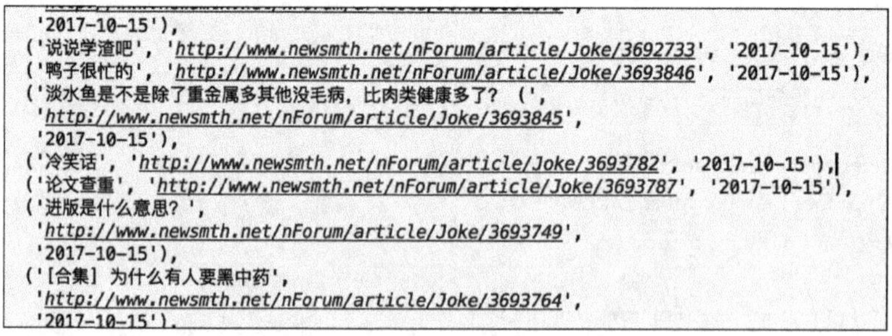

```
 '2017-10-15'),
('说说学渣吧', 'http://www.newsmth.net/nForum/article/Joke/3692733', '2017-10-15'),
('鸭子很忙的', 'http://www.newsmth.net/nForum/article/Joke/3693846', '2017-10-15'),
('淡水鱼是不是除了重金属多其他没毛病, 比肉类健康多了? (',
 'http://www.newsmth.net/nForum/article/Joke/3693845',
 '2017-10-15'),
('冷笑话', 'http://www.newsmth.net/nForum/article/Joke/3693782', '2017-10-15'),
('论文查重', 'http://www.newsmth.net/nForum/article/Joke/3693787', '2017-10-15'),
('进版是什么意思? ',
 'http://www.newsmth.net/nForum/article/Joke/3693749',
 '2017-10-15'),
('[合集] 为什么有人要黑中药',
 'http://www.newsmth.net/nForum/article/Joke/3693764',
 '2017-10-15'),
```

图 8-5 get_all_items()方法的结果

与之相对应，编写一个测试类，存放在 test_newsmth.py 中，见例 8-4。

【例 8-4】 test_newsmth.py，水木论坛爬虫的测试。

```
import datetime
from newsmth_pg import NewsmthCrawl

class TestClass():
  def test_lastreplydatesort(self):
    Nsc = NewsmthCrawl()
    Nsc.set_startpage(3)
    Nsc.set_maxpage(10)
    tup_list = Nsc.get_all_items()
    for i in range(1, len(tup_list)):
```

```
            dt_new = datetime.datetime.strptime(tup_list[i - 1][ - 1], '%Y - %m - %d')
            dt_old = datetime.datetime.strptime(tup_list[i][ - 1], '%Y - %m - %d')
            assert dt_new > = dt_old
```

这个测试类只有一个测试方法，test_lastreplydatesort()的目标是获取所有“最后回复日期”然后逐个对比。因为多个帖子可能会有同一个回复日期，所以在断言语句中是“>=”而不是“>”。另外，dt_new 和 dt_old 都是使用 strptime()构造的 datetime 对象，对于 strptime()方法，在本书第 10 章中有相关的介绍。

通过执行“pytest test_newsmth.py”进行测试，最终测试通过，如图 8-6 所示。

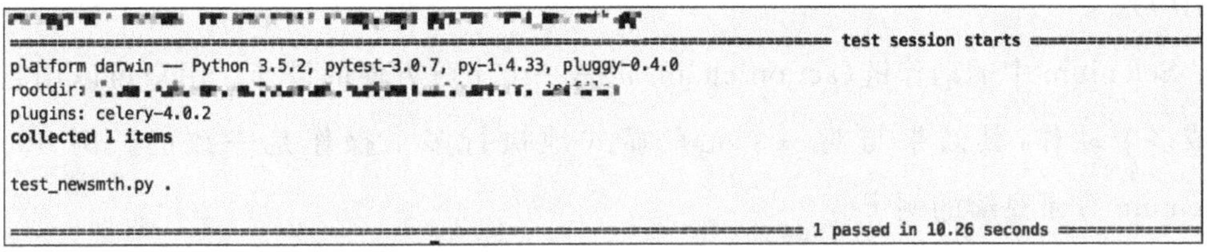

```
========================= test session starts =========================
platform darwin -- Python 3.5.2, pytest-3.0.7, py-1.4.33, pluggy-0.4.0
rootdir:
plugins: celery-4.0.2
collected 1 items

test_newsmth.py .

========================= 1 passed in 10.26 seconds =========================
```

图 8-6　pytest 测试水木论坛爬虫的结果

8.4　使用 Selenium 测试

虽然使用 Python 单元测试能够对网站的内容进行一定程度的测试，但是对于测试页面功能，尤其是涉及 JavaScript 时，简单的爬虫就显得有点黔驴技穷了。十分幸运的是，现在有 Selenium 这个工具，与 Python 单元测试不同的是，Selenium 并不要求单元测试必须是一个测试方法，另外测试通过也不会有什么提示。在前面已经介绍过 Selenium，必须强调的是，Selenium 测试可以在 Windows、Linux 和 Mac 上的 Internet Explorer、Mozilla 和 Firefox 中运行，能够覆盖如此多的平台正是 Selenium 的一个突出优点。Selenium 测试毕竟不同于普通的 Python 测试，Selenium 测试可以从终端用户的角度来测试网站，而且通过在不同平台的不同浏览器中进行测试也更容易发现浏览器的兼容性问题。

8.4.1　Selenium 测试常用的网站交互

Selenium 进行网站测试的基础就是自动化浏览器与网站的交互，包括页面操作、数据交互等。在前面已经对 Selenium 的基本使用做过简单的说明，有了网站交互

(而不是典型爬虫程序避开浏览器界面的策略),用户就能够完成很多测试工作,例如找出异常表单、HTML 排版错误、页面交互问题。

一般来说,开始页面交互的第一步都是定位元素,即使用 find_element(s)_by_* 系列方法。

对于一个给定的元素(最好已经定位到了这个元素),Selenium 能够执行的操作也很多,包括单击(click()方法)、双击(double_click()方法)、键盘输入(send_keys()方法)、清除输入(clear()方法)等。用户甚至可以模拟浏览器的前进或后退(使用 driver. forward()和 driver. back()),或者是访问网站弹出的对话框(driver. switch_to_alert())。

Selenium 中的动作链(action chain)也是一个十分方便的设计。用户可以用它来完成多个动作,其效果与对一个元素显式地执行多个操作是一致的。例 8-5 是 Selenium 登录豆瓣的例子。

【例 8-5】 Selenium 登录豆瓣。

```
from selenium import webdriver
from selenium.webdriver import ActionChains

path_of_chromedriver = 'your path of chrome driver'
driver = webdriver.Chrome(path_of_chromedriver)
driver.get('https://www.douban.com/login')
email_field = driver.find_element_by_id('email')
pw_field = driver.find_element_by_id('password')
submit_button = driver.find_element_by_name('login')

email_field.send_keys('youremail@mail.com')
pw_field.send_keys('yourpassword')
submit_button.click()
```

将最后 3 行代码改写为:

```
actions = ActionChains(driver).\
  click(email_field).send_keys('youremail@mail.com') \
  .click(pw_field).send_keys('yourpassword').click(submit_button)

actions.perform()
```

效果完全一致。第一种方式在两个字段上调用 send_keys(),然后单击"登录"按钮;第二种方式则使用一个动作链来单击每个字段并填写信息,最后登录(不要忘了在最后使用 perform()方法执行这些操作)。实际上,不仅仅是使用 WebDriver 自带的方法进行交互,用户还可以使用十分强大的 execute_script()方法:

```
last_height = driver.execute_script("return document.body.scrollHeight")
while True:
  # 向下滚动到底部
  driver.execute_script("window.scrollTo(0, document.body.scrollHeight);")
  new_height = driver.execute_script("return document.body.scrollHeight")
  if new_height == last_height:
    break
  last_height = new_height
```

上面的代码就是一个使用 JavaScript 脚本进行页面交互的例子,其实现的功能是不断下拉到页面的底端(即浏览器右侧的滚动条)。

最后,如果用户使用 PhantomJS 等无界面浏览器进行测试,就会发现 Selenium 的截图保存是一个十分友好的功能。以下代码都能够完成截屏动作:

```
driver.save_screenshot('screenshot-douban.jpg')
driver.get_screenshot_as_file('screenshot-douban.png')
```

截屏的意义至少在于,当用户搞不清楚测试问题所在时,看看此时的网站实时界面总是一个不错的选择。

8.4.2 结合 Selenium 进行单元测试

Selenium 可以轻而易举地获取网站的相关信息,而单元测试可以评估这些信息是否满足测试条件,因此结合 Selenium 进行单元测试就成为十分自然的选择。下面的示例对维基百科(en.wikipedia.org/wiki/Main_Page)进行测试,在搜索框中搜索"Wikipedia"关键词,检测查找结果,如果没有查询结果则测试不通过,见例 8-6。

【例 8-6】 TestWikipedia.py,一个使用 Selenium 测试 Wikipedia 的程序。

```
import unittest,time
from selenium import webdriver
from selenium.webdriver.common.keys import Keys

class TestWikipedia(unittest.TestCase):
  path_of_chromedriver = 'your path of chromedriver'

  def setUp(self):
```

```
        self.driver = webdriver.Chrome(executable_path = TestWikipedia.path_of_chromedriver)

    def test_search_in_python_org(self):
        driver = self.driver
        driver.get("https://en.wikipedia.org/wiki/Main_Page")
        self.assertIn("Wikipedia", driver.title)
        elem = driver.find_element_by_name("search")
        elem.send_keys('Wikipedia')
        elem.send_keys(Keys.RETURN)
        time.sleep(3)
        assert "no results" not in driver.page_source

    def tearDown(self):
        print("Wikipedia test done.")
        self.driver.close()

if __name__ == "__main__":
    unittest.main()
```

在上面的代码中，测试类继承自 unittest.TestCase，继承 TestCase 类是告诉 unittest 模块该类是一个测试用例。在 setUp()方法中创建了 Chrome WebDriver 的一个实例，下面一行使用断言的方法判断在页面标题中是否包含“Wikipedia”：

```
self.assertIn("Wikipedia", driver.title)
```

在使用 find_element_by_name()方法寻找到搜索框后，发送 keys 输入，这和使用键盘输入 keys 是同样的效果。另外，一些特殊的按键可以通过导入 selenium.webdriver.common.keys 的 Keys 类来输入（正如代码开头那样）。之后检测网页中是否存在“no results”这个字符串，整个测试类的逻辑基本上就是这样。

在 IDE 中运行这个测试程序，可见 Wikipedia 网站通过了这次测试（见图 8-7），对于“Wikipedia”这个关键词，搜索是不会查询不到结果的。

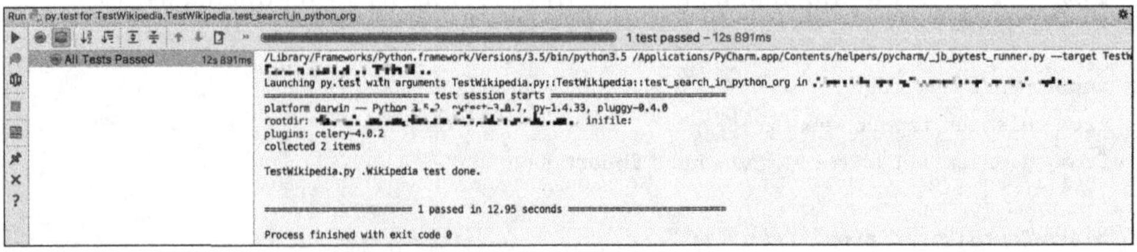

图 8-7 IDE 运行 TestWikipedia.py 的结果

当然，如果把搜索内容改为其他的“冷门”关键词，则测试可能就无法通过了，如果搜索“CANNOTSEARCH”这个理应不会有什么结果的关键词，测试的结果如图 8-8 所示。

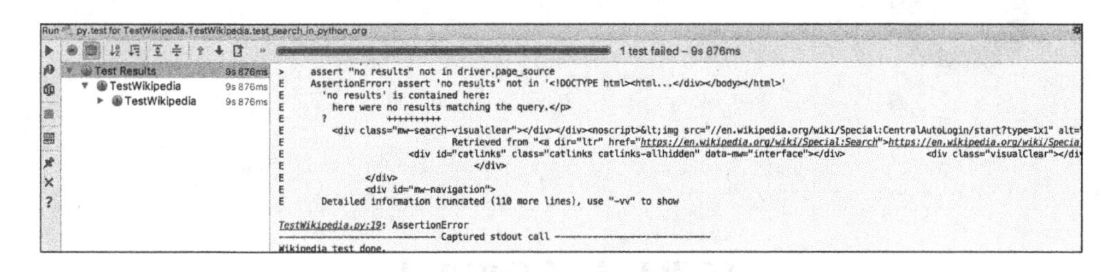

图 8-8　更改搜索关键词后的测试结果

毫不夸张地说，任何网站（当然也包括用户自己创建管理的网站）的内容都可以使用 Selenium 进行单元测试，并且正如大家所看到的那样，测试代码的编写也并不复杂。

8.5　本章小结

本章重点讨论了 Python 单元测试的概念和方法，之后介绍了使用 Selenium 做网站测试的思路。其中使用了一个维基百科的例子来说明测试的具体编写，Selenium 测试所能做的远远不止这一点，使用 Selenium 提供的种种操作（主要以 WebDriver 的各种类方法来体现），用户能够完成很多不同的测试，在这个角度上，网络爬虫与网站测试之间似乎没有什么太大的区别。另外，本章提到了两个 Python 单元测试工具——unittest 和 pytest，有兴趣的读者可以继续了解 PyUnit、Nose 等其他模块。

第9章

更强大的爬虫

在本章中将试图让爬虫程序变得更为强壮，介绍主流的爬虫框架，另外还会从网站反爬虫策略、爬虫性能和分布式爬虫几个方面进行讨论。

9.1 爬虫框架

9.1.1 Scrapy是什么

按照官方的说法，Scrapy是一个“为了爬取网站数据、提取结构性数据而编写的Python应用框架，可以应用在包括数据挖掘、信息处理或存储历史数据等各种程序中”。Scrapy最初是为了网页抓取而设计的，也可以应用在获取API所返回的数据或者通用的网络爬虫开发之中。作为一个爬虫框架，用户可以根据需求十分方便地使用Scrapy编写出自己的爬虫程序。毕竟要从使用requests(或者urllib)访问URL开始编写，把网页解析、元素定位等功能一行一行写进去，再编写爬虫的循环抓取策略和数据处理机制等其他功能，这些流程做下来，工作量其实也是不小的。使用特定的框架可以帮助用户更高效地定制爬虫程序。在各种Python爬虫框架中，Scrapy因为合理的设计、简便的用法和十分广泛的资料等优点脱颖而出，成为比较流行的爬虫框架，在这里对它进行比较详细的介绍。当然，深入了解一个 Python 库的相关知识的最好方式就是去它的官网查看官方文档，Scrapy 的官方网址是“https://scrapy.org/”，读者可以随时访问并查看最新的消息。

作为可能是最流行的 Python 爬虫框架，掌握 Scrapy 爬虫编写是用户在爬虫开发中迈出的重要一步。当然，Python 爬虫框架有很多，相关资料也内容庞杂。

从构件上看，Scrapy 这个爬虫框架主要由以下组件来组成。

- 引擎(Scrapy)：用来处理整个系统的数据流，触发事务，是框架的核心。
- 调度器(Scheduler)：用来接受引擎发过来的请求，将请求放入队列中，并在引擎再次请求的时候返回。它决定下一个要抓取的网址，同时担负着“网址去重”这一重要工作。
- 下载器(Downloader)：用于下载网页内容，并将网页内容返回给爬虫。下载器的基础是 twisted，它是一个 Python 网络引擎框架。
- 爬虫(Spiders)：用于从特定的网页中提取自己需要的信息，即 Scrapy 中所谓的实体(Item)。用户也可以从中提取出链接，让 Scrapy 继续抓取下一个页面。
- 管道(Pipeline)：负责处理爬虫从网页中抽取的实体，主要的功能是持久化信息、验证实体的有效性、清洗信息等。当页面被爬虫解析后将被发送到管道，并经过特定的程序来处理数据。
- 下载器中间件(Downloader Middlewares)：Scrapy 引擎和下载器之间的框架，主要是处理 Scrapy 引擎与下载器之间的请求及响应。
- 爬虫中间件(Spider Middlewares)：Scrapy 引擎和爬虫之间的框架，主要工作是处理爬虫的响应输入和请求输出。
- 调度中间件(Scheduler Middlewares)：Scrapy 引擎和调度之间的中间件，从 Scrapy 引擎发送到调度的请求和响应。

它们之间关系的示意可见图 9-1。

具体地说，一个 Scrapy 爬虫的工作流程如下：

第一步，引擎打开一个网站，找到处理该网站的爬虫(Spider)，并向该 Spider 请求第一个要爬取的 URL。

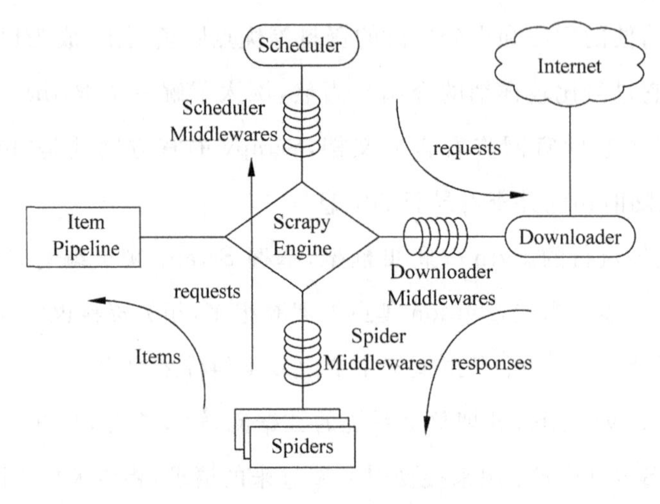

图 9-1　Scrapy 架构

第二步,引擎从 Spider 中获取到第一个要爬取的 URL 并在调度器(Scheduler)中以 requests 调度。

第三步,引擎向调度器请求下一个要爬取的 URL。

第四步,调度器返回下一个要爬取的 URL 给引擎,引擎将 URL 通过下载器中间件转发给下载器(Downloader)。

一旦页面下载完毕,下载器会生成一个该页面的 responses,并将其通过下载器中间件发送给引擎。引擎从下载器中接收到 responses 并通过 Spider 中间件(Spider Middlewares)发送给 Spider 处理。之后 Spider 处理 responses 并返回爬取到的 Item 及发送(跟进的)新的 requests 给引擎。引擎将爬取到的 Item 传递给 Item Pipeline,将(Spider 返回的)requests 传递给调度器。重复以上从第二步开始的过程直到调度器中没有更多的 request,最终引擎关闭网站。

9.1.2　Scrapy 的安装与入门

用户可以使用 pip 十分轻松地安装 Scrapy,为了安装 Scrapy,可能需要首先使用以下命令安装 lxml 库:

```
pip install lxml
```

如果已经安装了 lxml,那么就可以直接安装 Scrapy:

```
pip install scrapy
```

在终端中执行以下命令(后面的网址可以是其他域名，例如 www.baidu.com)：

```
scrapy shell www.douban.com
```

可以看到 Scrapy 的反馈，如图 9-2 所示。

```
[s] Available Scrapy objects:
[s]   scrapy     scrapy module (contains scrapy.Request, scrapy.Selector, etc)
[s]   crawler    <scrapy.crawler.Crawler object at 0x1053c0b70>
[s]   item       {}
[s]   request    <GET http://www.douban.com>
[s]   response   <403 http://www.douban.com>
[s]   settings   <scrapy.settings.Settings object at 0x10633b358>
[s]   spider     <DefaultSpider 'default' at 0x106682ef0>
[s] Useful shortcuts:
[s]   fetch(url[, redirect=True]) Fetch URL and update local objects (by default, redirect
s are followed)
[s]   fetch(req)                  Fetch a scrapy.Request and update local objects
[s]   shelp()           Shell help (print this help)
[s]   view(response)    View response in a browser
```

图 9-2　Scrapy 的反馈

使用“scrapy -v”可以查看目前安装的 Scrapy 框架的版本，如图 9-3 所示。

```
Scrapy 1.4.0 - no active project

Usage:
  scrapy <command> [options] [args]

Available commands:
  bench         Run quick benchmark test
  fetch         Fetch a URL using the Scrapy downloader
  genspider     Generate new spider using pre-defined templates
  runspider     Run a self-contained spider (without creating a project)
  settings      Get settings values
  shell         Interactive scraping console
  startproject  Create new project
  version       Print Scrapy version
  view          Open URL in browser, as seen by Scrapy

  [ more ]      More commands available when run from project directory

Use "scrapy <command> -h" to see more info about a command
```

图 9-3　查看 Scrapy 的版本

看到这些信息就说明 Scrapy 已经安装成功。在 PyCharm IDE 中安装 Scrapy 也很简单，在 Preference→Project Interpreter 面板中单击“+”，在搜索框中搜索并单击 Install Package 即可。如果有多个 Python 环境，在 Project Interpreter 中选择一个即可。

如果用户尝试在 Windows 系统中安装使用 Scrapy，可能需要预先安装一些 Scrapy 依赖的库，首先是 Visual C++Build Tools，在此过程中可能需要安装较新版本的.NET Framework；之后需要安装 pywin32，这里需要直接下载 EXE 文件安装[①]；接下来，用户还需要安装 twisted（如上文所述，twisted 是 Scrapy 的基础之一），使用 pip install twisted 命令即可。

当然，Scrapy 还可以使用 Conda 工具安装，这里就不再赘述了。

为了在终端创建一个 Scrapy 项目，首先进入自己想要存放项目的目录，用户也可以直接新建一个目录（文件夹），这里在终端中使用命令创建一个新目录并进入：

```
mkdir newcrawler
cd newcrawler/
```

之后执行 Scrapy 框架的对应命令：

```
scrapy startproject newcrawler
```

此时会发现目录下多出一个新的名为 newcrawler 的目录，查看这个目录的结构（见图 9-4）。这是一个标准的 Scrapy 爬虫项目结构。

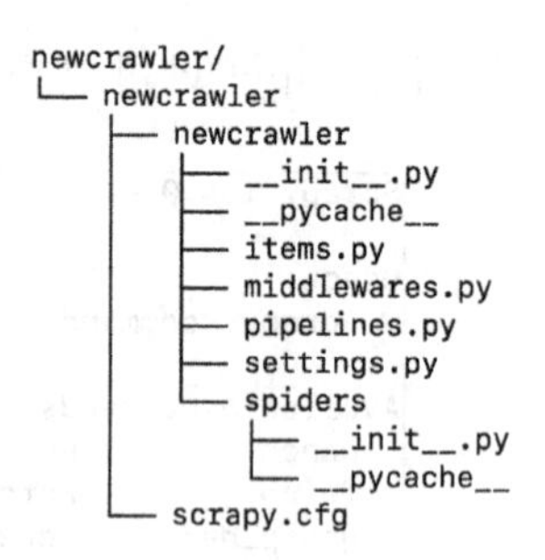

图 9-4　newcrawler 目录结构

【提示】 在 Linux 和 Mac OS 系统中可以使用 tree 命令查看文件目录的树形结构。在 Linux 下执行"apt-get install tree"命令即可安装这个工具。在 Mac OS 下可以使用 homebrew 工具并执行"brew install tree"命令来安装。

其中，items.py 定义了爬虫的"实体"类，middlewares.py 是中间件文件，pipelines.py 是管道文件，spiders 文件夹下是具体的爬虫，scrapy.cfg 则是爬虫的配置文件。

使用 IDE 创建 Scrapy 项目的步骤几乎一模一样，在 PyCharm 中切换到 Terminal 面板（终端），执行上述各个命令即可。然后执行新建爬虫的命令：

```
scrapy genspider DoubanSpider douban.com
```

输出为：

---

① 下载地址是"https://sourceforge.net/projects/pywin32/files/pywin32/Build%20220/"。

```
Created spider 'DoubanSpider' using template 'basic'
```

不难发现，genspider 命令用于创建一个名为“DoubanSpider”的新爬虫脚本，这个爬虫对应的域为 douban.com。在输出中可以发现一个名为“basic”的模板，这其实是 Scrapy 的爬虫模板，包括 basic、crawl、csvfeed 以及 xmlfeed，在后面会详细介绍。这里进入 DoubanSpider.py 查看（见图 9-5）。

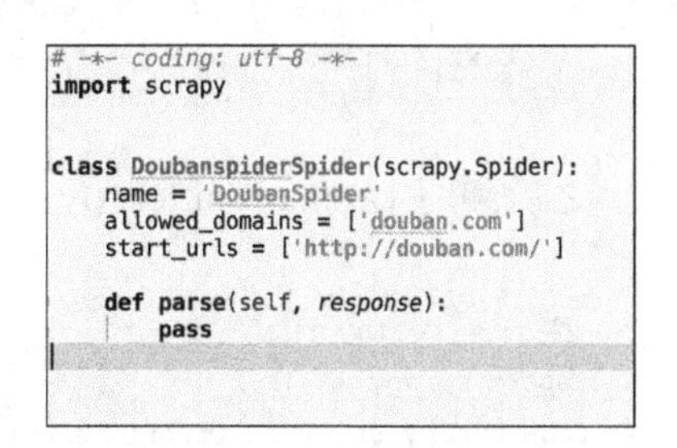

```
# -*- coding: utf-8 -*-
import scrapy


class DoubanspiderSpider(scrapy.Spider):
    name = 'DoubanSpider'
    allowed_domains = ['douban.com']
    start_urls = ['http://douban.com/']

    def parse(self, response):
        pass
```

图 9-5　DoubanSpider

可见它继承了 scrapy.Spider 类，其中还有一些类属性和方法。name 用来标识爬虫，它在项目中是唯一的，每一个爬虫都有一个独特的 name。parse()是一个处理 response 的方法，在 Scrapy 中，response 由每个 request 下载生成。作为 parse()方法的参数，response 是一个 TextResponse 的实例，其中保存了页面的内容。start_urls 列表是一个代替 start_requests()方法的捷径，所谓的 start_requests()方法，顾名思义，其任务就是从 URL 生成 scrapy.Request 对象，作为爬虫的初始请求。大家之后遇到的 Scrapy 爬虫基本上都有着类似这样的结构。

进入 items.py 文件中，用户会看到下面这样的内容：

```
# -*- coding: utf-8 -*-

# Define here the models for your scraped items
#
# See documentation in:
# http://doc.scrapy.org/en/latest/topics/items.html

import scrapy

class NewcrawlerItem(scrapy.Item):
    # define the fields for your item here like:
    # name = scrapy.Field()
    pass
```

9.1.3　编写 Scrapy 爬虫

为了定制 Scrapy 爬虫，用户要根据自己的需求定义不同的 Item，例如创建一个针对页面中所有正文文字的爬虫，将 Items.py 中的内容改写为：

```
class TextItem(scrapy.Item):
    # define the fields for your item here like:
    text = scrapy.Field()
```

之后编写 DoubanSpider.py：

```
# -*- coding: utf-8 -*-
import scrapy
from scrapy.selector import Selector
from ..items import TextItem

class DoubanspiderSpider(scrapy.Spider):
    name = 'DoubanSpider'
    allowed_domains = ['douban.com']
    start_urls = ['https://www.douban.com/']

    def parse(self, response):
        item = TextItem()
        h1text = response.xpath('//a/text()').extract()
        print("Text is" + ''.join(h1text))
        item['text'] = h1text
        return item
```

【提示】 一个爬虫项目可以有多个不同的爬虫类，因为很多时候用户会想在一组网页中收集不同类别的信息（例如一个电影介绍网页的演员表、剧情简介、海报图片等），此时可以为它们设定独立的 Item 类，再用不同的爬虫进行爬取。

这个爬虫会先进入 start_urls 列表中的页面（在这个例子中就是豆瓣网的首页），收集信息完毕后就会停止。response.xpath('//a/text()').extract()这行语句将从 response（其中保存着网页信息）中使用 XPath 语句抽取出所有"a"标签的文字内容（text）。下一句会将它们逐一打印。

在运行第一个简单的 Scrapy 爬虫之前，先进入 settings.py 文件看一眼，它应该是这个样子的（部分内容）：

```
# Obey robots.txt rules
ROBOTSTXT_OBEY = True

# Configure maximum concurrent requests performed by Scrapy (default: 16)
# CONCURRENT_REQUESTS = 32

# Configure a delay for requests for the same website (default: 0)
```

```
# See http://scrapy.readthedocs.org/en/latest/topics/settings.html#download-delay
# See also autothrottle settings and docs
# DOWNLOAD_DELAY = 3
```

对于 ROBOTSTXT_OBEY 大家都很熟悉了，如果启用，Scrapy 就会遵循 robots.txt 的内容。CONCURRENT_REQUESTS 设定了并发请求的最大值，在这里是被注释掉的，也就是说没有限制最大值。DOWNLOAD_DELAY 的值设定了下载器在下载同一个网站的每个页面时需要等待的时间间隔。通过设置这些选项，用户可以限制程序的爬取速度，减轻服务器的压力。

settings.py 中的另外一些重要设置如下。

- BOT_NAME：Scrapy 项目的 bot 名称，使用 startproject 命令创建项目时会自动赋值。
- ITEM_PIPELINES：保存项目中启用的 Pipeline 及其对应顺序，使用一个字典结构。字典默认为空，值(value)一般设定在 0～1000。数字小代表优先级高。
- LOG_ENABLED：是否启用 logging，默认为 True。
- LOG_LEVEL：设定 log 的最低级别。
- USER_AGENT：默认的用户代理。

在运行 Scrapy 爬虫脚本后往往会生成大量的程序调试信息，这对于观察程序的运行状态是很有用的。不过，为了保持输出的简洁，用户可以设置 LOG_LEVEL。Python 中的 log 级别一般有 DEBUG、INFO、WARNING、ERROR、CRITICAL 等，其"严重性"逐渐增加，其包含的范围逐渐缩小。当把 LOG_LEVEL 设置为'ERROR'时，只有 ERROR 和 CRITICAL 级别的日志会显示出来。顺便一提，日志不仅可以在终端显示，用户还可以用 Scrapy 命令行工具将日志输出到文件中。

接着把目光转向 USER_AGENT，为了让爬虫看起来更像一个浏览器，这样的原生 USER_AGENT 就显得不合适了：

```
#USER_AGENT = 'newcrawler (+http://www.yourdomain.com)'
```

这里将 USER_AGENT 取消注释并编辑，结果为：

```
USER_AGENT = 'Mozilla/5.0 (Windows NT 6.1; WOW64) AppleWebKit/537.36 (KHTML, like Gecko)
Chrome/36.0.1985.125 Safari/537.36'
```

【提示】 为避免被网站屏蔽，在爬取网站时经常要定义和修改 USER-AGENT 值（用户代理），将爬虫程序对网站的访问“伪装”成正常的浏览器请求。关于如何处理网站的反爬虫机制，在后面的章节中会继续讨论。

将这些设置做完后就可以开始运行这个爬虫了，运行爬虫的命令如下：

```
scrapy crawl spidername
```

其中，spidername 是爬虫的名称，即爬虫类中的 name 属性。

在程序运行并抓取后，用户可以看到类似图 9-6 所示的输出，说明 Scrapy 成功地进行了抓取。

```
Text is:
豆瓣读书豆瓣电影豆瓣音乐豆瓣小组豆瓣同城豆瓣FM豆瓣时间豆瓣市集豆瓣帮助注册帐号微信登录微博登录下载豆瓣 App去话题广场我最喜爱的诺奖作家网络流行语令我们更有趣了吗秋日散步指南秋食记跟着书本去旅行
乡，新疆南迦巴瓦峰出云记外卖会毁掉我们的下一代吗？豆瓣时间更多

        觉知即新生—终止童年创伤的心理修复课

        笔落惊风雨—你不可不知的中国三大名画

        歌词时光—姚谦写词课

        一碗茶的款待—日本茶道的形与心

        邪典电影本纪—亚文化电影50讲

        回到原典—细节里的中国美术史

        凤冠霞帔—古代女子的巅峰梦想

        以乐语教国子—叶嘉莹古诗词吟诵课

        控制力幻象—焦虑感背后的心理觉察

        拍张好照片—跟七七学生活摄影视频电影影讯&购票选电影电视剧排行榜分类影评预告片问答更多爱情喜剧剧情动画科幻动作经典悬疑青春犯罪惊悚文艺搞笑纪录片励志战争恐怖黑色幽默美国日本香港英国中
票六年，六天选座购票你若安好选座购票南哥选座购票天才枪手选座购票王牌特工2：黄...选座购票縫纫机乐队选座购票追龙选座购票小组精选文化行摄娱乐时尚生活科技兴趣» 旅行摄影影视音乐文学游戏动漫运动戏曲
国理财传媒创业考试艺术» 设计手工展览曲艺舞蹈雕塑纹身学术» 人文社科自然建筑国学语言宗教哲学软件硬件互联网情感» 恋爱心情心理学星座塔罗LESGAY闲聊» 吐槽笑话直播八卦发泄更多帮帮组"加入这个组就有人
```

图 9-6 Scrapy 的 DoubanSpider 的输出

除了简单的 scrapy.Spider 以外，Scrapy 还提供了 CrawlSpider、CSVFeed 等爬虫模板，其中 CrawlSpider 是最为常用的。另外，Scrapy 的 Pipeline 和 Middleware 都支持扩展，配合主爬虫类使用将取得很流畅的抓取和调试体验。

9.1.4 其他爬虫框架

Python 爬虫框架当然不止 Scrapy 一种，在其他诸多爬虫框架中比较值得一提的是 PySpider、Portia 等。PySpider 是一个“国产”的框架，由国内开发者编写，提供一个可视化的 Web 界面来编写、调试脚本，使得用户可以进行诸多其他操作，例如执行或停止程序、监控执行状态、查看活动历史等。Portia 则是另外一款开源的可视化爬虫编写工具，Portia 也提供了 Web UI 页面（见图 9-7），用户只需要通过单击并标注页面上需要抓取的数据即可完成爬虫。

除了 Python 以外，Java 语言也常用于爬虫的开发，比较常见的爬虫框架有 Nutch、Heritrix、WebMagic、Gecco 等。爬虫框架流行的原因就在于开发者需要"多快好省"地完成一些任务，例如爬虫的 URL 管理、线程池之类的模块，如果自己从零做起，势必需要一段时间的实验、调试和修改。爬虫框架将一些"底层"的事务预先做好，开发者只需要将注意力放在爬虫本身的业务逻辑和功能的开发上即可。

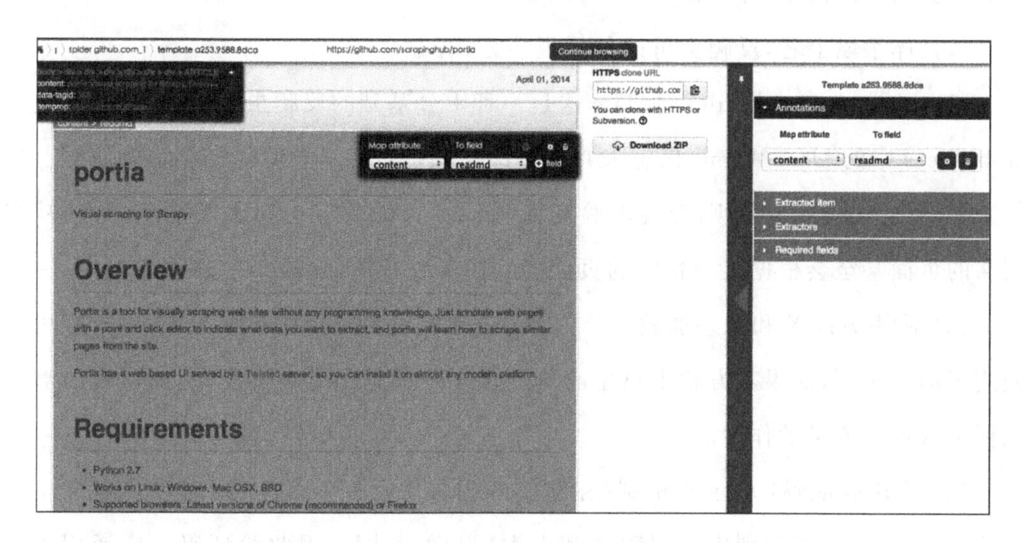

图 9-7　Portia 自带的 Web 界面

9.2　网站反爬虫

9.2.1　反爬虫的策略

网站反爬虫的出发点很简单，建立网站的目的是为了服务普通人类用户，而过多的来自爬虫程序的访问无疑会增大不必要的资源压力，不仅不能够为网站带来真实的流量（能够创造商业效益或社会影响力的用户访问数），反而白白浪费了服务器和运行成本。为此，网站方总是会设计一些机制来进行"反爬虫"，与之相对，爬虫编写者们使用各种方式避开网站的反爬虫机制就被称为"反反爬虫"（当然，递归来看，还存在"反反反爬虫"等）。网站反爬虫的机制从简单到复杂各不相同，基本思路就是要识别出一个访问是来自于真实用户还是来自于开发者编写的计算机程序（这么说其实有歧义，实际上真实用户的访问也是通过浏览器程序来实现的）。因此，一个好的反爬虫机制的基本需求就是尽量多地识别出真正的爬虫程序，同时尽量少地将普通用户访问误判为爬虫。识别爬虫后要做的事情其实很简单，根据其特征限制乃至禁止其对页面的访问即可。但这也导致反爬虫机制本身的一个尴尬局面，那就是当反爬虫力度小的时候往往会有“漏网之鱼”（爬虫），但当反爬虫力度大的时候却有可能损失真实用户的流量（即“误伤”）。

从具体手段上看，反爬虫可以包括很多方式。

(1) 识别 request headers 信息：这是一种十分基础的反爬虫手段，主要是通过验证 headers 中的 User-Agent 信息来判定当前访问是否来自于常见的界面浏览器。更复杂的 headers 信息验证则会要求验证 Referer、Accept-Encoding 等信息，一些社交网络的页面甚至会根据某一特定的页面类别使用独特的 headers 字段要求。

(2) 使用 AJAX 和动态加载：严格地说这不是一种为反爬虫而生的手段，但由于使用了动态页面，如果对方爬虫只是简单的静态网页源代码解析程序，那么就能够起到保护数据和流量的作用。

(3) 应用验证码：验证码机制（在前面的内容中已经涉及）与反爬虫机制的出发点非常契合，那就是辨别出机器程序和人类用户的不同。因此验证码被广泛用于限制异常访问，一个典型的场景是，当页面受到短时间内频次异常高的访问后就在下一次访问时弹出验证码。作为一种具有普遍应用场景的安全措施，验证码无疑是整个反爬虫体系中的重要一环。

(4) 保护服务器返回的信息：通过加密信息、返回虚假数据等方式保护服务器返回的信息，避免被直接爬取，一般会配合 AJAX 技术使用。

(5) 限制或封禁 IP：这是反爬虫机制最主要的“触发后动作”，判定为爬虫后就限制乃至封禁当前来自 IP 地址的访问。

(6) 修改网页或 URL 内容：尽量使网页或 URL 结构复杂化，乃至通过对普通用户隐藏某些元素和输入等方式来区别用户和爬虫。

(7) 账号限制：即只有登录账号才能访问网站数据。

从“反反爬虫”的角度出发，下面简单介绍几种避开网站反爬虫机制的方法，可以绕过一些普通的反爬虫系统，这些方法包括伪装 headers 信息、使用代理 IP、修改访问频率、动态拨号等。

【提示】 从道德和法律的角度出发，用户应该坚持“友善”的爬虫，不仅仅需要考虑可能会对网站服务器造成的压力(例如，用户应该至少设置一个不低于几百毫秒的访问间隔时间)，更应该考虑自己对爬取到的数据采取的态度。对于很多网站上的数据(尤其是那些由网站用户创作的数据，UGC)而言，滥用这些数据可能会造成侵权行为。如果有必要，在尽量避免商业应用的时候还应该关注网站本身对这些数据的声明。

9.2.2 伪装 headers

正因为 headers 信息是网站方用来识别访问的最基本手段，因此用户可以在这方面下点功夫。headers(头字段)“定义了一个超文本传输协议事务中的操作参数”，仅就用户在爬虫编写中最常接触的 request header(请求头字段)而言，一些常见的字段名和含义如表 9-1 所示。

表 9-1 header 信息说明(部分)

字 段 名	含 义
Accept	指定客户端能够接收的内容类型
Accept-Charset	浏览器可以接收的字符编码集
Accept-Encoding	浏览器可以支持的 Web 服务器返回内容的压缩编码类型
Accept-Language	浏览器可以接收的语言
Accept-Ranges	可以请求网页实体的一个或者多个子范围字段
Authorization	HTTP 授权的授权证书
Cache-Control	指定请求和响应遵循的缓存机制
Connection	是否需要持久连接
Cookie	Cookie 信息
Date	请求发送的日期和时间
Expect	请求的特定的服务器行为
Host	指定请求的服务器主机的域名和端口号等
If-Unmodified-Since	只在实体于指定时间之后未被修改才请求成功
Max-Forwards	限制信息通过代理和网关传送的时间
Pragma	用来包含实现特定的指令
Range	只请求实体的一部分，指定范围
Referer	先前网页的地址

续表

字 段 名	含 义
TE	客户端愿意接收的传输编码,并通知服务器接收尾加头信息
Upgrade	向服务器指定某种传输协议以便服务器进行转换(如果支持)
User-Agent	User-Agent 的内容包含发出请求的用户信息,主要是浏览器信息
Via	通知中间网关或代理服务器地址,通信协议

请求头信息很多,在表 9-1 中其实并未完全列出,在该表中最为常用的是 Host、User-Agent、Referer、Accept、Accept-Encoding、Connection 和 Accept-Language,这些是用户最需要关注的字段。随便打开一个网页,观察 Chrome 开发者工具中显示的 request header 信息,用户就能够大致理解上面字段的含义,例如打开百度首页时,访问(GET) www.baidu.com 的请求头信息如下:

```
Accept:text/html,application/xhtml + xml,application/xml;q = 0.9,image/webp,image/apng,
*/*;q=0.8
Accept - Encoding:gzip, deflate, br
Accept - Language:en,zh;q = 0.9,zh - CN;q = 0.8,zh - TW;q = 0.7,ja;q = 0.6
Cache - Control:max - age = 0
Connection:keep - alive

Cookie: XXX(此处略去)

Host:www.baidu.com
Referer:http://baidu.com/
Upgrade - Insecure - Requests:1
User - Agent:Mozilla/5.0 (Macintosh; Intel Mac OS X 10_13_3) AppleWebKit/537.36 (KHTML,
like Gecko) Chrome/66.0.3359.181 Safari/537.36
```

使用 requests 可以十分快速地自定义用户的请求头信息,requests 原始 GET 操作的请求头信息是非常"傻瓜"式的,几乎等于光明正大地告诉网站"我是爬虫"。WhatIsMyBrowser 是一个能够提供浏览请求识别信息的站点,其中的 header 信息查看页面十分实用(网址为"https://www.whatismybrowser.com/detect/what-http-headers-is-my-browser-sending"),通过这个页面来观察 requests 爬虫的原始 headers 信息。当用 Chrome 浏览器访问这个页面时,显示的请求头信息如图 9-8 所示。

利用这个网页进行几行 Python 语句的编写,大家就能够看到自己 requests 的原始请求头 UA 信息,只需要简单的网页解析过程即可,代码见例 9-1。

图 9-8　WhatIsMyBrowser 网页显示的请求头信息

【例 9-1】　输出 requests 的原始请求头 UA 信息。

```
import requests
from bs4 import BeautifulSoup

# 一个可以显示当前访问请求头信息的网页
res = requests.get('https://www.whatismybrowser.com/detect/what-http-headers-is-my-
browser-sending')
bs = BeautifulSoup(res.text)
# 定位到网页中的UA信息元素
td_list = [one.text for one in bs.find('table',{'class':'table'}).findChildren()]
print(td_list[-1])
```

程序的输出为“python-requests/2.18.4”，如此“露骨”的 User-Agent 会被很多网

站直接拒之门外，为此用户需要利用 requests 提供的方法和参数来修改包括 User-Agent 在内的 headers 信息。

下面的例子虽然简单但直观，将请求头更换为 Android 系统（移动端）Chrome 浏览器的请求头 UA，然后利用这个参数通过 requests 来访问百度贴吧（tieba. baidu. com），将访问到的网页内容保存在本地，然后打开，可以看到这是与计算机端浏览器所呈现的页面完全不同的手机端页面，见例 9-2。

【例 9-2】 更改 UA 以访问百度贴吧首页。

```
import requests
from bs4 import BeautifulSoup

header_data = {
  'User - Agent' : 'Mozilla/5. 0 (Linux; Android 4. 0. 4; Galaxy Nexus Build/IMM76B)
AppleWebKit/535.19 (KHTML, like Gecko) Chrome/18.0.1025.133 Mobile Safari/535.19',
}

r = requests.get('https://tieba.baidu.com', headers = header_data)

bs = BeautifulSoup(r.content)
with open('h2.html', 'wb') as f:
  f.write(bs.prettify(encoding = 'utf8'))
```

在上面的代码中，通过 headers 参数加载了一个字典结构，其中的数据是 User-Agent 的键值对。运行程序，打开本地的 h2. html 文件，效果如图 9-9 所示。

图 9-9 本地 HTML 文件显示的贴吧首页

这说明网站方已经认为用户的程序是来自移动端的访问，从而最终提供了移动端页面的内容。这也激发了大家的一个灵感，很多时候 UA 信息将会决定网站为用户提供的具体页面内容和页面效果，准确地说，这些不同的布局样式将会为用户的抓取提供便利，因为当用户在手机浏览器上浏览很多网站时，它们提供的实际上是一个相当简洁、动态效果较少、关键内容却一个不漏的界面，因此如果有需要，可以将 UA 改为移动端浏览器试试在目标网站上的效果，如果能够获得一个“轻量级”的页面，无疑会简化用户的抓取。当然，除了 UA，其他请求头中的字段也可以进行自定义并在 requests 请求中设置，具体例子可见其他章节中的相关内容。

9.2.3　使用代理

大部分网站会根据 IP 来识别访问，因此，如果来自同一个 IP 的访问过多（如何判定“过多”也是个问题，一般是指在一段较短的时间内对同一个或同一组页面访问的次数较大），那么网站可能会据此限制或屏蔽访问。对付这种机制的手段就是使用代理 IP。代理 IP 可以通过各种 IP 平台乃至 IP 池服务来获得。这方面的资源在网络上非常多，一些开发者也维护着可以公开免费试用的代理 IP 服务（见图 9-10），用户安装这些服务即可使用它提供代理 IP 的 API 接口，省去了自己寻找并解析代理地址的麻烦。

图 9-10　Github 上的某爬虫 IP 代理池

【提示】 代理IP应该叫"代理IP服务器",其目标就是代理用户去获取网络上的信息,类似于中转站的作用。代理服务器是介于客户端(浏览器等)和服务器之间的另一台"中介"服务器,代理会访问目标网站,而用户需要通过代理获取最终需要的网络信息。

在requests中使用代理IP的常见方式是使用方法中的proxies参数,例9-3是一个使用代理访问CSDN博客的例子。

【例9-3】 使用代理增加CSDN的博客访问量。

```
# 增加博客访问量
import re, random, requests, logging
from lxml import html
from multiprocessing.dummy import Pool as ThreadPool

logging.basicConfig(level = logging.DEBUG)
TIME_OUT = 6          # 超时时间
count = 0
proxies = []
headers = {'Accept': 'text/html,application/xhtml + xml,application/xml;q = 0.9,image/webp,
*/*;q = 0.8',
           'Accept - Encoding': 'gzip, deflate, sdch, br',
           'Accept - Language': 'zh - CN,zh;q = 0.8',
           'Connection': 'keep - alive',
           'Cache - Control': 'max - age = 0',
           'Upgrade - Insecure - Requests': '1',
           'User - Agent': 'Mozilla/5.0 (Windows NT 6.1; WOW64) AppleWebKit/537.36 (KHTML,
like Gecko) '
                       'Chrome/36.0.1985.125 Safari/537.36',
           }
PROXY_URL = 'http://www.xicidaili.com/'


def GetProxies():
    global proxies
    try:
        res = requests.get(PROXY_URL, headers = headers)
    except:
        logging.error('Visit failed')
        return

    ht = html.fromstring(res.text)
    raw_proxy_list = ht.xpath('//*[@id = "ip_list"]/tbody/tr')
    for item in raw_proxy_list:
        if item.xpath('./td[6]/text()')[0] == 'HTTP':
```

```
        proxies.append(
            dict(
                http = '{}:{}'.format(
                    item.xpath('./td[2]/text()')[0], item.xpath('./td[3]/text()')[0])
            )
        )


# 获取博客文章列表
def GetArticles(url):
    res = GetRequest(url, prox = None)
    html = res.content.decode('utf - 8')
    rgx = '<li class = "blog - unit">[ \n\t] * <a href = "(. + ?)"" target = "_blank">'
    ptn = re.compile(rgx)
    blog_list = re.findall(ptn, str(html))
    return blog_list

def GetRequest(url, prox):
    req = requests.get(url, headers = headers, proxies = prox, timeout = TIME_OUT)
    return req

# 访问博客
def VisitWithProxy(url):
    proxy = random.choice(proxies)          # 随机选择一个代理
    GetRequest(url, proxy)

# 多次访问
def VisitLoop(url):
    for i in range(count):
        logging.debug('Visiting:\t{}\tfor {} times'.format(url, i))
        VisitWithProxy(url)


if __name__ == '__main__':
    global count

    GetProxies()                               # 获取代理
    logging.debug('We got {} proxies'.format(len(proxies)))
    BlogUrl = input('Blog Address:').strip(' ')
    logging.debug('Gonna visit{}'.format(BlogUrl))
    try:
        count = int(input('Visiting Count:'))
    except ValueError:
        logging.error('Arg error!')
        quit()
    if count == 0 or count > 200:
        logging.error('Count illegal')
```

```
        quit()

    article_list = GetArticles(BlogUrl)
    if len(article_list) == 0:
        logging.error('No articles, eror!')
        quit()

    for each_link in article_list:
        if not 'https://blog.csdn.net' in each_link:
            each_link = 'https://blog.csdn.net' + each_link
        article_list.append(each_link)
    # 多线程
    pool = ThreadPool(int(len(article_list) / 4))
    results = pool.map(VisitLoop, article_list)
    pool.close()
    pool.join()
    logging.DEBUG('Task Done')
```

在这段代码中，通过 requests.get()提供的 proxies 参数使用了代理 IP(关于 requests 与代理的使用也可见附录 A 中的相应内容)，其他大多数语句都在执行访问网页、解析网页、抓取元素(文本)的任务。为保险起见，在这段代码中还为访问设置了伪装的浏览器 headers 数据，其中包括 User-Agent 和 Accept-Encoding 等主要字段。

另外，该程序中还使用了 multiprocessing.dummy 模块，这个模块是为多线程设计(dummy 意为假的、傀儡)的，其所在的 multiprocessing 库主要是实现多进程，它们的 API 是相似的，dummy 子模块可以看成是对 threading 的一个包装。使用它们实现多进程或多线程的最简单方法如下：

```
from multiprocessing import Pool as ProcessPool
from multiprocessing.dummy import Pool as ThreadPool
# 使用multiprocessing 实现多进程/多线程

def f(x): # 将被执行的函数
  return x * x

if __name__ == '__main__':
  with ProcessPool(5) as p: # 进程池
    print(p.map(f, [1, 2, 3]))
  with ThreadPool(5) as p: # 线程池
    print(p.map(f, [1, 2, 3]))
```

使用这样的更换不同代理 IP 的程序就会让网站误以为收到了不同的请求，从而达到“刷访问量”的效果，但其背后的技术原理是与躲避反爬虫机制有关的，也就是说，通过伪装不同 IP 的方式让网站方无法“记住”和“识别”用户的程序，从而避免被封禁。

9.2.4 访问频率

对于避免“反爬虫”而言，其实最粗暴有效的手段就是直接降低对目标网站的访问量和访问频次，从某种意义上说，没有不喜欢被访问的网站，只有不喜欢被不必要的大量访问打扰的网站。有一些网站可能会阻止用户过快地访问页面或提交数据(例如表单数据)，因此，如果以一个比普通用户快很多的速度(“速度”一般指频率)访问网站，尤其是访问一些特定的页面，也有可能被反爬虫机制认为是异常活动。从这个最根本的“不打扰”的原则出发，最有效的“反反爬虫”方法是降低访问频率，例如在代码中加入 time.sleep(2)这种暂停几秒的语句，这虽然是一种非常笨的方法，但如果目标是实现一个不被网站发现是非人类的爬虫，这有可能是最有效的方法。

另外一种策略是，在保持高访问频次和大访问量的同时尽量模拟人类的访问规律，减少机械性的迭代式抓取。这可以通过设置随机抓取间隔时间等方式来实现。机械性的间隔时间(例如每次访问都间隔 0.5 秒)很容易被判定为爬虫，但具有一定随机性的间隔时间(例如本次间隔 0.2 秒，下一次间隔 1.6 秒)却能够起到一定的作用。另外，结合禁用 Cookie 等方式则可以避免网站“认出”用户的访问，服务器将无法通过 Cookie 信息判断爬虫是否已经访问过页面。

大型商业网站往往能够承受很高频次的访问，而一些用户流量不大的非营利性网站(试想打算去某大学某学院的新闻页列表中进行抓取)不会将短时间内的高频次访问视为理所应当。无论如何，结合更换 IP 和设置合适的爬取间隔两种方式，对于“反反爬虫”而言都是至关重要的。更换 IP 其实不一定需要代理这一种手段，对于直接在开发者的机器上运行和调试的爬虫程序而言，通过断线重连的方式也能够获得不同的 IP，如果机器接入的网络服务类似校园网和 ADSL(非对称数字用户线路宽带接入)，都可以实现断线重连拨号换 IP。

最后要提到的是，反爬虫的目标不仅在于保护网站不被大量非必要访问占用资源，也在于保护一些对于网站方可能有特殊意义的数据，如果在编写爬虫程序时，用户为了与反爬虫机制作斗争而必须花大量时间分析网页中对数据的隐藏和保护(最简单的例子是，页面把本可以写在一个< p ></p >中的数值信息分散在一个< div >

</div>的多个部分中)，那么在抓取数据时更应该谨慎考虑。网站使用认真的反爬虫机制，只能说明它们的确非常讨厌那些慕名而来的爬虫。

9.3 多进程与分布式

9.3.1 多进程编程与爬虫抓取

在9.2.3节的代理IP抓取示例(例9-3)中已经使用到多线程抓取的机制，对于Python而言，多线程提高效率的效果不大(这与Python的语言设计有关，可见附录A中关于全局解释器锁的讨论)，因此多进程是用户主要使用的性能提升手段。在这里通过一个简单的例子来说明这一点，目标网页是豆瓣某一图书的短评页面，访问该图书的15页短评，通过程序开始和结束的时间差来衡量爬虫的速度，见例9-4。

【例9-4】 单进程与多进程抓取网页的对比。

```
import requests
import datetime
import multiprocessing as mp

def crawl(url, data): # 访问
    text = requests.get(url = url, params = data).text
    return text

def func(page): # 执行抓取
    url = "https://book.douban.com/subject/4117922/comments/hot"
    data = {
        "p": page
    }
    text = crawl(url, data)
    print("Crawling : page No.{}".format(page))

if __name__ == '__main__':

    start = datetime.datetime.now()
    start_page = 1
    end_page = 15

    # 多进程抓取
    # pages = [i for i in range(start_page, end_page)]
    # p = mp.Pool()
```

```
    # p.map_async(func, pages)
    # p.close()
    # p.join()


    # 单进程抓取
    page = start_page

    for page in range(start_page, end_page):
        url = "https://book.douban.com/subject/4117922/comments/hot"
        # get 参数
        data = {
            "p": page
        }
        content = crawl(url, data)
        print("Crawling : page No.{}".format(page))

    end = datetime.datetime.now()
    print("Time\t: ", end - start)
```

当使用单进程抓取时，输出为：

```
Time:  0:00:07.660898
```

当更改代码注释，使用多进程抓取时，输出为：

```
Time:  0:00:02.134787
```

可见，多进程的方案与单进程存在很大的速度差异，当把目标设定为访问50页内容时这一差异就更加明显了：

```
Time:  0:00:26.655972(单进程)
Time:  0:00:05.402101(多进程)
```

当访问页码数增加到50页时，单进程耗时从7秒多增长到26秒多，而多进程方案从2秒多增长到5秒多，在速度上优势很大。为了更精确地进行速度对比，还可以在localhost(127.0.0.1)上进行访问测试，最终对比效果与之类似。使用多进程抓取时的关键是维护抓取任务的队列，对于不复杂的任务，通过Python自带的进程同步消息队列(例如multiprocessing中的queue模块等)来实现即可。

以上就是简单的多进程抓取与单进程抓取的一个对比，关于多线程、多进程以及多进程编程的更多内容可参考附录A中的相关内容。另外，在提高抓取性能方面，还可以引入异步机制(可通过 Python 中的 asyncio 库、aiohttp 库等实现),这种方式利用了异步的原理,使得程序不必等待 HTTP 请求完成再执行后续任务,在大批量网页抓取中,这种异步的方式对于爬虫性能尤为重要。例 9-5 是一个简单的示例。

【例 9-5】 使用 aiohttp 访问网页进行抓取的基本模板。

```
import aiohttp
import asyncio
# 使用aiohttp访问网页的例子
async def fetch(session, url):
  # 类似requests.get
  async with session.get(url) as response:
    return await response.text()

# 通过asyncio实现单线程并发IO
async def main():
  # 类似requests中的Session对象
  async with aiohttp.ClientSession() as session:
    html = await fetch(session, 'http://httpbin.org/headers')
    print(html)


loop = asyncio.get_event_loop()
loop.run_until_complete(main())
```

9.3.2 分布式爬虫

分布式爬虫是一个非常“热门”的概念,其实要实现所谓的“分布式爬虫”,用“把大象关进冰箱”的观点来看,只需要 3 步:①拥有能够部署程序的机器集群;②拥有一个爬虫程序;③拥有一个在这些机器中进行分发的任务队列。分布式爬虫的优点也在这 3 个步骤中体现,最主要的优点是能够通过多个 IP(机器)进行访问,以及能够通过多台机器同时运行,从而提高抓取速率。从这个角度上看,其实分布式就是一种更高级别的多进程爬虫(从一个机器中运行多个进程发展到多个机器运行进程),因此,只要维护好分布式队列,那么爬虫在速度上的提高也是必然的。

分布式爬虫主要涉及网页去重、任务队列管理等问题,但编写其实并不复杂,毕竟用户不需要“白手起家”,可以使用一些现成的“轮子”,包括各种爬虫扩展库等,一些流行的框架(例如 Scrapy)本身就提供了分布式爬虫功能。一种经典的分布式爬虫方案是通过 scrapy-redis 库对目标 URL 进行去重和调度,用 mongodb 作为底层存储,同时使用 redis 实现分布式任务队列。

9.4 本章小结

本章突破传统 requests 爬虫的思路,以 Scrapy 为例子介绍了主流的爬虫框架,并对反爬虫机制做了一些深入讨论,最后还针对提高抓取性能介绍了一些比较实用的方法,其中分布式爬虫是大型爬虫项目的基础,有兴趣的读者可以对相关资料做深入的阅读。

实践篇

第 10 章

爬虫实践：下载网页中的小说和购物评论

视频讲解

本章将选取两个实用且有趣的主题作为爬虫实践的内容，分别是抓取网络小说的内容和抓取购物评论，对象网站分别是逐浪小说网和京东网。这是两个非常贴近生活的示例，有兴趣的读者可以在本章的基础上实现自己的个人爬虫，为之增添更多的功能。

10.1 下载网络小说

网络文学是新世纪我国流行文化中的重要领域，年轻人对网络小说更是有着广泛的喜爱。前面已经学习了使用 Selenium 自动化浏览器抓取信息的基础，接下来以抓取网络小说正文为例编写一个简单、实用的爬虫脚本。

10.1.1 分析网页

很多人在阅读网络小说时都喜欢本地阅读，换句话说就是把小说下载到手机或者其他移动设备上阅读，这样不仅不受网络限制，还能够使用阅读 APP 调整出自己喜欢的显示风格。但遗憾的是，各大网站很少会提供整部小说的下载功能，只有部分网站会给 VIP 会员提供下载多个章节内容的功能。对于普通读者而言，虽然 VIP 章节需要购买阅读，但是至少还是希望能够把大量的免费章节一口气看完的。用户完全可以使用爬虫程序来帮助自己把一个小说的所有免费章节下载到 TXT 文件中，以方便在其他设备上阅读(这里也要提示大家支持正版，远离盗版，提高知识产权意识)。

以逐浪小说网(http://www.zhulang.com/)为例，从排行榜中选取一个比较流行的小说(或者是读者感兴趣的)进行分析，首先是小说的主页，其中包括了各种各样的信息(例如小说简介、最新章节、读者评论等)，其次是一个章节列表页面(有的网站也称为“最新章节”页面)，而小说的每一章有着单独的页面(见图 10-1)。很显然，如果用户能够利用章节列表页面来采集所有章节的 URL 地址，那么我们只要用程序分别抓取这些章节的内容，并将内容写入本地 TXT 文件，即可完成小说抓取。

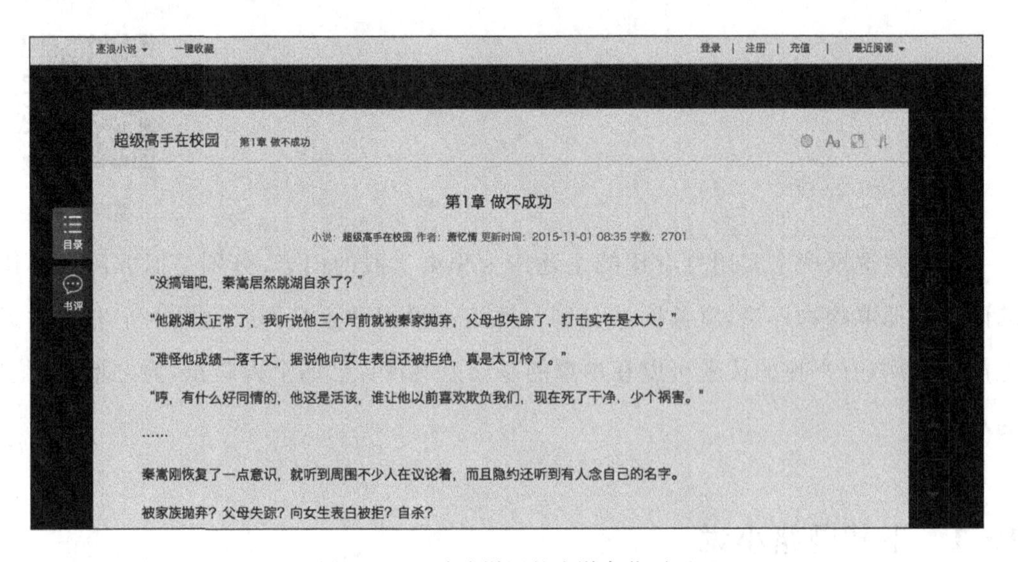

图 10-1 逐浪小说网的小说章节页面

在查看章节页面之后，用户十分遗憾地发现，小说章节内容使用 JS 加载，并且整个页面使用了大量的 CSS 和 JS 所生成的效果，这给用户的抓取增加了一点难度。使用 requests 或者 urllib 库直接请求章节页面的 URL 是不现实的，但用户可以用 Selenium 来轻松搞定这个问题，对于一个规模不大的任务而言，在性能和时间上的代价还是可以接受的。

接下来分析一下如何定位正文元素。使用开发者模式查看元素(见图 10-2)，用户发现可以使用 read-content 这个 ID 的值定位到正文。不过 class 的值也是 read-content，在理论上似乎可以使用 class 名定位，但 Selenium 目前还不支持复合类名的直接定位，所以使用 class 来定位的想法只能先作罢。

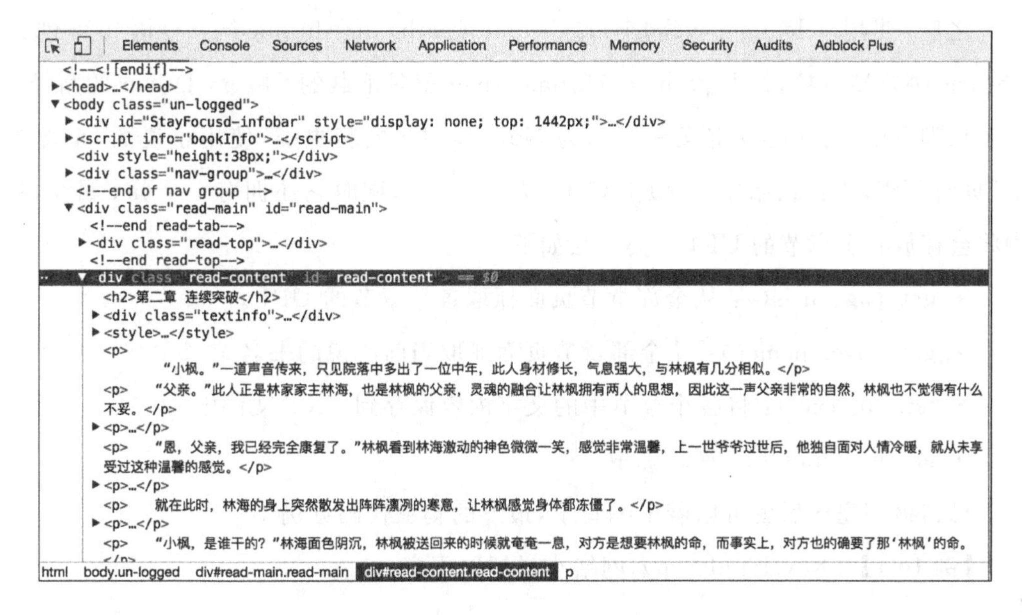

图 10-2　开发者模式下的小说章节内容

【提示】 虽然 Selenium 目前只支持对简单类名的定位，但是用户可以使用 CSS 选择的方式对复合类名进行定位，有兴趣的读者可以了解一下 Selenium 中的 find_element_by_css_selector()方法。

10.1.2　编写爬虫

使用 Selenium 配合 Chrome 进行本次抓取，除了用 pip 安装 Selenium 之外，首先需要安装 ChromeDriver，可访问以下地址将其下载到本地：

https://sites.google.com/a/chromium.org/chromedriver/downloads

进入下载页面后(见图 10-3)，根据自己系统的版本进行下载即可。

Index of /2.25/

Name	Last modified	Size	ETag
Parent Directory		-	
chromedriver_linux32.zip	2016-10-22 07:32:45	3.04MB	175ac6d5a9d7579b612809434020fd3c
chromedriver_linux64.zip	2016-10-22 02:16:44	3.00MB	16673c4a4262d0f4c01836b5b3b2b110
chromedriver_mac64.zip	2016-10-22 06:23:51	4.35MB	384031f9bb782edce149c0bea89921b6
chromedriver_win32.zip	2016-10-22 05:25:54	3.36MB	2727729883ac960c2edd63558f08f601
notes.txt	2016-10-25 22:38:18	0.01MB	3ff9054860925ff9e891d3644cf40051

图 10-3　ChromeDriver 的下载页面

之后，使用 selenium. webdriver. Chrome(path_of_chromedriver)语句可创建 Chrome 浏览器对象，其中 path_of_chromedriver 就是下载的 ChromeDriver 的路径。

在脚本中，用户可以定义一个名为 NovelSpider 的爬虫类，使用小说的“全部章节”页面 URL 进行初始化(类似于 C++中的“构造”)，同时它还拥有一个 list 属性，其中将会存放各个章节的 URL。类方法如下。

- get_page_urls()：从全部章节页面抓取各个章节的 URL。
- get_novel_name()：从全部章节页面抓取当前小说的书名。
- text_to_txt()：将各个章节中的文字内容保存到 TXT 文件中。
- looping_crawl()：循环抓取。

思路梳理完毕后就可以着手编写了，最终的爬虫代码见例 10-1。

【例 10-1】 NovelSpider. py，网络小说抓取程序。

```
import selenium.webdriver, time, re
from selenium.common.exceptions import WebDriverException


class NovelSpider():
  def __init__(self, url):
    self.homepage = url
    self.driver = selenium.webdriver.Chrome(path_of_chromedriver)
    self.page_list = []

  def __del__(self):
    self.driver.quit()

  def get_page_urls(self):
    homepage = self.homepage
    self.driver.get(homepage)
    self.driver.save_screenshot('screenshot.png')

    self.driver.implicitly_wait(5)
    elements = self.driver.find_elements_by_tag_name('a')

    for one in elements:
      page_url = one.get_attribute('href')

      pattern = '^http:\/\/book\.zhulang\.com\/\d{6}\/\d+\.html'
      if re.match(pattern, page_url):
        print(page_url)
        self.page_list.append(page_url)
```

```
    def looping_crawl(self):
        homepage = self.homepage
        filename = self.get_novel_name(homepage) + '.txt'
        self.get_page_urls()
        pages = self.page_list
        # print(pages)

        for page in pages:
            self.driver.get(page)
            print('Next page:')

            self.driver.implicitly_wait(3)
            title = self.driver.find_element_by_tag_name('h2').text
            res = self.driver.find_element_by_id('read-content')
            text = '\n' + title + '\n'
            for one in res.find_elements_by_xpath('./p'):
                text += one.text
                text += '\n'

            self.text_to_txt(text, filename)
            time.sleep(1)
            print(page + '\t\t\tis Done!')

    def get_novel_name(self, homepage):

        self.driver.get(homepage)
        self.driver.implicitly_wait(2)

        res = self.driver.find_element_by_tag_name('strong').find_element_by_xpath('./a')
        if res is not None and len(res.text) > 0:
            return res.text
        else:
            return 'novel'

    def text_to_txt(self, text, filename):
        if filename[-4:]!= '.txt':
            print('Error, incorrect filename')
        else:
            with open(filename, 'a') as fp:
                fp.write(text)
                fp.write('\n')


if __name__ == '__main__':
    hp_url = input('输入小说"全部章节"页面：')

    path_of_chromedriver = 'your_path_of_chrome_driver'
```

```
try:
  sp1 = NovelSpider(hp_url)
  sp1.looping_crawl()
  del sp1
except WebDriverException as e:
  print(e.msg)
```

__init__()和__del__()方法可以视为构造函数和析构函数，分别在对象被创建和被销毁时执行。在__init__()中使用一个 URL 字符串进行了初始化，而在__del__()方法中退出了 Selenium 浏览器。try-except 语句执行主体部分并尝试捕获 WebDriverException 异常（这也是 Selenium 运行时最常见的异常类型）。在 lopping_crawl()方法中则分别调用了上述其他几个方法。

driver. save_screenshot()方法是 selenium. webdriver 中保存浏览器当前窗口截图的方法。

driver. implicitly_wait()方法是 Selenium 中的隐式等待，它设置了一个最长等待时间，如果在规定的时间内网页加载完成，则执行下一步，否则一直等到时间截止，然后再执行下一步。

【提示】 显式等待会等待一个确定的条件触发然后才进行下一步，可以结合 ExpectedCondition 共同使用，支持自定义各种判定条件。隐式等待在编写时只需要一行，所以编写十分方便，其作用范围是 WebDriver 对象实例的整个生命周期，会让一个正常响应的应用的测试变慢，导致整个测试执行的时间变长。

driver. find_elements_by_tag_name()是 Selenium 用来定位元素的诸多方法之一，所有定位单个元素的方法如下。

- find_element_by_id()：根据元素的 id 属性来定位，返回第一个 id 属性匹配的元素；如果没有元素匹配，会抛出 NoSuchElementException 异常。
- find_element_by_name()：根据元素的 name 属性来定位，返回第一个 name 属性匹配的元素；如果没有元素匹配，则抛出 NoSuchElementException 异常。
- find_element_by_xpath()：根据 XPath 表达式定位。
- find_element_by_link_text()：用链接文本定位超链接。这个方法还有子串匹配版本 find_element_by_partial_link_text()。
- find_element_by_tag_name()：使用 HTML 标签名来定位。

- find_element_by_class_name()：使用 class 定位。
- find_element_by_css_selector()：根据 CSS 选择器定位。

寻找多个元素的方法名只是将“element”变为复数“elements”，并返回一个寻找的结果(列表)，其余和上述方法一致。在定位到元素之后，可以使用 text()和 get_attribute()方法获取其中的文本或各个属性。

```
page_url = one.get_attribute('href')
```

这行代码使用 get_attribute()方法来获取定位到的各章节的 URL 地址。在以上程序中还使用了 re(Python 的正则模块)中的 re.match()方法，根据正则表达式来匹配 page_url。形如：

```
'^http:\/\/book\.zhulang\.com\/\d{6}\/\d+\.html'
```

这样的正则表达式所匹配的是下面这样的一种字符串：

```
http://book.zhulang.com/A/B/.html
```

其中，A 部分必须是 6 个数字，B 部分必须是一个以上数字。这也正好是小说各个章节页面的 URL 形式，只有符合这个形式的 URL 链接才会被加入到 page_list 中。

re 模块的常用函数如下。

- compile()：编译正则表达式，生成一个 Pattern 对象。之后就可以利用 Pattern 的一系列方法对文本进行匹配查找(当然，匹配/查找函数也支持直接将 Pattern 表达式作为参数)。
- match()：用于查找字符串的头部(也可以指定起始位置)，它是一次匹配，只要找到了一个匹配的结果就返回。
- search()：用于查找字符串的任何位置，只要找到了一个匹配的结果就返回。
- findall()：以列表形式返回能匹配的全部子串，如果没有匹配，则返回一个空列表。
- finditer()：搜索整个字符串，获得所有匹配的结果。与 findall()的一大区别是，它返回一个顺序访问每一个匹配结果(Match 对象)的迭代器。
- split()：按照能够匹配的子串将字符串分割后返回一个结果列表。

- sub()：用于替换，将母串中被匹配的部分使用特定的字符串替换掉。

【提示】 正则表达式在计算机领域中应用广泛，读者有必要好好了解一下它的语法，可参考本书附录 A 中的相关内容。

在 looping_crawl()方法中分别使用了 get_novel_name()获取书名并转化为 TXT 文件名，get_page_urls()获取章节页面的列表，text_to_txt()保存抓取到的正文内容。在这之间还大量使用了各类元素定位方法(如上文所述)。

10.1.3 运行并查看 TXT 文件

这里选取一个小说——逐浪小说网的《绝世神通》(页面网址为"http://book.zhulang.com/344033/")，运行脚本并输入其章节列表页面的 URL，可以看到控制台中程序成功运行时的输出，如图 10-4 所示。

```
Next page:
http://book.zhulang.com/344033/298426.html          is Done!
Next page:
http://book.zhulang.com/344033/218044.html          is Done!
Next page:
http://book.zhulang.com/344033/219747.html          is Done!
Next page:
http://book.zhulang.com/344033/220347.html          is Done!
Next page:
http://book.zhulang.com/344033/221904.html          is Done!
Next page:
http://book.zhulang.com/344033/221907.html          is Done!
Next page:
http://book.zhulang.com/344033/223892.html          is Done!
Next page:
http://book.zhulang.com/344033/223893.html          is Done!
Next page:
http://book.zhulang.com/344033/225854.html          is Done!
Next page:
http://book.zhulang.com/344033/225856.html          is Done!
Next page:
```

图 10-4 小说爬虫的输出

抓取结束后，用户可以发现目录下多出一个名为"screenshot.png"的图片(见图 10-5)和一个"绝世神通.txt"文件(见图 10-6)，小说《绝世神通》的正文内容(按章节顺序)已经成功保存。

程序圆满地完成了下载小说的任务，缺点是耗时有些久，而且 Chrome 占用了大量的硬件资源。对于动态网页，其实不一定必须使用浏览器模拟的方式来抓取，在 10.2 节将尝试进行网络数据分析并直接从后台请求数据，不再需要 Selenium 作为"中介"。另外，对于获得的屏幕截图而言，图片是窗口截图，而不是整个页面的截图(长图)，为了获得整个页面的截图或者部分页面元素的截图，用户需要使用其他方法，例如注入 JS 脚本等，这里就不再展开介绍了。

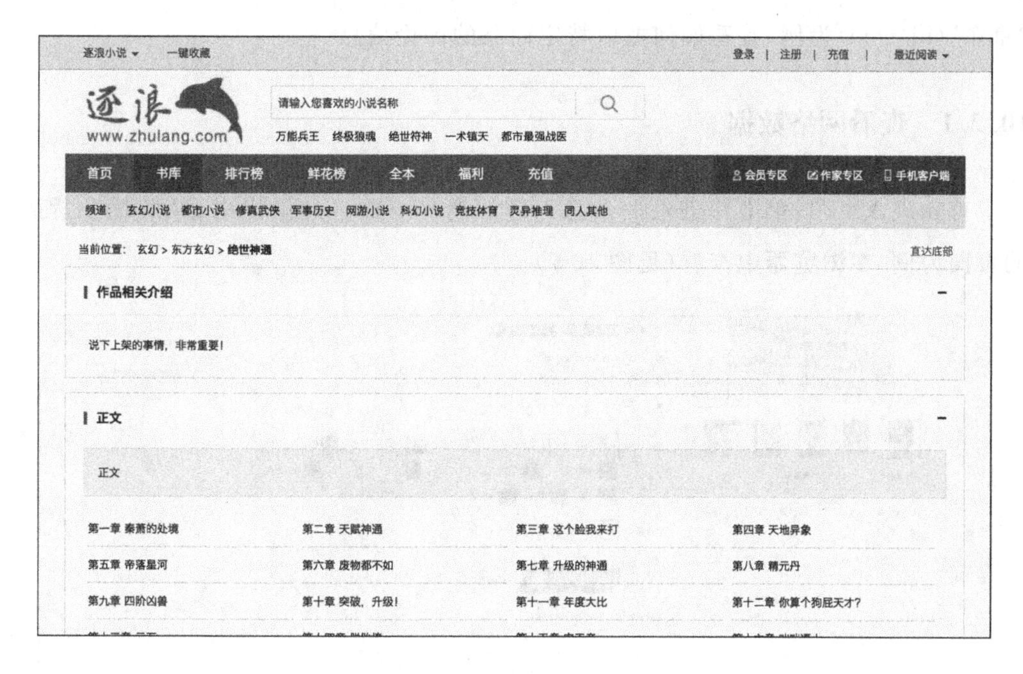

图 10-5　逐浪小说网的屏幕截图

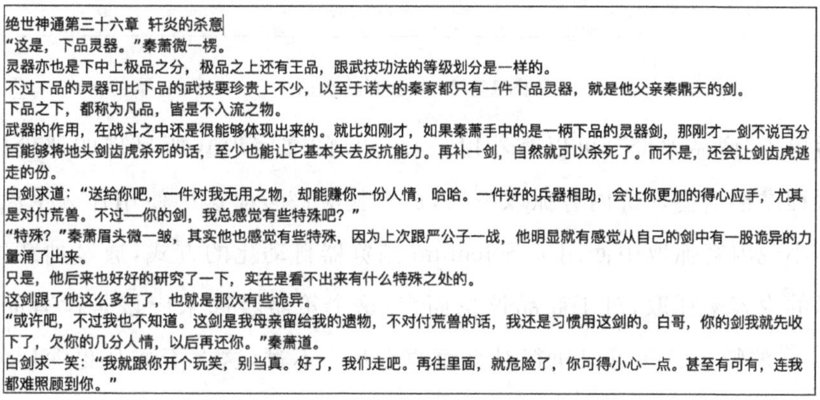

绝世神通第三十六章 轩炎的杀意
"这是，下品灵器。"秦萧微一楞。
灵器亦也是下中上极品之分，极品之上还有王品，跟武技功法的等级划分是一样的。
不过下品的灵器可比下品的武技要珍贵上不少，以至于诺大的秦家都只有一件下品灵器，就是他父亲秦鼎天的剑。
下品之下，都称为凡品，皆是不入流之物。
武器的作用，在战斗之中还是很能够体现出来的。就比如刚才，如果秦萧手中的是一柄下品的灵器剑，那刚才一剑不说百分百能够将地头剑齿虎杀死的话，至少也能让它基本失去反抗能力。再补一剑，自然就可以杀死了。而不是，还会让剑齿虎逃走的份。
白剑求道："送给你吧，一件对我无用之物，却能赚你一份人情，哈哈。一件好的兵器相助，会让你更加的得心应手，尤其是对付荒兽。不过一你的剑，我总感觉有些特殊吧？"
"特殊？"秦萧眉头微一皱，其实他也感觉有些特殊，因为上次跟严公子一战，他明显就有感觉从自己的剑中有一股诡异的力量涌了出来。
只是，他后来也好好的研究了一下，实在是看不出来有什么特殊之处的。
这剑跟了他这么多年了，也就是那次有些诡异。
"或许吧，不过我也不知道。这剑是我母亲留给我的遗物，不对付荒兽的话，我还是习惯用这剑的。白哥，你的剑我就先收下了，欠你的几分人情，以后再还你。"秦萧道。
白剑求一笑："我就跟你开个玩笑，别当真。好了，我们走吧。再往里面，就危险了，你可得小心一点。甚至有可有，连我都难照顾到你。"

图 10-6　小说的部分内容

10.2　下载购物评论

现今，在线购物平台已经成为人们生活中不可或缺的一部分，从淘宝、天猫到京东、当当，很难想象离开了这些网购平台人们的生活会缺失多少便利。无论是对于普通消费者还是商家而言，商品评论都是十分有用的信息，消费者可以从他人的评论衡量商品的质量，商家也可以根据评论调整生产与商业策略。本节以著名的网购平台

“京东”(jd. com)为例,看看如何抓取特定商品的评论信息。

10.2.1 查看网络数据

首先进入京东,单击并进入一个感兴趣的商品页面。这里以书籍《解忧杂货店》的页面为例,在浏览器中查看(见图 10-7)。

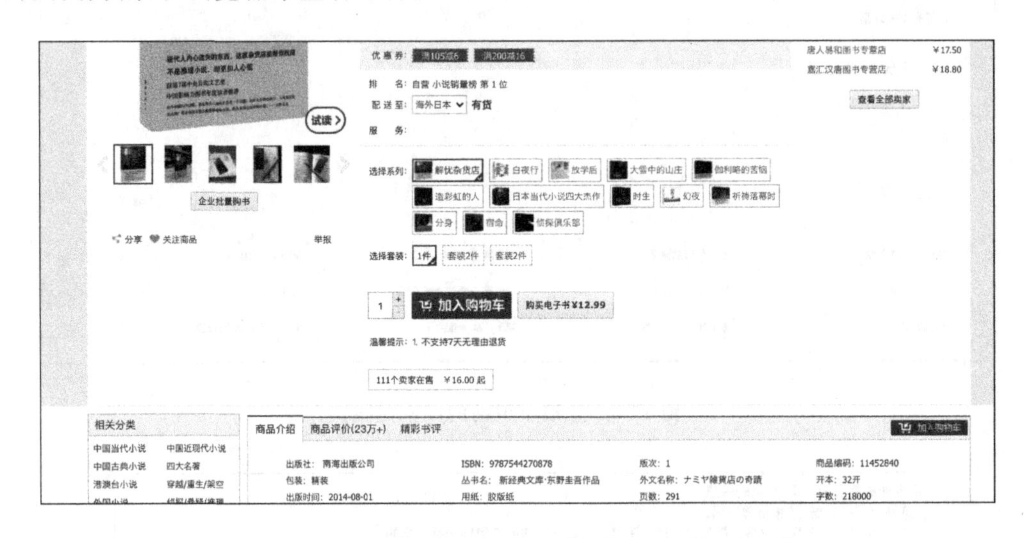

图 10-7 京东商品页面

之后单击“商品评价”,可以查看以一页一页的文字形式所呈现的评价内容。既然想编写程序把这些评价内容抓取下来,那么就应该考虑这次使用什么手段和工具。在之前的小说内容抓取中使用了 Selenium 浏览器自动化的方式,通过加载每一章节对应页面的内容来抓取,对于商品评论而言,这个策略看起来应该是没有问题的,毕竟 Selenium 的特色就是可以执行对页面的交互。不过,这次不妨从更深层的角度思考,仅以简单的 requests 来搞定这个任务。

一般来说,在网购平台的页面中会大量使用 AJAX,因为这样就可以实现网页数据的局部刷新,避免了加载整个页面的负担,对于商品评论这种变动频繁、时常刷新的内容而言尤其如此。用户可以尝试直接使用 requests 请求页面并使用 lxml 的 XPath 定位来抓取一条评论。

首先使用 Chrome 的开发者模式检查元素并获得其 XPath,见图 10-8。

然后用几行代码检查一下是否能直接用 requests 请求页面并获得这条评论,代码如下(不要忘了在.py 文件开头使用 import 导入相关的包):

图 10-8　Chrome 检查评论内容

```
if __name__ == '__main__':
  xpath_raw = '//*[@id="comment-0"]/div[1]/div[2]/div/div[2]/div[1]/text()[1]'
  url = input("输入商品链接：")
  response = requests.get(url)
  ht1 = lxml.html.fromstring(response.text)
  print(ht1.xpath(xpath_raw))
```

输入商品链接“https://item.jd.com/11452840.html#comment”后，果不其然，获得的结果是“[]”。换句话说，这个简单粗暴的策略并不能抓取到评论内容。为保险起见，观察一下 requests 请求到的页面内容，在代码最后加上两行：

```
with open('jd_item.html','w') as fp:
  fp.write(response.text)
```

这样就可以把 response 的 text 内容直接写入 jd_item.html 文件，再次运行后，使用编辑器打开文件，找到商品评论区域，只看到了几个大大的“加载中”：

```
...
<div id="comment-0" class="mc ui-switchable-panel comments-table">
    <div class="loading-style1"><b></b>加载中,请稍候...</div>
</div>
<div id="comment-1" class="mc none ui-switchable-panel comments-table">
```

```
    <div class = "loading - style1"><b></b>加载中,请稍候...</div>
</div>
<div id = "comment - 2" class = "mc none ui - switchable - panel comments - table">
    <div class = "loading - style1"><b></b>加载中,请稍候...</div>
</div>
<div id = "comment - 3" class = "mc none ui - switchable - panel comments - table">
    <div class = "loading - style1"><b></b>加载中,请稍候...</div>
</div>
<div id = "comment - 4" class = "mc none ui - switchable - panel comments - table">
    <div class = "loading - style1"><b></b>加载中,请稍候...</div>
</div>
...
```

看来商品的评论属于动态内容,直接请求 HTML 页面是抓取不到的,用户只能另寻他法。之前提到可以使用 Chrome 的 Network 工具来查看与网站的数据交互,所谓的数据交互,当然也包括 AJAX 内容。

首先单击页面中的"商品评价"按钮,之后打开 Network 工具。鉴于用户并不关心 JS 数据之外的其他繁杂信息,为了保持简洁,可以使用过滤器工具并选中 JS 选项。不过,可能会有读者发现这时并没有在显示结果中看到对应的信息条目,这种情况可能是因为在 Network 工具开始记录信息之前评论数据就已经加载完毕。碰到这种情况,直接单击"下一页"查看第 2 页的商品评论即可,这时可以直观地看到有一条 JS 数据加载信息被展示出来,如图 10-9 所示。

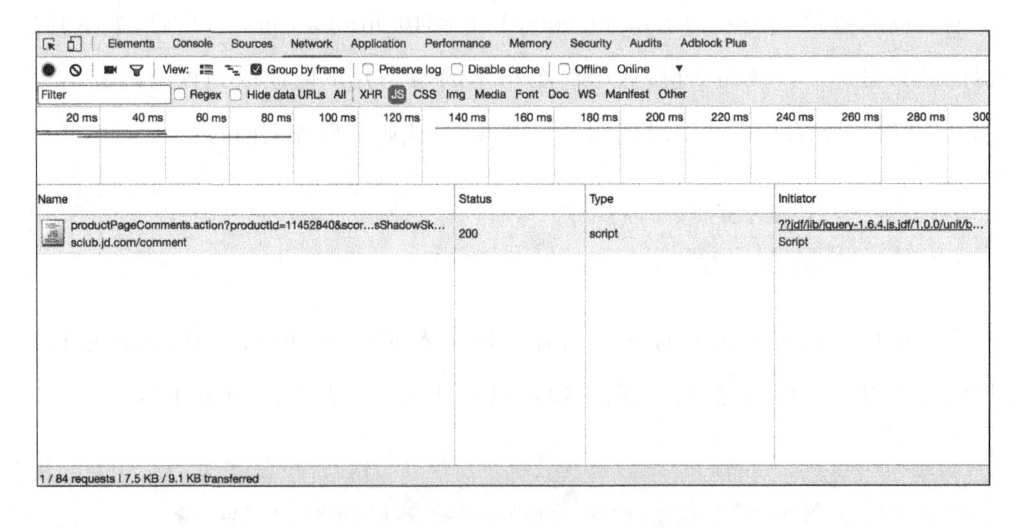

图 10-9 Network 工具查看 JS 请求信息

单击这条记录，在它的 Headers 选项卡中便是有关其请求的具体信息，用户可以看到它请求的 URL 为 https://sclub.jd.com/comment/productPageComments.action?productId=11452840&score=0&sortType=3&page=1&pageSize=10&isShadowSku=0&callback=fetchJSON_comment98vv110378，状态为 200(即请求成功，没有任何问题)。在右侧的 Preview 选项卡中可以预览其中所包含的评论信息。不妨分析一下这个 URL 地址，显然，"?"之后的内容都是参数，访问这个 API 会使得对应的后台函数返回相关的 JSON 数据。其中，productId 的值正好就是商品页面 URL 中的编号，可见这是一个确定商品的 ID 值。如果将其中一个参数进行修改，例如将 page 改为 5，并在浏览器中访问，得到了不一样的信息(见图 10-10)，说明大家的猜测是正确的，在接下来的爬虫编写中只需要更改对应的参数即可。

fetchJSON_comment98vv110378({"productAttr":null,"productCommentSummary":
{"goodRateShow":99,"poorRateShow":0,"poorCountStr":"700+","averageScore":5,"generalCountStr":"1700+","oneYear":0,"showCount":34000,"showCountStr":"3.4万
+","goodCount":230000,"generalRate":0.0070,"generalCount":1700,"skuId":11452840,"goodCountStr":"23万
+","poorRate":0.0030,"afterCount":500,"goodRateStyle":149,"poorCount":700,"skuIds":null,"poorRateStyle":0,"generalRateStyle":1,"commentCountStr":"23万
+","commentCount":230000,"productId":11452840,"afterCountStr":"500+","goodRate":0.99,"generalRateShow":1},"hotCommentTagStatistics":[{"id":"1207483","name":"小
说","status":0,"rid":"253108","productId":11452840,"count":7200,"modified":"2017-09-22 12:18:06","type":3,"canBeFiltered":false},{"id":"1207742","name":"东野圭
吾","status":0,"rid":"275049","productId":11452840,"count":3476,"modified":"2017-09-22 12:18:06","type":3,"canBeFiltered":false},{"id":"1207484","name":"日
本","status":0,"rid":"253182","productId":11452840,"count":2875,"modified":"2017-09-22 12:18:06","type":3,"canBeFiltered":false},{"id":"1207485","name":"外国文
学","status":0,"rid":"253238","productId":11452840,"count":1071,"modified":"2017-08-09 11:29:15","type":3,"canBeFiltered":false},{"id":"1207487","name":"日本文
学","status":0,"rid":"253615","productId":11452840,"count":927,"modified":"2017-09-20 11:38:35","type":3,"canBeFiltered":false},{"id":"1207486","name":"推
理","status":0,"rid":"253241","productId":11452840,"count":808,"modified":"2017-08-07 20:35:30","type":3,"canBeFiltered":false},{"id":"1209741","name":"日系推
理","status":0,"rid":"254439","productId":11452840,"count":690,"modified":"2017-09-20
11:38:35","type":3,"canBeFiltered":false}],"jwotestProduct":"99","maxPage":100,"score":0,"soType":3,"imageListCount":500,"vTagStatistics":null,"comments":
[{"id":10502134323,"guid":"4f6ccd5d-0540-47a8-81af-3536cc61a48e","content":"书的质量很好，赶上了京东618，买的书都非常实惠，一口气买了几十本书，虽然其中有某
几本书不太好，看着不舒服，其他的都很好，一直很信赖京东，尤其是京东自营，希望京东可以有更多关于图书的活动，也希望书目能更多，更丰富。","creationTime":"2017-06-
12 14:36:49","isTop":false,"referenceId":"11720490","referenceImage":"jfs/t4534/313/2893291899/473877/f7db7d83/58f45ea0Nc4500346.jpg","referenceName":"解忧杂
货店","referenceTime":"2017-06-02
00:13:59","referenceType":"Product","referenceTypeId":0,"firstCategory":1713,"secondCategory":3258,"thirdCategory":3304,"replyCount":0,"score":5,"status":1,"title":"","use
***子","userClient":2,"images":

图 10-10　更改参数后访问 URL 的效果

10.2.2　编写爬虫

在动手编写爬虫之前可以先设想一下.py 脚本的结构，为方便起见，使用一个类作为商品评论页面的抽象表示，其属性应该包括商品页面的链接和抓取到的所有评论文本(作为一个字符串)。为了输出和调试方便，还应该加入日志功能，编写类方法 get_comment_from_item_url()作为访问数据并抓取的主体，同时还应该有一个类方法用来处理抓取到的数据，不如称之为 content_process()(意为"内容处理")。还可以将评论信息中的几项关键内容(例如评论文字、日期时间、用户名、用户客户端等)保存到 CSV 文件中以备日后查看和使用。出于以上考虑，爬虫类可以编写为例 10-2 中的代码。

【例 10-2】 JDComment 类的雏形。

```
class JDComment():
  _itemurl = ''

  def __init__(self, url):
    self._itemurl = url
    logging.basicConfig(
      level = logging.INFO,
    )
    self.content_sentences = ''

  def get_comment_from_item_url(self):

    comment_json_url = 'https://sclub.jd.com/comment/productPageComments.action'
    p_data = {
      'callback': 'fetchJSON_comment98vv110378',
      'score': 0,
      'sortType': 3,
      'page': 0,
      'pageSize': 10,
      'isShadowSku': 0,
    }

    p_data['productId'] = self.item_id_extracter_from_url(self._itemurl)

    ses = requests.session()

    while True:
      response = ses.get(comment_json_url, params = p_data)
      logging.info('-' * 10 + 'Next page!' + '-' * 10)
      if response.ok:
        r_text = response.text
        r_text = r_text[r_text.find('({') + 1:]
        r_text = r_text[:r_text.find(');')]
        js1 = json.loads(r_text)

        for comment in js1['comments']:
            logging.info('{}\t{}\t{}\t{}'.format(comment['content'], comment
['referenceTime'],comment['nickname'], comment['userClientShow']))

          self.content_process(comment)
          self.content_sentences += comment['content']
      else:
        logging.error('Status NOT OK')
        break
```

```
            p_data['page'] += 1
            if p_data['page'] > 50:
                logging.warning('We have reached at 50th page')
                break

    def item_id_extracter_from_url(self, url):
        item_id = 0

        prefix = 'item.jd.com/'
        index = str(url).find(prefix)
        if index!= -1:
            item_id = url[index + len(prefix): url.find('.html')]

        if item_id!= 0:
            return item_id

    def content_process(self, comment):
        with open('jd-comments-res.csv', 'a') as csvfile:
            writer = csv.writer(csvfile,delimiter = ',')
            writer.writerow([comment['content'],comment['referenceTime'],
                             comment['nickname'],comment['userClientShow']])
```

在上面的代码中使用 requests.session()来保存会话信息，这样会比单纯的 requests.get()更接近一个真实的浏览器。当然，用户还应该定制 User-Agent 信息，不过由于爬虫程序规模不大，被 ban(封禁)的可能性很低，所以不妨先专注于其他具体功能。

```
logging.basicConfig(
    level = logging.INFO,
)
```

这几行代码设置了日志功能并将级别设为 INFO，如果想把日志输出到文件而不是控制台，可以在 level 下面加一行"filename = 'app.log'"，这样日志就会被保存到"app.log"这个文件之中。

p_data 是将要在 requests 请求中发送的参数(params)，这正是在之前的 URL 分析中得到的结果。以后用户只需要更改 page 的值即可，其他参数保持不变。

```
p_data['productId'] = self.item_id_extracter_from_url(self._itemurl)
```

这行代码为 p_data(本身是一个 Python 字典结构)新插入了一项，键为

'productId',值为 item_id_extracter_from_url()方法的返回值。item_id_extracter_from_url()方法接收商品页面的 URL(注意,不是请求商品评论的 URL)并抽取出其中的 productId,而_itemurl(即商品页面 URL)在 JDComment 类的实例创建时被赋值。

```
response = ses.get(comment_json_url, params = p_data)
```

这行代码会向 comment_json_url 请求评论信息的 JSON 数据,接下来大家看到了一个 while 循环,当页码数突破一个上限(这里为 50)时停止循环。在循环中会对请求到的 fetchJSON 数据做一点点处理,将它转化成可编码为 JSON 的文本并使用:

```
js1 = json.loads(r_text)
```

这行代码会创建一个名为 js1 的 JSON 对象,然后用户就可以用类似于字典结构的操作来获取其中的信息了。在每次 for 循环中,不仅在 log 中输出一些信息,还使用

```
self.content_process(comment)
```

调用 content_process()方法对每条 comment 信息进行操作,具体就是将其保存到 CSV 文件中。

```
self.content_sentences += comment['content']
```

这样会把每条文字评论加入到当前的 content_sentences 中,这个字符串中存放了所有文字评论。不过,在正式运行爬虫之前,用户不妨再多想一步。对于频繁的 JSON 数据请求,最好能够保持一个随机的时间间隔,这样不易被反爬虫机制(如果有的话)ban 掉,编写一个 random_sleep()函数来实现这一点,每次请求结束后调用该函数。另外,使用页码最大值来中断爬虫的做法恐怕还不够合理,既然抓取的评论信息中就有日期信息,完全可以使用一个日期检查函数来共同控制循环抓取的结束——当评论的日期已经早于设定的日期或者页码已经超出最大限制时立刻停止抓取。在变量 content_sentences 中存放着所有评论的文字内容,可以使用简单的自然语言处理技术来分析其中的一些信息,比如抓取关键词。在实现这些功能以后,最终的爬虫程序

就完成了，见例 10-3。

【例 10-3】 JDComment.py，京东商品评论的爬虫。

```
import requests, json, time, logging, random, csv, lxml.html, jieba.analyse
from pprint import pprint
from datetime import datetime


# 京东评论 JS
class JDComment():
  _itemurl = ''

  def __init__(self, url, page):
    self._itemurl = url
    self._checkdate = None
    logging.basicConfig(
      # filename = 'app.log',
      level = logging.INFO,
    )
    self.content_sentences = ''
    self.max_page = page

  def go_on_check(self, date, page):
    go_on = self.date_check(date) and page <= self.max_page
    return go_on

  def set_checkdate(self, date):
    self._checkdate = datetime.strptime(date, '%Y-%m-%d')

  def get_comment_from_item_url(self):

    comment_json_url = 'https://sclub.jd.com/comment/productPageComments.action'
    p_data = {
      'callback': 'fetchJSON_comment98vv242411',
      'score': 0,
      'sortType': 3,
      'page': 0,
      'pageSize': 10,
      'isShadowSku': 0,
    }

    p_data['productId'] = self.item_id_extracter_from_url(self._itemurl)

    ses = requests.session()

    go_on = True
    while go_on:
```

```
        response = ses.get(comment_json_url, params = p_data)
        logging.info('-' * 10 + 'Next page!' + '-' * 10)
        if response.ok:

            r_text = response.text
            r_text = r_text[r_text.find('({') + 1:]
            r_text = r_text[:r_text.find(');')]
            js1 = json.loads(r_text)

            for comment in js1['comments']:
                go_on = self.go_on_check(comment['referenceTime'], p_data['page'])
                logging.info('{}\t{}\t{}\t{}'.format(comment['content'], comment
['referenceTime'],comment['nickname'], comment['userClientShow']))

                self.content_process(comment)
                self.content_sentences += comment['content']

        else:
            logging.error('Status NOT OK')
            break

        p_data['page'] += 1
        self.random_sleep()  # delay

    def item_id_extracter_from_url(self, url):
        item_id = 0

        prefix = 'item.jd.com/'
        index = str(url).find(prefix)
        if index!=-1:
            item_id = url[index + len(prefix): url.find('.html')]

        if item_id != 0:
            return item_id

    def date_check(self, date_here):
        if self._checkdate is None:
            logging.warning('You have not set the checkdate')
            return True
        else:
            dt_tocheck = datetime.strptime(date_here, '%Y-%m-%d %H:%M:%S')
            if dt_tocheck > self._checkdate:
                return True
            else:
                logging.error('Date overflow')
                return False

    def content_process(self, comment):
```

```
        with open('jd-comments-res.csv', 'a') as csvfile:
            writer = csv.writer(csvfile, delimiter = ',')
            writer.writerow([comment['content'], comment['referenceTime'],
                             comment['nickname'], comment['userClientShow']])

    def random_sleep(self, gap = 1.0):
        # gap = 1.0
        bias = random.randint(-20, 20)
        gap += float(bias) / 100
        time.sleep(gap)

    def get_keywords(self):
        content = self.content_sentences
        kws = jieba.analyse.extract_tags(content, topK = 20)
        return kws


if __name__ == '__main__':

    url = input("输入商品链接：")
    date_str = input("输入限定日期：")
    page_num = int(input("输入最大爬取页数："))
    jd1 = JDComment(url, page_num)
    jd1.set_checkdate(date_str)
    print(jd1.get_comment_from_item_url())
    print(jd1.get_keywords())
```

在该爬虫程序中使用的模块有 requests、json、time、random、csv、lxml. html、jieba. analyse、logging、datetime 等。后面将会对其中的一些模块做简要说明。接下来先运行爬虫试一试，打开另外一个商品页面来测试爬虫的可用性，URL 为“http://item. jd. com/1027746845. html”（这是书籍《白夜行》的页面），运行爬虫，效果如图 10-11 所示。

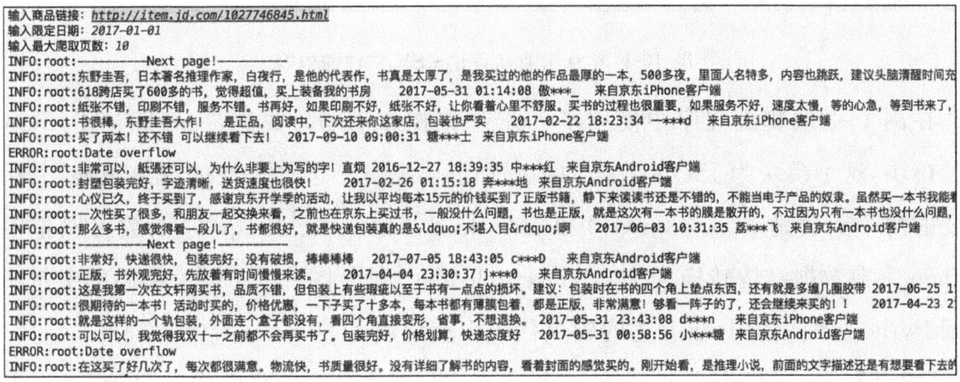

```
输入商品链接：http://item.jd.com/1027746845.html
输入限定日期：2017-01-01
输入最大爬取页数：10
INFO:root:————————Next page!————————
INFO:root:东野圭吾，日本著名推理作家，白夜行，是他的代表作，书真是太厚了，是我买过的他的作品最厚的一本，500多夜，里面人名特多，内容也跳跃，建议头脑清醒时间充
INFO:root:618跨店买了600多的书，觉得超值，买上装备我的书房    2017-05-31 01:14:08 傲***_   来自京东iPhone客户端
INFO:root:纸张不错，印刷不错，服务不错。书再好，如果印刷不好，纸张不好，让你看着心里不舒服。买书的过程也很重要，如果服务不好，速度太慢，等的心急，等到书来了，
INFO:root:书很棒，东野圭吾大作！   是正品，阅读中，下次还来你这家店，包装也严实    2017-02-22 18:23:34 一***d   来自京东iPhone客户端
INFO:root:买了两本！还不错 可以继续看下去！  2017-09-10 09:00:31 糖***士  来自京东iPhone客户端
ERROR:root:Date overflow
INFO:root:非常可以，紙張还可以，为什么非要上为写的字！直烦 2016-12-27 18:39:35 中***红  来自京东Android客户端
INFO:root:封塑包装完好，字迹清晰，送货速度也很快！    2017-02-26 01:15:18 奔***地  来自京东Android客户端
INFO:root:心仪已久，终于买到了，感谢京东开学季的活动，让我以平均每本15元的价钱买到了正版书籍，静下来读读书还是不错的，不能当电子产品的奴隶。虽然买一本书我能
INFO:root:一次性买了很多，和朋友一起交换来看，之前也在京东上买过书，一般没什么问题，书也是正版，就是这次有一本书的膜是散开的，不过因为只有一本书也没什么问题，
INFO:root:那么多书，感觉得看一段儿了，书都很好，就是快递包装真的是&ldquo;不堪入目&rdquo;啊    2017-06-03 10:31:35 荔***飞  来自京东Android客户端
INFO:root:————————Next page!————————
INFO:root:非常好，快递很快，包装完好，没有破损，棒棒棒棒   2017-07-05 18:43:05 c***D   来自京东Android客户端
INFO:root:正版，书外观完好，先放着有时间慢慢来读。    2017-04-04 23:30:37 j***0   来自京东Android客户端
INFO:root:这是我第一次在文轩网买书，品质不错，但包装上有些瑕疵以至于书有一点点的损坏。建议：包装时在书的四个角上垫点东西，还有就是多缠几圈胶带 2017-06-25 1
INFO:root:很期待的一本书！活动时买的，价格优惠，一下子买了十多本，每本书都有薄膜包着，都是正版，非常满意！够看一阵子的了，还会继续来买的！！   2017-04-23 2
INFO:root:就是这样的一个轨包装，外面连个盒子都没有，看四个角直接变形，省事，不想退换。 2017-05-31 23:43:08 d***n   来自京东iPhone客户端
INFO:root:可以可以，我觉得我双十一之前都不会再买书了。包装完好，价格划算，快递态度好   2017-05-31 00:58:56 小***糖  来自京东Android客户端
ERROR:root:Date overflow
INFO:root:在这买了好几次了，每次都很满意。物流快，书质量很好。没有详细了解书的内容，看着封面的感觉买的。刚开始看，是推理小说，前面的文字描述还是有想要看下去的
```

图 10-11　运行 JDComment 爬虫

“ERROR:root:Date overflow”信息说明由于日期限制爬虫自动停止了，在后续的输出中用户可以看到评论关键词信息如下：

```
['京东', '正版', '不错', '好评', '快递', '本书', '包装', '超快', '东野', '速度', '质量',
'价钱', '物流', '便宜', '喜欢', '白夜', '满意', '好看', '很快', '很棒']
```

同时，在爬虫程序目录下生成了“jd-comments-res. csv”文件，说明爬虫运行成功。

10.2.3 数据下载结果与爬虫分析

使用软件打开CSV文件，可以看到抓取到的所有评论及相关信息（见图10-12），如果以后还需要对这些内容进行进一步的分析，就不需要再运行爬虫了。当然，对于大规模的数据分析要求而言，保存结果到数据库中可能是更好的选择。

2	618跨店买了600多的书，觉得超值，买上装备我的书房	2017-05-31 01:14:08	傲***_	来自京东iPhone客户
3	纸张不错，印刷不错，服务不错。书再好，如果印刷不好，纸张不好，让你看着心里不舒服。买书的过程也很重要，如果服务不好，速度太慢，等的心急，	2017-04-23 16:58:29	j***q	来自京东Android客户
4	书很棒，东野圭吾大作！ 是正品，阅读中，下次还来你这家店，包装也严实	2017-02-22 18:23:34	—***d	来自京东iPhone客户
5	买了两本！还不错 可以继续看下去！	2017-09-10 09:00:31	糖***士	来自京东iPhone客户
6	非常可以，纸张还可以，为什么非要上为写的字！直烦	2016-12-27 18:39:35	中***红	来自京东Android客户
7	封面包装完好，字迹清晰，送货速度也很快！	2017-02-26 01:15:18	奔***地	来自京东Android客户
8	心仪已久，终于买到了，感谢京东开学季的活动，让我以平均每本15元的价钱买到了正版书籍，静下来读读书还是不错的，不能当电子产品的奴隶。虽然买	2017-09-05 11:02:27	和***日	来自微信购物
9	一次性买了很多，和朋友一起交换来看，之前也在京东上买过书，一般没什么问题，书也是正版，就是这次有一本书的膜是散开的，不过因为只有一本书也	2017-01-05 21:51:23	j***e	来自京东Android客户
10	那么多书，感觉得看一段儿了，书都很好，就是快递包装真的是“不堪入目”啊	2017-06-03 10:31:35	荔***飞	来自京东Android客户
11	非常好，快递很快，包装完好，没有破损，棒棒棒棒	2017-07-05 18:43:05	c***D	来自京东Android客户
12	正版，书外观完好，先放着有时间慢慢来读。	2017-04-04 23:30:37	j***0	来自京东Android客户
13	这是我第一次在文轩网买书，品质不错，但包装上有些瑕疵以至于书有一点点的损坏。建议：包装时在书的四个角上垫点东西，还有就是多缠几圈胶带	2017-06-25 11:04:59	阿Hodor	来自京东iPad客户端
14	很期待的一本书！活动时买的，价格优惠，一下子买了十多本，每本书都有薄膜包着，都是正版，非常满意！够看一阵子的了，还会继续来买的！！	2017-04-23 21:22:25	小***y	来自京东Android客户
15	就是这样的一个轨包装，外面连个盒子都没有，看四个角直接变形，省事，不想退换。	2017-05-31 23:43:08	d***n	来自京东iPhone客户
16	可以可以，我觉得我双十一之前都不会再买书了。包装完好，价格划算，快递态度好	2017-05-31 00:58:56	小***糖	来自京东Android客户
17	在这买了好几次了，每次都很满意。物流快，书质量很好。没有详细了解书的内容，看着封面的感觉买的。刚开始看，是推理小说，前面的文字描述还是有	2016-12-25 10:47:48	j***h	来自京东iPhone客户
18	一本好书 闲暇时阅读 看着精装的书籍 翻过拥有质感的书页 走进书中的故事	2017-08-12 23:25:37	j***1	来自微信购物
19	买家印象经典推理京东正版热卖畅销好评最多读者推荐	2017-03-06 10:47:01	亦***哲	
20	没想到是硬壳的。。软皮的比较结实，618大促很给力9本书才100多点。	2017-06-18 15:01:17	H***_	来自京东iPhone客户
21	拿到之后莫名的喜欢他的封面设计，有质感，很不一样，另外还有个不一样的地方，整本书没有序言和目录。哈哈哈，看来作者很直接~	2016-12-19 22:54:15	p***4	来自京东Android客户
22	三天到的货。精装书。质量还可以，到货需要两三天。还没拆，应该不错吧。	2017-05-31 01:13:35	陈***冰	来自京东iPhone客户
23	好评 有精心的包装 打开了书页质量很好 京东真的好啊大年初二送货上门 赞赞赞	2017-01-23 18:28:35	M***t	来自京东iPhone客户

图10-12 京东商品评论CSV文件的内容

在例10-3的爬虫程序中使用了json库来操作JSON数据，json库是Python自带的模块，这个模块为JSON数据的编码和解码提供了十分方便的解决策略，其中最重要的两个函数是json. dumps()和json. loads()。json. dumps()函数可以把一个Python字典数据结构转换为JSON；json. loads()则会将一个JSON编码的字符串转换回Python数据结构，在上述的爬虫代码中就使用了json. loads()。

【提示】 json模块中的dumps与dump、load与loads非常容易混淆，用一句话来说，函数名里的“s”代表的不是单数第三人称动词形式，而是“string”。因此虽然都是"解码"，load 用于解码 JSON 文件流，而 loads 用于解码 JSON 字符串。dumps 和 dump 的关系同理。

此外还使用了 csv 模块来存储数据（写入 CSV），在 Python 中 csv 模块可以胜任绝大部分 CSV 相关操作。为了写入 CSV 数据，首先创建一个 writer 对象，writerow()方法接收一个列表作为参数并逐个写入列中（一行数据）。类似地，writerows()方法则会写入多行。下面是一个例子：

```
import csv

headers = ['姓名','性别','学号','专业']
rows = [('王小明', '男', '10007', '计算机科学与技术'),
        ('赵小蕾', '女', '10008', '汉语言文学'),
        ]

with open('stu_info.csv','w') as f:
    f_csv = csv.writer(f)
    f_csv.writerow(headers)
    f_csv.writerows(rows)
```

之后就可以看到 stu_info.csv 文件中被写入的信息了。使用 csv 读取的过程类似：

```
with open('stu_info.csv') as f:
  f_csv = csv.reader(f)
  for row in f_csv:
    print(row)
```

运行上面的代码后就能在终端/控制台看到被打印出的 CSV 内容信息。

在 get_keywords()函数中还使用了 jieba 中文分词来分析评论文本中的关键词，jieba.analyse.extract_tags()的使用方法是 jieba.analyse.extract_tags(sentence, topK=20, withWeight=False, allowPOS=())，其中各参数的意义分别如下。

- sentence：待提取的文本。
- topK：返回几个 TF/IDF 权重最大的关键词，默认值为 20。
- withWeight：是否一并返回关键词权重值，默认值为 False。
- allowPOS：仅包括指定词性的词，默认值为空，即不筛选。

该函数使用 TF/IDF 方法来确定关键词，所谓的 TF/IDF 方法，主要思路是认为字词的重要性随着它在文件中出现的次数成正比增加，但同时会随着它在语料库中出现的频率成反比下降。也就是说，如果某个词或短语在一篇文章中出现的频率高，并且在其他文章中很少出现，则认为此词或者短语具有很好的类别区分能力，适合用来分类，也就可以作为文本的关键词。

最后，在检查日期时（和初始化限定日期时）使用了 datetime.strptime()，可以将时间字符串根据指定的格式化符转换成时间对象。运行下面的代码就可以看到：

```
import datetime
dt1 = datetime.datetime.strptime('2017-01-01','%Y-%m-%d')
print(dt1)
print(type(dt1))
```

其输出结果为：

```
2017-01-01 00:00:00
<class 'datetime.datetime'>
```

【提示】 上述代码中的“%Y-%m-%d”为字符串格式，strptime()函数使用 C 语言库实现，格式信息有严格规定，见“http://pubs.opengroup.org/onlinepubs/009695399/functions/strptime.html”。另外，作为 strptime()函数的“另一面”，还存在一个 strftime()函数，它的功能是 strptime()的反面，即将一个日期（时间）对象格式化为一个字符串。

10.3 本章小结

本章使用了 Selenium 与 ChromDriver 的组合来抓取网络小说，还使用了 requests 模块展示如何分析并获取购物网站后台 JSON 数据，同时对爬虫程序中用到的功能及其对应的模块做了一些简单的讨论。本章中出现的 Python 库大多都是编写爬虫时的常用工具，在 Python 学习中掌握这些常用模块的基本用法是很有必要的。

第11章

爬虫实践：保存感兴趣的图片

视频讲解

爬虫程序的一个重要任务是把网站中的某些信息(例如数据、文本、图片等)下载到本地,保存到文件或数据库里,本章以保存网站上的图片为例展开介绍,目标网站是豆瓣网(www. douban. com),同时还会涉及网站登录问题。

11.1 豆瓣网站分析与爬虫设计

11.1.1 从需求出发

豆瓣电影是目前十分流行的影评平台,很多人都喜欢使用豆瓣电影平台来标记自己看过的影视,而且出于各种各样的原因,豆瓣也常常被爬虫编写者们作为抓取的目标(可能是由于豆瓣网站的内容具有较高的趣味性)。另外,豆瓣网的大多数页面都可以由 requests 请求到并通过 XPath 定位直接获取,这意味着用户不用考虑 AJAX 问题,从使用 Selenium 实现的方案中获得解脱。

在本例中从"我看过的电影"出发,希望编写爬虫来保存自己看过的所有电影的海报,存储到本地文件夹中。为了实现这个功能,首先访问"看过"页面(见图 11-1),

这个页面的 URL 格式是这样的：

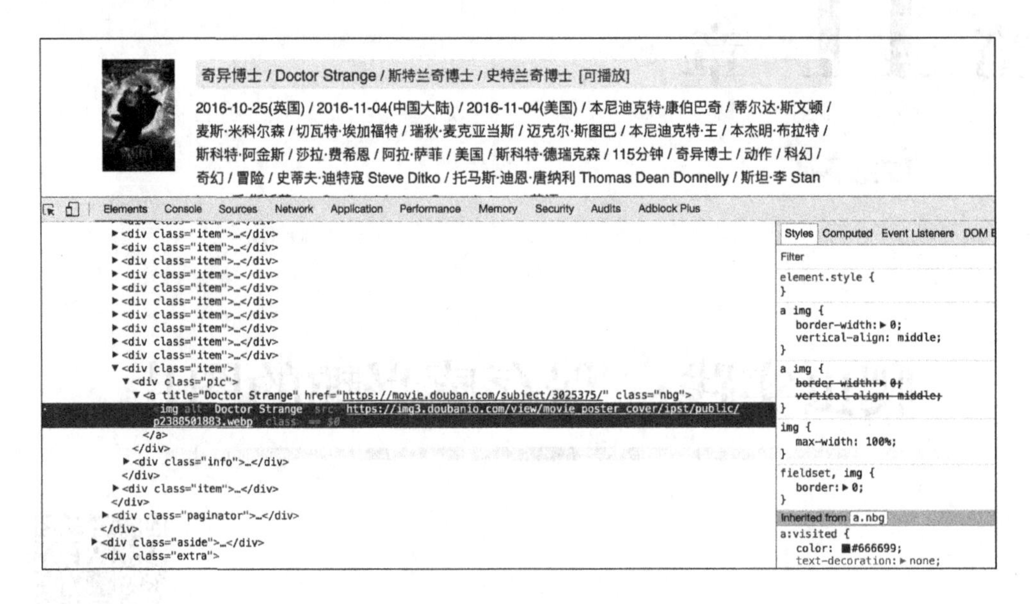

图 11-1　使用开发者模式的 Elements 工具查看“看过”页面

```
https://movie.douban.com/people/user_nickname/collect?start=15&sort=time&rating=all&filter=all&mode=grid
```

user_nickname 部分是用户 ID，即每个人的个人豆瓣主页地址的 ID。该页面中纵向列出了用户看过的电影，在网页中单击“下一页”会使得 start 的值逐次增加 15。其中每个电影页面的 URL 格式如下：

```
https://movie.douban.com/subject/ID/
```

不难发现，电影对应的显示其各个海报图片的页面的 URL 地址如下：

```
https://movie.douban.com/subject/ID/photos?type=R
```

在海报页面中可以获得第一个海报图片的原图地址（见图 11-2，一般第一个海报图片就是被用作该电影页面封面的图片），之后使用 requests 来请求这个地址并下载到本地即可。

整个爬虫程序的流程是进入“我看过的电影”页面→抓取我看过的电影→进入每个电影的海报页面→下载海报图片到本地。用户可以定义一个名为 DoubanSpider 的类，其中实现了完成上述流程的类方法。

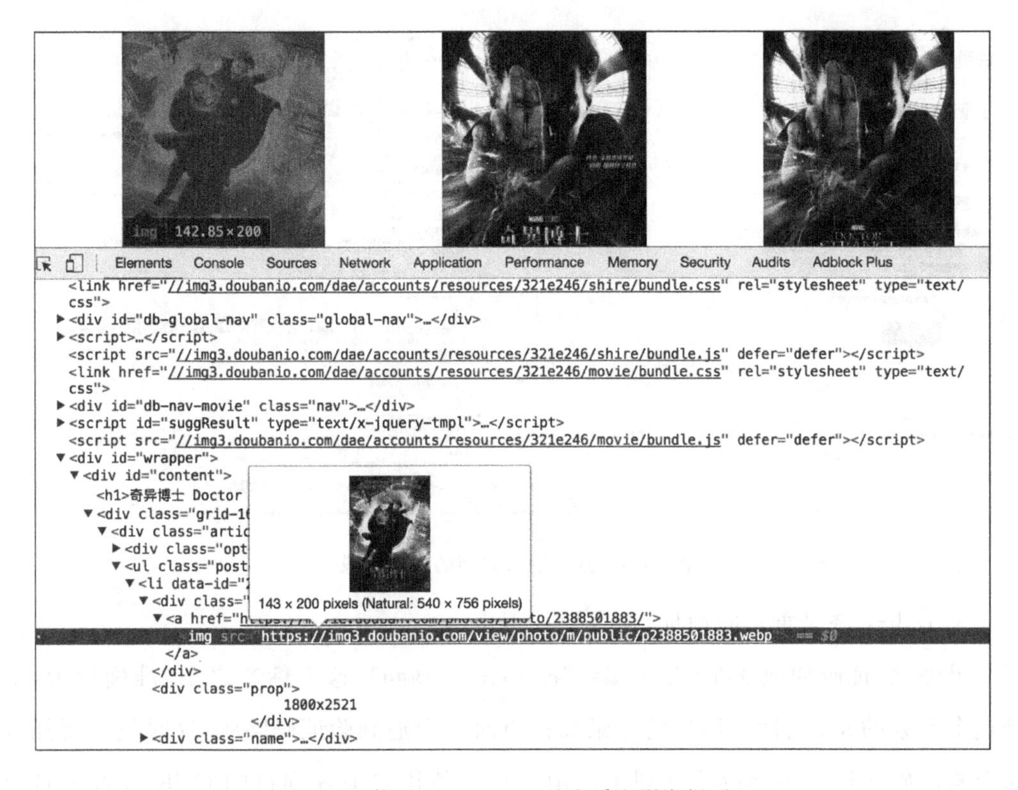

图 11-2 使用 Elements 工具查看电影海报页面

11.1.2 处理登录问题

值得注意的是，在类似豆瓣网的这种内容导向的社交网站上，很多内容都是需要用户登录才能查看的，对于一些论坛而言更是如此。虽然用户爬取自己的观影记录页面并不需要登录(实际上，目前的豆瓣网站的设计是访问其他用户的观影记录页面也不需要登录)，但是为了使本例更具有普遍性，同时也为了使爬虫程序更接近一个真实用户在浏览器中的操作，不妨来实现模拟豆瓣登录的过程。

登录操作，粗略地说就是向网站发送一个表单数据，表单中包含了用户名和密码等关键信息，用户使用 Chrome 开发者模式的 Elements 工具就能够观察到登录表单的这些内容，如图 11-3 所示。

不难发现，登录表单中必要的数据如下。

- form_email：用户的邮箱。
- form_password：用户的密码。
- login：这个字段的值是“登录”。

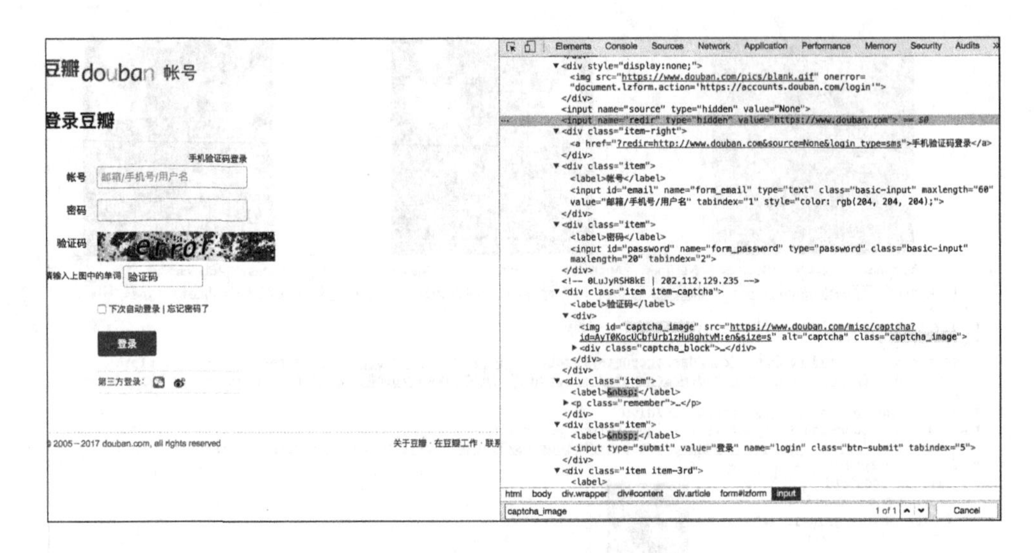

图 11-3　查看登录界面的各个字段

- redir：登录重定向地址，为豆瓣首页(www.douban.com)。

另外，验证码的地址在< img id="captcha_image">这个标签之中(准确地说，就是这个元素的 src 属性)，用户的登录操作有时候会遇到验证码问题，这时就需要抓取这个验证码图片并进行后续处理了。用户可以使用之前提到过的 OCR 或者云打码平台来解决这个问题，不过为了简单，在此使用手动输入的策略，即如果遇到验证码，由爬虫编写者手动输入验证码结果再由程序发送到服务器并登录。

解决了发送登录数据和验证码的问题，不妨再想一下，难道对于这些需要登录的网站每次开始爬取时都要手动登录一次吗？这在第 5 章中已经讨论过，其实这种繁杂的工作完全可以避免，想想平时用浏览器打开网站的情景：登录之后如果关掉了页面，等一会儿再次打开这个网站时，似乎不必再重新登录一次。这是因为登录之后服务器会在用户的本地设备上保存一份 Cookie 文件，Cookie 可以帮助服务器确定用户的身份。Cookie 机制工作的流程如下：

(1) 浏览器向某个 URL 地址发起 HTTP 请求，比如 GET 获取一个页面、POST 发送一个登录表单等。

(2) 服务器收到该 HTTP 请求，处理并返回给浏览器对应的 HTTP 响应。

(3) 在响应头加入 Set-Cookie 字段，它的值是要设置的 Cookie。

(4) 浏览器收到来自服务器的 HTTP 响应。

(5) 浏览器在响应头中发现 Set-Cookie 字段，就会将该字段的值保存在本地(内存或者硬盘中)。Set-Cookie 字段的值可以是很多项 Cookie，每一项都可以指定过期时间 Expires。

(6) 浏览器下次给该服务器发送 HTTP 请求时会自动把服务器之前设置的 Cookie 附加在 HTTP 请求的头字段 Cookie 中。浏览器可以存储多个域名下的 Cookie,但只发送当前请求的域名曾经指定的 Cookie,用于区分不同的网站。

(7) 服务器收到这个 HTTP 请求,发现请求头中有特定的 Cookie,便知道这次访问来自之前的这个浏览器(也就是坐在计算机前的用户)。

(8) 过期的 Cookie 会被浏览器删除。

所以,如果用户登录成功过一次,同时把这时的 Cookie 存储下来,下一次再发送请求时网站服务器从 Cookie 字段得知该用户已经登录了,那么就会按照已登录用户的状态来处理此次 HTTP 请求。在 Cookie 过期之前(十分幸运的是,不少网站的 Cookie 过期期限都较长,至少今天早上的 Cookie 下午还是能拿来用的),用户能够一直使用这个 Cookie 来“欺骗”网站。用户身份验证与 Cookie 还有着很多更为复杂的技术和相关设计,例如 Cookie 防篡改方法等,在本例中先简单粗暴地使用重新加载 Cookie 的策略来对待这个问题。

在具体的实现中,可以使用 requests 的会话对象(Session)。有了 Session,用户可以比较方便地实现上述的 Cookie 相关操作,因为会话对象能够跨请求保持某些参数,也可以在同一个 Session 实例发出的所有请求之间保持 Cookie 数据。根据官方的建议,如果用户向同一个主机发送多个请求,使用 Session 可以使得底层的 TCP 连接被重用,从而带来性能上的提升。

11.2 编写爬虫程序

11.2.1 爬虫脚本

11.1 节讨论了爬虫程序的实现思路,接下来开始写代码,最终的爬虫程序见例 11-1。

【例 11-1】 DoubanSpider.py。

```
import time, sys, re, os, requests, json, random
from lxml import html
```

```
from PIL import Image
from pprint import pprint

class DoubanSpider():
  _session = requests.Session()
  _douban_url = 'https://accounts.douban.com/login'
  _header_data = {'Accept': 'text/html, application/xhtml + xml, application/xml; q = 0.9,
image/webp, * / * ;q = 0.8',
                  'Accept - Encoding': 'gzip, deflate, sdch, br',
                  'Connection': 'keep - alive',
                  'Cache - Control': 'max - age = 0',
                  'Host': 'www.douban.com',
                  'User - Agent': 'Mozilla/5.0 (Windows NT 6.1; WOW64) AppleWebKit/537.36
(KHTML, like Gecko) Chrome/36.0.1985.125 Safari/537.36',
                  }
  _captcha_url = ''

  def __init__(self, nickname):
    self.initial()
    self._usernick = nickname

  def initial(self):
    if os.path.exists('cookiefile'):
      print('have cookies yet')
      self.read_cookies()
    else:
      self.login()

  def login(self):

    r = self._session.get('https://accounts.douban.com/login', headers = self._header_
data)
    print(r.status_code)
    self.input_login_data()
    login_data = {'form_email': self.username, 'form_password': self.password, "login":
u'登录',"redir": "https://www.douban.com"}
    response1 = html.fromstring(r.content)

    if len(response1.xpath('// * [@id = "captcha_image"]')) > 0:
      self._captcha_url = response1.xpath('// * [@id = "captcha_image"]/@src')[0]
      print(self._captcha_url)
      self.show_an_online_img(url = self._captcha_url)
      captcha_value = input("输入图中的验证码")
      login_data['captcha - solution'] = captcha_value

    r = self._session.post(self._douban_url, data = login_data, headers = self._header_
data)
```

```
        r_homepage = self._session.get('https://www.douban.com', headers = self._header_data)

        pprint(html.fromstring(r_homepage.content))
        self.save_cookies()

    def download_img(self, url, filename):
        header = self._header_data
        match = re.search('img\d\.doubanio\.com', url)
        header['Host'] = url[match.start():match.end()]

        print('Downloading')
        filepath = os.path.join(os.getcwd(), 'pics/{}.jpg'.format(filename))

        self.random_sleep()
        r = requests.get(url, headers = header)
        if r.ok:
            with open(filepath, 'wb') as f:
                f.write(r.content)
                print('Downloaded Done!')
        else:
            print(r.status_code)
        del r

        return filepath

    def show_an_online_img(self, url):
        path = self.download_img(url, 'online_img')
        img = Image.open(path)
        img.show()
        os.remove(path)

    def save_cookies(self):
        with open('./' + "cookiefile", 'w')as f:
            json.dump(self._session.cookies.get_dict(), f)

    def read_cookies(self):
        with open('./' + 'cookiefile')as f:
            cookie = json.load(f)
            self._session.cookies.update(cookie)

    def input_login_data(self):
        global email
        global password

        self.username = input('输入用户名(必须是注册时的邮箱):')
        self.password = input('输入密码:')
```

```
    def get_home_page(self):
        r = self._session.get('https://www.douban.com')
        h = html.fromstring(r.content)
        print(h.text_content())

    def get_movie_I_watched(self, maxpage):
        moviename_watched = []

        url_start = 'https://movie.douban.com/people/{}/collect'.format(self._usernick)
        lastpage_xpath = '//*[@id="content"]/div[2]/div[1]/div[3]/a[5]/text()'

        r = self._session.get(url_start, headers=self._header_data)
        h = html.fromstring(r.content)

        urls = \
            ['https://movie.douban.com/people/{}/collect?start={}&sort=time&rating=all&filter=
all&mode=grid'.format(
                self._usernick, 15 * i) for i in range(0, maxpage)]
        for url in urls:
            r = self._session.get(url)
            h = html.fromstring(r.content)

            movie_titles = h.xpath('//*[@id="content"]/div[2]/div[1]/div[2]/div')
            for one in movie_titles:
                movie_name = one.xpath('./div[2]/ul/li[1]/a/em/text()')[0]
                movie_url = one.xpath('./div[1]/a/@href')[0]
                moviename_watched.append(self.text_cleaner(movie_name))
                self.download_movie_pic(movie_url, movie_name)
                self.random_sleep()

        return moviename_watched

    def download_movie_pic(self, movie_page_url, moviename):
        moviename = self.text_cleaner(moviename)
        movie_pics_page_url = movie_page_url + 'photos?type=R'
        print(movie_pics_page_url)

        xpath_exp = '//*[@id="content"]/div/div[1]/ul/li[1]/div[1]/a/img'

        response = self._session.get(movie_pics_page_url)
        h = html.fromstring(response.content)

        if len(h.xpath(xpath_exp)) > 0:
            pic_url = h.xpath(xpath_exp)[0].get('src')
            print(pic_url)
            self.download_img(pic_url, moviename)
```

```
    def text_cleaner(self, text):
        text = str(text).replace('\n', '').strip('').replace('\\n', '').replace('/', '-').
replace('', '')
        return text

    def random_sleep(self):
        t = random.randrange(50, 200)
        t = float(t) / 100
        print("We will sleep for {} seconds".format(t))
        time.sleep(t)

    def get_book_I_read(self, maxpage):
        bookname_read = [()]

        urls = \
            ['https://book.douban.com/people/{}/collect?start = {}&sort = time&rating = all&filter =
all&mode = grid'.format(
                self._usernick, 15 * i)
                for i in range(0, maxpage)]

        for url in urls:
            r = self._session.get(url)
            h = html.fromstring(r.content)
            book_titles = h.xpath('//*[@id = "content"]/div[2]/div[1]/ul/li')
            for one in book_titles:
                name = one.xpath('./div[2]/h2/a/text()')[0]
                base_info = one.xpath('./div[2]/div[1]/text()')[0]
                bookname_read.append((self.text_cleaner(name), self.text_cleaner(base_info)))

        return bookname_read

if __name__ == '__main__':
    nickname = input("输入豆瓣用户名,即个人主页地址中/people/后的部分:")
    maxpagenum = int(input("输入观影记录的最大抓取页数:"))
    db = DoubanSpider(nickname)
    pprint(db.get_movie_I_watched(maxpagenum))
```

11.2.2 程序分析

这个 DoubanSpider 的属性和方法如下。

- __init__()：这是一个“构造函数”，如果类的一个对象被建立就会运行，换句话说，就是初始化。
- initial()：一个自定义的“初始”函数，在__init__()中被调用。
- login()：负责实现登录操作。

- download_img()：把一个 URL 地址的图片以特定的文件名下载到本地。
- show_an_online_img()：下载一个图片并打开。
- save_cookies()：保存 Cookie。
- read_cookies()：读取 Cookie。
- input_login_data()：负责输入登录所需的数据(即邮箱和密码)。
- get_home_page()：访问豆瓣主页并输出 HTML 数据。
- get_movie_I_watched()：访问"我看过"页面并循环抓取。
- download_movie_pic()：根据一个电影主页链接和电影名下载海报，调用 download_img()方法。
- text_cleaner()：自定义的字符串清洗函数。
- random_sleep()：随机休眠，保证爬虫不过多地消耗服务器资源。
- get_book_I_read()：这是一个附加的功能函数，可以获取"我读过"的所有书籍。
- _captcha_url：类属性(class attribute)，验证码地址。
- _douban_url：类属性，豆瓣登录页面地址。
- _header_data：类属性，保存了包括用户代理数据等的一个 dict 对象。
- _session：类属性，会话对象。
- _usernick：实例属性，用户 ID。
- password：实例属性，登录的密码。
- username：实例属性，登录的用户名(即用户的邮箱地址)。

【例 11-2】 类属性示例。

```
class A():
  att1 = 'class_att1'
  att2 = 1
  def __init__(self):
    self.att1 = 'instance_att1'

a = A()
print(a.att1)
print(a.att2)
```

类属性是指直接属于类的属性(变量)，可以通过类名直接访问。实例属性则只存在于对象的实例中，每一个不同的实例都有只属于自己的实例属性。当用户试图通过一个类的实例访问某个属性的时候，Python 解释器会首先在实例（的命名空间）里寻找，如果失败，就会去类属性中寻找，因此例 11-2 的输出为：

```
"instance_att1
1"
```

另外，以单下画线开头的变量名意味着“保护”属性，即在 from XXX import * 时以单下画线开头的名称都不会被导入。

在 initial()中，首先检查本地 Cookie 文件是否存在，如果存在就直接读取 Cookie 进行后面的操作，如果不存在就先执行登录操作。login()方法使用 Session 来访问登录页面：

```
r = self._session.get('https://accounts.douban.com/login', headers = self._header_data)
```

之后使用 input_login_data()来获取键盘输入，包括邮箱和密码等。同时，如果网页中出现了验证码：

```
if len(response1.xpath('//*[@id = "captcha_image"]')) > 0:
```

就调用 show_an_online_img()方法将验证码图片下载到本地并打开，之后由用户输入验证码内容。继续使用 Session 来发送登录表单：

```
r =  self._session.post(self._douban_url, data = login_data, headers = self._header_data)
```

之后再访问豆瓣首页：

```
r_homepage =  self._session.get('https://www.douban.com', headers = self._header_data)
```

最后调用 save_cookies()方法。这个方法使用 json.dump()将 get_dict()方法返回的字典结构保存到 cookiefile 文件中，以备之后使用。read_cookies()方法则执行与之相反的操作——从 cookiefile 文件中读取数据，使用 json.load()来加载该文件中的内容，并使用 update()来设置当前 Session 的 Cookie。

在 download_img()方法中，针对传进来的 URL 参数，使用正则匹配得到的结果更改了 header 的 Host 值，Host 代表服务器的域名（用于虚拟主机），以及服务器所监听的传输控制协议端口号。因为豆瓣海报图片的 URL 指向的是 doubanio.com 这个域名的服务器，而不是 douban.com，因此有必要对原来的 Host 字段值进行更改。如果不进行这个更改，在请求海报图片并下载时程序可能会报错。

show_an_online_img()方法的设计是为了查看一次图片：

```
img = Image.open(path)
img.show()
os.remove(path)
```

这些代码使用了 PIL 的 Image 来打开一个图片并显示，结束之后会删除该文件。PIL 是 Python 图像处理库，十分流行，不过它有一个更加流行的子版本（分支）——Pillow，这里使用 Pillow 是完全可以的。和 PIL 一样，Pillow 的功能也十分强大，可以完成改变图像大小、旋转图像、转换图像格式、增强图像等各种操作。

在 get_movie_I_watched()中一步步解析网页，定位元素，对每一个电影页面都执行一次 download_movie_pic()方法，之后使用 random_sleep()暂停一个随机的时间，以防下载频率过高。另外，在类方法中还包括 get_book_I_read()：

```
for url in urls:
  r = self._session.get(url)
  h = html.fromstring(r.content)
  book_titles = h.xpath('//*[@id="content"]/div[2]/div[1]/ul/li')
  for one in book_titles:
    name = one.xpath('./div[2]/h2/a/text()')[0]
    base_info = one.xpath('./div[2]/div[1]/text()')[0]
    bookname_read.append((self.text_cleaner(name), self.text_cleaner(base_info)))
```

该方法将访问“读过”页面，上面的循环会不断定位所读过书籍的书名（title），这个方法最终会返回一个书籍列表，列表的每个元素都是一个元组，其中包含了书籍名和其他信息（例如作者、出版社等）。首先创建一个 DoubanSpider 的对象，再调用该方法。

由图 11-4 可以看到程序成功地输出了用户读过的书的基本信息，如果想保存这些信息，编写写入到文件的代码即可。另外，因为这里的 DoubanSpider 对象是使用用户自己输入的用户 ID 来初始化的，如果不仅仅想要爬取自己的信息，还打算获取其他用户的读书观影记录，只需要输入他人主页地址中的 ID，之后再运行程序即可。

```
('禁闭之岛', '西村京太郎、横山秀夫、星新一-文汇出版社-2014-4-2'),
('诸神的微笑', '芥川龙之介-小Q-复旦大学出版社-2011-1-20.00元'),
('Python网络数据采集', '米切尔(RyanMitchell)-陶俊杰、陈小莉-人民邮电出版社-2016-3-1-CNY59.00'),
('旧制度与大革命', '[法]托克维尔-冯棠、桂裕芳、张芝联-商务印书馆-2012-8-48.00元'),
```

图 11-4　输出结果

11.3　运行并查看结果

运行这个脚本，登录后输入对应的数据，就可以看到爬虫将图片一步一步下载到本地，如图 11-5 所示。

```
Downloaded Done!
We will sleep for 0.61 seconds
https://movie.douban.com/subject/3395373/photos?type=R
https://img3.doubanio.com/view/photo/m/public/p1706428744.jpg
Downloading
We will sleep for 0.62 seconds
Downloaded Done!
We will sleep for 0.96 seconds
https://movie.douban.com/subject/1851857/photos?type=R
https://img3.doubanio.com/view/photo/m/public/p462657443.jpg
Downloading
We will sleep for 0.66 seconds
Downloaded Done!
We will sleep for 0.66 seconds
https://movie.douban.com/subject/24698699/photos?type=R
https://img3.doubanio.com/view/photo/m/public/p2180206213.jpg
Downloading
We will sleep for 0.68 seconds
```

图 11-5　程序运行时的输出

当登录过一次之后，就不需要再次手动登录了，cookiefile 文件中的数据会让网站认为该程序是刚刚登录过的浏览器，因此可以保持登录状态。打开 pics 子文件夹，可以发现各个电影对应的海报图片，如图 11-6 所示。

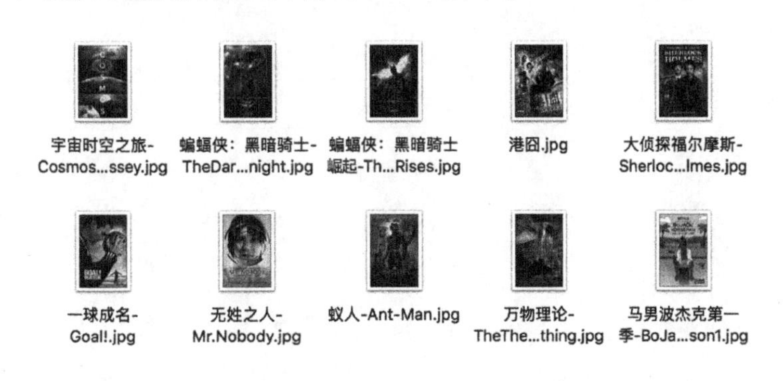

图 11-6　查看文件夹中的电影海报

当然，这个程序还有很多缺憾，例如没有考虑到异常处理，因此程序的健壮性并不好，另外，对于登录操作也没有必要的状态提示。对于豆瓣网这种大型商业网站而言,用户的爬虫可能还需要更好的反爬虫策略来武装自己。

总而言之,在这样一个简单程序的基础上能做的改进还有很多。不过,这个例子也足以证明 Python 的简洁性,完成这样一个爬虫并没有多么费时、费力,有赖于 requests 模块的帮助,用户能够又快、又好地完成自己的目标。

11.4 本章小结

本章使用 requests 完成了豆瓣网站的登录和下载图片这两个核心任务,在第 5 章介绍登录问题的基础上给出了又一个示例,在处理文本内容的基础上又前进了一步,本章使用到了新的功能模块——PIL(和 Pillow),在第 3 章曾简要介绍过其使用,对于更深入的内容,读者可访问"pillow. readthedocs. io/en/4. 3. x/"以及"docs. python-guide. org/en/latest/scenarios/imaging/"。

第12章

爬虫实践：网上影评分析

视频讲解

本章以抓取并分析网站上的电影评论为例展开介绍，目标网站是知名的豆瓣网(www.douban.com)。同时，在爬虫编写中引入多线程编程，并借用一些文本分析工具对数据进行进一步的处理和分析，最后对爬虫代理这一主题进行简单的回顾。

12.1 需求分析与爬虫设计

12.1.1 网页分析

从最基本的需求出发，在豆瓣的某个电影页面爬取网友给出的电影短评，首先应该分析一下网页源代码。不难发现，豆瓣网站的电影条目都具有一个独特的ID，比如《黑客帝国》的页面地址为"https://movie.douban.com/subject/1291843/"，其影评对应的地址为"https://movie.douban.com/subject/1291843/comments?status=P"(这实际上是一个带参数的URL)，而电影《我是传奇》的页面地址为"https://movie.douban.com/subject/1820156/"，其影评对应的地址为"https://movie.douban.com/subject/1820156/comments"。换句话说，只需要某部电影的页面地址，就能直接构造出其影评地址的 URL 字符串。接下来分析其影评页面，如图 12-1 所示。

图 12-1　豆瓣影评页面结构(部分)

可以发现每条评论内容是在 div 标签的 comment 类下面，因此用户只需要通过 BeautifulSoup 找到所有这样的元素，获取其文本内容即可，代码如下：

```
bs = BeautifulSoup(html, 'html.parser')
div_list = bs.find_all('div', class_ = 'comment')

for item in div_list:
    if item.find_all('p')[0].string is not None:
        result_list.append(item.find_all('p')[0].string)
```

12.1.2　函数设计

在网页分析完毕后，需要考虑一下抓取到短评后的任务。首先可以将所有短评放在一个字符串中，然后对其进行数据清洗，主要是筛掉很多不必要的标点符号。为了完成这个任务，可以使用 re.sub()方法。

在影评分析方面，使用 jieba 和 SnowNLP 配合处理。另外，要进行词频统计，先要进行中文分词操作，用户需要有自己的停用词库。所谓的停用词，就是为节省存储空间和提高搜索效率，在处理自然语言数据时会自动忽略(过滤)掉的词。一般会把停用词放在一个名为 StopWords.txt 的文件中，在网络上有很多现成的停用词表可供用户下载，读者可以访问"https://github.com/chdd/weibo/blob/master/stopwords/%E5%93%88%E5%B7%A5%E5%A4%A7%E5%81%9C%E7%94%A8%E8%AF%8D%E8%A1%A8.txt"来获取。

最后还需要一个核心的负责抓取业务的函数，很显然，它应该接收最大抓取页数、线程数、电影ID等参数，返回影评词频分析的结果。为了实现多线程，可以定义一个工作线程，它从一个线程安全的队列中取得抓取任务，并将抓取影评的结果存储在一个类变量中。这个线程类可以是这样的：

```
class MyThread(threading.Thread):
    CommentList = []
    Que = Queue()

    def __init__(self, i, MovieID):
        super(MyThread, self).__init__()
        self.name = '{}th thread'.format(i)
        self.movie = MovieID

    def run(self):
        logging.debug('Now running:\t{}'.format(self.name))
        while not MyThread.Que.empty():
            page = MyThread.Que.get()
            commentList_temp = GetCommentsByID(self.movie, page + 1)
            MyThread.CommentList.append(commentList_temp)
            MyThread.Que.task_done()
```

12.2 编写爬虫

12.2.1 编写程序

在分析网页结构之后，下面以《玩具总动员》的电影评价为例着手编写程序。大家可以先大概思考一下代码中主要的类与函数。

- MyThread()：自定义的线程类（在继承 threading.Thread 的基础上），负责执行抓取函数。
- MovieURLtoID()：负责把 URL 中的电影 ID 筛选出来，返回 ID 值。
- GetCommentsByID()：接收 MovieID 和 PageNum 两个参数，即电影 ID 和最大抓取页码数，返回一个抓取结果的列表。
- DFGraphBar()：负责将 DataFrame 中的词频数据绘制为柱状图。
- WordFrequence()：主抓取函数，返回一个词频分析的结果。

- SumOfComment()：利用 SnowNLP 模块中的 summary()方法对评论进行简单的摘要，返回摘要结果。

最终程序见例 12-1。

【例 12-1】 豆瓣影评抓取与分析程序。

```
import jieba, numpy, re, time, matplotlib, requests, logging, snownlp, threading
import pandas as pd
from pprint import pprint
from bs4 import BeautifulSoup
from matplotlib import pyplot as plt
from queue import Queue

matplotlib.rcParams['font.sans-serif'] = ['KaiTi']
matplotlib.rcParams['font.serif'] = ['KaiTi']

HEADERS = {'Accept': 'text/html,application/xhtml+xml,application/xml;q=0.9,image/webp,
*/*;q=0.8',
            'Accept-Encoding': 'gzip, deflate, sdch, br',
            'Accept-Language': 'zh-CN,zh;q=0.8',
            'Connection': 'keep-alive',
            'Cache-Control': 'max-age=0',
            'Upgrade-Insecure-Requests': '1',
            'User-Agent': 'Mozilla/5.0 (Windows NT 6.1; WOW64) AppleWebKit/537.36 (KHTML,
like Gecko) Chrome/36.0.1985.125 Safari/537.36',
            }
NOW_PLAYING_URL = 'https://movie.douban.com/nowplaying/beijing/'
logging.basicConfig(level = logging.DEBUG)


class MyThread(threading.Thread):
    CommentList = []
    Que = Queue()

    def __init__(self, i, MovieID):
        super(MyThread, self).__init__()
        self.name = '{}th thread'.format(i)
        self.movie = MovieID

    def run(self):
        logging.debug('Now running:\t{}'.format(self.name))
        while not MyThread.Que.empty():
            page = MyThread.Que.get()
            commentList_temp = GetCommentsByID(self.movie, page + 1)
            MyThread.CommentList.append(commentList_temp)
```

```
        MyThread.Que.task_done()


def MovieURLtoID(url):
    res = int(re.search('(\D+)(\d+)(\/)', url).group(2))
    return res

def GetCommentsByID(MovieID, PageNum):
    result_list = []
    if PageNum > 0:
        start = (PageNum - 1) * 20
    else:
        logging.error('PageNum illegal!')
        return False

    url = 'https://movie.douban.com/subject/{}/comments?start = {}&limit = 20'.format(MovieID,
str(start))
    logging.debug('Handling :\t{}'.format(url))
    resp = requests.get(url,headers = HEADERS)
    html = resp.content.decode('utf - 8')
    bs = BeautifulSoup(html, 'html.parser')
    div_list = bs.find_all('div', class_ = 'comment')

    for item in div_list:
        if item.find_all('p')[0].string is not None:
            result_list.append(item.find_all('p')[0].string)
    time.sleep(2) # Pause for several seconds
    return result_list


def DFGraphBar(df):
    df.plot(kind = "bar", title = 'Words Freq', x = 'seg', y = 'freq')
    plt.show()


def WordFrequence(MaxPage = 15, ThreadNum = 8, movie = None):
    # 循环获取电影的评论
    if not movie:
        logging.error('No movie here')
        return
    else:
        MovieID = movie

    for page in range(MaxPage):
        MyThread.Que.put(page)

    threads = []
```

```
    for i in range(ThreadNum):
        work_thread = MyThread(i, MovieID)
        work_thread.setDaemon(True)
        threads.append(work_thread)
    for thread in threads:
        thread.start()

    MyThread.Que.join()
    CommentList = MyThread.CommentList

    comments = ''
    for one in range(len(CommentList)):
        new_comment = (str(CommentList[one])).strip()
        new_comment = re.sub('[-\\ \',\.n()#…/\n\[\]!~]', '', new_comment)
        # 使用正则表达式清洗文本,主要是去除一些标点
        comments = comments + new_comment

    pprint(SumOfComment(comments))                              # 输出文本摘要
    # 中文分词
    segments = jieba.lcut(comments)
    WordDF = pd.DataFrame({'seg': segments})

    # 去除停用词
    stopwords = pd.read_csv("stopwordsChinese.txt",
                            index_col = False,
                            names = ['stopword'],
                            encoding = 'utf-8')

    WordDF = WordDF[~WordDF.seg.isin(stopwords.stopword)]       # 取反

    # 统计词频
    WordAnal = WordDF.groupby(by = ['seg'])['seg'].agg({'freq': numpy.size})
    WordAnal = WordAnal.reset_index().sort_values(by = ['freq'], ascending = False)
    WordAnal = WordAnal[0:40]                                   # 仅取前40个高频词

    print(WordAnal)
    return WordAnal


def SumOfComment(comment):
    s = snownlp.SnowNLP(comment)
    sum = s.summary(5)
    return sum

# 执行函数
if __name__ == '__main__':
    DFGraphBar(WordFrequence(movie = MovieURLtoID('https://movie.douban.com/subject/1291575/')))
```

程序运行后，文本摘要结果的输出见图 12-2。

```
['让我想起我小时候的那些玩具不知道现在都哪去了\\看过的第一部3D动画片',
Building prefix dict from the default dictionary ...
 '我们不想长大不是因为大人的世界不精彩而是因为大人的世界太复杂我们需要童真让心灵净化\\第一次接触《玩具总动员》是96年左右高中时玩的电子游戏十年
DEBUG:jieba:Building prefix dict from the default dictionary ...
 '可惜小时候很少有玩具\\因为是小时候看的因为是在电影院看得因为看完以后在同学家混了一个暑假\\看过好多遍的优质动画片最早是在小学还写下了估计是人
 '\\第一部3D动画人物建模上或多或少没有后来的作品那么生动不过还好剧情也不差\\看这个的时候',
 '\\传说中的toystory终于看了\\看的时候我比班里的孩子还来劲儿\\看了后两部之后对第一部有了不一样的感情这是最美好的时光\\挺有意思的']
```

图 12-2 文本摘要的结果

对词频分析结果绘制的图表类似图 12-3 所示的效果。

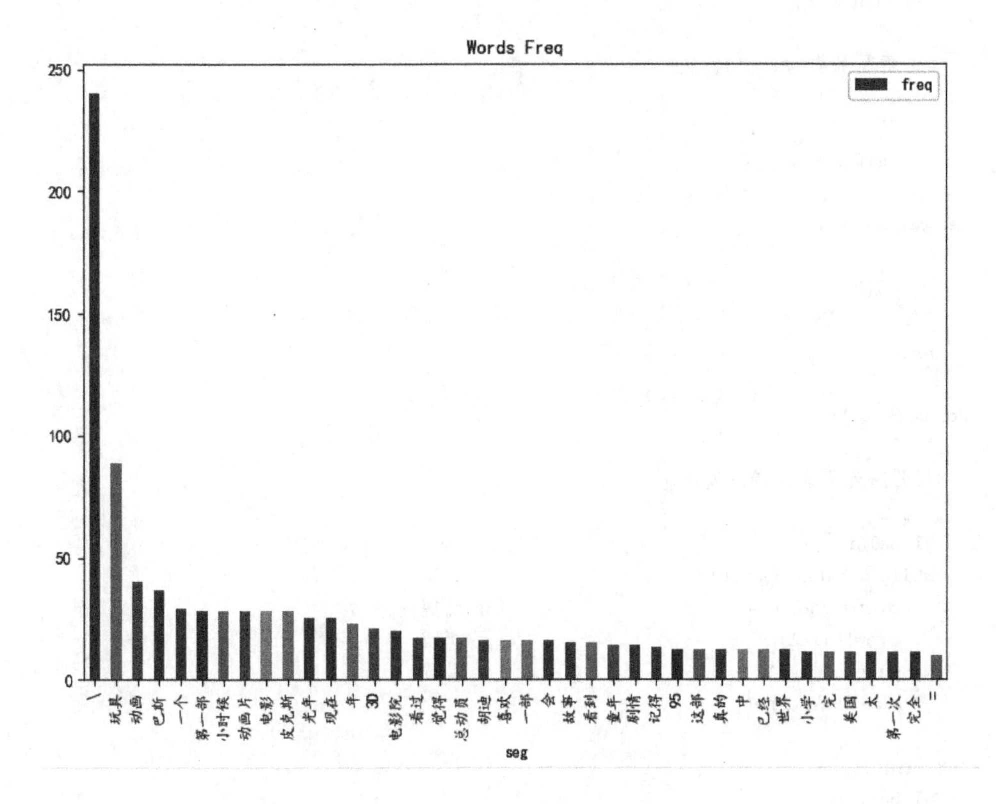

图 12-3 词频图表

另外，由于上面的程序有一定的普适性（可以在其他类似的爬虫任务中使用类似的结构），用户也可以将上面的程序抽象一下，编写一个简单的多线程爬虫模板，见例 12-2。

【例 12-2】 多线程爬虫模板。

```
import threading
import time
```

```
from queue import Queue

que = Queue()
THREAD_NUM = 8                                      # 线程的个数

class WorkThread(threading.Thread):
    def __init__(self, func):
        super(WorkThread, self).__init__()    # 调用父类的构造函数
        self.func = func                              # 设置工作函数

    def run(self):
        """
        重写基类的run()方法

        """
        self.func()

def crawl(item):
    """
    运行抓取
    """
    pass

def worker():
    """
    只要队列不空则持续处理
    """
    global que
    while not que.empty():
        item = que.get()                          # 获得任务
        crawl(item)                               # 抓取
        time.sleep(1)                             # 等待
        que.task_done()

def main():
    global que
    threads = []
    tasklist = []
    # 队列中添加任务
    for task in tasklist:
        que.put(task)

    for i in range(THREAD_NUM):
        thread = WorkThread(worker)
        threads.append(thread)
    for thread in threads:
```

```
        thread.start()          # 线程开始处理任务
        thread.join()
    # 等待所有任务完成
    que.join()

if __name__ == '__main__':
    main()
```

12.2.2 可能的改进

之前已经提到(详见第 9 章)，在网络爬虫抓取信息的过程中如果抓取强度(一般而言就是频率)过高，很有可能被网站禁止访问。通常，网站的反爬虫机制会依据 IP 来识别爬虫访问，为了躲避网站的封禁，用户要么选择放慢抓取速度，减小对目标网站造成的压力，要么选择“伪装”爬虫，通过设置代理 IP 等手段突破反爬虫机制继续进行高频率抓取。一般为爬虫构建一个代理池，在访问时按照一定的规则(比如随机地)更换代理，通过这种方式躲开封禁，让目标网站认为这是普通的访问。

使用 requests 能很轻松地实现代理访问，用户需要先获得代理 IP，可以通过一些提供代理的网站(比如国内的一个代理网站“http://www.xicidaili.com”)获得。一些网站还提供了代理列表下载，比如将代理地址下载到本地 TXT 文件中。这里使用一段小程序来演示这个过程，见例 12-3。

【例 12-3】 在 requests 中使用代理。

```
import requests,time

fp = open("proxylist.txt", 'r')
lines = fp.readlines()
print(lines)
for ip in lines[0:]:
        ip = ip.strip('\n')
        print("当前代理 IP :\t" + ip)
        proxy = {'http':'http://{}'.format(ip)}

        url = "http://icanhazip.com"
        res = requests.get(url, proxies = proxy)
        print(res.status_code)
        print(res.text)
        print("通过")
        time.sleep(2)
```

icanhazip.com 这个网站将提供当前访问的 IP 信息，因此用户通过输出 response 的 text 就能获知代理访问是否成功。注意，requests 在使用代理时需要使用一个 dict 作为参数传入，dict 的键值对包括协议（http 或 https）和代理（地址与端口）。这里使用 61.160.190.146:8090 和 39.134.68.24:80 这两个在代理网站上获得的代理来进行测试，程序的输出结果为：

```
['61.160.190.146:8090\n', '39.134.68.24:80']
当前代理 IP :61.160.190.146:8090
200
61.160.190.146
通过
当前代理 IP :39.134.68.24:80
200
39.134.68.17
通过
```

另外值得一提的是，豆瓣提供了本地热映页面，即“https://movie.douban.com/cinema/nowplaying/beijing/”。

用户可以在浏览器中输入该网址查看网页结构。不难发现，< div id >= "nowplaying"标签中包含了用户感兴趣的文本数据，其中有电影的名称、上映时间等信息。由此，用户还可以编写一个 GetNowPlayingMovies() 函数，获取当前热映榜单，配合上面的影评抓取脚本，可以对当前热映影片的观众评价有一个比较简洁、直观的认识：

```
def GetNowPlayingMovies():
    resp = requests.get(NOW_PLAYING_URL, headers = HEADERS)
    html = resp.content.decode('utf - 8')
    soup = BeautifulSoup(html, 'html.parser')
    playing_items = soup.find_all('div', id = 'nowplaying')
    palying_list = playing_items[0].find_all('li', class_ = 'list - item')

    result_list = []
    for item in palying_list:
        dict = {}
        dict['id'] = item['data - subject']
        for tag in item.find_all('img'):
            dict['name'] = tag['alt']
            result_list.append(dict)

    return result_list
```

在 result_list 中保存了热映电影的信息（一个元素为 dict 的 list），如果用户想遍历这些信息，只要如下代码即可：

```
for movie_item in result_list:
    print(movie_item['id'])        # 输出电影的ID
```

当然，同样的抓取逻辑通过 XPath 和正则匹配等也能够实现，这里使用了 BeautifulSoup 自带的方法，相对简单一些。

12.3 本章小结

本章从抓取网页文本并进行简单的文本分析和挖掘这个角度出发，完成了一次有一定综合应用价值的爬虫任务。关于使用 threading.Thread 编写多线程的详细内容，用户还可参考附录 A 中的相关说明，多线程与多进程的更多比较可见第 9 章和附录 A 中的相关内容。

第13章

爬虫实践：使用爬虫下载网页

视频讲解

在本章的爬虫实践中将注意力放在网页本身，尝试通过爬虫程序来批量下载HTML网页。之前的爬虫程序一般通过定位网页元素的方法来获取所需要的信息，但因为这里的新任务是下载网页，所以想要获取的信息其实就是整个网页。这里需要将访问得到的网页作为一个HTML保存下来，在这个过程中，通过BeautifulSoup等网页解析工具能够实现对网页信息的高效筛选，去除一些用户并不感兴趣的信息(例如广告等)。

13.1 设计抓取程序

新浪财经的个股页面是本次抓取的主要目标，新浪对于某一个股(沪深股市个股)的资讯页面使用类似的网页形式(见图13-1)，本节想设计程序抓取某一个股(以其股票代码作为标识)下资讯页面中的所有资讯文章，并将它们保存到本地。

对于这个抓取目标而言，用户不难看出主要需要关注两个步骤，一是访问个股股票代码对应的资讯页面，并通过解析网页的方式获取资讯文章URL地址的列表；二是根据文章URL访问网页并保存其信息。个股资讯文章类似图13-2。

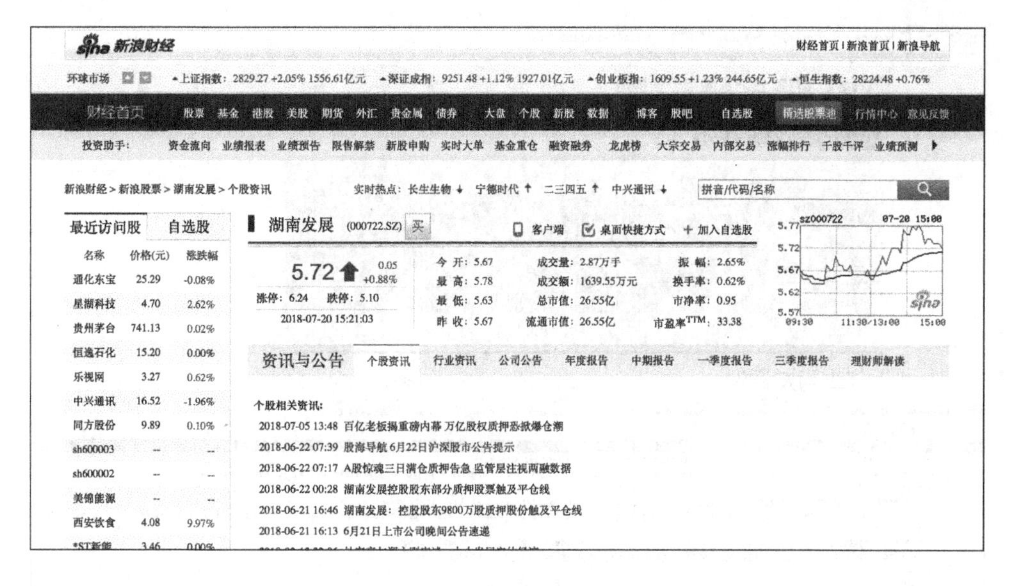

图 13-1　新浪财经的个股页面

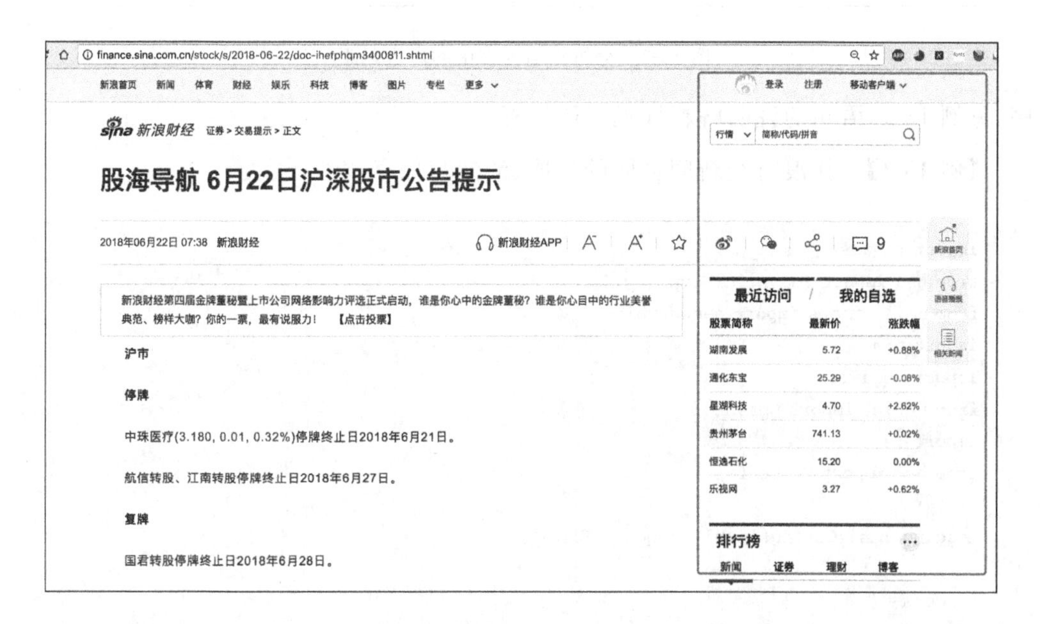

图 13-2　某只股票的一篇资讯页面

不过，用户很快就会发现，股票资讯文章页面中充斥着一些自己并不需要的广告或者新浪财经推送信息，为了去掉这些信息，可以使用 BeautifulSoup 中的 decompose()方法去掉一个结点（该函数的作用是将当前结点移除文档树并完全销毁），接下来唯一要做的便是利用 Chrome 开发者工具分析并列出广告元素，如图 13-3 所示。

经过上面的设计和分析，最终编写出实现抓取、清洗和保存网页这一流程的程

图 13-3 分析页面内容中的广告元素

序，见例 13-1，语句的说明解释详见代码注释。

【例 13-1】 新浪财经新闻页面的抓取、清洗与保存。

```
import requests
from bs4 import BeautifulSoup
from collections import namedtuple
import time
import logging
from pprint import pprint
import re
from bs4 import Comment

logging.basicConfig(level = logging.DEBUG)

headers = {
    'User - Agent': 'Mozilla/5.0 (Macintosh; Intel Mac OS X 10_13_3) AppleWebKit/537.36
(KHTML, like Gecko) Chrome/66.0.3359.181 Safari/537.36',
}
# 定义默认股票编号
stock_num = 'sz000722'


def datetime_parser(bs):
    # 在 HTML 中获取发布日期和时间
```

```
    datetime = str(bs.find(string = lambda text: isinstance(text, Comment))).lstrip
('[ published at ').rstrip(' ] ')
    if not re.match('^\d{4} - \d{2} - \d{2}[\S\s] + $ ', datetime):
        datetime = '1991 - 01 - 01'   # 默认日期时间

    return datetime


def html_saver(page, page_bs):
    # 将HTML保存到本地文件
    with open('HTMLs/{} - {}.html'.format(stock_num, page.newstitle), 'wb') as f:
        f.write(page_bs.prettify().encode('utf - 8'))


def main(stocknum = None):

    if stocknum is not None:
        stock_num = stocknum

    res = []
    ht = requests.get(

        'http://vip.stock.finance.sina.com.cn/corp/go.php/vCB_AllNewsStock/symbol/{}.phtml'
.format(stock_num),
        headers = headers
    ).content.decode('gb2312')
    stock_news_page = namedtuple('StockNewsPage', ['newstitle', 'newsurl'])

    try:
        page_list = [stock_news_page(newstitle = one.text, newsurl = one['href']) for one in
                     BeautifulSoup(ht, 'lxml').find('div', {'class': 'datelist'}).
find('ul').findAll('a')]
    except AttributeError:
        print('this stock may not exist')
        return None
    # pprint(page_list)


    for page in page_list[:]:
        logging.debug('visiting next page')
        time.sleep(2)     # 等待两秒
        ht = requests.get(page.newsurl, headers = headers).content.decode('utf - 8')
        bs = BeautifulSoup(ht, 'lxml')

        # 删除所有不必要的标签
        [s.decompose() for s in
         bs('script') +
         bs('noscript') +
         bs('style') +
```

```
        bs.findAll('div', {'class': 'top - banner'}) +
        bs.findAll('div', {'class': 'hqimg_related'}) +
        bs.findAll('div', {'id': 'sina - header'}) +
        bs.findAll('div', {'class': 'article - content - right'}) +
        bs.findAll('div', {'class': 'path - search'}) +
        bs.findAll('div', {'class': 'page - tools'}) +
        bs.findAll('div', {'class': 'page - right - bar'}) +
        bs.findAll('div', {'class': 'most - read'}) +
        bs.findAll('div', {'class': 'blk - wxfollow'}) +
        bs.findAll('div', {'class': 'blk - related'}) +
        bs.findAll('div', {'class': 'article - bottom - tg'}) +
        bs.findAll('div', {'class': 'article - bottom'}) +
        bs.findAll('link', {'href': '//finance.sina.com.cn/other/src/sinafinance.article
.min.css'}) +
        bs.findAll('div', {'class': 'article - content - right'}) +
        bs.findAll('div', {'class': 'block - comment'}) +
        bs.findAll('div', {'class': 'sina - header'}) +
        bs.findAll('div', {'class': 'path - search'}) +
        bs.findAll('div', {'class': 'top - bar - wrap'}) +
        bs.findAll('div', {'class': 'blk - related'}) +
        bs.findAll('div', {'class': 'most - read'}) +
        bs.findAll('div', {'class': 'ad'}) +
        bs.findAll('div', {'class': 'new_style_article'}) +
        bs.findAll('div', {'class': 'feed - card - content'}) +
        bs.findAll('div', {'class': 'page - footer'}) +
        bs.findAll('div', {'class': 'sina15 - top - bar - wrap'}) +
        bs.findAll('div', {'class': 'site - header clearfix'}) +
        bs.findAll('div', {'class': 'right'}) +
        bs.findAll('div', {'class': 'bottom - tool'}) +
        bs.findAll('div', {'class': 'most - read'}) +
        bs.findAll('div', {'id': 'lcs_wrap'}) +
        bs.findAll('div', {'class': 'lcs1_w'}) +
        bs.findAll('div', {'class': 'desktop - side - tool'}) +
        bs.findAll('div', {'class': 'feed - wrap'}) +
        bs.findAll('div', {'class': 'article - info clearfix'}) +
        bs.findAll('a', {'href': 'http://finance.sina.com.cn/focus/gmtspt.html'}) +
        bs.findAll('iframe', {'class': 'sina - iframe - content'})

        ]

    # 尝试在页面中间做article - content div
    try:
      bs.find('div', {'class': 'article - content - left'})['class'] = 'article - content'
    except Exception as e:
      bs.find('div', {'class': 'left'})['class'] = 'article - content'
    finally:
      pass
```

```
        html_saver(page, bs)

        for one in bs.findAll('a', {'class': 'keyword'}):
            one.attrs = {}                          # 移除可单击的href

        d_res = {
            'stock': stock_num,
            'title': bs.find('h1').text,
            'html': str(bs).replace('\n', ''),
            'datetime': datetime_parser(bs)         # 在HTML注释中查找日期时间信息

        }
        res.append(d_res)

    return res


if __name__ == '__main__':
    res = main('sz000722')
    pprint(res)
```

当然，这个程序还存在一些问题，主要有二，首先是在保存HTML内容到本地的过程中使用了相当原始的文件IO，实际上在大批量抓取时将HTML信息保存在数据库（例如MongoDB）中是比较好的选择；其次，在广告元素清洗的语句部分冗余较多，仍然存在很大的改进余地，可以考虑将待清洗元素规则统一保存到另一个文本文件中，通过一个读取函数进行加载。

13.2　运行程序

运行上面的抓取程序，用户会看到控制台产生如图13-4所示的输出。

```
DEBUG:urllib3.connectionpool:Starting new HTTP connection (1): vip.stock.finance.sina.com.cn
DEBUG:urllib3.connectionpool:http://vip.stock.finance.sina.com.cn:80 "GET /corp/go.php/vCB_AllNewsStock/symbol/sz000722.phtml HTTP/1.1" 200 13416
DEBUG:root:visiting next page
DEBUG:urllib3.connectionpool:Starting new HTTP connection (1): finance.sina.com.cn
DEBUG:urllib3.connectionpool:http://finance.sina.com.cn:80 "GET /stock/s/2018-07-05/doc-ihexfcvi7855295.shtml HTTP/1.1" 200 None
DEBUG:root:visiting next page
DEBUG:urllib3.connectionpool:Starting new HTTP connection (1): finance.sina.com.cn
DEBUG:urllib3.connectionpool:http://finance.sina.com.cn:80 "GET /stock/s/2018-06-22/doc-ihefphqm3400811.shtml HTTP/1.1" 200 None
DEBUG:root:visiting next page
DEBUG:urllib3.connectionpool:Starting new HTTP connection (1): finance.sina.com.cn
DEBUG:urllib3.connectionpool:http://finance.sina.com.cn:80 "GET /stock/stocktalk/2018-06-22/doc-ihefphqm3337535.shtml HTTP/1.1" 200 None
DEBUG:root:visiting next page
DEBUG:urllib3.connectionpool:Starting new HTTP connection (1): finance.sina.com.cn
DEBUG:urllib3.connectionpool:http://finance.sina.com.cn:80 "GET /stock/s/2018-06-22/doc-ihefphqm2633579.shtml HTTP/1.1" 200 None
DEBUG:root:visiting next page
DEBUG:urllib3.connectionpool:Starting new HTTP connection (1): finance.sina.com.cn
DEBUG:urllib3.connectionpool:http://finance.sina.com.cn:80 "GET /stock/s/2018-06-21/doc-ihefphqm0346049.shtml HTTP/1.1" 200 None
DEBUG:root:visiting next page
DEBUG:urllib3.connectionpool:Starting new HTTP connection (1): finance.sina.com.cn
DEBUG:urllib3.connectionpool:http://finance.sina.com.cn:80 "GET /stock/s/2018-06-21/doc-ihefphqm0084785.shtml HTTP/1.1" 200 None
DEBUG:root:visiting next page
DEBUG:urllib3.connectionpool:Starting new HTTP connection (1): finance.sina.com.cn
DEBUG:urllib3.connectionpool:http://finance.sina.com.cn:80 "GET /stock/s/2018-03-12/doc-ifyscsmu8633330.shtml HTTP/1.1" 200 None
DEBUG:root:visiting next page
DEBUG:urllib3.connectionpool:Starting new HTTP connection (1): finance.sina.com.cn
DEBUG:urllib3.connectionpool:http://finance.sina.com.cn:80 "GET /stock/hyyj/2018-03-02/doc-ifyrztfz6322275.shtml HTTP/1.1" 200 None
DEBUG:root:visiting next page
```

图13-4　运行抓取程序后的输出

待程序结束运行后查看本地文件夹，可以看到 HTML 文件已经被批量保存下来，如图 13-5 所示。

文件名	时间
sz000722-湖南发展集团股份有...于签署战略合作协议的公告.html	Today at 10:50 PM
sz000722-今日突破五日均线个股一览.html	Today at 10:50 PM
sz000722-电力发展"十三五"规...三细分领域"充电"迎"升机".html	Today at 10:50 PM
sz000722-湖南发展集团股份有限公司公告（系列）.html	Today at 10:50 PM
sz000722-12月26日上市公司重要公告集锦.html	Today at 10:50 PM
sz000722-湖南发展集团股份有...取得国有土地使用权的公告.html	Today at 10:50 PM
sz000722-深市"首批年报股"出炉：汇金科技、富春环保中标.html	Today at 10:50 PM
sz000722-国企改革不断加码 六大板块有望成2017年投资新主线.html	Today at 10:50 PM
sz000722-主力游资继续消沉 沪指受阻30日线.html	Today at 10:50 PM
sz000722-游资揭秘：沪指强势震荡，混改、庄股表现优异.html	Today at 10:50 PM
sz000722-北特科技遭遇"见光死" 2016年报第一股咋跌停.html	Today at 10:49 PM
sz000722-快讯：养老概念快速...金陵饭店逾14万手封涨停.html	Today at 10:49 PM
sz000722-养老概念突然飚升 湖南发展、金陵饭店涨停.html	Today at 10:49 PM
sz000722-午间机构看市：大盘冲关3600点只欠量能.html	Today at 10:49 PM
sz000722-湖南发展：子公司拟参与推进医疗美容产业园项目.html	Today at 10:49 PM
sz000722-湖南发展集团股份有...子公司完成工商登记的公告.html	Today at 10:49 PM
sz000722-湖南发展集团股份有...会第二十二次会议决议公告.html	Today at 10:49 PM
sz000722-湖南发展集团股份有限公司2016年度报告摘要.html	Today at 10:49 PM
sz000722-披露"证券投资"成绩单 23家上市公司七成赚了钱.html	Today at 10:49 PM
sz000722-湖南发展集团股份有...年度股东大会的提示性公告.html	Today at 10:49 PM
sz000722-湖南发展集团股份有...016年度分红派息实施公告.html	Today at 10:49 PM
sz000722-中国电子：积极对接...积极推进军民融合产业发展.html	Today at 10:49 PM
sz000722-收评：粤港澳概念再度活跃 多省本地股跟风.html	Today at 10:49 PM
sz000722-股海导航 6月29日沪深股市公告提示.html	Today at 10:49 PM
sz000722-【财联社公告精选】.html	Today at 10:49 PM
sz000722-证监会负责人：股市...危害大 一旦发现必定严惩.html	Today at 10:49 PM
sz000722-医疗保健支出增长迅...大健康产业将成投资新风口.html	Today at 10:49 PM
sz000722-湖南发展控股股东拟继续增持.html	Today at 10:49 PM
sz000722-湖南发展控股股东完成增持计划.html	Today at 10:49 PM
sz000722-股海导航 2月26日沪深股市公告提示.html	Today at 10:49 PM
sz000722-中小创炒作持续升温...持续增长中小创股只有65股.html	Today at 10:48 PM
sz000722-杜家毫与郑永刚座谈：大力发展实体经济.html	Today at 10:48 PM
sz000722-6月21日上市公司晚间公告速递.html	Today at 10:48 PM

图 13-5 本地文件夹中的 HTML 文件

13.3 展示网页

在将新浪个股资讯网页保存到本地后，便可以考虑进一步对网页进行展示了，这里通过 Flask 对 Python Web 开发的"冰山一角"进行介绍。Flask 是一个非常流行的轻量级 Python Web 框架，使用 pip install flask 即可安装。所谓的"Web 框架"，其实就是一种工具，一种用来帮助用户更简单地编写 Web 应用的软件框架。当用户在浏览器中访问一个地址时，Web 框架就负责处理其 HTTP 请求，根据 HTML 和 JavaScript 代码生成对应的 HTTP 响应。

使用 PyCharm 可以选择新建一个 Flask 应用项目，如图 13-6 所示。在创建后将会自动生成代码，如下(这也是一个最小的 Flask 应用)：

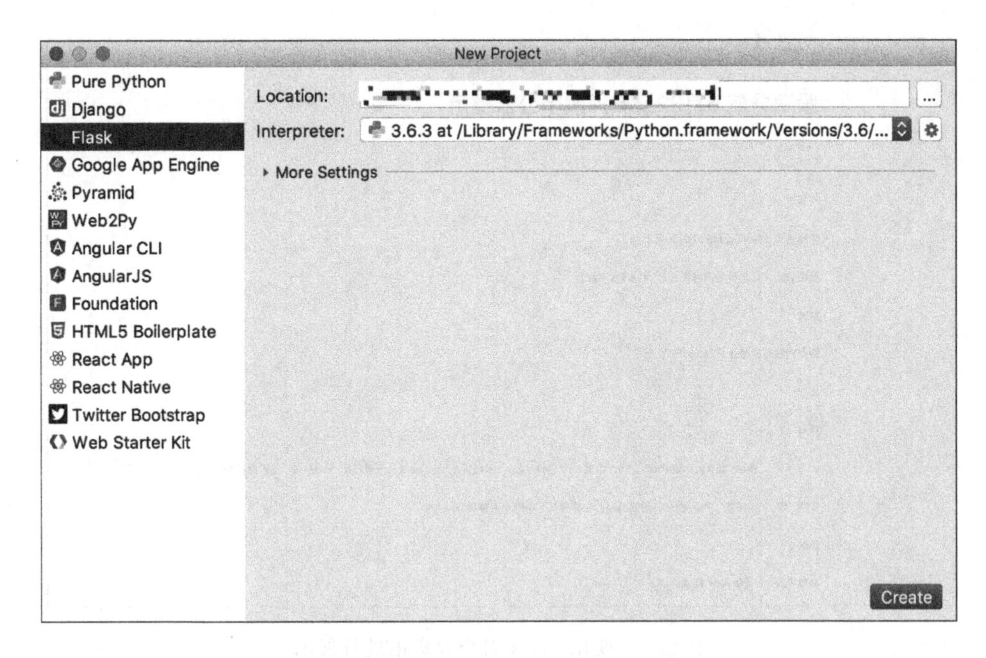

图 13-6　使用 PyCharm 新建 Flask 项目

```
from flask import Flask
app = Flask(__name__)

@app.route('/')
def hello_world():
    return 'Hello, World!'

if __name__ == '__main__':
  app.run()
```

其中，route()将会指定触发 hello_world()的 URL，该函数返回“Hello, World!”信息。当用户运行这个程序并在浏览器中输入 127.0.0.1:5000 时，访问该地址，即可看到“Hello, World!”信息的页面。

这里将之前抓取到的 HTML 文件存放到 Flask 项目的 template 路径下，并在主程序中添加一个函数，类似下面这样：

```
@app.route('/sz000722')
def stock():
  return render_template('sz000722 - 股海导航 6 月 22 日沪深股市公告提示.html')
```

之后重新运行 Flask 项目，访问 127.0.0.1:5000/sz000722 这个地址，即可看到 Flask 已经将该 HTML 展示为网页，如图 13-7 所示。

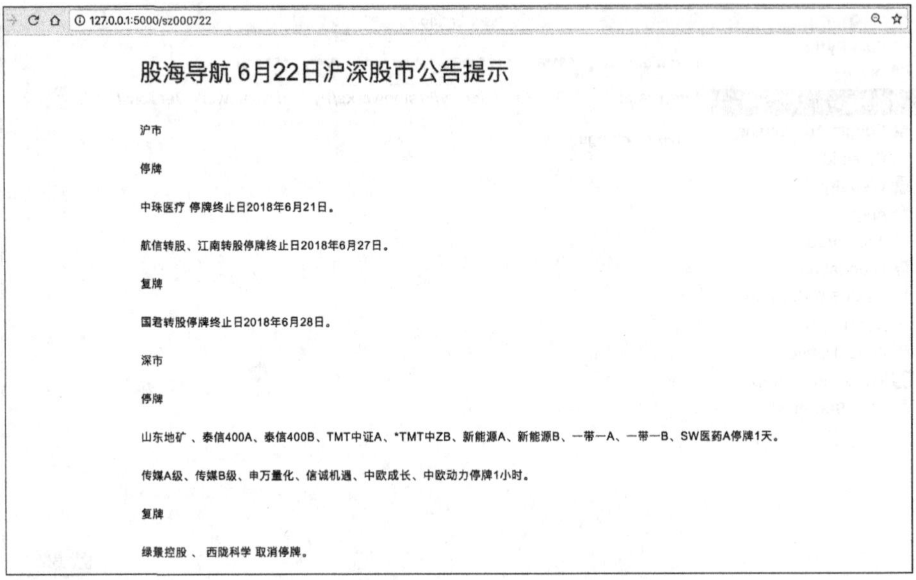

127.0.0.1:5000/sz000722

股海导航 6月22日沪深股市公告提示

沪市

停牌

中珠医疗 停牌终止日2018年6月21日。

航信转股、江南转股停牌终止日2018年6月27日。

复牌

国君转股停牌终止日2018年6月28日。

深市

停牌

山东地矿 、泰信400A、泰信400B、TMT中证A、*TMT中ZB、新能源A、新能源B、一带一A、一带一B、SW医药A停牌1天。

传媒A级、传媒B级、申万量化、信诚机遇、中欧成长、中欧动力停牌1小时。

复牌

绿景控股 、西陇科学 取消停牌。

图 13-7　使用 Flask 对个股资讯进行展示

最后要说的是，新浪财经除了包括沪深个股的资讯页面以外，还包括美股、港股的资讯页面（见图 13-8）。如果用户想要对美股、港股的资讯进行抓取、清洗和保存，只需将上面代码中对应的页面解析和元素定位语句进行更改即可，具体代码见例 13-2。

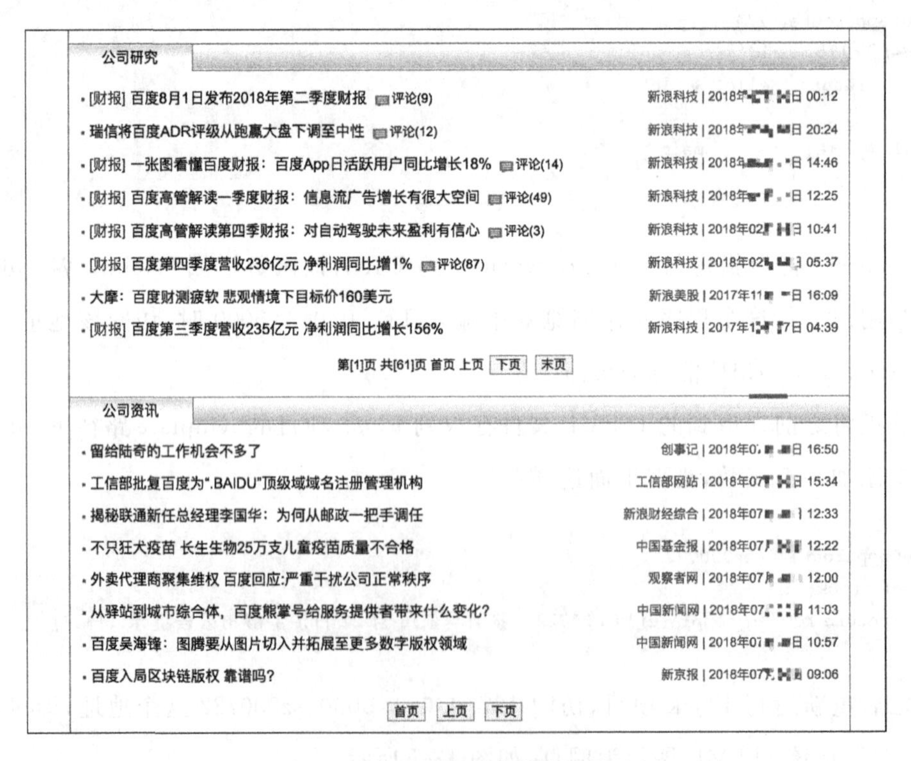

图 13-8　新浪财经的美股资讯页面

【例 13-2】 抓取新浪美股个股资讯。

```
import requests
from bs4 import BeautifulSoup
from collections import namedtuple
import time
import logging
from pprint import pprint
import re
from bs4 import Comment

logging.basicConfig(level = logging.DEBUG)

headers = {
  'User - Agent': 'Mozilla/5.0 (Macintosh; Intel Mac OS X 10_13_3) AppleWebKit/537.36
(KHTML, like Gecko) Chrome/66.0.3359.181 Safari/537.36',
}
# 定义股票编号
stock_id = 'BIDU'


def datetime_parser(bs):
  datetime = str(bs.find(string = lambda text: isinstance(text, Comment))).
lstrip('[ published at ').rstrip(' ] ')
  if not re.match('^\d{4} - \d{2} - \d{2}[\S\s] + $ ', datetime):
    datetime = '1991 - 01 - 01'   # 默认日期时间

  return datetime


def html_saver(page, page_bs):
  with open('HTMLs/{} - {}.html'.format(stock_id, page.newstitle), 'wb') as f:
    f.write(page_bs.prettify().encode('utf - 8'))


def main(stocknum = None):

  if stocknum is not None:
    stock_num = stocknum

  res = []
  ht = requests.get(
    'http://biz.finance.sina.com.cn/usstock/usstock_news.php?pageIndex = 1&symbol = {}
&type = 1'.format(stock_num),
    headers = headers
  ).content.decode('gb2312')
```

```
    stock_news_page = namedtuple('StockNewsPage', ['newstitle', 'newsurl'])

    try:
        page_list = [stock_news_page(newstitle = one.find('a').text, newsurl = one.find('a')
['href']) for one in
                     BeautifulSoup(ht, 'lxml').findAll('ul', {'class': 'xb_list'})[-1].
findAll('li')]
    except AttributeError as e:
        print('this stock may not exist')
        return None
    pprint(page_list)


    for page in page_list[:]:
        logging.debug('visiting next page')
        time.sleep(2)                                   # 等待两秒
        ht = requests.get(page.newsurl, headers = headers).content.decode('utf-8')
        bs = BeautifulSoup(ht, 'lxml')

        # 删除所有不必要的标签
        [s.decompose() for s in
         bs('script') +
         bs('noscript') +
         bs('style') +
         bs.findAll('div', {'class': 'top-banner'}) +
         bs.findAll('div', {'class': 'hqimg_related'}) +
         # 更多的页面元素清洗
         # ...
         bs.findAll('div',{'class':'new_style_article'})
         ]

        # 尝试在页面中间做article-content div
        try:
            bs.find('div', {'class': 'article-content-left'})['class'] = 'article-content'
        except Exception as e:
            bs.find('div', {'class': 'left'})['class'] = 'article-content'
        finally:
            pass

        html_saver(page, bs)
        for one in bs.findAll('a', {'class': 'keyword'}):
            one.attrs = {}                              # 移除可单击的href

        d_res = {
            'stock': 'us-' + stock_num,
            'title': bs.find('h1').text,
            'html': str(bs).replace('\n', ''),
```

```
        'datetime': datetime_parser(bs)  # 在HTML注释中查找日期时间信息

      }
      res.append(d_res)

    return res


if __name__ == '__main__':
    res = main('BIDU')
    pprint(res)
```

第 14 章

爬虫实践：使用爬虫框架

视频讲解

在前面对 Scrapy 爬虫框架有过简单的介绍，在 Python 开发中，比较常见的爬虫框架除了 Scrapy 以外，还包括 PySpider 和 Gain，本章将以这两个爬虫框架的使用为例详细介绍不同爬虫框架的特性和开发。

14.1 Gain 框架

Gain 是一个使用 asyncio、uvloop 和 aiohttp 等库实现的轻量级 Python 爬虫框架，其爬虫抓取结构如图 14-1 所示。Gain 基于的 asyncio 是 Python 3.4 后引入的标准库，主要功能是支持异步的 IO 操作。另外，uvloop 是 asyncio 事件循环的替代，aiohttp 是基于 asyncio 的 HTTP 工具，两者结合能够支持更高速、高效的网络编程，因此 Gain 的主要特征就是轻量和高速。

安装 Gain 仍然可以使用 pip，运行 pip install gain 命令即可，若用户未安装 uvloop，还需要用 pip install uvloop 进行安装（uvloop 目前只能在 Linux 平台上使用）。不过 pypi 上的 Gain 有可能并非最新版本，为此，用户可以前往 Github 上 Gain 框架的 Repository（地址为"https://github.com/gaojiuli/gain"），使用 Git Clone 下载

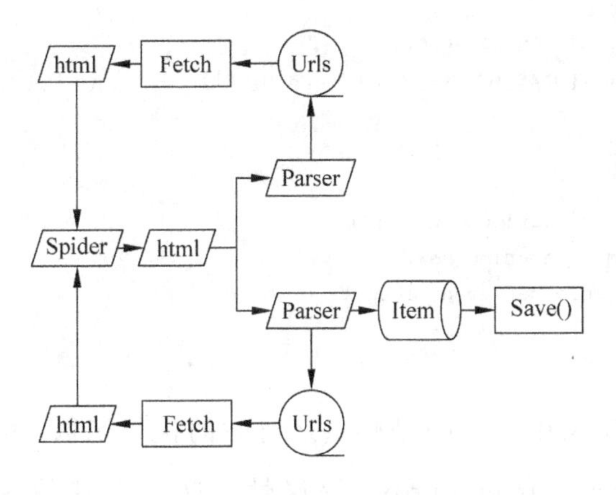

图 14-1 Gain 的爬虫结构

到本地的某一路径，然后运行 pip install -e path/to/SomeProject 命令进行安装。

14.2 使用 Gain 做简单抓取

使用 Gain 编写爬虫程序，一般是编写继承 Spider 类的新爬虫类，Gain 中的 Spider 类如下：

```
class Spider:
    start_url = ''
    base_url = None
    parsers = []
    error_urls = []
    urls_count = 0
    concurrency = 5
    interval = None #待办事项：限制两个请求之间的间隔
    headers = {}
    proxy = None
    cookie_jar = None

    @classmethod
    def is_running(cls):
        is_running = False
        for parser in cls.parsers:
            if not parser.pre_parse_urls.empty() or len(parser.parsing_urls) > 0:
                is_running = True
        return is_running

    @classmethod
    def parse(cls, html):
```

```
        for parser in cls.parsers:
            parser.parse_urls(html, cls.base_url)

    @classmethod
    def run(cls):
        logger.info('Spider started!')
        start_time = datetime.now()
        loop = asyncio.get_event_loop()
        ...
```

在Spider类的定义中，run()是爬虫运行时的执行函数，用户一般需要自定义start_url、concurrency、parsers、proxy等属性。这里以抓取scrapinghub的博客(https://blog.scrapinghub.com/)为例，使用Gain框架编写出这样的爬虫程序，见例14-1。

【例14-1】 使用Gain抓取scrapinghub的博客。

```
from gain import Css, Item, Parser, Spider
import aiofiles


class Post(Item):
  title = Css('#hs_cos_wrapper_name')
  content = Css('.post-body')

  async def save(self):
    async with aiofiles.open('scrapinghub.txt', 'a+') as f:
      await f.write('{}\n'.format(self.results['title']))


class MySpider(Spider):
  concurrency = 5
  headers = {
    'User-Agent': 'Mozilla/5.0 (Macintosh; Intel Mac OS X 10_13_3) AppleWebKit/537.36
(KHTML, like Gecko) Chrome/67.0.3396.99 Safari/537.36'}
  start_url = 'https://blog.scrapinghub.com/'
  parsers = [Parser('https://blog.scrapinghub.com/page/\d+/'),
             Parser('https://blog.scrapinghub.com/\d{4}/\d{2}/\d{2}/[a-z0-9\-]+',
Post)]

MySpider.run()
```

在上面的代码中，aiofiles是一个支持异步文件IO的库，该例用它实现了一个save()(保存到TXT文件中)方法。另外，在Post类中还使用CSS选择器获取了网页的 title(标题)和 content(内容)。CSS 选择器表达式可以使用 Chrome 开发者工具得到，如图 14-2 所示。

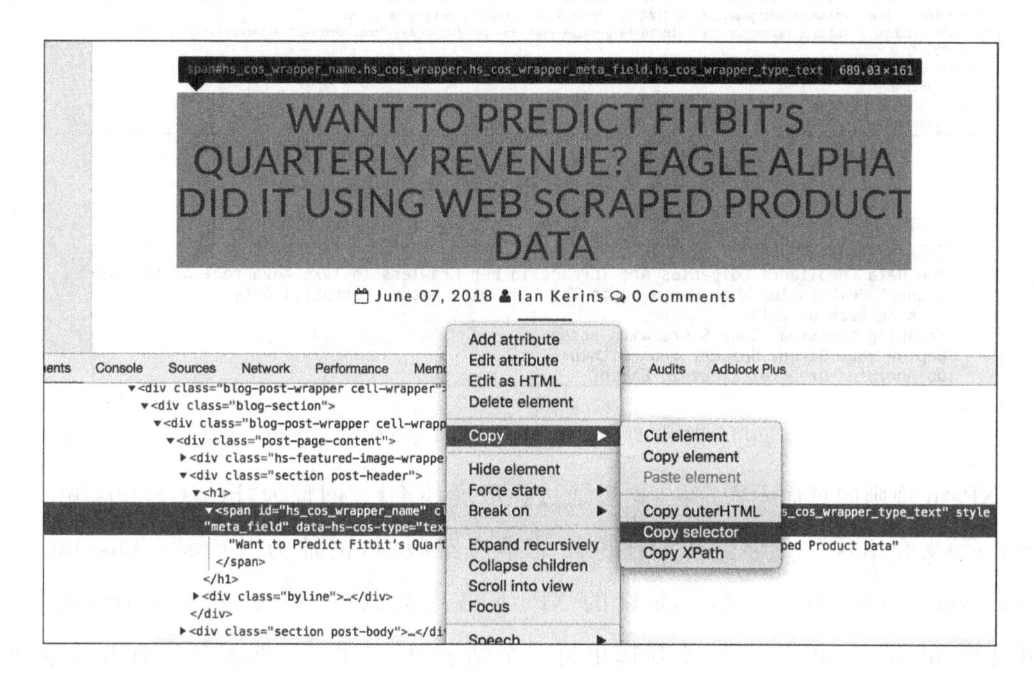

图 14-2 在 Chrome 中复制 selector

MySpider 类继承了 Gain 中的 Spider 类，在这里自定义了 headers，将 UA 信息加入可以避免基本的反爬虫机制，concurrency 为并发数，parsers 则为一个 Parser 类的列表。

Parser()接收一个正则表达式形式的 rule(规则)作为参数，如果还传入了继承自 Item 的类作为参数，则对满足当前 rule 的 url 开始 Item 的定位和处理(例如例 14-1 中的 save()方法)，如果没有 Item 作为参数，则对当前 rule 的 url 进行 follow，继续爬取 url 链接。

在例 14-1 中，正则表达式“https://blog. scrapinghub. com/page/\d＋/”是博客页码的 URL 格式，正则表达式“https://blog. scrapinghub. com/\d{4}/\d{2}/\d{2}/[a-z0-9\-]＋”则是具体的一篇博客文章的 URL 格式。

运行这个程序，用户能够看到对应的控制台输出，如图 14-3 所示。

在本地打开 scrapinghub. txt 即可看到抓取下来的文章网页标题，如图 14-4 所示。

除了使用正则表达式来匹配网页中的 URL 以外，Gain 还提供了 XPathParser 支

```
Parsed(4/9): https://blog.scrapinghub.com/2017/12/31/looking-back-at-2017
Parsed(5/9): https://blog.scrapinghub.com/2017/07/07/scraping-the-steam-game-store-with-scrapy
Parsed(6/9): https://blog.scrapinghub.com/2017/01/01/looking-back-at-2016
Parsed(7/9): https://blog.scrapinghub.com/2017/06/19/do-androids-dream-of-electric-sheep
Parsed(8/9): https://blog.scrapinghub.com/2017/04/19/deploy-your-scrapy-spiders-from-github
Parsed(9/9): https://blog.scrapinghub.com/2018/06/19/a-sneak-peek-inside-what-hedge-funds-think-of-alternative-financial-data
Item "Post": 8
Requests count: 9
Error count: 0
Time usage: 0:00:16.567301
Spider finished!
```

图 14-3　使用 Gain 抓取 blog. scrapinghub. com

```
Looking Back at 2017
How Data Compliance Companies Are Turning To Web Crawlers To Take Advantage of the GDP
A Sneak Peek Inside What Hedge Funds Think of Alternative Financial Data
Looking Back at 2016
Scraping the Steam Game Store with Scrapy
Deploy your Scrapy Spiders from GitHub
Do Androids Dream of Electric Sheep?
```

图 14-4　抓取到 TXT 中的文章标题

持 XPath 规则的页面元素定位，这里通过抓取虎扑论坛(网址为“https://bbs. hupu. com/”)来介绍这一方面。在虎扑论坛的学府路版面(网址为“https://bbs. hupu. com/xuefu”)中，每一个帖子元素的 XPath 格式类似“//*[@id="ajaxtable"]/div[1]/ul/li[2]/div[1]/a”，要筛选出每一个帖子，只需用“*”匹配到所有 li 元素即可，如图 14-5 和图 14-6 所示。

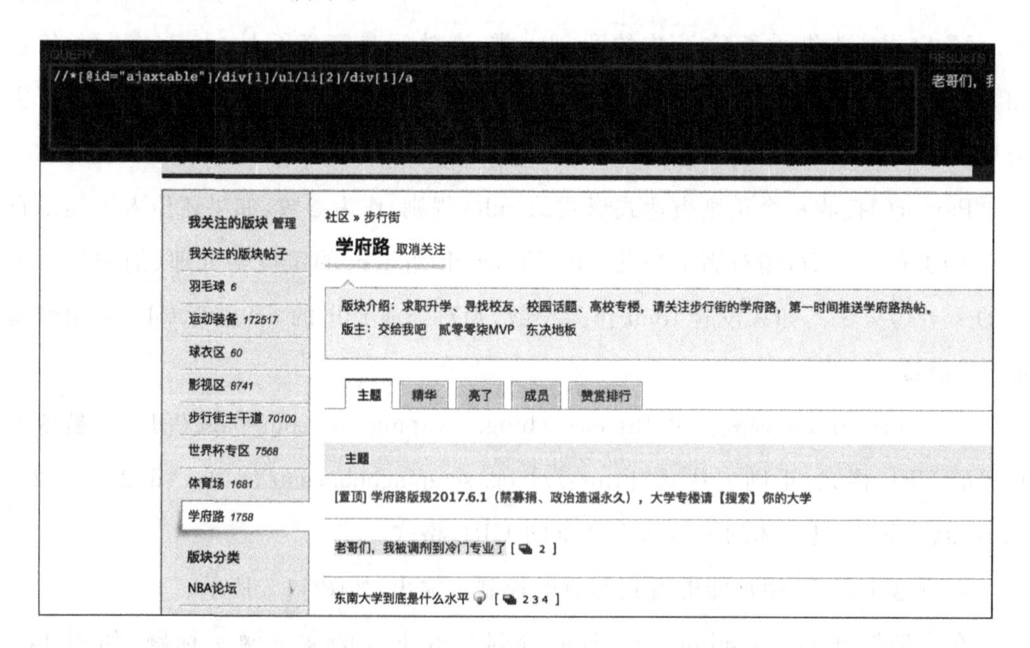

图 14-5　虎扑论坛上的帖子元素的 XPath 格式

有了上面的观察，用户便可以使用 Gain 编写一个抓取该论坛版面首页所有帖子

图 14-6 匹配所有 li 元素

的标题信息的简单爬虫，见例 14-2。

【例 14-2】 使用 Gain 抓取论坛版面首页所有帖子的标题信息。

```
from gain import Css, Item, XPathParser, Spider


class Post(Item):
    title = Css('#j_data')

    async def save(self):
        print(self.title)


class MySpider(Spider):
    start_url = 'https://bbs.hupu.com/xuefu'
    concurrency = 5
    headers = {'User-Agent': 'Google Spider'}
    parsers = [
        XPathParser('//*[@id="ajaxtable"]/div[1]/ul/li[*]/div[1]/a/@href', Post)
    ]

MySpider.run()
```

其中,Post 类中的 title = Css('#j_data')将会得到每一个帖子页面的标题,在 save()方法中仅仅打印该标题。在 MySpider 类中使用了 Google Spider 作为 UA 信息,parsers 列表中为一个 XPathParser 的实例,这个 parser 将匹配 start_url 对应页面中所有满足其 XPath 的元素,并对其调用 Post 进行 Item 的获取。

运行上面的代码,用户将能够看到对应的输出(见图 14-7),表明抓取成功。Gain 还是一个仍在开发中的框架,灵活性和扩展性都很高,用户甚至可以自己改写其代码,编写自己喜欢的框架。最后要说明的是,Gain 的使用模式与 Scrapy 类似,但作为轻量爬虫,它们也有不少差异,想系统学习爬虫框架的逻辑和结构的读者应该以 Scrapy 的代码作为主要的参考资料。

```
[2018:07:20 23:28:57] Parsed(3/41): https://bbs.hupu.com/22960357.html
兰州大学到底怎么样呀?
[2018:07:20 23:28:58] Parsed(4/41): https://bbs.hupu.com/22957663.html
去武汉理工大学要注意什么
对不起, 拖大家后腿了。考上了一所2110大学
[2018:07:20 23:28:58] Parsed(5/41): https://bbs.hupu.com/22965060.html
[2018:07:20 23:28:58] Parsed(6/41): https://bbs.hupu.com/22960192.html
求问关于浙大科创的问题
压线进的西电 好绝望
[2018:07:20 23:28:58] Parsed(7/41): https://bbs.hupu.com/22957913.html
985一条街 弱问同济设创院怎么样
[2018:07:20 23:28:58] Parsed(8/41): https://bbs.hupu.com/22960810.html
[2018:07:20 23:28:58] Parsed(9/41): https://bbs.hupu.com/22965778.html
小弟班上的录取情况, 大家看看什么水平。
[2018:07:20 23:28:58] Parsed(10/41): https://bbs.hupu.com/22960972.html
华中科技大学和天津大学哪个大学才是更具有实力的哪个
[2018:07:20 23:28:58] Parsed(11/41): https://bbs.hupu.com/22958007.html
扬州大学怎么样? 求各位jr指点!
小弟求问 广东金融学院是什么水平的高校
[2018:07:20 23:28:59] Parsed(12/41): https://bbs.hupu.com/22965730.html
要去天大了, 但对专业不太了解, 求jrs帮助
[2018:07:20 23:28:59] Parsed(13/41): https://bbs.hupu.com/22966017.html
[2018:07:20 23:28:59] Parsed(14/41): https://bbs.hupu.com/22964809.html
老哥们, 长三角地区有什么电信专业比较好的211吗?
```

图 14-7 基于 Gain 的爬虫在论坛版块抓取时的输出

14.3 PySpider 框架

根据官方文档的说明,PySpider 是一个支持 Web UI、JS 动态解析、多线程爬取、优先级抓取、Docker 部署的爬虫框架,可以看出,其功能是相当全面、丰富的。安装 PySpider 使用 pip install pyspider 命令即可,如果想使用 JS 页面解析,需要下载 PhantomJS 并完成相关配置。另外,PySpider 使用到很多依赖,在安装时如果出现依赖环境缺失的问题,安装相应的包即可。在安装成功后,使用 pyspider all 命令激活 PySpider 的所有组件,如图 14-8 所示。

之后访问 http://localhost:5000/即可看到 PySpider 的 Web UI 页面,如图 14-9 所

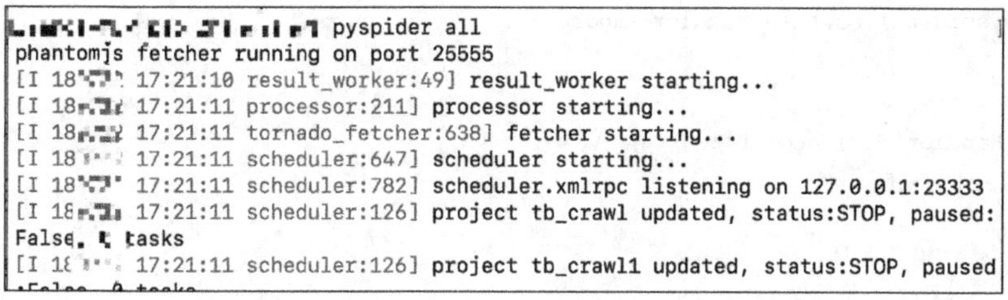

```
pyspider all
phantomjs fetcher running on port 25555
[I 18 17:21:10 result_worker:49] result_worker starting...
[I 18 17:21:11 processor:211] processor starting...
[I 18 17:21:11 tornado_fetcher:638] fetcher starting...
[I 18 17:21:11 scheduler:647] scheduler starting...
[I 18 17:21:11 scheduler:782] scheduler.xmlrpc listening on 127.0.0.1:23333
[I 18 17:21:11 scheduler:126] project tb_crawl updated, status:STOP, paused:
False, tasks
[I 18 17:21:11 scheduler:126] project tb_crawl1 updated, status:STOP, paused
```

图 14-8　激活 PySpider

示(由于刚刚安装,PySpider 不会有项目,图 14-9 为已经开发过一些爬虫的项目列表)。

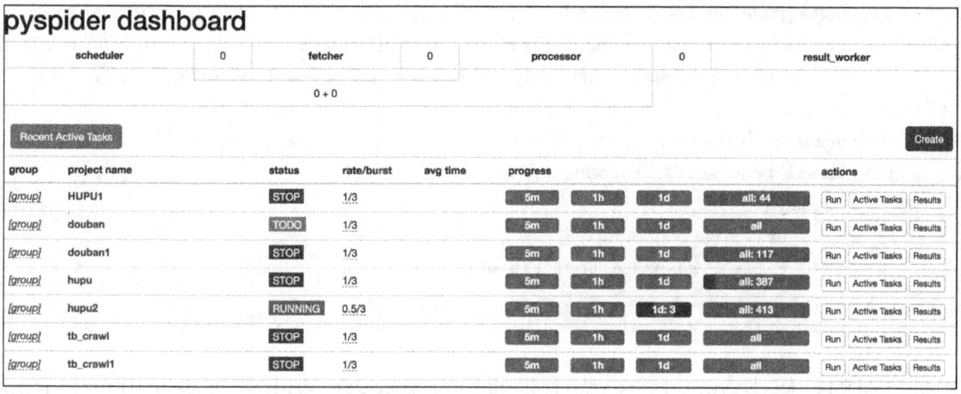

pyspider dashboard

scheduler	0	fetcher	0	processor	0	result_worker
		0 + 0				

Recent Active Tasks　Create

group	project name	status	rate/burst	avg time	progress				actions
[group]	HUPU1	STOP	1/3		5m	1h	1d	all: 44	Run Active Tasks Results
[group]	douban	TODO	1/3		5m	1h	1d	all	Run Active Tasks Results
[group]	douban1	STOP	1/3		5m	1h	1d	all: 117	Run Active Tasks Results
[group]	hupu	STOP	1/3		5m	1h	1d	all: 387	Run Active Tasks Results
[group]	hupu2	RUNNING	0.5/3		5m	1h	1d: 3	all: 413	Run Active Tasks Results
[group]	tb_crawl	STOP	1/3		5m	1h	1d	all	Run Active Tasks Results
[group]	tb_crawl1	STOP	1/3		5m	1h	1d	all	Run Active Tasks Results

图 14-9　PySpider 的 Web UI 管理页面

在 Web UI 中单击 Create 按钮即可新建一个爬虫项目,填写 Project Name 和 Start URL(也可暂时不填)之后 PySpider 将会提供 WebDAV 模式页面,右侧为编辑器区域,左侧为实时运行信息与追踪区域,如图 14-10 所示。

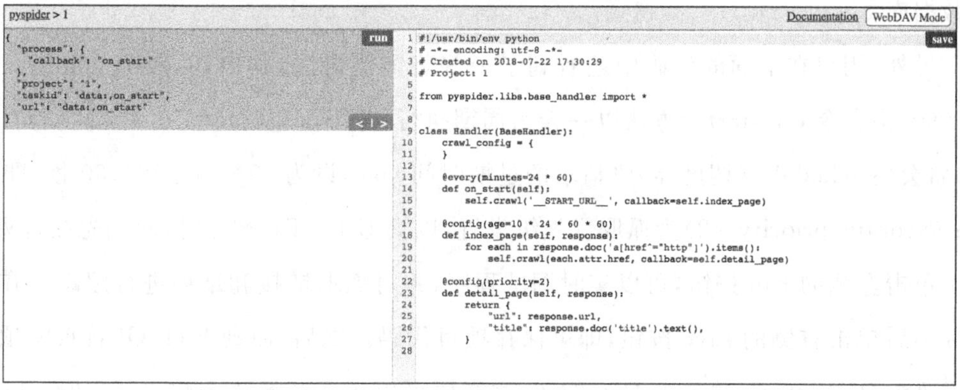

pyspider > 1　　Documentation　WebDAV Mode

```
{
  "process": {
    "callback": "on_start"
  },
  "project": "1",
  "taskid": "data:,on_start",
  "url": "data:,on_start"
}
```

```
#!/usr/bin/env python
# -*- encoding: utf-8 -*-
# Created on 2018-07-22 17:30:29
# Project: 1

from pyspider.libs.base_handler import *


class Handler(BaseHandler):
    crawl_config = {
    }

    @every(minutes=24 * 60)
    def on_start(self):
        self.crawl('__START_URL__', callback=self.index_page)

    @config(age=10 * 24 * 60 * 60)
    def index_page(self, response):
        for each in response.doc('a[href^="http"]').items():
            self.crawl(each.attr.href, callback=self.detail_page)

    @config(priority=2)
    def detail_page(self, response):
        return {
            "url": response.url,
            "title": response.doc('title').text(),
        }
```

图 14-10　PySpider 的 Web 编辑器页面

PySpider 在这个名为“1”的项目中自动生成的代码如下：

```
from pyspider.libs.base_handler import *


class Handler(BaseHandler):
    crawl_config = {
    }

    @every(minutes = 24 * 60)
    def on_start(self):
        self.crawl('__START_URL__', callback = self.index_page)

    @config(age = 10 * 24 * 60 * 60)
    def index_page(self, response):
        for each in response.doc('a[href^ = "http"]').items():
            self.crawl(each.attr.href, callback = self.detail_page)

    @config(priority = 2)
    def detail_page(self, response):
        return {
            "url": response.url,
            "title": response.doc('title').text(),
        }
```

在上面的代码中，on_start()为主要的执行函数，在 Web 管理页面中单击 Run 按钮后将会执行该函数。其中的 self.crawl()方法将会启动一个新的抓取任务。

index_page()方法接受一个 Response 对象，可以被看成解析函数。response.doc 是基于 pyquery 的页面元素定位方式。detail_page()则是另一个解析函数，返回一个字典形式的数据结构作为一次抓取结果，这个数据默认会被添加到 resultdb 的数据库。

另外，用户在上面的代码中还看到了一些装饰器语法，其中，@every(minutes=24 * 60)将会令 on_start()方法以一天为周期执行；@config(age=10 * 24 * 60 * 60)将会使 scheduler(调度器)将请求的过期时间(age)设为 10×24×60×60 秒，即 10 天；@config(priority=2)为抓取优先级设置，以类似 P0、P1、P2 这样的优先级排列。

单击左侧的 run 按钮，可以实时调试程序，并对抓取链接和结果进行跟踪。在调试完毕后单击右侧的 save 按钮，即可保存项目代码。之后，回到 Web UI 首页将项目状态改为 RUNNING，并单击 Run 按钮，这样便可以正式开始这个爬虫了，如图 14-11 所示。

如果在 WebDAV 模式下单击 run 按钮运行代码进行调试时遇到了类似

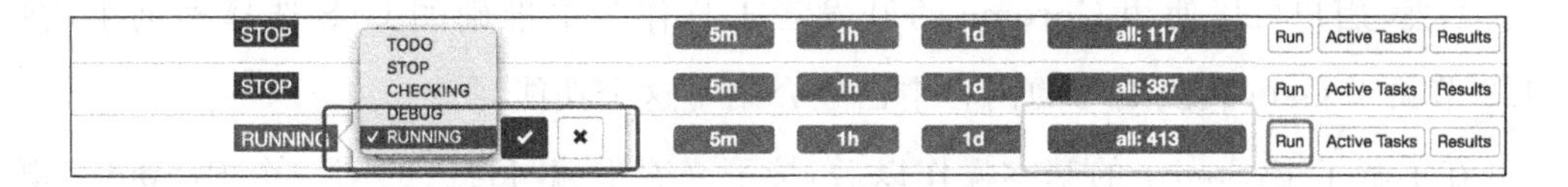

图 14-11　Web UI 首页的项目操作

“Exception: cannot run the event loop while another loop is running”的报错信息，可以尝试运行 pip3 install tornado==4.5.3 命令安装特定版本的 tornado 来解决这个问题。

14.4　使用 PySpider 进行抓取

对于一个爬虫程序而言，最核心的语句可能就是元素的定位。在 PySpider 中主要使用 CSS 选择器作为主要的元素定位方式，为了编写代码方便，在 PySpider 中还包括 CSS 选择器助手的功能，开启该功能后，单击页面上的元素即可高亮显示并生成其 CSS 选择表达式，如图 14-12 所示，单击相应的按钮可以将表达式粘贴到当前代码段。

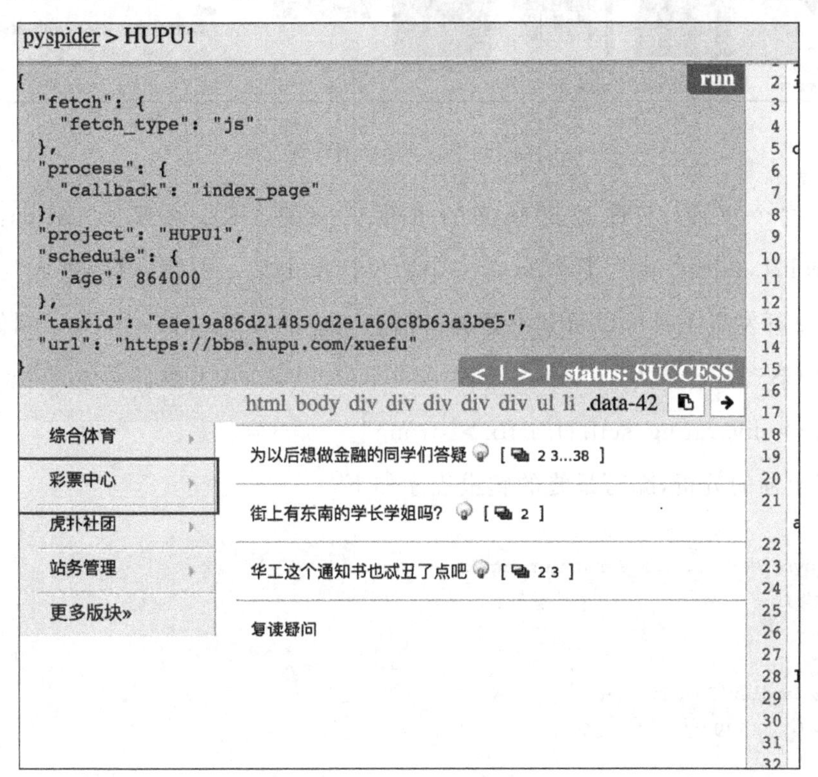

图 14-12　PySpider 的 CSS 选择器助手

当然，用户可以使用 Chrome 的开发者工具作为更准确的 CSS 选择器助手，在 14.2 节关于 Gain 爬虫编写的内容中已经介绍了这个功能。

在了解了 PySpider 的基本操作以后，接下来着手编写自己的第一个 PySpider 爬虫。这里将豆瓣读书首页(https://book.douban.com/)定为抓取目标，该页面大致如图 14-13 所示。

图 14-13 豆瓣读书首页

分析这个页面，不难看出豆瓣的书籍页面的 URL 格式为"https://book.douban.com/subject/id/"，其中 id 为一串数字。单击某一书籍链接，进入其页面，通过 Chrome 开发者工具可以得到书籍关键信息对应的一些 CSS selector，例如作者信息对应的 CSS selector 为"#info > span:nth-child(1) > a"，书籍评分对应"#interest_sectl > div > div.rating_self.clearfix > strong"。

基于上面的分析，编写最终的爬虫程序如下：

```
from pyspider.libs.base_handler import *
import re


class Handler(BaseHandler):
  crawl_config = {
  }

  @every(minutes = 24 * 60)
```

```
    def on_start(self):
        self.crawl('https://book.douban.com/', callback = self.index_page)

    @config(age = 10 * 24 * 60 * 60)
    def index_page(self, response):
        for each in response.doc('a[href ^ = "http"]').items():
            if re.match("https://book.douban.com/subject/\d + /\S + ", each.attr.href, re.U):
                self.crawl(each.attr.href, callback = self.detail_page)

    @config(priority = 2)
    def detail_page(self, response):
        review_url = response.doc(
            '#content > div > div.article > div.related_info > div.mod - hd > h2 > span.pl > a').
attr.href
        return {
            "url": response.url,
            "title": response.doc('title').text(),
            "author": response.doc('#info > span:nth - child(1) > a').text(),
            "rating": response.doc('#interest_sectl > div > div.rating_self.clearfix > strong')
.text(),
            "reviews": review_url,
        }
```

非常明显，index_page()是对读书首页的处理函数，而 detail_page()是对书籍详情页面的处理函数。在 index_page()中还使用了一次 re.match()方法，通过正则表达式在豆瓣读书首页中筛选书籍页面对应的 URL。

在编辑器中编写上面的代码后就可以进行调试运行了，单击 run 按钮，可以看到"follows"上出现了"1"的数字，切换到 follows 面板，跟踪 URL，如图 14-14 所示。

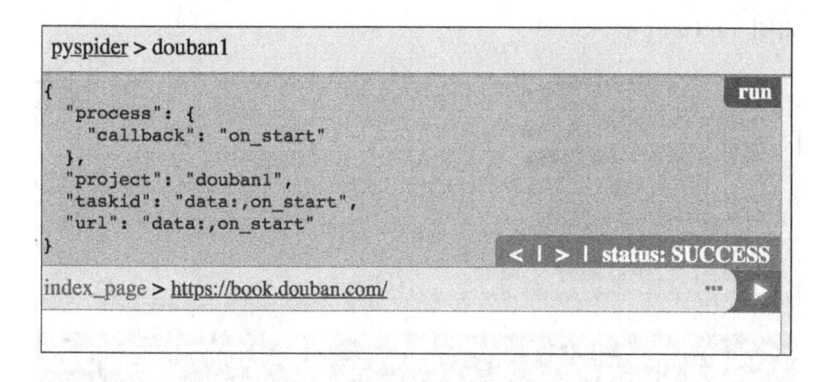

图 14-14　follows 面板的情况

之后单击绿色播放按钮，跟踪 URL 并进入下一级，用户会看到程序将书籍页面 URL 成功地筛选出来，如图 14-15 所示。

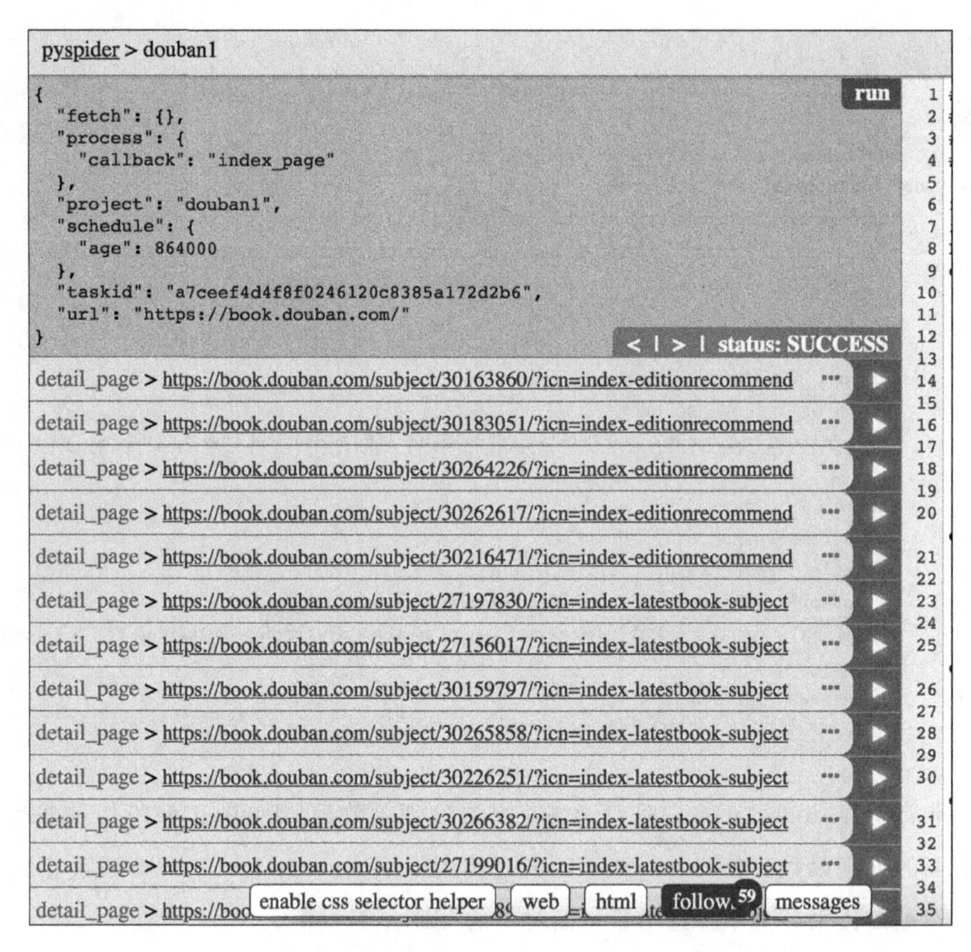

图 14-15 单击绿色播放按钮后的 URL 筛选结果

进入某一个书籍详情链接(单击右侧类似播放的按钮),可以看到该书籍的详情抓取结果,如图 14-16 所示。

```
{
  "fetch": {},
  "process": {
    "callback": "detail_page"
  },
  "project": "douban1",
  "schedule": {
    "priority": 2
  },
  "taskid": "d1049ba2812379c95d4b3ebd4e7372e4",
  "url": "https://book.douban.com/subject/30163860/?icn=index-editionrecommend"
}
< | > | status: SUCCESS
{'author': '王小波',
 'rating': '9.3',
 'reviews': 'https://book.douban.com/subject/30163860/comments/',
 'title': '绿毛水怪 (豆瓣)',
 'url': 'https://book.douban.com/subject/30163860/?icn=index-editionrecommend'}
```

图 14-16 某书籍详情页面的信息抓取结果

调试到这一步，可见编写的爬虫能够顺利地进行信息的抓取。单击编辑器窗口右侧的 save 按钮，返回 Web 管理页面首页，并运行该项目。爬虫开始运行后，单击 Results 按钮便能够看到批量抓取的结果，如图 14-17 所示。

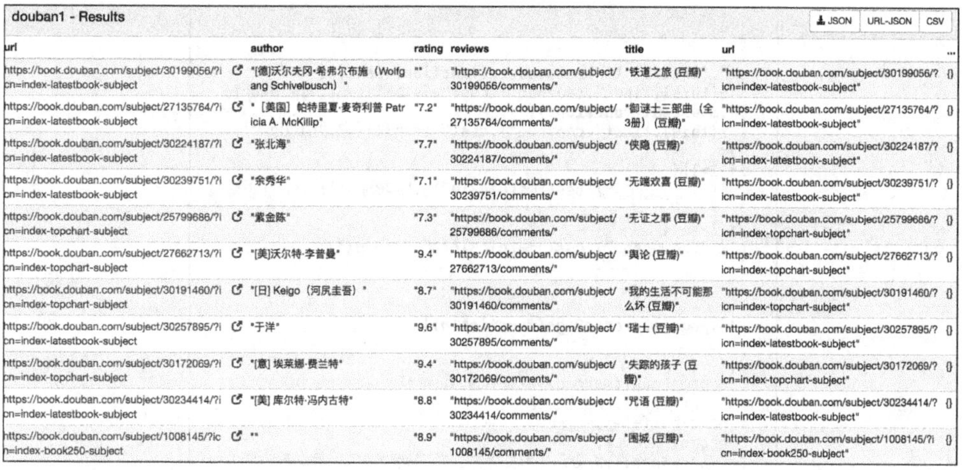

douban1 - Results　　JSON　URL-JSON　CSV

url		author	rating	reviews	title	url	...
https://book.douban.com/subject/30199056/?icn=index-latestbook-subject	↗	"[德]沃尔夫冈·希弗尔布施（Wolfgang Schivelbusch）"	""	"https://book.douban.com/subject/30199056/comments/"	"铁道之旅 (豆瓣)"	"https://book.douban.com/subject/30199056/?icn=index-latestbook-subject"	{}
https://book.douban.com/subject/27135764/?icn=index-latestbook-subject	↗	" [美国] 帕特里夏·麦奇利普 Patricia A. McKillip"	"7.2"	"https://book.douban.com/subject/27135764/comments/"	"御谜士三部曲（全3册）(豆瓣)"	"https://book.douban.com/subject/27135764/?icn=index-latestbook-subject"	{}
https://book.douban.com/subject/30224187/?icn=index-latestbook-subject	↗	"张北海"	"7.7"	"https://book.douban.com/subject/30224187/comments/"	"侠隐 (豆瓣)"	"https://book.douban.com/subject/30224187/?icn=index-latestbook-subject"	{}
https://book.douban.com/subject/30239751/?icn=index-latestbook-subject	↗	"余秀华"	"7.1"	"https://book.douban.com/subject/30239751/comments/"	"无端欢喜 (豆瓣)"	"https://book.douban.com/subject/30239751/?icn=index-latestbook-subject"	{}
https://book.douban.com/subject/25799686/?icn=index-topchart-subject	↗	"紫金陈"	"7.3"	"https://book.douban.com/subject/25799686/comments/"	"无证之罪 (豆瓣)"	"https://book.douban.com/subject/25799686/?icn=index-topchart-subject"	{}
https://book.douban.com/subject/27662713/?icn=index-topchart-subject	↗	"[美]沃尔特·李普曼"	"9.4"	"https://book.douban.com/subject/27662713/comments/"	"舆论 (豆瓣)"	"https://book.douban.com/subject/27662713/?icn=index-topchart-subject"	{}
https://book.douban.com/subject/30191460/?icn=index-topchart-subject	↗	"[日] Keigo（河尻圭吾）"	"8.7"	"https://book.douban.com/subject/30191460/comments/"	"我的生活不可能那么坏 (豆瓣)"	"https://book.douban.com/subject/30191460/?icn=index-topchart-subject"	{}
https://book.douban.com/subject/30257895/?icn=index-latestbook-subject	↗	"于洋"	"9.6"	"https://book.douban.com/subject/30257895/comments/"	"瑞士 (豆瓣)"	"https://book.douban.com/subject/30257895/?icn=index-latestbook-subject"	{}
https://book.douban.com/subject/30172069/?icn=index-topchart-subject	↗	"[意] 埃莱娜·费兰特"	"9.4"	"https://book.douban.com/subject/30172069/comments/"	"失踪的孩子 (豆瓣)"	"https://book.douban.com/subject/30172069/?icn=index-topchart-subject"	{}
https://book.douban.com/subject/30234414/?icn=index-latestbook-subject	↗	"[美] 库尔特·冯内古特"	"8.8"	"https://book.douban.com/subject/30234414/comments/"	"咒语 (豆瓣)"	"https://book.douban.com/subject/30234414/?icn=index-latestbook-subject"	{}
https://book.douban.com/subject/1008145/?icn=index-book250-subject	↗	""	"8.9"	"https://book.douban.com/subject/1008145/comments/"	"围城 (豆瓣)"	"https://book.douban.com/subject/1008145/?icn=index-book250-subject"	{}

图 14-17　Results 页面的书籍数据

单击右上角的按钮即可下载相应的抓取结果到本地文件（例如单击 CSV 按钮），其效果如图 14-18 所示。

https://book.douban.com/subject/30239751/	余秀华	7.1	https://book.douban.com/subject/30239751/comments/	无端欢喜 (豆瓣)	https://book.douban.com/subject/30239751/?icn=index-latestbook-subject	{}
https://book.douban.com/subject/25799686/	紫金陈	7.3	https://book.douban.com/subject/25799686/comments/	无证之罪 (豆瓣)	https://book.douban.com/subject/25799686/?icn=index-topchart-subject	{}
https://book.douban.com/subject/27662713/	[美]沃尔特·李普曼	9.4	https://book.douban.com/subject/27662713/comments/	舆论 (豆瓣)	https://book.douban.com/subject/27662713/?icn=index-topchart-subject	{}
https://book.douban.com/subject/30191460/	[日] Keigo（河尻圭吾）	8.7	https://book.douban.com/subject/30191460/comments/	我的生活不可能那么坏 (豆瓣)	https://book.douban.com/subject/30191460/?icn=index-topchart-subject	{}
https://book.douban.com/subject/30257895/	于洋	9.6	https://book.douban.com/subject/30257895/comments/	瑞士 (豆瓣)	https://book.douban.com/subject/30257895/?icn=index-latestbook-subject	{}
https://book.douban.com/subject/30172069/	[意] 埃莱娜·费兰特	9.4	https://book.douban.com/subject/30172069/comments/	失踪的孩子 (豆瓣)	https://book.douban.com/subject/30172069/?icn=index-topchart-subject	{}
https://book.douban.com/subject/30234414/	[美] 库尔特·冯内古特	8.8	https://book.douban.com/subject/30234414/comments/	咒语 (豆瓣)	https://book.douban.com/subject/30234414/?icn=index-latestbook-subject	{}
https://book.douban.com/subject/1008145/?icn=index-book250-subject		8.9	https://book.douban.com/subject/1008145/comments/	围城 (豆瓣)	https://book.douban.com/subject/1008145/?icn=index-book250-subject	{}
https://book.douban.com/subject/30228730/	杉泽 梁超	9.2	https://book.douban.com/subject/30228730/comments/	观山海 (豆瓣)	https://book.douban.com/subject/30228730/?icn=index-topchart-subject	{}
https://book.douban.com/subject/30223812/	[日] 吉田修一	9.4	https://book.douban.com/subject/30223812/comments/	横道世之介 (豆瓣)	https://book.douban.com/subject/30223812/?icn=index-latestbook-subject	{}
https://book.douban.com/subject/30222208/	张大春	7.5	https://book.douban.com/subject/30222208/comments/	一叶秋 (豆瓣)	https://book.douban.com/subject/30222208/?icn=index-latestbook-subject	{}
https://book.douban.com/subject/27204781/	刘以鬯	8.2	https://book.douban.com/subject/27204781/comments/	对倒 (豆瓣)	https://book.douban.com/subject/27204781/?icn=index-latestbook-subject	{}
https://book.douban.com/subject/30128172/	[美]丽贝卡·特雷斯特	8.4	https://book.douban.com/subject/30128172/comments/	单身女性的时代 (豆瓣)	https://book.douban.com/subject/30128172/?icn=index-topchart-subject	{}
https://book.douban.com/subject/30262617/	[美] 迈克斯·泰格马克	9	https://book.douban.com/subject/30262617/comments/	生命3.0 (豆瓣)	https://book.douban.com/subject/30262617/?icn=index-editionrecommend	{}
https://book.douban.com/subject/27621504/	[美] 理查德·布劳提根	8.7	https://book.douban.com/subject/27621504/comments/	在美国钓鳟鱼 (豆瓣)	https://book.douban.com/subject/27621504/?icn=index-topchart-subject	{}

图 14-18　本地 CSV 文件中的抓取结果

虽然抓取豆瓣读书首页的爬虫程序相对简单，但足以帮助用户对 PySpider 程序的编写和使用有一个基本的了解。其实，JavaScript 和 AJAX 技术将会给用户的抓取造成一些麻烦，幸运的是，PySpider 提供了对 PhantomJS 的整合，开启 PhantomJS 服务后（如果本地机器未安装，需要先进行安装），用户可以在 self. crawl()方法中添加“fetch_type="js"”这样的参数，从而实现对动态 AJAX 页面内容的抓取，让爬虫程序的抓取实现“所见即所得”。

在 14.2 节编写了针对虎扑论坛版块帖子的爬虫，但当时的爬虫程序较为简单，只能实现对首页帖子的抓取，无法遍历整个论坛版面（即无法实现抓取下一页的操作),而且鉴于虎扑论坛版面的页码元素使用了JavaScript来动态实现(如图14-19所示,该图为论坛版面的HTML源代码),因此无法用普通的request(请求)获取其下一页地址。

```
    }
}
$(".for-list li").mouseover(function(event) {
  $(this).find(".caozhuo").css("visibility","visible");
}).mouseout(function(){
  $(this).find(".caozhuo").css("visibility","hidden");
});
if(1>1){
  $(".downpage").css("margin-left","-185px");
}
if(1>=5){
  $(".downpage").css("margin-left","-194px");
}

$('.page').createPage(function(n){

},{
    pageCount:maxpage,//总页码,默认10
    current:1,//当前页码
  name:harf+'-',//标记
  hname:'xuefu',
    showNear:1,//显示当前页码前多少页和后多少页, 默认2
    pageSwap:true,
  align:'right',
    showSumNum:false,//是否显示总页码
  maxpage:100,
  is_poslist:1,
  is_read:0

});
$(".nextPage").css({
```

图14-19 论坛版面的HTML源代码

不过,借助PySpider能够轻松地解决这一点,做到对论坛版面的全面抓取,程序如下:

```
from pyspider.libs.base_handler import *
import re


class Handler(BaseHandler):
    crawl_config = {
    }

    @every(minutes = 24 * 60)
    def on_start(self):
        self.crawl('https://bbs.hupu.com/xuefu', fetch_type = 'js', callback = self.index_
page)

    @config(age = 10 * 24 * 60 * 60)
    def index_page(self, response):
```

```
    for each in response.doc('a[href^="http"]').items():
        url = each.attr.href
        if re.match(r'^http\S*://bbs.hupu.com/\d+.html$', url):
            self.crawl(url, fetch_type='js', callback=self.detail_page)

    next_page_url = response.doc(
        '#container > div > div.bbsHotPit > div.showpage > div.page.downpage > div > a.
nextPage').attr.href

    if int(next_page_url[-1]) > 30:
        raise ValueError

    self.crawl(next_page_url,
               fetch_type='js',
               callback=self.index_page)

  @config(priority=2)
  def detail_page(self, response):
    return {
      "url": response.url,
      "title": response.doc('#j_data').text(),
    }
```

在 index_page()中，通过 CSS selector 获得了 next_page_url，并将其作为参数，用 self.crawl()再创建一次 index_page()抓取任务，这将实现持续地对当前页的"下一页"的抓取。对于符合帖子 URL 格式的链接，则调用 detail_page()方法，获取其 URL 和帖子标题信息。同时，利用对 URL 最后一个字符(代表页码数)的判断来跳出抓取循环，本例中若抓取超过第 30 页则结束。

运行上面的代码，用户可以在 Results 页面中看到抓取结果，如图 14-20 所示，可见抓取成功。

实际上，PySpider 中整合的 PhantomJS 服务还可以实现对抓取的页面执行 JS 脚本(例如"加载更多")等效果，在其他方面，PySpider 支持 MySQL 保存抓取结果，支持多线程抓取，这些特性使它能够满足用户很多网页抓取程序的需求，正如读者所见，PySpider 中的 Web UI 服务为其增色不少，从某种意义上说，这使抓取程序的开发变得更加高效且直观。

在 Python 开发社区中，除了 Scrapy、PySpider 和 Gain 以外，一些略微"小众"的爬虫框架也值得用户关注，例如 Newspaper(见图 14-21)、Sasila 等，有兴趣的读者可以深入学习。

hupu2 - Results

JSON | URL-JSON | CSV

url		title	url
https://bbs.hupu.com/22935718.html		"合肥工业大学软件工程怎么样"	"https://bbs.hupu.com/22935718.html"
https://bbs.hupu.com/22945548.html		"这算不算打脸"	"https://bbs.hupu.com/22945548.html"
https://bbs.hupu.com/22938772.html		"深夜提问申请美国公共卫生phd"	"https://bbs.hupu.com/22938772.html"
https://bbs.hupu.com/22933286.html		"转网大--中九分省实时排名及点评（更新浙江）"	"https://bbs.hupu.com/22933286.html"
https://bbs.hupu.com/22946569.html		"想学法语，有没有吊大的可以推荐几个APP，网上搜的不好使。谢谢老哥们。"	"https://bbs.hupu.com/22946569.html"
https://bbs.hupu.com/22948495.html		"家人们。。体育管理这专业怎么样"	"https://bbs.hupu.com/22948495.html"
https://bbs.hupu.com/22898939.html		"求问留学jr们finance和marketing选哪个"	"https://bbs.hupu.com/22898939.html"
https://bbs.hupu.com/22947491.html		"想知道有那个论坛适合大学生的？"	"https://bbs.hupu.com/22947491.html"
https://bbs.hupu.com/22931298.html		"我是复读还是上大学呢……"	"https://bbs.hupu.com/22931298.html"
https://bbs.hupu.com/22932714.html		"我来介绍介绍家乡学校安大，合工大吧，都是不错的学校，来的都不亏的！性价比高！"	"https://bbs.hupu.com/22932714.html"
https://bbs.hupu.com/22933441.html		"浙江2018:浙大658，同济657，北航655，哈工深652"	"https://bbs.hupu.com/22933441.html"
https://bbs.hupu.com/22947648.html		"KDD会议求组团"	"https://bbs.hupu.com/22947648.html"
https://bbs.hupu.com/22935101.html		"有没有中南大学的jr。。"	"https://bbs.hupu.com/22935101.html"
https://bbs.hupu.com/22941558.html		"武大工学部和合肥工大自动化的实力怎么样？"	"https://bbs.hupu.com/22941558.html"
https://bbs.hupu.com/22937615.html		"你们看不上的哈工大深在广东省内高校录取分排第一"	"https://bbs.hupu.com/22937615.html"
https://bbs.hupu.com/22947368.html		"各位老哥帮我出出主意"	"https://bbs.hupu.com/22947368.html"
https://bbs.hupu.com/22936926.html		"窝工今年在福建很给力啊"	"https://bbs.hupu.com/22936926.html"

图 14-20 Results 页面中帖子的抓取结果

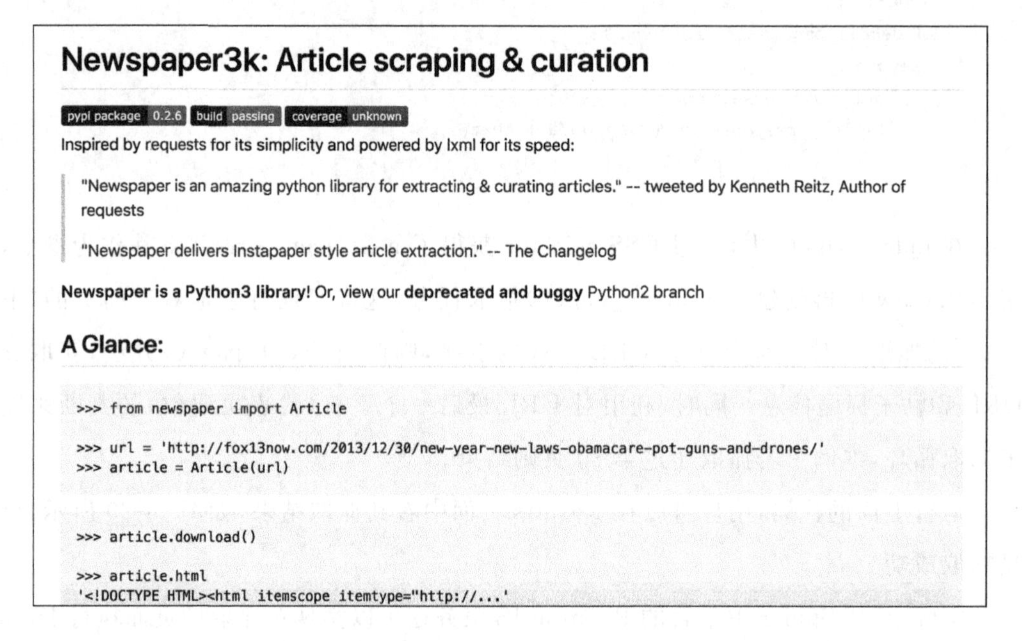

图 14-21 Newspaper 框架的介绍

附 录 A

附录 A 部分介绍一些正文常常涉及但没有进行详细介绍的内容，包括 Python 语言的特性、正则表达式和 requests 库等。

A.1 Python 中的一些重要概念

在第 1 章中曾系统性地说明了 Python 的基础语法，但作为一种应用广泛的程序设计语言，Python 中还有着很多重要的概念和精妙的设计，其中很多知识在第 1 章中未引入，本部分就作为补充，介绍 Python 语言中的一些重要概念。

A.1.1 * args 与 ** kwargs 的使用

在函数定义中，用户经常会遇到 * args 与 ** kwargs，它们允许用户将不定数量的参数传递到一个函数中。其中，* args 是用来发送一个非键值对的不定数量的参数列表给一个函数，例如：

```
def func(f_arg, * argv):
  print("first normal arg:", f_arg)
```

```
    for arg in argv:
        print("arg from *argv:", arg)

func('arg1','arg2','arg3','arg4')
```

上面代码的输出结果为：

```
first normal arg: arg1
another arg through *argv: arg2
another arg through *argv: arg3
another arg through *argv: arg4
```

** kwargs 则允许用户将不定长度的键值对作为参数传递给一个函数，例如：

```
def func(**kwargs):
    for key, value in kwargs.items():
        print("{0}:\t{1}".format(key, value))

func(arg1 = 'Jack')
```

这段代码的输出为：

```
arg1:Jack
```

使用 * args 和 ** kwargs 调用函数也很简单，通过下面的示例观察：

```
def func(arg1, arg2, arg3):
    print("arg1:\t", arg1)
    print("arg2:\t", arg2)
    print("arg3:\t", arg3)


args = ('two args',1,2)
func(*args)

kwargs = {'arg3':3,'arg2':'two','arg1':'一'}
func(**kwargs)
```

输出为：

```
arg1: two args
arg2: 1
arg3: 2
arg1: 一
arg2: two
```

```
arg3: 3
```

A.1.2 global 关键词

在用 global 关键词声明变量后，用户就可以在函数以外的区域访问该变量，但是这样会将多余的变量引入全局作用域，例如：

```
def add_r(a, b):
  return a + b

result = add_r(1, 3)
print(result)

def add_g(a, b):
  global result
  result = a + b

add_g(1, 3)
print(result)
```

输出为：

```
4
4
```

global 关键词可以用来“返回”多个变量结果，例如：

```
def return_mult():
  global name
  global age
  name = "Mike"
  age = 18

return_mult()
print(name)
print(age)
```

但这样实在不是好的做法，为了返回多个结果，直接用逗号分隔变量名即可：

```
def return_mult():
  name = "Mike"
  age = 18
```

```
    return name, age

name, age = return_mult()
print(name)
print(age)
```

两种做法的输出一致，均为“Mike 18”，但很显然，用户应该采取后者的写法。

A.1.3 enumerate 枚举

枚举看似是一个使用频率不很高的关键词，但其实如果灵活使用，会使得代码简洁、高效。举一个最简单的例子，在 Python 中如何输出一个数组中满足某一条件的所有元素及其索引？例如要获得 list 中的所有偶数元素和索引，可以这样编写：

```
import numpy
l1 = numpy.random.randint(0,30,10)
print(l1)

for i in range(len(l1)):
    if l1[i] % 2 == 0:
        print(i, l1[i])
```

但是这样未免烦琐，不如直接使用枚举：

```
import numpy
l1 = numpy.random.randint(0,30,10)
print(l1)

for index, value in enumerate(l1):
    if value % 2 == 0:
        print(index, value)
```

通过这段代码，enumerate 关键词的意义也就很明显了，对于一个可迭代的（可遍历）对象（例如列表、字符串），enumerate 将其组成一个索引序列，利用它可以同时获得索引和值。

A.1.4 迭代器与生成器

迭代器和生成器一直是 Python 中的重要概念。简单地说，迭代器是一个可以遍历容器（例如列表或者元组）的对象。能够提供迭代器的就叫作可迭代对象，可迭代对象都拥有一个__iter__()方法，这个方法将返回一个当前对象(也就是所谓的可迭代对象)的迭代器。与可迭代对象的特征对应，迭代器拥有一个__next()__方法。

```
l = [1,2,3]            # 可迭代对象
it = iter(l)           # 迭代器
print(next(it))        # 输出：1
```

生成器是一种特殊的迭代器，特殊就在于用户只能对其迭代一次。因为作为一个生成器，它没有把所有的值保存在内存中，而是在运行时再"现做现卖"。这正是生成器的优点，它无须将对象的所有元素都放入内存才开始操作。这个特点使得它特别适用于遍历一些巨大的序列对象，例如大文件、大集合、大字典等。它在性能上有一定的优势。

一般来说，生成器是以函数来实现的，不过它们并不是"return"一个值，而是"yield"一个值。比如这样：

```
def generator_function():
  for i in range(10):
    yield i

for item in generator_function():
  print(item)
```

生成器也通过__next()__方法来使用，比如下面的代码：

```
l = [i for i in range(10)]
g = (i for i in range(10))
print(type(l))
print(type(g))
print(next(g))
print(next(g))
```

输出为：

```
<class 'list'>
<class 'generator'>
0
1
```

当然，除此之外，在面向对象编程、网络编程、并发编程方面 Python 还有很多重要的概念(例如十分著名的协程)，但掌握这些已经足以帮助读者跨进 Python 的大

门。接下来介绍 Python 中的一些常用模块，熟悉这些库（尤其是标准库）的使用将大大提高用户应用 Python 的能力。

A.2 Python 中的常用模块

Python 语言被称为"自带电池"的语言，其含义就是 Python 拥有大量含有有用模块的库，有时候也叫"开箱即用"。在很多情况下，用户遇到的需求完全可以用 Python 内置的标准库模块来完成。在前文中介绍文本处理、数据分析等主题时已经涉及很多具有针对性的库（大多数是第三方库），这里再介绍一些 Python 中十分常用的重要模块（见表 A-1，包括但不限于标准库），对每一个模块着重介绍其基础用法。

表 A-1 Python 中的一些常用模块

功能领域	库/模块名称
系统相关	os sys
特殊数据和对象	collections
多线程	threading multiprocessing queue
实用工具	functools itertools
序列化	pickle
时间与日期	timeit arrow

A.2.1 collections

collections 是一个包含特殊数据容器的模块。在 Python 中用户会用到 4 种基本的数据结构——list、tuple、dict、set，即列表、元组、字典和集合。不过，在面对一些较为复杂的应用场景时，这些简单的数据类型明显过于单一了。collections 为开发者提供了如下有用的数据类型。

- namedtuple：对 tuple 的各个部分进行命名。
- deque：双端队列。
- Counter：计数器。

- OrderedDict：有序字典。
- defaultdict：带默认值的字典。

1．namedtuple

一个元组(tuple)可以被视为一个不可修改的列表(list)，可供存储数据的一个序列。namedtuple这个名字听起来就是“命名了的元组”，实际上，它把元组变成一个类似字典的容器，用户不必再使用整数索引(index)来访问一个namedtuple的数据。当然，和元组一样，namedtuple也是不可变的。

一个命名元组(namedtuple)的创建需要有两个必需的参数，分别是元组的名称和字段名称。例如：

```
from collections import namedtuple

CityT = namedtuple('City', 'name province nation')
ct1 = CityT(name = 'Beijing', province = 'Beijing',nation = 'China')

print(ct1)
# 使用字段名访问
print(ct1.name)
# 也可以使用“传统”的整数序列去访问
print(ct1[0])
# 获得其全部字段名
print(ct1._fields)
```

上面代码的输出为：

```
City(name = 'Beijing', province = 'Beijing', nation = 'China')
Beijing
Beijing
('name', 'province', 'nation')
```

用户还可以直接将一个命名元组转化为一个字典：

```
dt1 = ct1._asdict()
print(dt1)
```

输出为：

```
OrderedDict([('name', 'Beijing'), ('province', 'Beijing'), ('nation', 'China')])
```

最后，namedtuple仍然是一个元组，所以更改其字段（属性值）也是不可以的，例如：

```
ct1.name = 'Shanghai'
```

将会出现异常“AttributeError：can't set attribute”。

2. defaultdict

defaultdict(default_factory)在普通的dict之上添加了default_factory，这样一来，当key不存在时就会自动生成相应类型的value，default_factory参数可以是list、set、int等各种合法类型。例如：

```
from collections import defaultdict

Locations = (
    ('Mike', 'Maryland'),
    ('Jane', 'Virginia'),
    ('Freddy', 'Michigan'),
    ('Allen', 'California'),
    ('Allen', 'Ohio'),
    ('Jane', 'Rhode Island'),
)

locations_dd = defaultdict(list)
for name, state in Locations:
    locations_dd[name].append(state)
print(locations_dd)
```

输出为：

```
defaultdict(<class 'list'>, {'Mike': ['Maryland'], 'Jane': ['Virginia', 'Rhode Island'],
'Freddy': ['Michigan'], 'Allen': ['California', 'Ohio']})
```

如果将上述代码变为这样（访问一个不存在的键）：

```
from collections import defaultdict

Locations = (
    ('Mike', 'Maryland'),
    ('Jane', 'Virginia'),
```

```
    ('Freddy', 'Michigan'),
    ('Allen', 'California'),
    ('Allen', 'Ohio'),
    ('Jane', 'Rhode Island'),
)

locations_dd = defaultdict(list)
for name, state in Locations:
    locations_dd[name].append(state)
print(locations_dd)
print(locations_dd['Ethan'])
print(locations_dd)
```

输出是：

```
defaultdict(<class 'list'>, {'Mike': ['Maryland'], 'Jane': ['Virginia', 'Rhode Island'],
'Freddy': ['Michigan'], 'Allen': ['California', 'Ohio']})
[]
defaultdict(<class 'list'>, {'Mike': ['Maryland'], 'Jane': ['Virginia', 'Rhode Island'],
'Freddy': ['Michigan'], 'Allen': ['California', 'Ohio'], 'Ethan': []})
```

注意，在程序运行中未出现异常，且最终 Ethan 键已经被置为默认值。

3. OrderedDict

在某些时候用户需要保持字典的有序性（原生的字典是无序的），这个时候可以使用 OrderedDict 类型。有序字典最常见的用法如下：

```
from collections import OrderedDict

dt = {'Beijing': 5, 'Shanghai': 2 , 'Chongqing': 1, 'Zhengzhou': 4 }
OD = OrderedDict(sorted(dt.items(), key = lambda dt: dt[1], reverse = True))
                                                    # 按照城市对应的数值降序排序
print(OD)
# 输出：OrderedDict([('Beijing', 5), ('Zhengzhou', 4), ('Shanghai', 2), ('Chongqing',
1)])

OD = OrderedDict(sorted(dt.items(), key = lambda dt: dt[0])) # 按照城市首字母的英文顺序
                                                    # 排序，默认 reverse = False
print(OD)
# 输出：OrderedDict([('Beijing', 5), ('Chongqing', 1), ('Shanghai', 2), ('Zhengzhou',
4)])
```

OrderedDict 中的 pop() 使得用户可以删除一个特定键值的元素，另外还有

popitem()方法，使用 popitem(last = True)可以删除最后一个插入的键值对，若 last=False，则删除首部键值对。

```
OD.pop('Shanghai')
print(OD)
OD.popitem()
print(OD)
OD.popitem(last = False)
print(OD)
```

输出结果为：

```
OrderedDict([('Beijing', 5), ('Chongqing', 1), ('Zhengzhou', 4)])
OrderedDict([('Beijing', 5), ('Chongqing', 1)])
OrderedDict([('Chongqing', 1)])
```

4. deque

deque 是 double-ended queue 的缩写，在数据结构中称为双端队列。用列表存储数据的优点在于能够按索引查找元素，但是相对而言插入和删除元素就慢了(参照数据结构中的线性表)。deque 的用法也很简单，其中新增了 appendleft()/popleft()等方法，这样用户就可以快速地在元素的开头插入/删除元素，具体见图 A-1。

```
In [9]: from collections import deque
        dq = deque([i for i in range(1,11)])
        dq
Out[9]: deque([1, 2, 3, 4, 5, 6, 7, 8, 9, 10])

        在队列末尾或开头插入元素

In [10]: dq.append('A')
         dq.appendleft('B')
         dq
Out[10]: deque(['B', 1, 2, 3, 4, 5, 6, 7, 8, 9, 10, 'A'])

         在队列末尾或开头删除元素

In [12]: dq.pop()
         dq.popleft()
         dq
Out[12]: deque([2, 3, 4, 5, 6, 7, 8, 9])

         在队列末尾或开头扩展队列

In [17]: dq.extend([11,12,13])
         dq
Out[17]: deque([2, 3, 4, 5, 6, 7, 8, 9, 11, 12, 13])

In [18]: dq.extendleft(['Cat','Dog'])
         dq
Out[18]: deque(['Dog', 'Cat', 2, 3, 4, 5, 6, 7, 8, 9, 11, 12, 13])
```

图 A-1 deque 的使用

5. Counter

Counter(计数器)已在正文中有所介绍,这里就不再赘述。

A.2.2 arrow

Python 的标准库提供了关于时间和日期的相应模块(datetime、time 等),这些标准库虽然满足了用户的很多需求,但在使用上仍然不够方便,这里介绍如何使用 Python 的第三方库——arrow 来处理时间的相关数据。

arrow 可以认为是对 datetime 等标准库的封装,默认区分地区时间和使用 UTC,而且提供了非常简单的创建选项来支持多种简单的初始化。例如:

```
import arrow

now_utc = arrow.utcnow()                                    # 获取当前UTC时间
now = arrow.now()                                           # 获取当前本地时间

now.to('utc')                                               # 本地时间与世界时间的转换
now.to('local')
print(type(now))                                            # now是一个Arrow对象
# 输出: <class 'arrow.arrow.Arrow'>

now_ts = now.timestamp                                      # 转换为时间戳
print(now_ts)
print(now.format('YYYY-MM-DD HH:mm ZZ'))                    # 转换为时间字符串

dt1 = arrow.get('2017-01-01 10:00', 'YYYY-MM-DD HH:mm')     # 从字符串生成
dt2 = arrow.get('12.01.2014', 'MM.DD.YYYY')
print(dt1)
# 输出: 2017-01-01T10:00:00+00:00
print(dt2)
# 输出: 2014-12-01T00:00:00+00:00

dt3 = arrow.Arrow(2017,2,1)                                 # 直接生成
print(dt3)
# 输出: [2017-02-01T00:00:00+00:00]

print(dt2.shift(years=-1,months=-20,days=+1))               # 时间推移计算
# 输出: 2012-04-02T00:00:00+00:00

print(dt2.month)                 # 直接获取其中的某一部分(例如月份)
# 输出: 12
```

```
print(dt2.time())                          # 仅获取日期中的时间
# 输出: 00:00:00

print(dt1 > dt2)                           # 直接比较时间
# 输出: True

print(dt1 - dt2)                           # 时间运算
# 输出: 762 days, 10:00:00

print(dt1.to('+10:00'))                    # 转换时区
# 输出: 2017-01-01T20:00:00+10:00

print(dt1.span('hour'))                    # 获取某一段时间区间
# 输出: (<Arrow [2017-01-01T10:00:00+00:00]>, <Arrow [2017-01-01T10:59:
59.999999+00:00]>)
print(dt2.humanize())                      # "人性化"的时间比较
```

A.2.3 timeit

用官方的说法,"timeit 模块提供了一种简便的方法来为 Python 中的小块代码进行计时。它有 3 种使用方式,即从命令行调用,从 Python 交互解释器调用,或者直接在脚本代码中进行调用"。timeit 模块一般在为一段代码进行性能优化时使用,它的主要部分就是 Timer 类。这个类在对象初始化时接受两个参数,第一个参数是用户要计时的语句,第二个参数是为第一个参数语句构建环境的导入语句。调用 timeit() 方法将对语句进行计时,例如:

```
from timeit import Timer

setup = '''
import requests
'''

func = '''
r = requests.get('https://www.baidu.com')
'''

if __name__ == '__main__':
  t = Timer(func, setup = setup)
  print(t.timeit(number = 1))                  # number 指定调用次数
```

输出为：

```
0.09001956100109965
```

Timer 的另一个常用方法是 repeat()，这个方法接受两个可选参数，第一个是重复整个测试的次数，第二个是每个测试中调用被计时语句的次数。

A.2.4 pickle

使用 pickle 模块可以将数据对象序列化并保存在硬盘中，在需要的时候再进行读取还原。这里所谓的"序列化"，就是把变量从内存中变成可存储或传输的过程，在 Python 中这叫 pickling，在其他语言中被称为 serialization、marshalling、flattening 等。

pickle 模块中的两个主要方法是 dump()和 load()。其中，dump()接收一个文件句柄和一个数据对象作为参数，把数据对象以特定的格式保存到给定的文件中。当用户使用 load()从文件中取出已保存的对象时，pickle 把这些对象恢复为它们本来的格式，例如：

```python
import pickle

# 或者：import cPickle as pickle
obj = {"A": 1, "B": 2, "C": 3}

# 将 obj 保存到文件中
pickle.dump(obj, open("temp.pkl", "wb"))

# 读取并恢复 obj 对象
obj_r = pickle.load(open("temp.pkl", "rb"))

print(obj_r)
```

与 dump()不同，pickle.dumps()方法将把任意对象序列化成一个 str 对象，然后就可以把这个 str 写入文件，在恢复时使用 load()方法。有时候，用户还会用 cPickle 来代替 pickle，这是一个 C 语言实现版本，拥有更好的性能。例如：

```python
try:
    import cPickle as pickle
except ImportError:
    import pickle
```

A.2.5 os

os 模块提供了一种方便地使用操作系统函数的方法，在实际中常用于操作文件和文件目录。其主要用法如下。

- os.name：一个字符串，它指示用户正在使用的系统平台。
- os.getcwd()：得到当前工作目录，即当前 Python 脚本工作的目录路径。
- os.listdir()：返回指定目录下的所有文件和目录名。
- os.chdir()：改变工作目录。
- os.walk()：遍历目录。
- os.remove()：删除一个文件。
- os.system()：运行 shell 命令。
- os.path.split()：返回一个路径的目录名和文件名。
- os.path.join()：将分离的各部分组合成一个路径名。
- os.path.exists()：检查路径名存在与否。
- os.path.isfile()：检查是否为一个文件(如果不是文件或者不存在路径，返回 False)。
- os.path.isdir()：检查是否为一个目录。
- os.path.isabs()：检查是否为绝对路径。

A.2.6 sys

按官方说法，sys 模块可供访问由解释器使用或维护的变量和与解释器进行交互的函数。简而言之，它负责程序与 Python 解释器的交互，主要目标是与运行环境交互。例如：

```
import sys
print(sys.argv)                  # 命令行参数列表，sys.argv[0]表示代码本身的文件路径
print(sys.modules.keys())        # 返回所有已经导入的模块列表，sys.modules 是一个字典
print(sys.version)               # 获取当前 Python Interpreter 信息
print(sys.platform)              # 获取当前操作系统平台信息
print(sys.path)                  # 获取指定模块搜索路径的字符串集合
print(sys.executable)            # 当前 Python 解释器的位置
```

A.2.7 itertools

大家看到“iter”就知道，这个库是与迭代器有关的。Python 中迭代器的特点是惰性求值(Lazy evaluation)，即只有当迭代至某个值时它才会被计算，这个特点使得迭代器特别适用于遍历大文件或无限集合，在这一点上有着 list(list 是一个可迭代对象)不能比拟的优势。itertools 是 Python 的内置模块，其中包含了一系列用来产生不同类型迭代器的函数或类，这些函数的返回都是一个迭代器，用户可以通过 for 循环来遍历取值，也可以使用 next()来取值。itertools 的常见用法如下：

```
import itertools

num_count = itertools.count(start = 1, step = 4)  # 一个计数器,可以指定起始位置和步长
for i in num_count:
  if i > 20:
    break
  print('{}'.format(i), end = '\t')
print()

cha_circle = itertools.cycle('ILOVEU')            # 对可迭代对象反复循环
ct = 0
for ch in cha_circle:
  if ct > 10:
    break
  print(ch, end = '\t')
  ct += 1
print()

repeat_str = itertools.repeat('Yes', times = 10)  # 反复生成一个对象,指定次数
print(list(repeat_str))
# 以上为无限的迭代器

num = itertools.accumulate(range(1, 10))          # 累加器
print(list(num))

chain = itertools.chain([1, 2, 3], ['A', 'B'], repeat_str)  # 连接可迭代对象
print(list(chain))                               # 输出结果中没有"Yes",因为迭代器已经耗尽

comb = itertools.combinations(['A', 'B', 'C'], 2)  # 求列表或生成器中指定数目的元素不重
                                                   #复的所有组合
print(list(comb))
comb = itertools.combinations_with_replacement(['A', 'B', 'C'], 2)# 同上,但允许重复元素
```

```
print(list(comb))

perm = itertools.permutations(['A', 'B', 'C'], 2)  # 求元素的所有排列
print("Pemutation :\t", list(perm))
result = itertools.compress(['A', 'B', 'C'], [0, 1, 1])  # 按条件(True or False)筛选元素
print(list(result))
result = itertools.dropwhile(lambda x: x < 10, range(1, 15))  # 按照条件函数丢弃掉可迭代
                                                             #对象前面的元素
print(list(result))
result = itertools.takewhile(lambda x: x < 10, range(1, 15))  # 与 dropwhile()相反
print(list(result))
result = itertools.filterfalse(lambda x: x == 'B', ['A', 'B', 'C'])  # 按照条件函数保留
                                                                    # false 的元素
print(list(result))
groups = itertools.groupby(range(10), lambda x: x < 3 or x > 6)
# 按照分组函数的值对元素进行分组，如果不指定，则默认对其中的连续相同项进行分组
for cond, numbers in groups:
  print(cond, ":\t", list(numbers))

print(itertools.tee('abc', 3))                          # 复制迭代器，可指定个数

print(list(itertools.product('abc', range(1, 4))))     # 求多个可迭代对象的笛卡儿积
```

上面代码的输出为：

```
1  5  9  13  17
I  L  O  V  E  U  I  L  O  V  E
['Yes', 'Yes', 'Yes', 'Yes', 'Yes', 'Yes', 'Yes', 'Yes', 'Yes', 'Yes']
[1, 3, 6, 10, 15, 21, 28, 36, 45]
[1, 2, 3, 'A', 'B']
[('A', 'B'), ('A', 'C'), ('B', 'C')]
[('A', 'A'), ('A', 'B'), ('A', 'C'), ('B', 'B'), ('B', 'C'), ('C', 'C')]
Pemutation : [('A', 'B'), ('A', 'C'), ('B', 'A'), ('B', 'C'), ('C', 'A'), ('C', 'B')]
['B', 'C']
[10, 11, 12, 13, 14]
[1, 2, 3, 4, 5, 6, 7, 8, 9]
['A', 'C']
True : [0, 1, 2]
False : [3, 4, 5, 6]
True : [7, 8, 9]
(<itertools._tee object at 0x104548548>, <itertools._tee object at 0x104548448>,
<itertools._tee object at 0x104548588>)
[('a', 1), ('a', 2), ('a', 3), ('b', 1), ('b', 2), ('b', 3), ('c', 1), ('c', 2), ('c', 3)]
```

A.2.8 functools

functools 是为函数而生的模块，其中提供了一些非常有用的高阶函数。高阶函

数就是可以接收函数作为参数或者以函数作为返回值的函数，因为 Python 中的函数也是对象，所以操作起来比较方便。

partial 听起来像是“偏函数”，但这并非数学上的偏函数，在 Python 中的偏函数通过固定一个原函数的某些参数来返回一个新的函数，换句话说，它通过包装函数允许用户“重新定义”函数。例如：

```
from functools import partial

def add(x, y):
    return x + y
add_y = partial(add, 3)
print(add_y(5))        # 输出8
```

@wraps 接收一个函数来进行装饰，并加入了复制函数名称、注释文档、参数列表等功能，这可以让用户在装饰器里面访问装饰之前的函数的属性：

```
from functools import wraps

def decorater(f):

    def wrapper():
        """wrapper_doc"""
        print('Calling decorated')
        return f()
    return wrapper

@decorater
def example():
    """example_doc"""
    print('Called example function')

print(example.__doc__)
```

输出为：

```
wrapper_doc
```

```
from functools import wraps

def decorater(f):

    @wraps(f)
    def wrapper():
        """wrapper_doc"""
        print('Calling decorated')
```

```
        return f()
    return wrapper

@decorater
def example():
    """example_doc"""
    print('Called example function')

print(example.__doc__)
```

输出为：

```
example_doc
```

A.2.9 threading、queue 与 multiprocessing

1. threading

threading 是 Python 的多线程模块，主要用于 IO 操作(例如文件的读写和网络访问等，很巧，这些都是爬虫程序的主要任务)。最简单的演示如下：

```
import threading
from threading import Thread

def product(a,b):
  print(threading.currentThread().getName())
  prod = a * b
  print(prod)


if __name__ == '__main__':
  for i in range(5):
    thread_new = threading.Thread(target = product, args = (i,i + 1))
    # 计算0×1、1×2、2×3等的结果
    thread_new.start()
```

输出为：

```
Thread - 1
0
Thread - 2
2
Thread - 3
```

```
6
Thread - 4
12
Thread - 5
20
```

为了了解该模块，用户需要先学习进程与线程的基本知识，见表 A-2。

表 A-2　进程与线程的简单对比

进　程	线　程
(1) 进程是正在运行的程序的实例 (2) 操作系统利用进程把工作划分为一些功能单元 (3) 操作系统加载程序，以进程的方式在操作系统中运行它，并分配了系统资源给进程(内存等)	(1) 进程中所包含的一个或多个执行单元称为线程 (2) 线程是 CPU 调度和执行的基本单位 (3) 操作系统创建一个进程后，该进程会有一个主线程 (4) 一个线程可以创建另一个线程，同一个进程中的多个线程之间可以并发执行

Thread 类主要提供了以下方法。

- run()：用于表示线程活动的方法。线程执行的操作常常是在编写类时继承 Thread 重写。
- start()：启动线程活动。
- join([time])：等待至线程中止(阻塞)。
- isAlive()：判断线程是否为活动的。
- getName()：返回线程名。
- setName()：设置线程名。

例如下面的代码：

```
import threading
from threading import Thread

def dosome():
  # 线程函数
  def thread_func(a):
    for i in range(3):
      print(a,i)

  thrd_1 = Thread(target = thread_func,args = ['thrd_1'])
  thrd_1.start()
```

```
    thrd_2 = Thread(target = thread_func, args = ['thrd_2'])
    thrd_2.start()

    thrd_3 = Thread(target = thread_func, args = ['thrd_3'])
    thrd_3.start()

    thrd_1.join()
    thrd_2.join()
    thrd_3.join()

if __name__ == '__main__':
    dosome()
```

其输出是：

```
thrd_1 0
thrd_1 1
thrd_1 2
thrd_2 0
thrd_2 1
thrd_2 2
thrd_3 0
thrd_3 1
thrd_3 2
```

在继承 Thread 时，代码类似下面的样子：

```
from threading import Thread

class MyThread(Thread):
    def __init__(self):
        Thread.__init__(self)
        print('Now thread\'s inited')
    def run(self):
        # 做点事情
        pass

if __name__ == '__main__':
    thread = MyThread()
    thread.start()
    thread.join()
```

2. queue

queue 是 Python 标准库中线程安全的队列实现，用于线程之间的信息传递。最简单的用法如下：

```
from threading import Thread
from queue import Queue

my_queue = Queue()

class Thr1(Thread):
  def __init__(self):
    Thread.__init__(self)
  def run(self):
    for i in range(0,5):
      put_data = "new {}th data here".format(i)
      my_queue.put(put_data)
      # 编写此线程任务
    pass

class Thr2(Thread):
  def __init__(self):
    Thread.__init__(self)
  def run(self):
    get_data = my_queue.get()
    # 编写此线程任务
    print(get_data)
    pass

if __name__ == '__main__':
  thread1 = Thr1()
  thread2 = Thr2()
  thread1.start()
  thread2.start()
  thread1.join()
  thread2.join()
```

因为是 FIFO(先进先出队列)，所以输出为：

```
new 0th data here
```

除此之外，queue 模块还提供了 LIFO(后进先出队列，与栈结构类似)和优先级队列(数字越小优先级越高)，例如：

```
import queue
q = queue.LifoQueue()
```

```
for i in range(5):
    q.put(i)

while not q.empty():
    print(q.get())

q = queue.PriorityQueue()
q.put((1, 'Mike'))
q.put((0, 'James'))
q.put((2, 'Linda'))
q.put((1, 'Adam'))

while not q.empty():
    print(q.get(block = False))
```

输出为：

```
4
3
2
1
0
(0, 'James')
(1, 'Adam')
(1, 'Mike')
(2, 'Linda')
```

【提示】 Python代码的执行由Python解释器完成，而对Python虚拟机的访问由全局解释器锁(GIL)来控制，这个锁能保证CPU上同时只有一个线程在运行(不能发挥多核CPU的能力)。CPython解释器的这个特性的后果就是，同一时间只会有一个获得GIL的线程在运行，其他线程则处于等待状态。这也是Python被认为不适合开发CPU密集型程序的原因，Python的多线程也被诟病为"假多线程"，不过，网络或者文件IO刚好都是非CPU密集型，因此用户完全可以使用多线程编程来优化其性能。

3. multiprocessing

最后要介绍的是multiprocessing，它是Python的多进程编程模块，设计非常简洁、高效，借助这个工具，用户可以轻松地完成单进程到多进程的"升级"。multiprocessing支持子进程、通信和共享数据，提供了Process、Pool、Queue、Pipe、

Lock 等组件。

Multiprocessing. Pool 模块可以提供指定数量的进程供用户调用，当有新的请求提交到 Pool 中时，如果池还没有满，那么就会创建一个新的进程来执行该请求。Pool 最简单的用法就是 map()函数：

```
from multiprocessing import Pool

def f(x):
  print(x + 1)

if __name__ == '__main__':
  with Pool(processes = 5) as p:
    p.map(f, [1, 2, 3])
```

实际上，进程池的使用有很多种方式，例如 apply_async、apply、map_async、map 等。其中，apply_async 和 map_async 为异步方法，换句话说，在启动进程函数之后会继续执行后续的代码而不用等待进程函数返回。另外，与 threading 中的 Thread 类似，multiprocessing 也可以直接启动进程，甚至参数名都与 threading 中的对应方法类似：

```
from multiprocessing import Process

def func(name):
    print('Hello', name)

if __name__ == '__main__':
    p = Process(target = func, args = ('Mike',))
    p.start()
    p.join()
```

当然也可以通过继承 Process 类来实现：

```
from multiprocessing import Process
import time


class MyProcess(Process):
  def __init__(self, arg):
    super(MyProcess, self).__init__()
```

```
        # multiprocessing.Process.__init__(self)
        self.arg = arg

    def run(self):
        print('Hello', self.arg)
        time.sleep(1)


if __name__ == '__main__':
    for i in range(10):
        p = MyProcess(i)
        p.start()
        p.join()
```

multiprocessing 中进程的通信主要有下面两种方式。

- 队列(Queue)：类似 threading 中的概念，在使用时可以将进程间共用的数据保存在一个 Queue 对象中，保证是线程安全的。
- 管道(Pipe)：两个对象通过 Pipe 连接在一起，就像两个对象通过一根管子连接起来，互相通信，保证公共数据的一致性。

例如：

```
import multiprocessing
from multiprocessing import Process, Pipe, Queue

def func1(conn, conn_name):
    conn.send(['hello 1 there sent by {}'.format(conn_name)])
    conn.close()

def func2(conn, conn_name):
    conn.send(['hello 2 there sent by {}'.format(conn_name)])
    conn.close()

if __name__ == '__main__':
    conn_1, conn_2 = Pipe()
    p1 = Process(target = func1, args = (conn_1,'conn_1'))  # 将一个connection object 传给
                                                            # 子进程p
    p2 = Process(target = func2, args = (conn_2,'conn_2'))
    p1.start()
    p2.start()
    print(conn_1.recv())
    print(conn_2.recv())
    p1.join()
    p2.join()
```

输出为：

```
['hello 2 there sent by conn_2']
['hello 1 there sent by conn_1']
```

```
import multiprocessing
from multiprocessing import Process, Pipe, Queue

def func(q):
     q.put('Hello there from func')

if __name__ == '__main__':
   q = Queue()                                          # 创建队列,此时队列q在主进程中
   p = Process(target = func, args = (q,))              # 将进程q作为参数传给子进程p
   p.start()
p.join()
   q.put('Hello there from main')
   while not q.empty():
     print(q.get())
```

输出为：

```
Hello there from func
Hello there from main
```

A.3 requests 库

A.3.1 requests 基础

在本书示例中大量使用了 requests 库，作为 Python 最知名的开源模块之一，它目前支持 Python 2.6～2.7 以及 Python 3.3～3.7 版本。requests 由 Kenneth Reitz 开发[①]（见图 A-2），其设计和源代码也符合 Python 风格（称为 Pythonic），本节将比较全面地介绍 requests 的基础知识。

作为 HTTP 库，requests 的使命就是完成 HTTP 请求。对于各种 HTTP 请求，requests 都能简单、漂亮地完成，当然其中 GET 方法是最为常用的：

---

① 他的个人网站是"https://www.kennethreitz.org/projects/"。

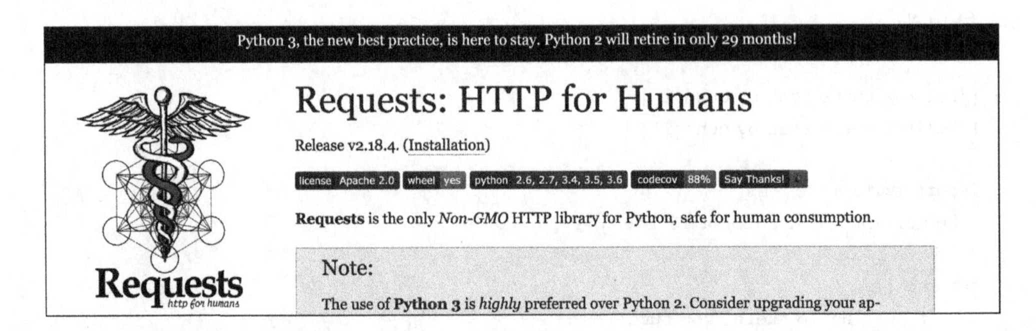

图 A-2 requests 的口号：给人类使用的非转基因 HTTP 库

```
r = requests.get(URL)
r = requests.put(URL)
r = requests.delete(URL)
r = requests.head(URL)
r = requests.options(URL)
```

如果想要为 URL 的查询字符串传递参数(例如一个 URL 中出现了"? xxx=yyy&aaa=bbb")，只需要在请求中提供这些参数即可，就像这样：

```
comment_json_url = 'https://sclub.jd.com/comment/productPageComments.action'
p_data = {
    'callback': 'fetchJSON_comment98vv242411',
    'score': 0,
    'sortType': 1,
    'page': 0,
    'pageSize': 10,
    'isShadowSku': 0,
}

response = requests.get(comment_json_url, params = p_data)
```

其中，p_data 是一个 dict 结构，这正是在京东购物评论抓取那一节使用到的代码。打印出现在的 URL，可以看到 URL 的编码结果：

```
print(response.url)
```

输出为：

```
https://sclub.jd.com/comment/productPageComments.action?page = 0&isShadowSku = 0&sortType
= 1&callback = fetchJSON_comment98vv242411&pageSize = 10&score = 0
```

在使用.text读取响应内容时，requests会使用HTTP头部中的信息来判断编码方式。当然，编码是可以更改的，如下：

```
print(response.encoding)        # 会输出"GBK"
response.encoding = 'utf-8'
```

text有时候很容易和content混淆，简单地说，text表达的是编码后(一般就是unicode编码)的内容，而content是字节形式的内容，所以读者应该能够猜到下面代码的输出：

```
r = requests.get('https://www.douban.com')
print(type(r.text))
print(type(r.content))
```

输出为：

```
<class 'str'>
<class 'bytes'>
```

在requests中还有一个内置的JSON解码器，只需要调用r.json()即可。

在爬虫程序的编写中经常需要更改HTTP请求头，正如之前很多例子那样，想为请求添加HTTP头部，只要简单地传递一个dict给headers参数就可以了。r.status_code是另外一个常用的操作，这是一个状态码对象，用户可以这样检测HTTP请求对象：

```
print(r.status_code == requests.codes.ok)
```

实际上，requests还提供了更简洁(简洁到不能更简洁，与上面的方法等效)的方法：

```
print(r.ok)
```

在这里r.ok是一个布尔值。

如果是一个错误请求(4XX客户端错误或5XX服务器错误响应)，则可以通过response.raise_for_status()来抛出异常。

对于Cookie(如果响应中有)，用户也可以方便地查看：

```
print(r.cookies.items())
```

发送 Cookie 到服务器则类似，只需要传入一个 cookies 参数：

```
cookies = dict(cookies_are = 'working')
r = requests.get('https://www.douban.com',cookies = cookies)
```

至于重定向问题，在默认情况下，除了 HEAD 类型以外，requests 会自动处理所有重定向。用户可以使用 response.history 来查看历史请求：

```
r = requests.get('https://www.douban.com')
print(r.history)
```

由于访问豆瓣首页并不会出现重定向，因此输出是一个空的列表。如果更改一下，访问“http://allenzyoung.github.io”（这是一个个人博客），这时就会存在重定向历史了：

```
r = requests.get('http://allenzyoung.github.io/')
print(r.history)
```

此时 history 列表不再是空的，而是[< response [301]>]。查看一下跳转到了哪里：

```
print(r.history[0].headers.get('Location'))
```

其输出是“http://allenzyoung.xyz/”，这与在浏览器中访问的结果一致。

另外，使用 timeout 参数可以保证 requests 在经过以 timeout 参数设定的时间（秒）之后停止等待响应。

A.3.2 更多用法

requests 还提供了会话对象（Session），用户可以使用它来跨请求保持 Cookie：

```
s = requests.Session()
s.get('http://httpbin.org/cookies/set/sessioncookie/ourcookies')
r = s.get("http://httpbin.org/cookies")
print(r.text)
```

上面代码的输出为:

```
{
  "cookies": {
    "sessioncookie": "ourcookies"
  }
}
```

如果要访问cookies,使用Session.cookies即可。另外需要注意,任何传递给请求方法的字典数据都会与已设置的会话层数据合并。

requests还可以为HTTPS请求验证SSL证书,在requests中,SSL验证默认是开启的,如果证书验证失败就会抛出SSLError。如果手动将verify设置为False,requests就会忽略对SSL证书的验证。

使用代理也很简单,设定proxies参数来配置即可:

```
import requests
proxies = {
  "http": "your proxy"
}
requests.get("http://www.baidu.com", proxies = proxies)
```

除此之外,在requests中还支持事件挂钩、流请求、SOCKS代理等功能,平时使用的并不多。在扩展方面,由于requests本身具有较多的用户,所以也诞生了很多扩展模块。这里介绍最常用的两个,即CacheControl和Requests-Toolbelt。CacheControl能为requests添加完整的HTTP缓存功能,因此十分适合在需要大量请求的时候使用。Requests-Toolbelt是一众扩展工具的集合,如果用户想发送一个大文件作为multipart/form-data请求,就可以使用支持数据流的Requests-Toolbelt来完成。

熟练掌握requests库的使用将会为爬虫的开发奠定坚实的基础,而requests库的简洁设计也保证了用户能够通过代码理解背后的HTTP工作机制。

A.4 正则表达式

A.4.1 什么是正则表达式

正则表达式即RegEx(Regular Expression),它使用单个符合一定语法的字符串来描述和匹配一系列符合某个规则的字符串。换句话说，正则表达式就是一种代码，其中记录了文本（字符串）出现的一些规则。正则表达式的应用场景十分广泛，这种代码的诞生一开始是为了方便文本编辑器的工作，而在现在的爬虫开发中主要用于字符串处理和抓取规则这些方面。

比如说在一篇文章里查找“cat”这个词，则可以使用正则表达式"cat"。这个单词字符串本身就是一个简单的正则表达式，它可以描述并匹配这样的字符串——由 3 个字母（在计算机语境下应该说字符更为合适）组成，分别是 c、a、t。但如果用户仅仅使用"cat"这个正则表达式来做文本查找，那么 category、catastrophe 等单词也会被作为结果返回。如果要精确地查找 cat 这个单词，则应该使用"\bcat\b"。在这之中，\b 是正则表达式语法中的一个特殊符号，代表了英文单词的开头或结尾。

另外，读者可能已经知道，在计算机中“ * ”（星号，同时也是乘法的标志）表示通配符，但在正则表达式中，匹配一个任意字符（除了换行符外）的字符是“.”，而“ * ”表示数量，它指定 * 前面的部分可以重复使用任意次。因此，如果想要查找形如“cat … fish”的句子，而对 cat 和 fish 之间的东西（单词）不关心，那么就需要使用正则表达式"\bcat\b. * \bfish\b"（注意，这里的引号并不是正则表达式的内容）。

A.4.2 正则表达式的基础语法

正则表达式的语法对很多人来说是有些复杂的，甚至还有这样一则笑话：一个程序员碰到了一个问题，他决定用正则表达式来解决，于是他有了两个问题。但如果从简单的方面入手，正则表达式也不是不能学会的。

像“.”这样的字符在正则表达式中称为元字符，常用的元字符如表 A-3 所示。

表 A-3 正则表达式中的元字符

元 字 符	功 能
.	匹配除换行符以外的任意字符
\w	匹配字母、数字、下画线或汉字
\s	匹配任意的空白符（空格、制表符、换行符、中文全角空格等）
\d	匹配数字（0～9）

续表

元　字　符	功　　能
\b	匹配单词的开始或结束
^	匹配字符串的开头
$	匹配字符串的结尾

在正则表达式中还存在一种称为限定符的符号，一般用于表示数量，见表 A-4。

表 A-4　正则表达式中的限定符

限　定　符	功　　能
*	重复零次或更多次
+	重复一次或更多次
?	重复零次或一次
{n}	重复 n 次
{n,}	重复 n 次或更多次
{n,m}	重复 n 到 m 次

元字符会大大方便用户的匹配。比如，如果用户想要匹配所有的手机号（11位），就可以使用表达式"^\d{11}$"，即匹配一个字符串，其中有且只有 11 个数字。若匹配所有以“131”开头的手机号，改为"^131\d{8}$"即可。另外，编程中常用的转义符“\”在这里仍然表示转义，如果要匹配“3.14”这个数字，用户就需要使用"^3\.14$"这样的表达式。对于{n,}这个规则，不难发现，当 n 为 0 时它与“*”等效，当 n 为 1 时它与“+”等效。

花括号“{”的使用前面已经提到，而中括号“[”和圆括号“(”在正则表达式中也有特定的含义。中括号表示一个类别，比如[abc]匹配 a、b、c 三个字母中的任意一个，[0-9]匹配任意一个阿拉伯数字，其含义与\d 一致。常用的中括号表达如下。

- [a-z]：匹配所有的小写字母。
- [A-Z]：匹配所有的大写字母。
- [a-zA-Z]：匹配所有的字母。
- [0-9]：匹配所有的数字。
- [0-9\.\-]：匹配所有的数字、句号和减号（杠号）。

圆括号用来指定分组（子表达式），或者更准确地说，“()”标记一个子表达式的开始和结束位置。比如，"^(3\.14){3}$"这样的正则表达式描述字符串"3.143.143.14"。

注意,“ca * t”和“(ca) * t”的意义是不同的,前者匹配的是ct、cat、caat、caaat等这样的字符串,后者匹配的是t、cat、cacat等这样的字符串。

另外要提到的一个重要符号是“|”,它表示不同的规则分支条件,其意义类似于布尔运算中的or,例如"^(132|135)\d{8}$"指匹配以132或者135开头的手机号。

正则表达式还包括很多内容,例如反义。

- \W:匹配任意不是字母、数字、下画线、汉字的字符。
- \S:匹配任意不是空白符的字符。
- \D:匹配任意非数字的字符。
- \B:匹配不是单词开头或结束的位置。
- [^a]:匹配除a以外的任意字符(注意中括号里的“^”不再是一个定位符)。

据此,如果希望匹配任何一个没有空白符的字符串,则应该使用"\S+"。

在匹配过程中,当正则表达式中包含匹配重复字符的限定符(例如“ * ”)时,通常会用这个规则去匹配尽可能多的字符。比如表达式"c. * t",它将会匹配最长的以c开始,以t结束的字符串。如果用它来搜索cctct,它会匹配整个字符串cctcr。这在正则表达式的世界中被称为“贪婪”。而与之对应的“懒惰”,意思就是匹配尽可能少的字符。前面提到的贪婪的表达式都可以改变为懒惰匹配,只要在对应的规则后面加上一个问号即可。这里仍以刚才的cctct为例,如果规则改变为"c. * ? t",那么它匹配到的就是cct和ct。

读者可能已经注意到,由于正则表达式具有类似于数学运算的形式,其算符优先级也是需要注意的。一般而言,转义符的优先级最高,其次是括号,括号的优先级又高于限定符。之后是定位符(例如“\b”)和任何元字符,“或(|)”的优先级最低,这也正是"^(132|135)\d{8}$"能够匹配“13200012345”而不匹配“1323512345678”的原因,如果想要匹配这个号码,必须用括号来改变规则的匹配顺序,例如"^(13)(2|1)(35)\d{8}$"。

除了上述的基础语法以外,正则表达式还包括一些更高级、复杂的内容,比如后向引用、断言等,由于篇幅所限这里不再赘述。最后要指出的是,有一些在线正则表达式编写网站拥有十分用户友好的UI和方便随时查看的语法说明,如果需要编写一个正则表达式,不妨先在网站上试试效果。“https://regex101.com/”就是其中一个不错的工具网站(见图 A-3),结合这样的在线网站练习正则表达式便于用户更好地掌握正则表达式的使用。

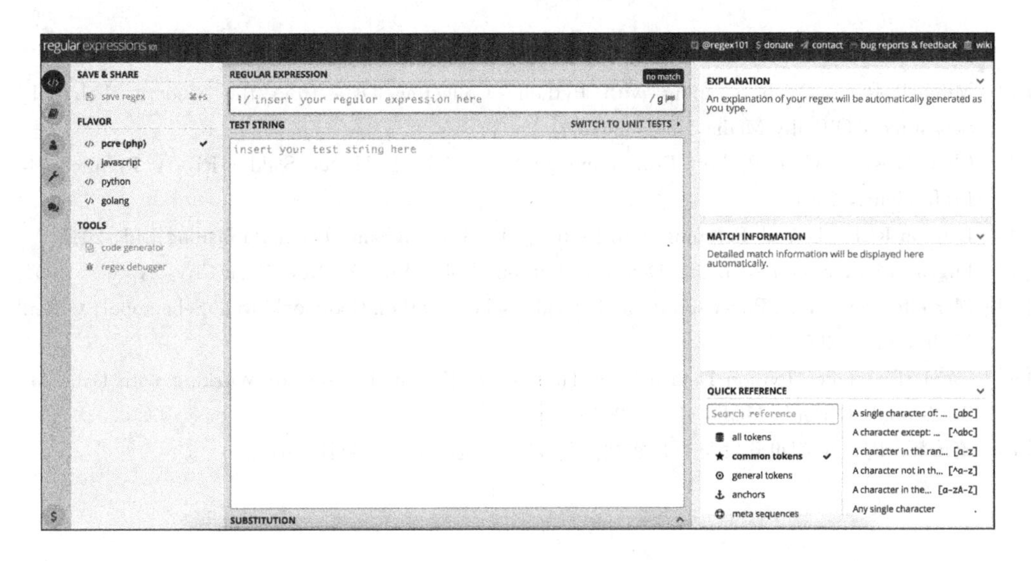

图 A-3 regex101 网站的界面

参考文献

[1] Mitchell Ryan. Web Scraping with Python: Collecting Data from the Modern Web[M]. Sebastopol: O'Reilly Media, Inc., 2015.

[2] Chun Wesley. Core Python Programming[M]. Vol. 1. Upper Saddle River: Prentice Hall Professional, 2001.

[3] Lawson Richard. Web Scraping with Python[M]. Birmingham: Packt Publishing Ltd, 2015.

[4] Pilgrim Mark, Simon Willison. Dive Into Python 3[M]. Vol. 2. New York City: Apress, 2009.

[5] Martelli Alex, Anna Ravenscroft, and David Ascher. Python Cookbook[M]. Sebastopol: O'Reilly Media, Inc., 2005.

[6] VanderPlas Jake. Python Data Science Handbook: Essential Tools for Working with Data[M]. Sebastopol: O'Reilly Media, Inc., 2016.

[7] 范传辉. Python 爬虫开发与项目实战[M]. 北京：机械工业出版社，2017.

图书资源支持

感谢您一直以来对清华版图书的支持和爱护。为了配合本书的使用，本书提供配套的资源，有需求的读者请扫描下方的“书圈”微信公众号二维码，在图书专区下载，也可以拨打电话或发送电子邮件咨询。

如果您在使用本书的过程中遇到了什么问题，或者有相关图书出版计划，也请您发邮件告诉我们，以便我们更好地为您服务。

我们的联系方式：

地　　址：北京市海淀区双清路学研大厦 A 座 701

邮　　编：100084

电　　话：010－62770175－4608

资源下载：http://www.tup.com.cn

客服邮箱：tupjsj@vip.163.com

QQ：2301891038（请写明您的单位和姓名）

资源下载、样书申请

书圈

扫一扫，获取最新目录

用微信扫一扫右边的二维码，即可关注清华大学出版社公众号“书圈”。